QPASS
식품 필기 안전기사
실전모의고사 12회

차광종 저

다락원

급속한 경제적·사회적 발전과 더불어 식생활이 다양하게 변화됨에 따라 식품에 대한 욕구도 양적인 측면보다 맛과 영양, 기능성, 안전성 등을 고려하는 질적인 측면으로 변화되고 있습니다. 또한 식품제조·가공기술이 급속하게 발달하면서 식품을 제조하는 공장의 규모가 커지고 공정도 복잡해지고 있습니다. 이에 따라 식품기술 분야에 대한 기본적인 지식을 갖추고 식품재료의 선택에서부터 새로운 식품의 기획, 연구개발, 분석, 검사 및 식품의 보존과 저장공정에 대한 유지관리, 위생관리, 감독의 업무까지를 수행할 수 있는 자격 있는 전문기술 인력에 대한 수요가 급증하고 있습니다. 실제로 산업체나 식품 관련 각종 기관에서 일정 자격취득자의 요구가 더욱 높아지고 있습니다.

이번에 새로운 출제기준에 맞추어 출간하는 〈원큐패스 식품안전기사 필기 실전모의고사 12회〉의 특징은 다음과 같습니다.

〈원큐패스 식품안전기사 필기 실전모의고사 12회〉

■ 새 출제기준 완벽 반영한 식품안전기사 필기 실전모의고사 12회

2025년부터 새롭게 변경된 출제기준에 맞추어 식품안전, 식품화학, 식품가공·공정공학, 식품미생물 및 생화학 문제를 수록하였습니다.

■ 각 문제별 상세한 해설을 수록하여 자기주도학습 가능

각 문제별 상세한 해설을 수록하여 학습자 스스로 꾸준히 반복학습할 수 있도록 구성하였습니다.

■ 학습자의 편리를 위해 정답 및 해설 분리 구성

정답 및 해설을 분리 구성하여 학습자의 편리성을 극대화하였습니다.

아무쪼록 그동안 산업현장과 대학에서 쌓은 경험을 정리하여 만든 〈원큐패스 식품안전기사 필기 실전모의고사 12회〉로 식품안전기사 자격시험을 준비하는 모든 분들에게 합격의 영광이 있기를 기원합니다. 끝으로 이 책이 나오기까지 많은 도움을 주신 여러 교수님들과 적극적으로 협조해 주신 다락원 임직원 여러분께 깊은 감사를 드립니다.

1 시험개요

사회발전과 생활의 변화에 따라 식품에 대한 욕구도 양적 측면보다 질적 측면이 강조되고 있다. 또한 식품제조·가공기술이 급속하게 발달하면서 식품을 제조하는 공장의 규모가 커지고 공정이 복잡해졌다. 따라서 이를 적절하게 유지·관리할 수 있는 기술인력이 필요하게 되어 식품안전기사 자격 제도를 제정하였다. 특히, 2025년에 개편된 식품안전기사 필기의 핵심내용은 HACCP 적용업체가 지속적으로 증가함에 따라 HACCP의 효율적 운영·관리를 담당하는 HACCP 전문인력을 양성·확보하는 것이다.

2 취득방법

시행처		한국산업인력공단
관련학과		전문대학 및 대학의 식품공학, 식품가공학 관련 학과
시험과목	필기	식품안전, 식품화학, 식품가공·공정공학, 식품미생물 및 생화학
	실기	식품안전관리 실무
검정방법	필기	객관식 4지 택일형, 과목당 객관식 20문항(과목당 30분)
	실기	필답형(2시간 30분)
합격기준	필기	100점을 만점으로 하여 과목당 40점 이상, 전과목 평균 60점 이상
	실기	필답형(2시간 30분)

3 시험일정

구분	필기원서접수 (인터넷)	필기시험	필기합격 (예정자) 발표
정기 기사 1회	1월경	3월경	3월경
정기 기사 2회	4월경	5월경	6월경
정기 기사 3회	7월경	8월경	9월경

※ 시험일정 및 시험응시방법 등에 관한 자세한 사항은 큐넷 홈페이지(www.q-net.or.kr) 참고

제1과목　**식품안전**

01 다음 중 식품위생법상 화학적 합성품으로 볼 수 없는 것은?

① 산화반응에 의하여 제조한 것
② 축합반응에 의하여 제조한 것
③ 분해반응에 의하여 제조한 것
④ 중화반응에 의하여 제조한 것

02 식중독에 관한 보고를 받은 시장·군수·구청장은 누구에게 보고하여야 하나?

㉮ 보건소장
㉯ 시·도지사
㉰ 보건복지부장관
㉱ 식품의약품안전처장

① ㉮, ㉯
② ㉮, ㉰
③ ㉯, ㉱
④ ㉰, ㉱

03 식품안전관리인증기준을 준수하여야 하는 식품이 아닌 것은?

① 레토르트식품
② 어육가공품 중 어묵류
③ 커피류
④ 즉석조리식품 중 순대

04 식품의 기준 및 규격에서 식품종의 분류에 해당하는 것은?

① 음료류
② 햄류
③ 조미식품
④ 과채주스

05 식품 및 축산물 안전관리인증기준에 의거하여 식품(식품첨가물 포함) 제조·가공 업소, 건강기능식품제조업소, 집단급식소식품판매업소, 축산물작업장·업소의 선행요건 관리 대상이 아닌 것은?

① 용수관리
② 차단방역관리
③ 회수 프로그램 관리
④ 검사관리

06 식품 제조 가공 작업장의 위생관리에 관한 설명이 옳은 것은?

① 물품검수구역, 일반작업구역, 냉장보관구역 중 일반작업구역의 조명이 가장 밝아야 한다.
② 화장실에는 손을 씻고 물기를 닦기 위하여 깨끗한 수건을 비치하는 것이 바람직하다.
③ 식품의 원재료 입구와 최종제품 출구는 반대 방향에 위치하는 것이 바람직하다.
④ 작업장에서 사용하는 위생 비닐장갑은 파손되지 않는 한 계속 사용이 가능하다.

07 선별 및 검사구역 작업장 등 육안확인이 필요한 곳의 조도는 얼마로 유지하여야 하는가?

① 110lux
② 260lux 이상
③ 450lux 이상
④ 540lux 이상

08 식품 제조·가공 업소의 작업 관리 방법으로 틀린 것은?

① 작업장(출입문, 창문, 벽, 천장 등)은 누수, 외부의 오염물질이나 해충·설치류 등의 유입을 차단할 수 있도록 밀폐 가능한 구조이어야 한다.
② 식품 취급 등의 작업은 안전사고 방지를 위하여 바닥으로부터 60cm 이하의 높이에서 실시하여야 한다.
③ 작업장은 청결구역(식품의 특성에 따라 청결구역은 청결구역과 준청결구역으로 구별할 수 있다.)과 일반구역으로 분리하고 제품의 특성과 공정에 따라 분리, 구획 또는 구분할 수 있다.
④ 작업장은 배수가 잘 되어야 하고 배수로에 퇴적물이 쌓이지 아니 하여야 하며, 배수구, 배수관 등은 역류가 되지 아니 하도록 관리하여야 한다.

09 식품 제조 가공에 사용되는 용수검사에 대한 설명으로 잘못된 것은?

① 지하수를 사용하는 경우에는 먹는물 수질기준 전 항목에 대하여 연 1회 이상 검사를 실시하여야 한다.
② 음료류 등 직접 마시는 용도의 경우는 반기 1회 이상 검사를 실시하여야 한다.
③ 먹는물 수질기준에 정해진 미생물학적 항목에 대한 검사를 반기에 1회 이상 실시하여야 한다.
④ 미생물학적 항목에 대한 검사는 간이검사키트를 이용하여 자체적으로 실시할 수 있다.

10 HACCP의 7원칙에 해당하지 않는 것은?

① 위험요인 분석
② 기록 보관 및 문서화 방법 설정
③ 모니터링 절차 설정
④ 작업공정도 작성

11 HACCP 팀원 구성으로 다음 분야에 책임자가 포함되어야 한다. 해당하지 않는 사항은?

① 시설·설비의 공무관계 책임자
② 종사자 보건관리 책임자
③ 식품위생 관련 품질관리업무 책임자
④ 운반수송 관리 책임자

12 위해요소 분석 시 활용할 수 있는 기본 자료가 아닌 것은?

① 해당 식품 관련 역학조사 자료
② 업체자체 오염실태조사 자료
③ 관리기준의 설정
④ 기존의 작업공정에 대한 정보

13 위해요소 분석 시 위해요소 분석 절차가 바르게 나열된 것은?

> ㉠ 위해요소 분석 목록표 작성
> ㉡ 잠재적 위해요소 도출 및 원인규명
> ㉢ 위해평가(심각성, 발생가능성)
> ㉣ 예방조치 및 관리방법 결정

① ㉠ → ㉡ → ㉢ → ㉣
② ㉡ → ㉢ → ㉣ → ㉠
③ ㉢ → ㉠ → ㉡ → ㉣
④ ㉢ → ㉡ → ㉠ → ㉣

14 중요관리점(CCP) 결정의 내용에 포함되지 않는 것은?

① 위해요소가 예방되는 지점
② 위해요소가 제거되는 지점
③ 위해요소가 허용수준으로 감소하는 지점
④ 위해요소가 제거될 수 없는 지점

15 위해를 관리함에 있어서 그 허용 한계를 구분하는 모니터링의 기준을 무엇이라 하는가?

① CCP
② CL
③ SSOP
④ HA

16 중요관리점(CCP)가 정확히 관리되고 있음을 확인하며 검증 시에 이용할 수 있는 정확한 기록의 기입을 위하여 관찰, 측정 또는 시험검사 하는 것을 무엇이라 하는가?

① 모니터링
② 중요관리점
③ 검증
④ 개선조치

17 감독기관의 검증 절차 내용이 아닌 것은?

① 검증 기록의 검토
② CCP 모니터링 기록의 검토
③ 수입식품의 품질 검토
④ HACCP 계획과 개정에 대한 검토

18 식품 또는 먹는물 중 노출된 집단의 50%를 치사시킬 수 있는 유해물질의 농도를 나타내는 것은?

① LD_{50}
② LC_{50}
③ TD_{50}
④ ADI

19 관능검사 중 가장 많이 사용되는 검사법으로 일반적으로 훈련된 패널요원에 의하여 식품시료 간의 관능적 차이를 분석하는 검사법은?

① 차이식별검사
② 향미프로필검사
③ 묘사분석
④ 기호도검사

20 일반세균수 검사에서 세균수의 기재보고 방법으로 틀린 것은?

① 일반적으로 표준평판법에 의해 검체 1mL 중의 세균수를 기재한다.

② 유효숫자를 3단계로 끊어 이하를 0으로 한다.

③ 1평판에 있어서의 집락수는 상당 희석 배수로 곱한다.

④ 숫자는 높은 단위로부터 3단계에서 반올림한다.

제2과목   **식품화학**

21 결합수에 대한 설명이 틀린 것은?

① 미생물의 번식과 성장에 이용되지 못한다.

② 당류, 염류 등 용질에 대한 용매로 작용하지 않는다.

③ 보통의 물보다 밀도가 작다.

④ 식품성분과 수소결합을 한다.

22 포도당이 아글리콘(aglycone)과 에테르 결합을 한 화합물의 명칭은?

① glucoside   ② glycoside

③ galactoside   ④ riboside

23 고메톡실 펙틴은 메톡실 함량이 일반적으로 몇 % 정도인가?

① 45~50%   ② 25~30%

③ 7~14%   ④ 0~7%

24 돼지감자에 많이 함유되어 있는 성분으로 우리 몸 안에서 체내 효소에 의하여 가수분해되지 않기 때문에 저칼로리 효과를 기대할 수 있는 성분은?

① 갈락탄(galactan)

② 잘라핀(jalapin)

③ 이눌린(inulin)

④ 솔라닌(solanine)

25 소고기와 양고기의 지방산은 닭고기, 돼지고기의 지방산 조성에 비하여 어떤 지방산의 함량이 높아 상대적으로 높은 융점을 갖게 되는가?

① 스테아르산   ② 팔미트산

③ 리놀레산   ④ 올레산

26 섬유상 단백질이 아닌 것은?

① 미오신   ② 액틴

③ 액토미오신   ④ 미오글로빈

27 단백질 가열 시 발생하는 열변성에 가장 영향을 적게 주는 인자는?

① 온도

② 수분 함량

③ 유화제 함량과 종류

④ 전해질의 종류와 농도

28 칼슘대사에 대한 설명으로 옳은 것은?

① 젖산과 유당은 칼슘의 흡수를 억제하는 요인이다.

② 식이섬유소와 시금치는 칼슘의 흡수를 증가시키는 요인이다.

③ 혈중 칼슘농도 조절인자에는 비타민 D, 칼시토닌, 부갑상선 호르몬이 있다.

④ 칼슘은 상처회복을 돕고 면역기능을 원활히 한다.

29 설탕에 소금 0.15%를 가했을 때 단맛이 증가되는 현상은?

① 맛의 강화현상 ② 맛의 소실현상

③ 맛의 변조현상 ④ 맛의 탈삽현상

30 양파를 잘랐을 때 나는 유황화합물의 향기 성분은?

① sedanolide

② taurine

③ propylmercaptan

④ piperidine

31 생고구마나 풋감을 칼로 깎으면 검은색의 착색물이 생기는 이유는?

① 조직의 파손으로 인한 효소적 변색반응 때문이다.

② 철과 플라보노이드 화합물의 반응 때문이다.

③ 철과 펙틴(pectin)질의 반응 때문이다.

④ 단백질의 응고 때문이다.

32 메밀에는 혈관의 저항력을 향상시켜주는 성분이 함유되어 있다. 다음 중 이 성분은?

① 라이신(lysine)

② 루틴(rutin)

③ 트립토판(tryptophan)

④ 글루텐(gluten)

33 식품에 외부에서 힘을 가했을 때 식품의 형태가 변형되었다가 다시 가해진 압력을 제거하면 원래의 모습으로 돌아가려는 성질은?

① 점탄성 ② 탄성

③ 소성 ④ 항복치

34 자외선을 받으면 생리활성을 갖게 되는 물질로서 비타민 D의 전구물질은 어느 것인가?

① β-싸이토스테롤(β-sitosterol)

② 7-디히드로 콜레스테롤(7-dehydro cholesterol)

③ 스티그마스테롤(stigmasterol)

④ 크립토잔틴(cryptoxanthin)

35 β-전분에 물을 넣고 가열하면 α-전분이 되어 소화가 용이하게 된다. α-전분을 실온에 방치할 때 β-전분으로 환원되는 현상은?

① 노화현상 ② 가수분해현상

③ 호화현상 ④ 산패현상

36 청색값(blue value)이 8인 아밀로펙틴에 β-amylase를 반응시키면 청색값의 변화는?

① 낮아진다.
② 높아진다.
③ 순간적으로 낮아졌다가 시간이 지나면 다시 8로 돌아간다.
④ 순간적으로 높아졌다가 시간이 지나면 다시 8로 돌아간다.

37 TBA(thiobarbituric acid) 시험은 무엇을 측정하고자 하는 것인가?

① 필수지방산의 함량
② 지방의 함량
③ 유지의 불포화도
④ 유지의 산패도

38 배추나 오이로 김치를 담으면 시간이 지남에 따라 녹색이 갈색으로 변하게 되는데, 이때 생성되는 갈색물질은?

① 페오피틴(pheophytin)
② 프로피린(porphyrin)
③ 피톨(phytol)
④ 프로피온산(propionic acid)

39 아래는 식품 등의 표시기준상 트랜스지방의 정의를 나타낸 것이다. ( ) 안에 들어갈 용어를 순서대로 나열한 것은?

> "트랜스지방"이라 함은 트랜스구조를 ( )개 이상 가지고 있는 ( )의 모든 ( )을 말한다.

① 1 – 비공액형 – 불포화지방산
② 1 – 비공액형 – 포화지방산
③ 2 – 공액형 – 불포화지방산
④ 2 – 공액형 – 포화지방산

40 아래의 반응식에 의한 제조방법으로 만들어지는 식품첨가물명과 주요 용도를 옳게 나열한 것은?

$$CH_3CH_2COOH + NaOH \longrightarrow CH_3CH_2COONa + H_2O$$

① 카르복시메틸셀룰로오스나트륨 – 증점제
② 스테아릴젖산나트륨 – 유화제
③ 차아염소산나트륨 – 합성살균제
④ 프로피온산나트륨 – 보존료

제3과목	식품가공 · 공정공학

41 현미를 백미로 도정할 때 쌀겨 층에 해당되지 않는 것은?

① 과피　　　　② 종피
③ 왕겨　　　　④ 호분층

42 콩 단백질의 특성과 관계가 없는 것은?

① 콩 단백질은 묽은 염류용액에 용해된다.
② 콩을 수침하여 물과 함께 마쇄하면 인산 칼륨 용액에 콩 단백질이 용출된다.
③ 콩 단백질은 90%가 염류용액에 추출되며, 이중 80% 이상이 glycinin이다.
④ 콩 단백질의 주성분인 glycinin은 양(+) 전하를 띠고 있다.

43 아미노산 간장 제조 시 탈지대두박을 염산으로 가수분해할 때 탈지대두박에 남아 있는 미량의 핵산이 염산과 반응하여 생기는 염소화합물은?

① MCPD   ② MSG
③ NaCl   ④ NaOH

44 밀가루의 품질시험방법이 잘못 짝지어진 것은?

① 색도 – 밀기울의 혼입도
② 입도 – 체눈 크기와 사별 정도
③ 패리노그래프 – 점탄성
④ 아밀로그래프 – 인장항력

45 밀가루 반죽의 개량제로 비타민 C를 사용하는 주된 이유는?

① 향기를 부여하기 위하여
② 밀가루의 숙성을 위하여
③ 영양성의 향상을 위하여
④ 밀가루의 표백을 위하여

46 전분유를 경사진 곳에서 흐르게 하여 전분을 침전시켜 제조하는 방법은?

① 테이블법   ② 탱크침전법
③ 원심분리법   ④ 정제법

47 과실 또는 채소류의 가공에서 열처리의 목적이 아닌 것은?

① 산화효소를 파괴하여 가공 중에 일어나는 변색과 변질 방지
② 원료 중 특수성분이 용출되도록 하여 외관, 맛의 변화 및 부피 증가 유도
③ 원료 조직을 부드럽게 변화
④ 미생물의 번식 억제 유효

48 고온 · 고압 살균을 요하지 않는 것은?

① 아스파라가스 통조림
② 양송이 통조림
③ 감자 통조림
④ 복숭아 통조림

49 초콜릿 제조 시 blooming을 방지하기 위한 공정은?

① tempering   ② conching
③ 성형   ④ 압착

50 샐러드유(salad oil)의 특성과 거리가 먼 것은?

① 불포화 결합에 수소를 첨가한다.

② 색과 냄새가 없다.

③ 저장 중에 산패에 의한 풍미의 변화가 적다.

④ 저온에서 혼탁하거나 굳어지지 않는다.

51 유지 채취 시 전처리 방법이 아닌 것은?

① 정선   ② 탈각

③ 파쇄   ④ 추출

52 우유의 초고온살균법(UHT) 멸균조건은 다음 조건 중 어느 것을 선택하여야 하는가?

① 130~135℃에서 0.5~2초간

② 61~65℃에서 30분간

③ 70~75℃에서 15~16초간

④ 120℃에서 15분간

53 가공치즈란 총 유고형분 중 자연치즈에서 유래한 유고형분이 몇 % 이상인 것을 말하는가?

① 10%   ② 18%

③ 50%   ④ 71%

54 햄을 가공할 때 정형한 고기를 혼합염(식염, 질산염 등)으로 염지하지 않고 가열하면 어떻게 되는가?

① 결착성과 보수성이 발현된다.

② 탄성을 가지게 된다.

③ 형이 그대로 보존된다.

④ 조직이 뿔뿔이 흩어진다.

55 마요네즈는 달걀의 어떠한 성질을 이용하여 만드는가?

① 기포성   ② 유화성

③ 포립성   ④ 응고성

56 농후난백의 3차원 망막구조를 형성하는 데 기여하는 단백질은?

① conalbumin   ② ovalbumin

③ ovomucin   ④ zein

57 CA저장(controlled atmosphere storage)에 가장 유리한 식품은?

① 곡류   ② 과채류

③ 어육류   ④ 우유류

58 동결진공건조법의 공정에 속하지 않는 것은?

① 식품의 동결

② 건조실내의 감압

③ 승화열의 공급

④ 건조실내에 수증기의 송입

59 냉동식품의 포장재로 지녀야 할 성질이 아닌 것은?

① 유연성이 있을 것

② 방습성이 있을 것

③ 가열수축성이 없을 것

④ 가스 투과성이 낮을 것

60 금속평판으로부터의 열플럭스의 속도는 1,000W/m²이다. 평판의 표면온도는 120℃이며, 주위온도는 20℃이다. 대류열전달계수는?

① 50W/m²℃   ② 30W/m²℃

③ 10W/m²℃   ④ 5W/m²℃

제4과목   **식품미생물 및 생화학**

61 미생물에서 협막과 점질층의 구성물이 아닌 것은?

① 다당류   ② 폴리펩타이드

③ 지질   ④ 핵산

62 광합성 무기영양균(photolithotroph)과 관계없는 것은?

① 에너지원을 빛에서 얻는다.

② 보통 H_2S를 수소 수용체로 한다.

③ 녹색황세균과 홍색황세균이 이에 속한다.

④ 통성 혐기성균이다.

63 다음 균주 중 분생포자(conidia)를 만드는 것은?

① *Penicillium notatum*

② *Mucor mucedo*

③ *Toluraspora fermentati*

④ *Thamnidium elegans*

64 황변미는 여름철 쌀의 저장 중 수분 15~20%에서도 미생물이 번식하여 대사독성 물질이 생성되는 것이다. 다음 중 이에 관련된 미생물은?

① *Bacillus subtillis, Bacillus mesentericus*

② *Lactobacillus plantarum, Escherichia coli*

③ *Penicillus citrinum, Penicillus islandi cum*

④ *Mucor rouxii, Rhizopus delemar*

65 다음 효모 중 분열에 의해서 증식하는 효모는?

① *Saccharomyces*속

② *Hansenula*속

③ *Schizosaccharomyces*속

④ *Candida*속

66 김치류의 숙성에 관여하는 젖산균이 아닌 것은?

① *Escherichia*속

② *Leuconostoc*속

③ *Pediococcus*속

④ *Lactobacillus*속

67 카로티노이드 색소를 띄는 적색효모로 균체 내에 많은 지방을 함유하고 있는 것은?

① *Candida albicans*

② *Saccharomyces cerevisiae*

③ *Debaryomyces hansenii*

④ *Rhodotorula glutinus*

68 홍조류에 대한 설명 중 틀린 것은?

① 클로로필 이외에 피코빌린이라는 색소를 갖고 있다.

② 열대 및 아열대 지방의 해안에 주로 서식하며 한천을 추출하는 원료가 된다.

③ 세포벽은 주로 셀룰로오스와 알긴으로 구성되어 있으며 길이가 다른 2개의 편모를 갖고 있다.

④ 엽록체를 갖고 있어 광합성을 하는 독립 영양 생물이다.

69 다음 중 세포융합의 단계에 해당하지 않는 것은?

① 세포의 protoplast화

② 융합체의 재생

③ 세포분열

④ protoplast의 응집

70 그람(gram) 음성세균에 해당되는 것은?

① *Enterobacter aerogenes*

② *Staphylococcus aureus*

③ *Sarcina lutea*

④ *Lactobacillus bulgaricus*

71 다음 중 제조방법에 따라 병행복발효주에 속하는 것은?

① 맥주   ② 약주

③ 사과주   ④ 위스키

72 맥아즙 자비(wort boiling)의 목적이 아닌 것은?

① 맥아즙의 살균

② 단백질의 침전

③ 효소작용의 정지

④ pH의 상승

73 당밀을 원료로 하여 주정발효 시 이론 주정 수율의 90%를 넘지 못한다. 이와 같은 원인은 효모균체 증식에 소비되는 발효성 당이 2~3% 소비되기 때문이다. 이와 같은 발효성 당의 소비를 절약하는 방법으로 고안된 것은?

① Urises de Melle법

② Hildebrandt-Erb법

③ 고농도술덧 발효법

④ 연속유동 발효법

74 비타민 B_{12}는 코발트를 함유하는 빨간색 비타민으로 미생물이 자연계의 유일한 공급원인데 그 미생물은 무엇인가?

① 곰팡이(Fungi)   ② 효모(Yeast)

③ 세균(Bacteria)   ④ 바이러스(Virus)

75 아래의 대사경로에서 최종생산물 P가 배지에 다량 축적되었을 때 P가 A → B로 되는 반응에 관여하는 효소 EA의 작용을 저해시키는 것을 무엇이라고 하는가?

$$A \xrightarrow{E_A} B \longrightarrow C \longrightarrow D \longrightarrow P$$

① feed back repression

② feed back inhibition

③ competitive inhibition

④ noncompetitive inhibition

76 산화 환원 효소계의 보조인자(조효소)가 아닌 것은?

① NADH+H

② NADPH+H^+

③ 판토텐산(Panthothenate)

④ $FADH_2$

77 HFCS(High Fructose Corn Syrup) 55의 생산에 이용되는 효소는?

① amylase

② glucoamylase

③ glucose isomerase

④ glucose dehydrogenase

78 HMP 경로의 중요한 생리적 의미는?

① 알코올 대사를 촉진시킨다.

② 저혈당과 피로회복 시에 도움을 준다.

③ 조직 내로의 혈당 침투를 촉진시킨다.

④ 지방산과 스테로이드 합성에 이용되는 NADPH를 생성한다.

79 글리신(glycine) 수용액의 HCl과 NaOH 수용액으로 적정하게 얻은 적정곡선에서 $pK_1=2.4$, $pK_2=9.6$일 때 등전점은 얼마인가?

① pH 3.6　　② pH 6.0

③ pH 7.2　　④ pH 12.6

80 비타민과 보효소의 관계가 틀린 것은?

① 비타민 B_1 – TPP

② 비타민 B_2 – FAD

③ 비타민 B_6 – THF

④ 나이아신(Niacin) – NAD

제1과목   식품안전

01 식품위생법상 식중독 환자를 진단한 의사가 1차적으로 보고하여야 할 기관은?

① 관할 읍·면·동장
② 관할 보건소장
③ 관할 경찰서장
④ 관할 시장·군수·구청장

02 다음 중 식품영업에 종사할 수 있는 자는?

① 후천성면역결핍증 환자
② 피부병 기타 화농성 질환자
③ 콜레라 환자
④ 비전염성 결핵환자

03 HACCP 연장심사 신청은 만료일로부터 며칠 전에 신청해야 하는가?

① 20일   ② 30일
③ 50일   ④ 60일

04 식품 등의 세부표시기준상 주류의 제조연월일 표시기준으로 옳은 것은?

① 제조 "일"만을 표시할 수 있다.
② 병마개에 표시하는 경우에는 제조 "연월"만을 표시할 수 있다.
③ 제조번호 또는 병입연월일을 표시한 경우에는 제조일자를 생략할 수 있다.
④ 제조일과 제조시간을 함께 표시하여야 한다.

05 식품제조 · 가공업의 HACCP 적용을 위한 선행요건이 틀린 것은?

① 작업장은 독립된 건물이거나 식품취급 외의 용도로 사용되는 시설과 분리되어야 한다.
② 채광 및 조명시설은 이물 낙하 등에 의한 오염을 방지하기 위한 보호장치를 하여야 한다.
③ 선별 및 검사구역 작업장의 밝기는 220 룩스 이상을 유지하여야 한다.
④ 원·부자재의 입고부터 출고까지 물류 및 종업원의 이동동선을 설정하고 이를 준수하여야 한다.

06 세척 또는 소독기준에 포함되지 않는 사항은?

① 세척·소독 대상별 세척·소독 부위

② 세척·소독 방법 및 주기

③ 세척·소독 책임자

④ 세제·소독제 보관 관리

07 식품 제조 가공에 사용되는 용수로 지하수를 사용하는 경우 먹는물 수질기준 전 항목에 대한 검사 주기는?

① 월 1회　　② 반기에 2회

③ 연 1회　　④ 연 2회

08 단체급식 HACCP 선행요건관리와 관련하여 옳은 것을 모두 고른 것은?

> ㉮ 배식 온도관리 기준에서 냉장식품은 10℃ 이하, 온장식품은 50℃ 이상에서 보관한다.
> ㉯ 조리한 식품의 보존식은 5℃ 이하에서 48시간까지 보관한다.
> ㉰ 냉장시설은 내부의 온도를 10℃ 이하, 냉동시설은 −18℃로 유지해야 한다.
> ㉱ 운송차량은 냉장의 경우 10℃ 이하, 냉동의 경우 −18℃ 이하를 유지할 수 있어야 한다.

① ㉮, ㉯　　② ㉮, ㉱

③ ㉯, ㉰　　④ ㉰, ㉱

09 식품안전관리인증기준(HACCP) 준비단계의 순서로 옳은 것은?

> ㉠ 공정흐름도 작성
> ㉡ 제품의 용도 확인
> ㉢ HACCP 팀 구성
> ㉣ 공정흐름도 현장 확인
> ㉤ 제품 설명서 작성

① ㉢ → ㉠ → ㉣ → ㉡ → ㉤

② ㉢ → ㉡ → ㉠ → ㉣ → ㉤

③ ㉢ → ㉤ → ㉡ → ㉠ → ㉣

④ ㉢ → ㉣ → ㉤ → ㉡ → ㉠

10 HACCP의 적용 순서 2단계인 제품설명서 작성 내용에 포함되지 않아도 되는 것은?

① 제품유형 및 성상

② 섭취 방법

③ 소비기간

④ 포장방법 및 재질

11 위해요소 분석 시 위해요소 3종류가 아닌 것은?

① 생물학적 위해요소

② 면역학적 위해요소

③ 물리적 위해요소

④ 화학적 위해요소

12 CCP 결정도에서 사용되는 5가지 질문 내용에 포함되지 않는 것은?

① 선행요건이 있으며 잘 관리되고 있는가?
② 확인된 위해요소에 대한 조치방법이 있는가?
③ 확인된 위해요소의 오염이 허용수준을 초과하는가?
④ 위해요소가 완전히 없어졌는가?

13 식품의 제조 · 가공 공정에서 일반적인 HACCP의 한계기준으로 부적합한 것은?

① 미생물 수
② Aw와 같은 제품 특성
③ 온도 및 시간
④ 금속검출기 감도

14 HACCP에서 모니터링(Monitoring)의 목적에 해당하는 것은?

① HACCP 추진의 범위 통제
② 공정도의 현장 검증
③ 위해물질이 정확히 관리되고 있는지 여부 확인
④ 위해 허용 한도의 이탈 감시

15 검증 절차의 수립에서 검증은 다음 3가지의 형태의 활동으로 구성된다. ⓛ에 들어갈 수 있는 것은?

> ㉠ 기록의 확인 → ⓛ ( ) → ㉢ 시험·검사

① 현장 확인
② 적정 제조 기준
③ 위생관리 기준
④ 위해물질 농도

16 어떤 첨가물의 LD_{50}의 값이 적다는 것은 어느 것을 의미하는가?

① 독성이 작다.
② 독성이 크다.
③ 보존성이 작다.
④ 보존성이 크다.

17 일반세균수를 검사하는 데 주로 사용되는 방법은?

① 최확수법
② Rezazurin
③ Breed법
④ 표준한천평판배양법

18 관능검사 방법 중 종합적 차이검사는 전체적 관능 특성의 차이유무를 판별하고자 기준 시료와 비교하는 것인데 이때 사용하는 방법이 아닌 것은?

① 일–이점검사
② 삼점검사
③ 단일시료검사
④ 이점비교검사

19 시료의 대장균검사에서 최확수(MPN)가 3이라면 검체 1L 중에 얼마의 대장균이 들어있는가?

① 30

② 300

③ 3,000

④ 30,000

20 수질검사를 위한 불소의 측정 시 검수의 전처리 방법에 해당하지 않는 것은?

① 비화수소법

② 증류법

③ 이온 교환수지법

④ 잔류염소의 제거

제2과목 **식품화학**

21 다음과 같은 배합비를 가진 식품의 수분활성도는 약 얼마인가?

- 포도당(분자량 180) 18%
- 비타민 C(분자량 176) 1.7%
- 비타민 A(분자량 286) 2.8%
- 수분 77.5%

① 0.89

② 0.91

③ 0.93

④ 0.98

22 전통적인 제조법에 의한 식혜의 감미성분은?

① 갈락토오스(galactose)

② 락토오스(lactose)

③ 만노오스(mannose)

④ 말토오스(maltose)

23 멜라민의 기준에 대한 아래의 표에서 (   ) 안에 알맞은 것은?

대상식품	기준
• 특수용도식품 중 영아용 조제식, 성장기용 조제식, 영·유아용 곡류조제식, 기타 영·유아식, 특수의료용도 등 식품 • 「축산물의 가공기준 및 성분규격」에 따른 조제분유, 조제우유, 성장기용 조제우유, 기타 조제우유	불검출
• 상기 이외의 모든 식품 및 식품첨가물	( )mg/kg 이하

① 0.5

② 1.0

③ 1.5

④ 2.5

24 고구마를 절단하여 보면 고구마의 특수성분으로 흰색 유액이 나오는데 이 성분은 무엇인가?

① 사포닌(saponin)

② 얄라핀(jalapin)

③ 솔라닌(solanine)

④ 이눌린(inulin)

25 청색값(blue value)이 8인 아밀로 펙틴에 *α*-amylase를 작용시킨 후 청색값을 측정하였다면 청색값은 어떻게 변화하는가?

① 1.3 정도로 낮아진다.

② 10.5로 증가한 값으로 나타난다.

③ 8값이 그대로 유지된다.

④ 처음에는 3.5 정도로 감소하다가 시간이 지나면 다시 8 정도로 돌아갈 것이다.

26 식품 중 단백질 변성에 대한 설명 중 옳은 것은?

① 단백질 변성이란 공유결합 파괴 없이 분자 내 구조 변형이 발생하여 1, 2, 3, 4차 구조가 변화하는 현상이다.

② 결합조직 중 collagen은 가열에 의해 gelatin으로 변성된다.

③ 어육의 경우 동결에 의해 물이 얼음으로 동결되면서 단백질 입자가 상호 접근하여 결합되는 염용(salting-in)현상이 주로 발생한다.

④ 우유 단백질인 casein의 경우 등전점 부근에서 가장 잘 변성이 되지 않는다.

27 지방질의 불포화도를 나타내는 것은?

① 비누화 값(saponification value)

② 요오드가(iodine value)

③ 산가(acid value)

④ 폴렌스케 값(polenske value)

28 다음 중 질소환산계수가 가장 큰 식품은?

① 쌀

② 팥

③ 대두

④ 밀

29 아래의 ascorbic acid에 대한 설명 중 ( ) 안에 알맞은 것은?

> 아스코르브산은 (A)의 유도체로서 4위와 5위의 탄소가 비대칭탄소이므로 (B)개의 이성체가 있다.

① A : 만노오스, B : 2

② A : 헥소오스, B : 4

③ A : 펜토오스, B : 2

④ A : 리보오스, B : 4

30 꽃이나 과일의 청색, 적색, 자색 등의 수용성 색소를 총칭하는 것은?

① chlorophyll

② carotenoid

③ anthoxanthin

④ anthocyanin

31 양파, 무 등의 매운맛 성분인 황화 allyl류를 가열할 때 단맛을 나타내는 성분은?

① allicine

② allyl disulfide

③ alkylmercaptan

④ sinigrin

32 소수성 아미노산인 L-leucine의 맛과 유사한 것은?

① 3.0% 포도당의 단맛
② 1.0% 소금의 짠맛
③ 0.5% malic acid의 신맛
④ 0.1% caffeine의 쓴맛

33 냄새성분과 그 특성의 연결이 틀린 것은?

① 알데히드류(aldehyde) - 식물의 풋내, 유지 식품의 기름진 풍미 및 산패취
② 에스테르류(ester) - 과일과 꽃의 중요한 향기성분
③ TMAO(trimethylamine oxide) - 생선 비린내 성분
④ 피라진류(pyrazines) - 질소를 함유한 화합물로 고기향, 땅콩향, 볶음향 등의 특성을 나타내는 성분

34 식품의 가공 중 발생하는 변색으로 옳은 것은?

① 녹차를 발효시키면 polyphenol oxidase에 의해 theaflavin이라는 적색색소가 형성된다.
② 감자를 깎았을 때 갈변은 주로 glucose oxidase에 의한 변화이다.
③ 고온에서 빵이나 비스킷의 제조 시 발생하는 갈변은 주로 마이야르(maillard) 반응에 의한 것이다.
④ 새우와 게를 가열하면 아스타신(astacin)이 아스타크산틴(astaxanthin)으로 변화되어 붉은 색을 나타낸다.

35 기능이 다른 유화제A(HLB 20)와 B(HLB 4.0)를 혼합아여 HLB가 5.0인 유화제혼합물을 만들고자 한다. 각각 얼마씩 첨가해야 하는가?

① A 85(%)+B 15(%)
② A 6(%)+B 94(%)
③ A 65(%)+B 35(%)
④ A 55(%)+B 45(%)

36 35%의 HCl을 희석하여 10% HCl 500mL를 제조하고자 할 때 필요한 증류수의 양은 약 얼마인가?

① 143mL   ② 234mL
③ 187mL   ④ 357mL

37 식품의 텍스처를 측정하는 texturometer에 의한 texture-profile로부터 알 수 없는 특성은?

① 탄성   ② 저작성
③ 부착성   ④ 안정성

38 식용유지의 자동산화 중 나타나는 변화가 아닌 것은?

① 과산화물가가 증가한다.
② 공액형 이중결합(conjugated double bonds)을 가진 화합물이 증가한다.
③ 요오드가가 증가한다.
④ 산가가 증가한다.

39 간장에 사용할 수 있는 보존료는?

① 베타-나프톨(β-naphtol)

② 안식향산(benzoic acid)

③ 소르빈산(sorbic acid)

④ 데히드로초산(dehydro acetic acid)

40 sodium L-ascorbate는 주로 어떤 목적으로 이용되는가?

① 살균작용은 약하나 정균작용이 있으므로 보존료로 이용된다.

② 산화방지력이 있으므로 식용유의 산화방지 목적으로 사용된다.

③ 수용성이므로 색소의 산화방지에 이용된다.

④ 영양 강화의 목적에 적합하다.

제3과목 **식품가공 · 공정공학**

41 도정 후 쌀의 도정도를 결정하는 방법으로 적절하지 않은 것은?

① 수분 함량 변화에 의한 방법

② 색(염색법)에 의한 방법

③ 생성된 쌀겨량에 의한 방법

④ 도정시간과 횟수에 의한 방법

42 밀가루의 품질시험방법이 잘못 짝지어진 것은?

① 색도 – 밀기울의 혼입도

② 입도 – 체눈 크기와 사별 정도

③ 패리노그래프 – 점탄성

④ 아밀로그래프 – 인장항력

43 밀가루의 품질등급판정으로 회분함량을 기준하는 이유는?

① 밀기울에 회분이 많기 때문

② 배아부에도 회분이 많아서

③ 밀기울에 비타민, 미네랄이 많아서

④ 밀기울에 섬유소가 많아서

44 발효를 생략하고 기계적으로 반죽을 형성시키는 제빵 공정(no time dough method)에서 cystein을 첨가하면 cystein은 어떤 작용을 하는가?

① gluten의 -NH$_2$기에 작용하여 -N=N-로 산화한다.

② gluten의 -SH기에 작용하여 -S-S-로 산화한다.

③ gluten의 -S-S- 결합에 작용하여 -SH로 환원한다.

④ gluten의 -N=N- 결합에 작용하여 -NH$_2$로 환원한다.

45 전분의 가수분해 정도(dextrose equivalent, DE)에 따른 변화가 바르게 설명된 것은?

① DE가 증가할수록 점도가 낮아진다.
② DE가 증가할수록 감미도가 낮아진다.
③ DE가 감소할수록 삼투압이 높아진다.
④ DE가 감소할수록 결정성이 높아진다.

46 두부를 제조할 때 두유의 단백질 농도가 낮을 경우 나타나는 현상과 거리가 먼 것은?

① 두부의 색이 어두워진다.
② 두부가 딱딱해진다.
③ 가열변성이 빠르다.
④ 응고제와의 반응이 빠르다.

47 간장이나 된장 등의 장류를 담글 때 코오지(koji)를 만들어 쓰는 주된 이유는?

① 단백질이나 전분질을 분해시킬 수 있는 효소 활성을 크게 하기 위하여
② 식중독균의 발육을 억제하기 위하여
③ 색깔을 향상시키기 위하여
④ 보존성을 향상시키기 위하여

48 과실과 채소의 가공상 주의점 및 특성에 대한 설명으로 틀린 것은?

① 색깔이 가공 중에 변하지 않게 한다.
② 향기 성분은 파괴되지 않으므로 가열하여도 지장은 없다.
③ 비타민의 손실이 적도록 한다.
④ 과일 중의 유기산은 금속 화합물을 잘 만들므로 용기의 금속재료에 주의한다.

49 통조림의 뚜껑에 있는 익스팬션 링(Expansion ring)의 주 역할은?

① 상하의 구별을 쉽게 하기 위함이다.
② 충격에 견딜 수 있게 하기 위함이다.
③ 밀봉 시 관통과의 결합을 쉽게 하기 위함이다.
④ 내압의 완충 작용을 하기 위함이다.

50 감의 떫은맛을 없애는 처리의 원리로 옳은 것은?

① shibuol(diosprin)을 용출 제거시킨다.
② shibuol(diosprin)을 불용성 물질로 변화시킨다.
③ shibuol(diosprin)을 당분으로 전환시킨다.
④ shibuol(diosprin)을 분해시킨다.

51 김치의 초기 발효에 관여하는 저온숙성의 주 발효균은?

① *Leuconostoc mesenteroides*
② *Lactobacillus plantarum*
③ *Bacillus macerans*
④ *Pediococcus cerevisiae*

52 유지의 경화에 대한 설명으로 틀린 것은?

① 불포화지방산을 포화지방산으로 만드는 것이다.
② 쇼트닝, 마가린 등이 대표적인 제품이다.
③ 산화와 풍미변패에 대한 저항력을 높여준다.
④ 질소첨가반응으로 융점을 낮추어준다.

53 우유를 응고시켜 침전할 때 직접 관여하는 단백질은?

① a_s-casein
② κ-casein
③ β-lactoglobulin
④ β-casein

54 유가공업에서 가장 널리 사용되는 분유제조 방법은?

① 냉동건조
② Drum 건조
③ Foam-mat 건조
④ 분무건조

55 소시지를 만들 때 고기에 향신료 및 조미료를 첨가하여 혼합하는 기계는?

① silent cutter
② meat chopper
③ meat stuffer
④ packer

56 햄 제조 공정에서 간 먹이기 조작을 하는 주된 이유는?

① 저장성 및 풍미 부여
② 미생물의 발육 억제
③ 혈액 제거
④ 색소부여

57 마요네즈 제조 시 첨가하는 재료가 아닌 것은?

① 달걀흰자
② 샐러드오일
③ 식초
④ 달걀노른자

58 어류의 비린맛에 대한 설명으로 옳은 것은?

① 생선이 죽으면 트리메틸아민옥시드(tri methylamine oxide)가 트리메틸아민(trimethylamine)으로 변하여 생선 비린내가 난다.
② 생선이 죽으면 트리메틸아민이 트리메틸아민옥시드로 변하여 생선 비린내가 난다.
③ 생선 비린내 성분은 특히 담수어에 많이 함유된다.
④ 생선 비린내는 주로 관능검사법으로 품질 관리한다.

59 식품포장 재료의 용출시험 항목이 아닌 것은?

① 페놀(phenol)
② 포르말린(formalin)
③ 잔류농약
④ 중금속

60 6×10^4개의 포자가 존재하는 통조림을 100℃에서 45분 살균하여 3개의 포자가 살아남아 있다면 100℃에서 D값은?

① 5.46분 ② 10.46분
③ 15.46분 ④ 20.46분

64 *Mucor*속과 *Rhizopus*속이 형태학적으로 다른 점은?

① 포자낭의 유무 ② 포자낭병의 유무
③ 경자의 유무 ④ 가근의 유무

제4과목 **식품미생물 및 생화학**

61 세포 내의 막계(membrane system)가 분화, 발달되어 있지 않고 소기관(organelle)이 존재하지 않는 미생물은?

① *Saccharomyces*속
② *Escherichia*속
③ *Candida*속
④ *Aspergillus*속

65 효모의 Neuberg 제1발효 형식에서 에틸알코올 이외에 생성하는 물질은?

① CO_2 ② H_2O
③ $C_3H_5(OH)_3$ ④ CH_3CHO

66 killer yeast가 자신이 분비하는 독소에 영향을 받지 않는 이유는?

① 항독소를 생산한다.
② 독소 수용체를 변형시킨다.
③ 독소를 분해한다.
④ 독소를 급속히 방출시킨다.

62 진핵세포로 이루어져 있지 않은 것은?

① 곰팡이 ② 조류
③ 방선균 ④ 효모

67 세균의 내생포자에 특징적으로 많이 존재하며 열저항성과 관련된 물질은?

① 팹티도글리칸(peptidoglycan)
② 디피콜린산(dipicolinc acid)
③ 라이소자임(lysozyme)
④ 물

63 에틸알코올 발효 시 에틸알코올과 함께 가장 많이 생성되는 것은?

① CO_2 ② H_2O
③ $C_3H_5(OH)_3$ ④ CH_3OH

68 메주에서 흔히 발견되는 균이 아닌 것은?

① *Rhizopus oryzae*

② *Aspergillus flavus*

③ *Bacillus subtilis*

④ *Aspergillus oryzae*

69 바이러스 증식단계가 올바르게 표현된 것은?

① 부착단계 → 주입단계 → 단백외투 합성단계 → 핵산 복제단계 → 조립단계 → 방출단계

② 주입단계 → 부착단계 → 단백외투 합성단계 → 핵산 복제단계 → 조립단계 → 방출단계

③ 부착단계 → 주입단계 → 핵산 복제단계 → 단백외투 합성단계 → 조립단계 → 방출단계

④ 주입단계 → 부착단계 → 조립단계 → 핵산 복제단계 → 단백외투 합성단계 → 방출단계

70 다음 중 그람 염색 특성이 다른 세균과 다른 것은?

① *Lactobacillus*속

② *Staphylococcus*속

③ *Escherichia*속

④ *Bacillus*속

71 심부배양과 비교하여 고체배양이 갖는 장점이 아닌 것은?

① 곰팡이에 의한 오염을 방지할 수 있다.

② 공정에서 나오는 폐수가 적다.

③ 시설비가 적게 들고 소규모 생산에 유리하다.

④ 배지조성이 단순하다.

72 하면발효효모에 해당되는 것은?

① *Saccharomyces cerevisiae*

② *Saccharomyces carlsbergensis*

③ *Saccharomyces sake*

④ *Saccharomyces coreanus*

73 다음의 효모 중 김치류의 표면에 피막을 형성하며, 질산염을 자화하지 않는 것은?

① *Saccharomyces*속

② *Pichia*속

③ *Rhodotorula*속

④ *Hansenula*속

74 비타민 B$_{12}$를 생육 인자로 요구하는 비타민 B$_{12}$의 미생물적인 정량법에 이용되는 균주는?

① *Staphylococcus aureus*

② *Bacillus cereus*

③ *Lactobacillus leichmanii*

④ *Escherichia coli*

75 치즈 숙성에 관련된 균이 아닌 것은?

① *Penicillium camemberti*

② *Aspergillus oryzae*

③ *Penicillium roqueforti*

④ *Propionibacterium freudenreichii*

76 효소반응과 관련하여 경쟁적 저해(competitive inhibition)에 대한 설명으로 옳은 것은?

① K_m 값은 변화가 없다.

② V_{max} 값은 감소한다.

③ Lineweaver-Burk plot의 기울기에는 변화가 없다.

④ 경쟁적 저해제의 구조는 기질의 구조와 유사하다.

77 피루브산(pyruvic acid)을 탈탄산하여 아세트알데히드(acetaldehyde)로 만드는 효소는?

① alcohol carboxylase

② pyruvate carboxylase

③ pyruvate decarboxylase

④ alcohol decarboxylase

78 프로스타글란딘(prostaglandin)의 생합성에 이용되는 지방산은?

① 스테아린산(stearic acid)

② 올레산(oleic acid)

③ 아라키돈산(arachidonic acid)

④ 팔미트산(palmitic acid)

79 단백질의 생합성에 대한 설명으로 틀린 것은?

① 리보솜에서 이루어진다.

② 아미노산의 배열은 DNA에 의해 결정된다.

③ 각각의 아미노산에 대한 특이한 t-RNA가 필요하다.

④ RNA 중합효소에 의해서 만들어진다.

80 핵산을 구성하는 성분이 아닌 것은?

① 아데닌(adenine)

② 티민(thymine)

③ 우라실(uracil)

④ 시토크롬(cytochrome)

제1과목 **식품안전**

01 식품위생법상 집단급식소에 관한 내용으로 옳은 것을 모두 고르시오.

> ㉠ 1회 50명 이상에게 식사를 제공할 것
> ㉡ 영리를 목적으로 하지 아니할 것
> ㉢ 불특정 다수인에게 계속하여 음식물을 공급할 것

① ㉠, ㉡　　　　　② ㉡, ㉢
③ ㉠, ㉢　　　　　④ ㉠, ㉡, ㉢

02 수거식품 검사 결과 기준과 규격에 맞지 않는 경우 식품위생검사기관이 검체 일부를 보관하여야 하는 기간은?

① 10일　　　　　② 15일
③ 30일　　　　　④ 60일

03 식품안전관리인증기준(HACCP) 적용업소 영업자 및 종업원이 받아야 하는 신규 교육 훈련시간으로 맞지 않는 것은?

① 영업자 교육훈련 : 2시간
② 안전관리인증기준(HACCP) 팀장 교육 훈련 : 8시간
③ 안전관리인증기준(HACCP) 팀원 교육 훈련 : 4시간
④ 안전관리인증기준(HACCP) 기타 종업 원 교육훈련 : 4시간

04 제조일과 제조시간을 함께 표시하여야 하는 식품이 아닌 것은?

① 도시락　　　　　② 김밥
③ 샌드위치　　　　④ 유산균음료

05 식품업계가 HACCP을 도입함으로써 얻을 수 있는 효과와 거리가 먼 것은?

① 위해요소를 과학적으로 규명하고 이를 효과적으로 제어하여 위생적이고 안전 한 식품제조가 가능해진다.
② 장기적으로 관리인원 감축 등이 가능해 진다.
③ 모든 생산단계를 광범위하게 사후 관리 하여 위생적인 제품을 생산할 수 있다.
④ 업체의 자율적인 위생관리를 수행할 수 있다.

06 식품가공을 위한 냉장·냉동시설 설비의 관리방법으로 틀린 것은?

① 냉장시설은 내부 온도를 10℃ 이하로 유 지한다.
② 냉동시설은 −18℃ 이하로 유지한다.
③ 온도감응장치의 센서는 온도가 가장 낮 게 측정되는 곳에 위치하도록 한다.
④ 신선편의식품, 훈제연어, 가금육은 5℃ 이하로 유지한다.

07 식품 및 축산물안전관리인증기준의 작업위생관리에서 아래의 ( ) 안에 알맞은 것은?

> • 칼과 도마 등의 조리 기구나 용기, 앞치마, 고무장갑 등은 원료나 조리과정에서의 (   )을(를) 방지하기 위하여 식재료 특성 또는 구역별로 구분하여 사용하여야 한다.
> • 식품 취급 등의 작업은 바닥으로부터 (   ) cm 이상의 높이에서 실시하여 바닥으로부터의 (   )을(를) 방지하여야한다.

① 오염물질 유입 – 60 – 곰팡이 포자 날림
② 교차오염 – 60 – 오염
③ 공정 간 오염 – 30 – 접촉
④ 미생물 오염 – 30 – 해충·설치류의 유입

08 식품공장의 위생상태를 유지·관리하기 위하여 일반적인 조치 사항 중 가장 맞는 것은?

① 작업장과 화장실은 2일 1회 이상 청소하여야 한다.
② 온도계와 같은 계기류는 유명회사 제품을 사용하면 자체 점검할 필요가 없다.
③ 우물물을 사용하는 경우 정기적으로 공공기관에 수질검사를 받고 그 성적서를 보관하여야 한다.
④ 냉장시설과 창고는 월 1회 이상 청소를 하여야 한다.

09 HACCP의 적용 순서(codex지침) 중 7단계에 해당되는 것은?

① 공정도의 현장 검증
② 중요관리점의 결정
③ 공정흐름도 작성
④ 검증절차의 수립

10 HACCP 팀장의 역할에 해당되지 않는 것은?

① 예산 승인
② HACCP 추진의 범위 통제
③ HACCP 시스템의 계획과 이행 관리
④ 팀 회의 조정 및 주제

11 HACCP의 적용 순서 4단계인 공정도 작성에 포함되지 않는 것은?

① 공급되는 물의 수질 상태
② 원재료 공정에 투입되는 물질
③ 부재료 공정에 투입되는 물질
④ 포장재 공정에 투입되는 물질

12 HACCP 관리에서 미생물학적 위해분석을 수행할 경우 평가사항과 거리가 먼 것은?

① 위해의 중요도 평가
② 위해의 위험도 평가
③ 위해의 원인분석 및 확정
④ 위해의 발생 후 사후조치 평가

13 다음은 HACCP 7원칙 중 어느 단계를 설명한 것인가?

> 원칙 1에서 파악된 중요위해(위해평가 3점 이상)를 예방, 제어 또는 허용 가능한 수준까지 감소시킬 수 있는 최종단계 또는 공정

① CCP   ② HA
③ 모니터링   ④ 검증

14 식품위해요소중점관리기준에서 중요관리점(CCP)결정 원칙에 대한 설명으로 틀린 것은?

① 농·임·수산물의 판매 등을 위한 포장, 단순처리 단계 등은 선행요건으로 관리한다.

② 기타 식품판매업소 판매식품은 냉장·냉동식품의 온도관리 단계를 CCP로 결정하여 중점적으로 관리함을 원칙으로 한다.

③ 판매식품의 확인된 위해요소 발생을 예방하거나 제거 또는 허용수준으로 감소시키기 위하여 의도적으로 행하는 단계가 아닐 경우는 CCP가 아니다.

④ 확인된 위해요소 발생을 예방하거나 제거 또는 허용수준으로 감소시킬 수 있는 방법이 이후 단계에도 존재할 경우는 CCP이다.

15 다음 중 모니터링을 할 수 없는 사람은 누구인가?

① 교육을 받은 사람
② 관련 부분의 전문가
③ 지정된 사람
④ 특별한 감각을 가진 사람

16 HACCP에 대한 설명으로 틀린 것은?

① 위험요인이 제조·가공 단계에서 확인되었으나 관리할 CCP가 없다면 전체 공정 중에서 관리되도록 제품 자체나 공정을 수정한다.

② CCP의 결정은 "CCP 결정도"를 활용하고 가능한 CCP 수를 최소화하여 지정하는 것이 바람직하다.

③ 모니터된 결과 한계 기준 이탈 시 적절하게 처리하고 개선조치 등에 대한 기록을 유지한다.

④ 검증은 CCP의 한계기준의 관리 상태 확인을 목적으로 하고 모니터링은 HACCP 시스템 전체의 운영 유효성과 실행여부평가를 목적으로 수행한다.

17 사람의 1일 섭취허용량(acceptable daily intake, ADI)을 계산하는 식은?

① ADI＝MNEL×1/100×국민의 평균체중(mg/kg)

② ADI＝MNEL×1/10×성인남자 평균체중(mg/kg)

③ ADI＝MNEL×1/10×국민의 평균체중(mg/kg)

④ ADI＝MNEL×1/100×성인남자 평균체중(mg/kg)

18 식품의 관능평가의 측정요소 중 반응척도가 갖추어야 할 요건이 아닌 것은?

① 의미전달이 명확해야 한다.
② 단순해야 한다.
③ 차이를 감지할 수 없어야 한다.
④ 관련성이 있어야 한다.

19 유당부이용법과 BGLB법에 의한 대장균군 검사단계를 순서대로 나타낸 것은?

① 확정시험 – 추정시험 – 완전시험
② 확인시험 – 완전시험 – 추정시험
③ 추정시험 – 확정시험 – 완전시험
④ 추정시험 – 완전시험 – 확인시험

20 이물시험법이 아닌 것은?

① 체분별법
② 와일드만 플라스크법
③ 침강법
④ 반스라이크법

제2과목 **식품화학**

21 물의 상태도 그래프에서 ①, ②, ③ 각각에 들어갈 물질을 순서대로 나열한 것은?

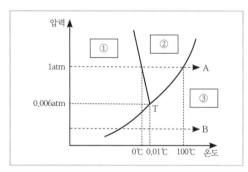

① 얼음, 물, 수증기
② 얼음, 물, 물
③ 수증기, 물, 물
④ 얼음, 수증기, 물

22 게, 새우 등의 갑각류 및 곤충의 껍데기에 존재하며 산·알카리에 용해되는 탄수화물은?

① 헤미셀룰로오스(hemicellulose)
② 키틴(chitin)
③ 글라이코겐(glycogen)
④ 프락탄(fructan)

23 펙틴분자 내의 고메톡실 펙틴함량(high methoxyl pectin content)으로 가장 적당한 것은?

① 20~26% ② 7~14%
③ 3~6%   ④ 1~2%

24 단백질의 변형을 유도하여 물성을 변화시키는 공정에서 사용되는 것이 아닌 것은?

① pH
② 온도
③ 압력
④ 유화제 첨가

25 글루타티온(glutathione)에 관련된 설명 중 옳은 것은?

① glutamic acid, cysteine 및 alanine으로 되어 있는 tripeptide
② glutamic acid, cysteine 및 glycine으로 되어 있는 tripeptide
③ glutamic acid 및 cysteine으로 되어 있는 dipeptide
④ glutamic acid 및 glycine으로 되어 있는 dipeptide

26 에르고스테롤이 자외선을 받으면 활성화되는 이 비타민의 기능을 설명한 것으로 틀린 것은?

① 혈액이 응고되는 중요한 인자가 된다.
② 이것이 부족하면 골다공증을 유발하기도 한다.
③ 인(P)의 흡수 및 침착을 도와준다.
④ 뼈의 석회화를 도와주는 역할을 한다.

27 소고기의 맛난 맛 성분인 5′-이노신산(5′-inosinic acid)의 전구물질(precusor)은?

① 하이포크산틴(hypoxanthin)
② 구아닐산(5′-guanylic acid)
③ 아데닐산(5′-adenylic acid)
④ 이노신(inosine)

28 매운맛 성분과 주요 출처의 연결이 틀린 것은?

① 피페린(piperine) – 후추
② 차비신(chavicine) – 산초
③ 진제론(zingerone) – 생강
④ 이소티오시아네이트(isothiocyanate) – 겨자

29 채소류의 열처리 공정이나 통조림 제조 시 나타날 수 있는 변화가 아닌 것은?

① 채소류를 60~100℃에서 수분간 데치기 공정을 거치면 녹색이 진해진다.
② 채소류를 산으로 처리하면 색깔이 갈색으로 변한다.
③ 채소류를 알칼리와 반응시키면 청록색으로 변한다.
④ 채소를 높은 온도에서 오랜 기간 가열하더라도 구리를 첨가하면 갈색으로 변한다.

30 아마도리 전위(Amadori rearrangement)는 아미노-카르보닐 반응(amino-carbonyl reaction)의 어느 단계에서 일어나는가?

① 초기단계
② 중간단계
③ 최종단계
④ 중간과 최종단계의 사이

31 전분의 호화에 대한 설명으로 틀린 것은?

① 전분의 호화는 수분 함량이 많을수록 잘 일어난다.
② 곡류전분은 감자, 고구마 전분보다 호화되기 어렵다.
③ pH의 변화는 호화에 영향을 미친다.
④ 전분에 염류를 넣으면 호화가 일어나지 않는다.

32 메밀전분을 갈아서 만든 유동성이 있는 액체성 물질을 가열하고 난 뒤 냉각하였더니 반고체 상태(묵)가 되었다. 이 묵의 교질상태는?

① gel   ② sol
③ 염석   ④ 유화

33 비타민 B₂는 산성에서 빛에 노출되면 lumi chrome으로 분해된다. 다음 중 비타민 B₂를 광분해로부터 보존할 수 있는 방법이 아닌 것은?

① 비타민 B₁ 공존   ② 비타민 B₆ 공존
③ 비타민 C 공존   ④ 갈색병에 보관

34 서로 다른 형태와 크기를 가진 복합물질로 구성된 비뉴톤액체의 흐름에 대한 저항성을 나타내는 물리적 성질을 무엇이라 하는가?

① 점성   ② 점조성
③ 점탄성   ④ 유동성

35 가당연유 속에 젓가락을 세워서 회전시키면 연유가 젓가락을 타고 올라간다. 이와 같은 현상을 무엇이라 하는가?

① 예사성
② Tyndall
③ Weissenberg 효과
④ Brown 운동

36 식품의 제조·가공 중에 생성되는 유해물질에 대한 설명으로 틀린 것은?

① 벤조피렌(benzopyrene)은 다환방향족 탄화수소로서 가열처리나 훈제 공정에 의해 생성되는 발암물질이다.

② MCPD(3-monochloro-1,2-propan diol)는 대두를 산처리하여 단백질을 아미노산으로 분해하는 과정에서 글리세롤이 염산과 반응하여 생성되는 화합물로서 발효간장인 재래간장에서 흔히 검출한다.

③ 아크릴아마이드(acrylamide)는 아미노산과 당이 열에 의해 결합하는 미이야르 반응을 통하여 생성되는 물질로 아미노산 중 아스파라긴산이 주 원인물질이다.

④ 니트로사민(nitrosamine)은 햄이나 소시지에 발색제로 사용하는 아질산염의 첨가에 의해 발생된다.

37 생성량이 비교적 많고 반감기가 길어 식품에 특히 문제가 되는 핵종만으로 된 것은?

① ^{131}I, ^{137}Cs
② ^{131}I, ^{32}P
③ ^{129}Te, ^{90}Sr
④ ^{137}Cs, ^{90}Sr

38 증류수에 녹인 비타민 C를 정량하기 위해 분광광도계(spectrophotometer)를 사용하였다. 분광광도계에서 나온 시료의 흡광도 결과와 비타민 C 함량 사이의 관계를 구하기 위하여 이용해야 하는 것은?

① 람베르트-베르법칙(Lambert-Beer law)
② 페히너공식(Fechner's law)
③ 웨버의 법칙(Weber's law)
④ 미켈리스-멘텐식(Michaelis-Menten's equation)

39 식품첨가물의 허용량을 결정하는 데 있어서 가장 중요한 인자는?

① 1일 섭취 허용량
② 사람의 수명
③ 식품의 가격
④ 사람의 성별

40 다음과 같은 목적과 기능을 하는 식품 첨가물은?

- 식품의 제조과정이나 최종제품의 pH 조절
- 부패균이나 식중독 원인균을 억제
- 유지의 항산화제 작용이나 갈색화 반응 억제 시의 상승제 기능
- 밀가루 반죽의 점도 조절

① 산미료
② 조미료
③ 호료
④ 유화제

제3과목 **식품가공·공정공학**

41 일정한 경도의 반죽에 대한 신장도와 인장항력을 측정기록하여 반죽의 시간적 변화와 성질을 판정하는 기기는?

① farinograph
② extensograph
③ amylograph
④ mixograph

42 밀가루 단백질인 글루텐(gluten)을 구성하는 아미노산 조성 중 알파-나선구조(α-helix)함량을 저하시켜 불규칙한 고차구조를 없애고 고도로 분자를 서로 엉키게 하여 탄력성을 부여하는 아미노산은?

① proline
② histidine
③ glycine
④ aspartic acid

43 제빵 시 설탕첨가의 목적과 거리가 먼 것은?

① 노화방지

② 빵 표면의 색깔증진

③ 효모의 영양원

④ 유해균의 발효억제

44 옥수수전분의 제조 시 아황산(SO_2) 침지 (steeping)의 목적이 아닌 것은?

① 옥수수전분의 호화를 촉진시킨다.

② 옥수수를 연화시켜 쉽게 마쇄되게 한다.

③ 옥수수의 단백질과 가용성 물질의 추출을 용이하게 한다.

④ 잡균이나 미생물의 오염을 방지한다.

45 콩 단백질의 특성과 관계가 없는 것은?

① 콩 단백질은 묽은 염류용액에 용해된다.

② 콩을 수침하여 물과 함께 마쇄하면, 인산칼륨 용액에 콩 단백질이 용출된다.

③ 콩 단백질은 90%가 염류용액에 추출되며, 이중 80% 이상이 glycinin이다.

④ 콩 단백질의 주성분인 glycinin은 양(+) 전하를 띠고 있다.

46 두부 응고제로서 물에 잘 녹으며, 많은 양 사용 시 신맛을 낼 수 있는 것은?

① 황산칼슘($CaSO_4$)

② 염화칼슘($CaCl_2$)

③ 글루코노델타락톤(glucono-δ-lactone)

④ 염화마그네슘($MgCl_2$)

47 아미노산 간장 제조에 사용되지 않는 것은?

① 코오지   ② 탈지대두

③ 염산용액   ④ 수산화나트륨

48 과일을 lye peeling할 때 가장 적합한 조건은?

① 1~3% NaOH 용액 90~95℃에서 1~2분간 담근 후 물로 씻는다.

② 3~5% NaOH 용액 20℃에서 1~2분간 담근 후 물로 씻는다.

③ 5~6% NaOH 용액 70~80℃에서 5분간 담근 후 물로 씻는다.

④ 7~8% NaOH 용액 60~75℃에서 1~2분간 담근 후 물로 씻는다.

49 저산성 식품의 통조림은 일반적으로 어떤 방법으로 살균하는가?

① 저온살균   ② 상압살균

③ 고압살균   ④ 간헐살균

50 과실주스 제조에 이용되는 효소에 해당되지 않는 것은?

① 셀룰라아제(cellulase)
② 펙틴분해효소(pectinase)
③ 리폭시지나아제(lipoxygenase)
④ 단백질분해효소(protease)

51 식품공전상 우유류의 성분규격으로 틀린 것은?

① 산도(%) : 0.18% 이하 (젖산으로서)
② 무지방고형분(%) : 8.0 이상
③ 포스파타제 : 1mL당 2g 이하(가온살균 제품에 한한다.)
④ 대장균군 : n=5, c=2, m=0, M=10 (멸균제품의 경우는 음성)

52 식육은 가열처리 과정 중 색이 갈색으로 변하는 반면, 가공품인 소시지, 햄 등은 가열처리 후에도 갈색으로 변하지 않는다. 그 주된 이유는?

① 축산 가공품 제조 시 사용되는 인산염의 작용에 의해 nitrosometmyoglobin으로 전환되기 때문이다.
② myoglobin 등의 성분이 아질산염 또는 질산염과 반응하여 nitorosomyglobin으로 전환되기 때문이다.
③ 훈연과정 중에 훈연성분과 반응하여 선홍색이 생성되기 때문이다.
④ 근육성분인 myoglobin이 가열과정 중에 변색되어 melanoidin색소를 만들기 때문이다.

53 냉동 육류의 drip 발생 원인과 가장 거리가 먼 것은?

① 식품 조직의 물리적 손상
② 단백질의 변성
③ 세균 번식
④ 해동경직에 의한 근육의 강수축

54 달걀의 기포성은 난백에 기인하며 여러 요인에 의해 영향을 받는다. 다음 중 난백의 기포성에 대한 설명 중 틀린 것은?

① 난백에 설탕이나 glycerol을 가하면 기포력의 증가를 꾀할 수 있다.
② 일반적인 작업온도 내에서는 온도가 높아질수록 기포력은 크다.
③ ovalbumin의 등전점 부근인 pH 4.8에서 난백의 기포성이 최대로 된다.
④ ovomucin을 제거하면 난백의 기포안정성은 감소하게 된다.

55 주로 대두유 추출에 사용되며, 원료 중 유지함량이 비교적 적거나, 1차 착유한 후 나머지의 소량 유지까지도 착유하기 위한 2차적인 방법으로서 유지의 회수율이 매우 높은 착유방법은?

① 용매추출법(solvent extraction)
② 습식용출법(wet rendering)
③ 건식용출법(dry rendering)
④ 압착법(pressing)

56 유지류의 가공 공정에 대한 설명으로 틀린 것은?

① 쇼트닝은 마가린과 달리 유지만을 혼합하므로 유화 공정이 필요 없다.

② 유지의 정제 공정 중의 윈터화 과정(winterization)은 샐러드유로 사용되는 면실유의 혼탁물질을 제거하는 공정이다.

③ 탈검은 부분적인 정제과정으로 검물질과 제거되지 않은 유리지방산을 완전히 제거하기 위해 실시한다.

④ 중화과정은 보통 산 정제과정이라 불리며 품질저하 원인 물질인 유리지방산을 제거하기 위하여 HCl과 반응시켜 제거한다.

57 다음 중 갈조류가 아닌 것은?

① 김　　　　　② 톳

③ 미역　　　　④ 다시마

58 알루미늄박(AL-foil)에 폴리에틸렌 필름을 입혀서 사용하는 가장 큰 목적은?

① 산소나 가스의 차단

② 내유성 향상

③ 빛의 차단

④ 열접착성 향상

59 5℃에서 저장된 양배추 2,000kg의 호흡열 방출에 의해 냉장고 안에 제공되는 냉동부하는? (단, 5℃에서 양배추의 저장을 위한 열방출은 63W/ton이다.)

① 28W　　　　② 63W

③ 100W　　　④ 126W

60 가열·살균에서 일어나는 열전달관계를 잘못 설명한 것은?

① 통조림의 냉점(cold point)은 대류(heat convection)가 전도(heat conduction)보다 높은 위치에 나타난다.

② 열전달 속도는 대류(heat convection)가 전도(heat conduction)보다 빠르다.

③ 전도는 통상 액즙이 거의 없는 식품이나 고체류의 식품에서 열이 전달되는 방식을 의미한다.

④ 복사(heat radiation) 방식은 통조림의 경우 거의 쓰이지 않는다.

제4과목	식품미생물 및 생화학

61 미생물의 증식 곡선에 있어서 다음 기(期, phase) 중 세포의 생리적 활성이 강하고 세포의 크기가 일정하며 세포수가 급격히 증가하는 기(期)는?

① 유도기　　　② 대수기

③ 정상기　　　④ 사멸기

62 광합성 무기영양균(photolithotroph)의 특징이 아닌 것은?

① 에너지원을 빛에서 얻는다.
② 탄소원을 이산화탄소로부터 얻는다.
③ 녹색황세균과 홍색황세균이 이에 속한다.
④ 모두 호기성균이다.

63 식품 살균과정에서 다양한 미생물저해기술을 순차적이나 병행적으로 처리하여 식품의 변질을 최소화하면서 미생물에 대한 살균력을 높이는 기술은?

① 나노기술
② 허들기술
③ 마라톤기술
④ 바이오기술

64 *Aspergillus oryzae*에 대한 설명으로 적합하지 않은 것은?

① pectinase를 강하게 생산하여 과실주스의 청징에 이용된다.
② 간장, 된장 등의 제조에 이용된다.
③ 대사산물로 kojic acid를 생성한다.
④ 효소활성이 강해 소화제 생산에 이용된다.

65 여름철 쌀의 저장 중 독성물질을 생성하여 황변미를 유발하는 미생물은?

① *Bacillus subtilis*
② *Lactobacillus plantarum*
③ *Penicillium citrinum*
④ *Mucor rouxii*

66 아래의 설명에 해당하는 효모는?

• 배양액 표면에 피막을 만든다.
• 질산염을 자화할 수 있다.
• 자낭포자는 모자형 또는 토성형이다.

① *Schizosaccharomyces*속
② *Hansenula*속
③ *Debarymyces*속
④ *Saccharomyces*속

67 세균이 그람 염색에서 그람 양성과 그람 음성의 차이를 보이는 것은 다음 중 무엇의 차이 때문인가?

① 세포벽(cell wall)
② 세포막(cell membrane)
③ 핵(nucleus)
④ 플라스미드(plasmid)

68 사람이나 동물의 장관에서 잘 생육하는 장구균의 일종이며 분변오염의 지표가 되는 균은?

① *Streptococcus lactis*
② *Streptococcus faecalis*
③ *Streptococcus pyogenes*
④ *Streptococcus thermophilus*

69 김치발효 시 발효초기에 생육하고 다른 젖산균보다 급속히 발효하여 생성되는 산으로 다른 세균의 생육을 억제하는 그람 양성 구균은?

① *Leuconostoc mesenteroides*

② *Streptococcus faecalis*

③ *Lactobacillus plantarum*

④ *Saccharomyces cerevisiae*

70 세포융합(cell fusion)의 실험순서로 옳은 것은?

① 재조합체 선택 및 분리 → protoplast의 융합 → 융합체의 재생 → 세포의 protoplast화

② protoplast의 융합 → 세포의 protoplast화 → 융합체의 재생 → 재조합체 선택 및 분리

③ 세포의 protoplast화 → protoplast의 융합 → 융합체의 재생 → 재조합체 선택 및 분리

④ 융합체의 재생 → 재조합체 선택 및 분리 → protoplast의 융합 → 세포의 protoplast화

71 생산물의 생성 유형 중 생육과 더불어 생산물이 합성되는 증식 관련형(growth associated) 발효산물이 아닌 것은?

① SCP(single Cell Protein)

② 에탄올

③ 글루콘산

④ 항생물질

72 홍조류(red algae)에 속하는 것은?

① 미역　　　　　② 다시마

③ 김　　　　　　④ 클로렐라

73 정상발효젖산균(homofermentative lactic acid bacteria)이란?

① 당질에서 젖산만을 생성하는 것

② 당질에서 젖산과 탄산가스를 생성하는 것

③ 당질에서 젖산과 CO_2, 에탄올과 함께 초산 등을 부산물로 생성하는 것

④ 당질에서 젖산과 탄산가스, 수소를 부산물로 생성하는 것

74 다음 주류 중 제조 방법 및 형식상 다른 하나는?

청주, 막걸리, 맥주, 약주

① 청주　　　　　② 막걸리

③ 맥주　　　　　④ 약주

75 맥주 제조 시 맥아의 효소에 의해 전분과 단백질이 분해되는 공정은?

① 맥아즙 제조 공정

② 주발효 공정

③ 녹맥아 제조 공정

④ 후발효 공정

76 다른 자리 입체성 조절효소(allosteric enzyme)에 관한 설명으로 틀린 것은?

① 활성자리와 조절자리가 구별된다.
② 반응속도가 Michaelis-Menten 식을 따른다.
③ 촉진적 효과인자(positive effector)에 의해 활성화된다.
④ 반응속도의 S자형 곡선은 소단위(subunit)의 협동에 의한 것이다.

77 녹색식물의 광합성에 관한 설명으로 틀린 것은?

① 그라나에서는 빛을 포획하고 산소를 생산한다.
② 스트로마에서는 탄소를 고정하는 암반응이 일어난다.
③ Calvin 회로는 CO_2로부터 포도당이 생성되는 경로이다.
④ 열대식물은 C_3 경로를 통하여 이산화탄소를 고정한다.

78 생체 내의 지질 대사 과정에 대한 설명으로 옳은 것은?

① 인슐린은 지질 합성을 저해한다.
② 인체에서는 탄소수 10개 이하의 지방산만을 생성한다.
③ 지방산이 산화되기 위해서는 phyridoxal phosphate의 도움이 필요하다.
④ 팔미트산(palmitic acid, $C_{16:0}$)의 생합성을 위해서는 8분자의 아세틸 CoA가 필요하다.

79 단백질의 3차 구조를 유지하는 데 크게 기여하는 것은?

① peptide 결합
② disulfide 결합
③ Van der Waals 결합
④ 수소결합

80 DNA 단편구조의 염기배열이 아래와 같다면 상보적인(complementary) 염기배열은?

5′-C-A-G-T-T-A-G-C-3′

① 5′-G-T-C-A-A-T-C-G-3′
② 5′-G-C-T-A-A-C-T-G-3′
③ 5′-C-G-A-T-T-G-A-C-3′
④ 5′-T-A-G-C-C-A-G-T-3′

제1과목 　식품안전

01 식품 등의 취급방법으로 틀린 것은?

① 제조·가공·조리 또는 포장에 직접 종사하는 자는 위생모를 착용하여야 한다.

② 부패·변질되기 쉬운 원료는 냉동·냉장시설에 보관하여야 한다.

③ 제조·가공·조리에 직접 사용되는 기계·기구는 사용 후에 세척·살균하여야 한다.

④ 최소판매 단위로 포장된 식품이라도 소비자가 원하면 포장을 뜯어 분할하여 판매할 수 있다.

02 음식류를 조리, 판매하고 부수적으로 주류판매가 허용되는 영업은?

① 휴게음식점 　　② 일반음식점

③ 단란주점 　　　④ 유흥주점

03 HACCP 인증서를 한국식품안전관리인증원장에게 지체없이 반납해야 하는 경우가 아닌 것은?

① 식품안전관리인증기준을 지키지 아니한 경우

② 거짓이나 부정한 방법으로 인증을 받은 경우

③ 영업정지 1개월 이상의 행정처분을 받은 경우

④ 영업자와 종업원이 교육훈련을 받지 않은 경우

04 장기보존식품의 기준 및 규격에서 저산성식품과 산성식품을 구분하는 기준은?

① pH 5 초과 시 저산성식품, pH 5 이하 시 산성식품

② pH 4.6 초과 시 저산성식품, pH 4.6 이하 시 산성식품

③ 산도 10% 이하 시 산성식품, 산도 10% 초과 시 저산성식품

④ 산도 20% 이하 시 산성식품, 산도 20% 초과 시 저산성식품

05 작업위생관리로 적절하지 않은 것은?

① 조리된 식품에 대하여 배식하기 직전에 음식의 맛, 온도, 이물, 이취, 조리 상태 등을 확인하기 위한 검식을 실시하여야 한다.

② 냉장식품과 온장식품에 대한 배식 온도 관리기준을 설정·관리하여야 한다.

③ 위생장갑 및 청결한 도구(집게, 국자 등)를 사용하여야 하며, 배식 중인 음식과 조리 완료된 음식을 혼합하여 배식하여서는 아니 된다.

④ 해동된 식품은 즉시 사용하고 즉시 사용하지 못할 경우 조리 시까지 냉장 보관하여야 하며, 사용 후 남은 부분을 재동결하여 보관한다.

06 식품공장의 위생 관리 방법으로 적합하지 않은 것은?

① 환기시설은 악취, 유해가스, 매연 등을 배출하기 충분한 용량으로 설치한다.

② 조리기구나 용기는 용도별로 구분하고 수시로 세척하여 사용한다.

③ 내벽은 어두운 색으로 도색하여 오염물질이 쉽게 드러나지 않도록 한다.

④ 폐기물·폐수 처리시설은 작업장과 격리된 장소에 설치·운영한다.

07 식품 제조 가공공장에서는 해충의 침입을 방지하기 위하여 방충망을 설치해야 하는데 망의 크기는 어느 정도가 적합한가?

① 8mesh ② 16mesh

③ 32mesh ④ 48mesh

08 HACCP의 적용 순서 중 4단계에 해당되는 것은?

① 공정흐름도의 작성

② 제품설명서 작성

③ HACCP 팀 구성

④ 공정흐름도의 현장확인

09 HACCP 팀을 구성할 때 가장 중요한 것은 경영자의 의지이다. 다음 중 경영자의 의지라고 할 수 없는 사항은?

① 보고체계를 수립

② 회사의 HACCP 혹은 식품 안전성 정책의 승인

③ 전문지식 습득 및 교육

④ HACCP 팀이 적절한 자원을 활용할 수 있도록 보장

10 식품안전관리인증기준(HACCP)에서 화학적 위해요소와 관련된 것은?

① 기생충 ② 유리조각

③ 살균소독제 ④ 간염바이러스

11 중요관리점(CCP)의 결정도에 대한 설명으로 옳은 것은?

① 확인된 위해요소를 관리하기 위한 선행요건이 있으며 잘 관리되고 있는가 – (예) – CCP 맞음

② 확인된 위해요소의 오염이 허용수준을 초과하는가 또는 허용할 수 없는 수준으로 증가하는가 – (아니요) – CCP 맞음

③ 확인된 위해요소를 제거하거나 또는 그 발생을 허용수준으로 감소시킬 수 있는 이후의 공정이 있는가 – (예) – CCP 맞음

④ 해당 공정(단계)에서 안정성을 위한 관리가 필요한가 – (아니요) – CCP 아님

12 중요관리점(CCP)에서 관리되어야 할 생물학적, 화학적, 물리적 위해요소를 예방, 제거 또는 허용 가능한 안전한 수준까지 감소시킬 수 있는 최대치 또는 최소치를 설정하는 데에 활용되는 지표가 아닌 것은?

① 수분(습도)

② 산소농도

③ 금속검출기 감도

④ 염소, 염분농도

13 모니터링 담당자가 갖추어야 할 요건에 해당하지 않는 내용은?
① CCP 모니터링 기술에 대하여 교육훈련을 받아두어야 한다.
② CCP 모니터링의 중요성에 대하여 충분히 이해하고 있어야 한다.
③ 위반 사항에 대하여 행정적 조치를 취할 직위에 있어야 한다.
④ 모니터링을 하는 장소에 쉽게 이동(접근)할 수 있어야 한다.

14 중요관리점(CCP)에서 모니터링 결과 어떤 기준이 한계기준(CL)을 초과한 경우 등 CCP가 적절히 컨트롤되고 있지 못할 경우에 취하는 조치는?
① 중요 관리점 설정
② 검증
③ 개선조치
④ 위해분석

15 HACCP 관리에서 새로운 위해정보 발생 시, 해당식품의 특성 변경 시, 원료·제조공정 등의 변동 시, HACCP 계획의 문제점 발생 시 실시하는 검증을 무엇이라 하는가?
① 최초검증   ② 일상검증
③ 특별검증   ④ 정기검증

16 유전자 재조합 식품의 안정성에 대한 평가 시 평가항목이 아닌 것은?
① 항생제 내성   ② 독성
③ 알레르기성   ④ 미생물오염 수준

17 관능검사에서 사용되는 정량적 평가방법 중 3개 이상 시료의 독특한 특성강도를 순서대로 배열하는 방법은?
① 분류   ② 등급
③ 순위   ④ 척도

18 관능검사에서 신제품이나 품질이 개선된 제품의 특성을 묘사하는 데 참여하며 보통 고도의 훈련과 전문성을 겸비한 요원으로 구성된 패널은?
① 차이식별 패널   ② 특성묘사 패널
③ 기호조사 패널   ④ 전문 패널

19 대장균 O157:H7의 시험에서 확인시험 후 행하는 시험은?
① 정성시험   ② 증균시험
③ 혈청형 시험   ④ 독소시험

20 식품 중의 포름알데히드 검사에서 chromotropic acid 반응의 정색은?
① 가온 시에 자색으로 변한다.
② 가온 시에 적색으로 변한다.
③ 냉각 시에 흑색으로 변한다.
④ 냉각 시에 백색으로 변한다.

21 결합수에 대한 설명으로 옳은 것은?

① 식품 중에 유리상태로 존재한다.

② 건조 시에 쉽게 제거된다.

③ 0℃ 이하에서 쉽게 얼지 않는다.

④ 미생물의 발아 및 번식에 이용된다.

22 등온흡습곡선에 있어서 식품의 안정성이 가장 좋은 영역으로 최적 수분 함량(optimum moisture content)을 나타내는 영역은 어느 부분인가?

① 단분자층 영역

② 다분자층 영역

③ 모세관 응고 영역

④ 평형수분 영역

23 일반적으로 단맛을 내는 단당류 관련 물질로서 특히 저칼로리 감미료로 이용되는 물질은?

① 배당체(glycoside)

② 전분(starch)

③ 당알코올(sugar alcohol)

④ 글리코겐(glycogen)

24 호화전분의 물리적 성질이 아닌 것은?

① 부피의 팽윤

② 색소 흡수 능력의 감소

③ 용해성의 증가

④ thixotropic gel의 성질을 나타냄

25 옥수수유에 많이 들어 있는 지방산은?

① linoleic acid

② arachidonic acid

③ palmitic acid

④ oleic acid

26 유지의 산패는 불포화도가 클수록 더 빨리 일어난다. 다음 화합물 중 산패가 가장 잘 일어나는 것은?

① 스테아르산(stearic acid)

② 올레산(oleic acid)

③ 라우르산(lauric acid)

④ 리놀렌산(linolenic acid)

27 쌀, 밀 등 곡류의 단백질 조성에 있어서 부족한 필수 아미노산이 아닌 것은?

① lysine

② methionine

③ phenylalanine

④ tryptophan

28 닌하이드린(Ninhydrin) 반응과 가장 관계 깊은 것은?

① 환원당의 정량

② 유기산의 정량

③ 아미노산의 정색반응

④ 지방산의 정색반응

29 단백질의 변성에 영향을 주는 요소와 거리가 먼 것은?

① 가열 또는 동결
② 중금속 또는 염류
③ 기계적 교반 또는 압력
④ 여과 또는 한외여과

30 체내에 칼슘이 부족한 경우 칼슘원 섭취 시 함께 섭취해도 좋은 식품은 무엇인가?

① 소고기
② 시금치
③ 콩
④ 김치

31 옥수수를 주식으로 하는 저소득층의 주민들 사이에서 풍토병 또는 유행병으로 알려진 질병의 원인을 알기 위하여 연구한 끝에 발견된 비타민은?

① 나이아신
② 비타민 E
③ 비타민 B_2
④ 비타민 B_6

32 Ribotides 중에서 향미 강화작용 또는 향미 증진작용이 가장 강한 것은?

① 5′-GMP
② 3′-GMP
③ 3′-IMP
④ 5′-XMP

33 상어의 독특한 냄새는 암모니아와 다음 어느 향과 관계가 있는가?

① 요소와 urease을 함유하기 때문이다.
② 함황 amine을 함유하기 때문이다.
③ diacetyl을 함유하기 때문이다.
④ piperidine을 함유하기 때문이다.

34 사과껍질에 들어 있는 안토시아닌(anthocyanin)계 색소는?

① 리코펜(lycopene)
② 시아니딘(cyanidin)
③ 아스타신(astacin)
④ 루틴(rutin)

35 교질용액(colloidal solution)의 특징으로 옳은 것은?

① 오래 방치하면 입자가 중력에 의해 가라앉는다.
② 빛을 산란시킨다.
③ 입자의 직경이 $1\sim10\,\mu\mathrm{m}$이다.
④ 일반 현미경으로 입자를 관찰할 수 있다.

36 식품의 texture 특성 중 응집성(cohesiveness)의 2차적 요소가 아닌 것은?

① 파쇄성(brittleness)
② 저작성(chewiness)
③ 점착성(gumminess)
④ 탄성(springiness)

37 가열조리된 근육식품에서 관찰되는 유해물질로서 아미노산, 크레아틴 등이 결합해서 생성되는 물질은?

① Polycyclic aromatic hydrocarbon
② Ethylcarbamate
③ Heterocyclicamine
④ Nitrosamine

38 NaOH의 분자량이 40일 때 NaOH 30g의 몰수는?

① 0.65　　　　　② 10
③ 1.33　　　　　④ 0.75

39 식품첨가물인 표백제를 설명한 것 중 틀린 것은?

① 과산화수소는 환원형 표백제이다.
② 아황산염류에 의한 표백은 표백제가 잔류하는 동안에만 효과가 있다.
③ 무수아황산은 과실주의 표백제이다.
④ 아황산염류는 천식환자에게 민감한 반응을 나타낼 수 있다.

40 다음 중 차아염소산나트륨 소독 시 비해리형 차아염소산($HCIO$)으로 존재하는 양(%)이 가장 많을 때의 pH는?

① pH 4.0　　　　② pH 6.0
③ pH 8.0　　　　④ pH 10.0

제3과목　　**식품가공 · 공정공학**

41 곡물의 도정방법에서 건식도정과 습식도정 중 습식도정에만 해당되는 설명은?

① 겨와 배아가 배유로부터 분리된다.
② 도정된 곡물의 저장성이 떨어진다.
③ 배유로부터 전분과 단백질을 분리할 목적으로 사용될 수 있다.
④ 쌀, 보리, 옥수수에 사용한다.

42 밀가루의 제빵 특성에 영향을 주는 가장 중요한 품질 요인은?

① 회분 함량　　　② 색깔
③ 단백질 함량　　④ 당 함량

43 콩 가공 과정에서 불활성화시켜야 하는 유해성분은?

① 글로블린(globulin)
② 레시틴(lecithin)
③ 트립신저해제(trypsin inhibitor)
④ 나이아신(niacin)

44 두부의 제조 원리로 가장 옳은 것은?

① 콩 단백질의 주성분인 글리시닌(glycinin)을 묽은 염류용액에 녹이고 이를 가열한 후 다시 염류를 가하여 침전시킨다.
② 콩 단백질의 주성분인 베타–락토글로블린(β-lactoglobulin)을 묽은 염류용액에 녹이고 이를 가열한 후 다시 염류를 가하여 침전시킨다.
③ 콩 단백질의 주성분인 알부민(albumin)을 묽은 염류용액에 녹이고 이를 가열한 후 다시 염류를 가하여 침전시킨다.
④ 콩 단백질의 주성분인 글리시닌(glycinin)을 산으로 침전시켜 제조한다.

45 연유제조 시 예열과정에서 농축 공정보다 더 높은 온도를 사용하는 목적이 아닌 것은?

① 원료유를 살균하기 위하여
② 설탕의 용해를 쉽고 안전하게 하기 위하여
③ 농후화를 방지하기 위하여
④ 영양손실을 방지하기 위하여

46 도살 해체한 지육의 냉각에 대한 설명 중 틀린 것은?

① 냉각수 또는 작은 얼음조각을 뿌려 주어 온도를 10℃ 이하로 내린 후 15℃로 유지시켜 숙성과정을 돕는다.
② 냉장실의 온도는 0~10℃, 습도 80~90%를 유지한다.
③ 냉동 시에는 -23~-16℃의 저온동결을 시킨다.
④ 저온동결실에서 72시간 유지한 후, 고기 표면에서 깊이 10cm의 위치 온도가 -20℃일 때가 식육의 냉동으로 적당하다.

47 LMP(Low methoxy pectin)에 대한 설명으로 틀린 것은?

① gel을 형성할 수 있는 pH범위가 비교적 넓다.
② 설탕을 넣지 않으면 안정된 gel을 형성하지 못한다.
③ 칼슘을 넣으면 안정된 gel을 형성한다.
④ 다이어트용 잼과 젤리에 이용될 수 있다.

48 채소를 가공할 때 전처리로 데치기를 하는데 그 목적이 아닌 것은?

① 효소의 불활성화
② 오염 미생물의 살균
③ 풋냄새의 제거
④ 향의 보존

49 치즈 제조 시에 쓰이는 응유효소는?

① 레닌(rennin)
② 펩신(pepsin)
③ 파파인(papain)
④ 브로멜린(bromelin)

50 식육의 연화제로서 공업적으로 이용하는 효소가 아닌 것은?

① 파파인(papain)
② 피신(ficin)
③ 트립신(trypsin)
④ 브로멜린(bromelin)

51 계란의 저장 중에 일어나는 현상이 아닌 것은?

① 알 껍질이 반들반들해진다.
② 흰자의 점성이 줄어든다.
③ 기실이 커진다.
④ 호흡작용으로 인해 산성으로 된다.

52 어류의 지질에 대한 설명으로 틀린 것은?

① 흰살 생선은 지방함량이 적어 맛이 담백하다.

② 어유(fish oil)에는 ω-3계열의 불포화 지방산이 많다.

③ 어유에는 혈전이나 동맥경화 예방효과가 있는 고도불포화 지방산이 많이 함유되어 있다.

④ 어유에 있는 DHA와 EPA는 융점이 실온보다 높다.

53 유지의 윈터링(wintering) 또는 윈터리제이션(winterization)의 설명으로 틀린 것은?

① 유지가 저온에서 굳어져 혼탁해지는 것을 방지한다.

② 바삭바삭한 성질을 부여하는 공정이다.

③ 고체지방을 석출·분리한다.

④ 유지의 내한성을 높인다.

54 식품가공에서의 단위조작기술이 아닌 것은?

① 증류   ② 농축

③ 살균   ④ 품질관리(QC)

55 유체의 흐름에 있어 외부에서 가해진 에너지와 마찰에 의한 에너지 손실이 없다고 가정할 때 유체 에너지와 관계되지 않는 것은?

① 위치 에너지   ② 운동 에너지

③ 기계 에너지   ④ 압력 에너지

56 가열 살균할 때 냉점이 통의 중심부에 가장 근접하여 위치하는 것은?

① 사과 주스 통조림

② 소고기 스프 통조림

③ 복숭아 통조림

④ 딸기잼 통조림

57 심온 냉동장치(cryogenic freezer)에서 사용되는 냉매가 아닌 것은?

① 에틸렌가스   ② 액화질소

③ 프레온-12   ④ 이산화황가스

58 70%의 수분을 함유한 식품을 건조하여 80%를 제거하였다. 식품의 kg당 제거된 수분의 양은 얼마인가?

① 0.14kg   ② 0.56kg

③ 0.7kg   ④ 0.8kg

59 다음의 막분리 공정 중 치즈훼이(whey)로부터 유당(lactose)을 회수하는 데 적합한 공정은?

① 정밀여과   ② 한외여과

③ 전기투석   ④ 역삼투

60 차단성이 좋으며, 열수축성이 커서 햄, 소시지 등의 단위 포장에 주로 사용되는 포장 재료는?

① PP(polypropylene)
② PVC(polyvinyl chloride)
③ PVDC(polyvinylidene chloride)
④ OPP(priented polypropylene)

제4과목 **식품미생물 및 생화학**

61 미생물의 분류기준으로 옳지 않은 것은?

① 핵막의 유무   ② 포자의 유무
③ 격벽의 유무   ④ 세포막의 유무

62 진핵세포의 특징에 대한 설명 중 틀린 것은?

① 염색체는 핵막에 의해 세포질과 격리되어 있다.
② 미토콘드리아, 마이크로솜, 골지체와 같은 세포소기관이 존재한다.
③ 스테롤 성분과 세포골격을 가지고 있다.
④ 염색체의 구조에 히스톤과 인을 갖고 있지 않다.

63 최초 세균수는 a이고 한 번 분열하는 데 3시간이 걸리는 세균이 있다. 최적의 증식조건에서 30시간 배양 후 총균수는?

① $a \times 3^{30}$ ② $a \times 2^{10}$
③ $a \times 5^{30}$ ④ $a \times 2^5$

64 그람 양성 세균의 세포벽이 음성의 극성을 갖는데 관여하는 물질은?

① 펩티도글리칸(peptidoglycan)
② 포린(porin)
③ 인지질(phospholipid)
④ 테이코산(teichoic acid)

65 *Penicillium*속이 *Aspergillus*속과 형태상 다른 점에 대한 설명으로 맞는 것은?

① 기저경자(metulae)가 있다.
② 정낭(vesicle)이 없다.
③ 분생포자(canidia)가 없다.
④ 분생자병에 병족세포가 있다.

66 산막효모의 특징이 아닌 것은?

① 산소를 요구한다.
② 산화력이 약하다.
③ 액의 표면에서 발육한다.
④ 피막을 형성한다.

67 바이러스에 대한 설명으로 틀린 것은?

① 일반적으로 유전자로서 RNA나 DNA 중 한 가지 핵산을 가지고 있다.
② 숙주세포 밖에서는 증식할 수 없다.
③ 일반세균과 비슷한 구조적 특징과 기능을 가지고 있다.
④ 완전한 형태의 바이러스 입자를 비리온(virion)이라 한다.

68 담자균류의 특징과 관계가 없는 것은?

① 담자기(basidium)
② 담자포자
③ 자낭포자
④ 주름살(gills)

69 효모의 protoplast 제조 시 세포벽을 분해시킬 수 없는 것은?

① β-glucosidase
② β-glucuronidase
③ laminarinase
④ snail enzyme

70 유전자 재조합 기술에서 벡터로 사용될 수 있는 것은?

① 용원성 파지(temperate phage)
② 용균성 파지(virulent phage)
③ 탐침(probe)
④ 프라이머(primer)

71 다음 중 조작형태에 따른 발효형식의 분류에 해당되지 않는 것은?

① 회분배양
② 액체배양
③ 유가배양
④ 연속배양

72 맥주 제조 시 후발효의 목적과 관계없는 것은?

① 맥주의 고유색깔을 진하게 착색시킨다.
② 발효성 당분을 발효시켜 CO_2를 생성한다.
③ 저온에서 CO_2를 필요한 만큼 맥주에 녹인다.
④ 맥주의 혼탁물질을 침전시킨다.

73 설탕용액에서 생장할 때 dextran을 생산하는 균주는?

① *Leuconostoc mesenteroides*
② *Aspergillus oryzae*
③ *Lactobacillus delbrueckii*
④ *Rhizopus oryzae*

74 설탕, 당밀, 전분, 찌꺼기 또는 포도당을 원료로 하여 구연산을 제조할 때 사용되는 미생물은?

① *Aspergillus niger*
② *Streptococcus lactis*
③ *Rhizopus delemar*
④ *Saccharomyces cerevisiae*

75 비당화 발효법으로 알코올 제조가 가능한 원료는?

① 섬유소
② 곡류
③ 당밀
④ 고구마·감자 전분

76 [S]=Km이며 효소반응속도 값이 20 umol /min일 때, V_{max}는? (단, [S]는 기질농도, Km은 미하엘리스 상수)

① 10 umol/min ② 20 umol/min

③ 30 umol/min ④ 40 umol/min

77 TCA 회로의 조절효소(pacemaker enzyme)와 가장 거리가 먼 것은?

① citrate synthase

② isocitrate dehydrogenase

③ α-ketoglutarate dehydrogenase

④ phosphoglucomutase

78 콜레스테롤 생합성의 최초 출발물질은?

① acetoacetyl CoA

② 3-hydroxy-3-methyl glutaryl(HMG) CoA

③ acetyl CoA

④ malonyl CoA

79 단백질의 생합성에 대한 설명 중 틀린 것은?

① DNA의 염기 배열순에 따라 단백질의 아미노산 배열 순위가 결정된다.

② 단백질 생합성에서 RNA는 m-RNA → r-RNA → t-RNA순으로 관여한다.

③ RNA에는 H_3PO_4, D-ribose가 있다.

④ RNA에는 adenine, guanine, cytosine, tymine이 있다.

80 퓨린(purine)을 생합성할 때 purine의 골격을 구성하는 데 필요한 물질이 아닌 것은?

① alanine

② aspartic acid

③ CO_2

④ THF

제1과목	식품안전

01 다음 중 신고만 하고 영업을 할 수 있는 영업이 아닌 것은?

① 식품냉장업
② 제과점영업
③ 단란주점영업
④ 식품소분업

02 식품영업에 종사하는 사람은 정기진단을 몇 개월마다 받아야 하는가?

① 1년
② 2개월
③ 3개월
④ 6개월

03 HACCP는 누가 고시하는가?

① 보건복지부장관
② 식품의약품안전처장
③ 국립보건원장
④ 지방식품안전처장

04 식품 등의 표시기준에 의한 제조 연월일(제조일) 표시대상 식품에 해당하지 않는 것은?

① 김밥(즉석섭취식품)
② 설탕
③ 식염
④ 껌

05 식품공장의 작업장 구조와 설비를 설명한 것 중 틀린 것은?

① 바닥은 내수 처리되어야 하며 1.5/100 내외의 경사를 두어 배수에 적당하도록 한다.
② 창 면적은 적절한 환기와 채광 등이 양호하도록 하나 곤충 등이 들지 않도록 방충망 시설을 한다.
③ 건물기초는 면적에 비례하여 충분한 강도가 유지되도록 한다.
④ 천장은 응축수가 맺히지 않도록 재질과 구조에 유의한다.

06 식품공장에서 자연채광을 위하여 필요한 창문의 적합한 면적은?

① 벽면적의 50%
② 바닥면적의 40%
③ 벽면적의 70%
④ 바닥면적의 15%

07 위해요소 발생가능성을 판단하는 방법으로 옳지 않은 것은?

① 경영자에게 자문 요청

② HACCP 팀의 경험이나 사례

③ 기술서적이나 연구논문

④ 과거의 발생 사례

08 다음 HACCP 결정도에서 중요관리점(CCP) 표시가 잘못된 것은?

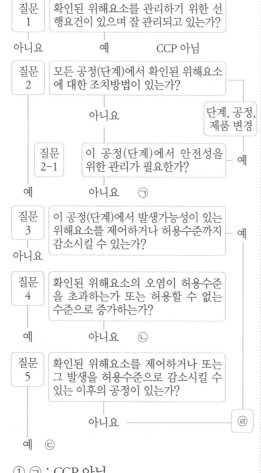

① ㉠ : CCP 아님

② ㉡ : CCP

③ ㉢ : CCP 아님

④ ㉣ : CCP

09 단체급식 HACCP 선행요건관리와 관련하여 옳은 것을 모두 고른 것은?

> ㉮ 배식 온도관리 기준에서 냉장식품은 10℃ 이하, 온장식품은 50℃ 이상에서 보관한다.
> ㉯ 조리한 식품의 보존식은 5℃ 이하에서 48시간까지 보관한다.
> ㉰ 냉장시설은 내부의 온도를 10℃ 이하, 냉동시설은 −18℃로 유지해야 한다.
> ㉱ 운송차량은 냉장의 경우 10℃ 이하, 냉동의 경우 −18℃ 이하를 유지할 수 있어야 한다.

① ㉮, ㉯   ② ㉮, ㉱

③ ㉯, ㉰   ④ ㉰, ㉱

10 다음 중 HACCP 시스템 적용 시 가장 먼저 시행해야 하는 단계는?

① 위해요소 분석

② HACCP 팀 구성

③ 중요관리점 결정

④ 개선조치 설정

11 HACCP 팀원의 책임과 관계가 없는 사항은?

① HACCP 추진 및 문서화

② 위해 허용 한도의 이탈 감시

③ 식품안전정책의 승인

④ HACCP 업무에 관한 정보 공유

12 HACCP의 적용 순서 4단계인 공정흐름도 작성에서 작업자의 도면에 표시하지 않아도 되는 것은?

① 시설도면

② 포장방법

③ 저장 및 분배 조건

④ 물 공급 및 배수

13 식품안전관리인증기준(HACCP)의 7원칙 중 다음 설명에 해당하는 것은?

> • CCP에서 위해를 예방, 제거 또는 허용 범위 이내로 감소시키기 위하여 관리되어야 하는 기준의 최대 또는 최소치를 말한다.
> • 제조기준, 과학적인 데이터(문헌, 실험)에 근거하여 설정되어야 한다.

① 위해요소 분석
② 한계기준 설정
③ 개선조치방법 수립
④ 검증절차 및 방법 수립

14 다음 중 모니터링을 실시하기 위해 필요한 방법에 해당하는 것은?

① 관찰과 측정
② 유해물질 분석
③ 자료 수집
④ 영양 성분의 함량 조사

15 HACCP의 중요관리점에서 모니터링의 측정치가 허용한계치를 이탈한 것이 판명될 경우, 영향 받은 제품을 배제하고 중요관리점에서 관리상태를 신속 정확히 정상으로 원위치시키기 위해 행해지는 과정은?

① 기록유지(record keeping)
② 예방조치(preventive action)
③ 개선조치(corrective action)
④ 검증(verification)

16 HACCP 적용 시 검증 작업에 규정해야 할 사항이 아닌 것은?

① 빈도
② 검증팀
③ 검증 결과에 따른 조치
④ HACCP 계획 전체의 수정

17 일생에 걸쳐 매일 섭취해도 부작용을 일으키지 않는 1일 섭취 허용량을 나타내는 용어는?

① Acceptable risk
② ADI(Acceptable daily intake)
③ Dose-response curve
④ GRAS(Generally recognized as safe)

18 관능적 특성의 영향요인들 중 심리적 요인이 아닌 것은?

① 기대오차　　　② 습관에 의한 오차
③ 후광효과　　　④ 억제

19 대장균군 시험에서 최확수(MPN)표를 작성할 때 시료를 10배수씩 3단계 희석한 검체를 조제하여 실험할 때 각 단계의 시험관 수는?

① 1개　　　② 5개
③ 10개　　　④ 15개

20 다음 중 납, 카드뮴 등의 정량에 사용되는 기기는?

① Inductively Coupled Particles(ICP)

② Liquid Chromatography(LC)

③ Gas Chromatography(GC)

④ Polymerase Chain Reaction(PCR)

제2과목 **식품화학**

21 식품 내 수분의 증기압(P)과 같은 온도에서의 순수한 물의 수증기압(Po)으로부터 수분활성도를 구하면?

① P-Po   ② P×Po

③ P/Po   ④ Po-P

22 등온흡착 BET관계식을 통해 구할 수 있는 것은?

① 상대습도

② 분자량

③ 단분자층 수분 함량

④ 수분활성

23 D-글루코오스 중합체에 속하는 단순 다당류가 아닌 것은?

① 글리코겐(glycogen)

② 셀룰로오스(cellulose)

③ 전분(starch)

④ 펙틴(pectin)

24 전분의 호화와 노화의 관계 요인에 대한 설명으로 틀린 것은?

① 수분이 많을수록 호화가 잘 일어나며 적으면 느리다.

② 알칼리 염류는 팽윤을 지연시켜 gel 형성온도, 즉 호화 온도를 높여준다.

③ 설탕은 자유수의 탈수와 수소결합 저하의 역할로 노화를 억제한다.

④ 전분의 팽윤과 호화는 적당한 범위의 알칼리성으로 촉진된다.

25 상어의 간유 속에 들어있는 탄화수소인 스쿠알렌(squalene)은 그 구조 중에 아이소프렌 단위(isoprene unit)가 몇 개 들어있는가?

① 14개   ② 10개

③ 6개   ④ 2개

26 식품과 함유된 단백질이 잘못 연결된 것은?

① 쌀 - oryzenin   ② 고구마 - jalapin

③ 감자 - tuberin   ④ 콩 - glycinin

27 식품가공에서 요구되는 단백질의 기능성과 가장 거리가 먼 것은?

① 호화   ② 유화

③ 젤화   ④ 기포생성

28 단백질의 구조와 관계가 없는 것은?

① Peptide 결합　　② S-S 결합
③ 수소 결합　　　④ 이중 결합

29 식품의 산성 및 알칼리성에 대한 설명 중 틀린 것은?

① 알칼리생성 원소와 산생성 원소 중 어느 쪽의 성질이 큰가에 따라 알칼리성식품과 산성식품으로 나뉜다.
② 식품이 체내에서 소화 및 흡수되어 Na, K, Ca, Mg 등의 원소가 P, S, Cl, I 등의 원소보다 많은 경우를 생리적 산성식품이라 한다.
③ 산성식품을 너무 지나치게 섭취하면 혈액은 산성 쪽으로 기울어 버린다.
④ 대표적인 생리적 알칼리성식품은 과실류, 해조류 및 감자류이다.

30 탄수화물의 대사 과정에서 필요한 효소들의 반응에서 필수적인 조효소를 구성하는 성분의 비타민으로 체내에서 합성이 되지 않아 식이과정을 통하여 섭취되어야 하는 것은?

① 비타민 A　　　② 비타민 B
③ 비타민 C　　　④ 비타민 E

31 알칼로이드계의 쓴맛 물질이 아닌 것은?

① 카페인(Caffeine)
② 테오브로민(Theobromine)
③ 퀴닌(Quinine)
④ 피넨(Pinene)

32 어류의 비린내 성분과 거리가 먼 것은?

① 피페리딘(piperidine)
② 트리메틸아민(trimethylamine)
③ δ-아미노바레르산(δ-aminovaleric acid)
④ 이소티오시아네이트(isotiocyanate)

33 엽록소(Chlorophyll)가 페오피틴(pheophytin)으로 변하는 현상은 어떤 경우에 가장 빨리 일어나는가?

① 푸른 채소를 공기 중에 방치해 두었을 때
② 조리하는 물에 소다를 넣었을 때
③ 푸른 채소를 소금에 절였을 때
④ 조리하는 물에 산이 존재할 때

34 안토시아닌과 관련된 과실의 색깔 변화표에서 (　)안에 알맞은 것은?

과실명	산성	중성	알칼리성
크랜베리	(　　)	엷은 자색(faint purple)	담녹색(light green)

① 빨간색(red)　　② 자색(purple)
③ 녹색(green)　　④ 청색(blue)

35 배,양파는 흰색이나 배즙, 양파즙은 갈색이다. 이러한 변화를 유발하는 화학반응에 대한 설명으로 틀린 것은?

① 아미노카보닐 반응에 의해 환원당과 자유 아미노기 사이의 반응 결과이다.
② 당과 아민의 축합반응 및 Amadori 전위 등의 초기 단계를 거친다.
③ Strecker 반응에 의해 아미노산이 분해되면서 저급알데히드와 일산화탄소가 발생한다.
④ 최종 색소는 멜라노이딘(melanoidin)이라는 갈색의 질소 중합체 및 혼성중합체이다.

36 겔상의 식품 중 분산질의 성분이 나머지 식품과 가장 다른 하나는?

① 족편   ② 삶은 달걀
③ 묵   ④ 두부

37 다음 중 내분비장애 물질이 아닌 것은?

① Dioxin   ② Phthalate ester
③ Ricinine   ④ PCB

38 식품의 회분분석에서 검체의 전처리가 필요 없는 것은?

① 액상식품   ② 당류
③ 곡류   ④ 유지류

39 다음 중 보존료의 사용목적이 아닌 것은?

① 식품의 영양가 유지
② 가공식품의 변질, 부패방지
③ 가공식품의 수분증발 방지
④ 가공식품의 신선도 유지

40 발색제에 대한 설명으로 틀린 것은?

① 염지 시 사용되는 식품첨가물이다.
② 발색뿐만 아니라 육제품의 보존성이나 특유의 향미를 부여하는 효과를 나타낸다.
③ 보툴리누스균 등의 일반 세균의 생육에는 영향을 미치지 않고 곰팡이의 생육을 저해한다.
④ 강한 산화력을 나타내어 메트미오글로빈 혈증을 일으키는 등 급성 독성을 갖고 있다.

제3과목   **식품가공 · 공정공학**

41 도정도가 적은 것에서 큰 순서로 나열된 것은?

① 현미 → 7분도미 → 백미 → 5분도미
② 현미 → 백미 → 7분도미 → 5분도미
③ 현미 → 7분도미 → 5분도미 → 백미
④ 현미 → 5분도미 → 7분도미 → 백미

42 전분유(澱粉乳)에서 전분입자를 분리하는 방법이 아닌 것은?

① 탱크 침전식   ② 테이블 침전식
③ 원심 분리식   ④ 진공 농축식

43 콩 단백질의 기능적 특성과 콩을 재료로 하는 식품의 이용 관계에 대한 설명 중 틀린 것은?

① 콩 단백질의 점성으로 응고되는 성질을 이용하여 두부를 제조한다.
② 콩 단백질의 흡수성을 이용하여 식물성 소시지를 제조한다.
③ 콩 단백질의 유화성을 이용하여 빵을 제조한다.
④ 콩 단백질의 기포성을 이용하여 케이크를 제조한다.

44 간장을 달이는 주요 목적이 아닌 것은?

① 간장의 짠맛 부여
② 색 및 저장성 부여
③ 미생물의 살균
④ 효소의 파괴

45 메톡실(methoxyl)기 함량이 7% 이하인 펙틴(pectin)의 경우 젤리(jelly) 강도를 높이기 위해 첨가해야 할 물질은?

① 설탕   ② 구연산
③ 칼슘   ④ 글리세린

46 통조림 제조 공정 중 탈기(exhausting)의 목적이 아닌 것은?

① 가열 살균 시 팽창에 의하여 통이 파열되는 것을 방지한다.
② 통조림 속의 호기성 세균 및 곰팡이의 발육을 억제한다.
③ 통조림 속의 미생물을 사멸시키고 효소를 불활성화시킨다.
④ 통내면의 부식을 방지하고, 내용물의 화학적 변화를 적게 한다.

47 우유 단백질 중 카제인(casein)을 응고시키는 효소는?

① 렌닌(rennin)
② 펩신(pepsin)
③ 락타아제(lactase)
④ 파파인(papain)

48 버터 제조 시 크림을 숙성시키는 목적이 아닌 것은?

① 유지방을 결정화한다.
② 버터 조직을 연화시킨다.
③ 버터에 과잉수분이 함유되지 않게 한다.
④ 버터 밀크로의 지방손실을 감소시킨다.

49 육류 가공 시 보수성에 영향을 미치는 요인과 가장 거리가 먼 것은?

① 근육의 pH
② 유리아미노산의 양
③ 이온의 영향
④ 근섬유 간 결합상태

50 소시지 가공제품 제조 시 염지의 효과가 아닌 것은?

① 근육단백질의 용해성을 증가시킨다.
② 보수성과 결착성을 증진시킨다.
③ 방부성과 독특한 맛을 갖게 한다.
④ 단백질을 변성시키고 살균한다.

51 액란(liquid egg)을 건조하기 전에 당을 제거하는 이유가 아닌 것은?

① 난분의 용해도 감소 방지
② 변색 방지
③ 난분의 유동성 저하 방지
④ 이취의 생성 방지

52 유지제조 공정 중 윈터링(wintering)의 주된 목적은?

① 유리 지방산 제거
② 탈색
③ 왁스(Wax)분 제거
④ 탈취

53 −10℃의 얼음 5kg을 가열하여 0℃의 물로 녹였다. 그 후 가열하여 물을 수증기로 기화시켰다. 이 과정에서 엔탈피 변화를 계산하면 얼마인가?

> 얼음의 비열은 2.05kJ/kg·K, 물의 비열은 4.182kJ/kg·K 용융잠열은 333.2kJ/kg, 100℃에서의 기화잠열은 2,257.06kJ/kg 이다.

① 약 1,666kJ ② 약 2,091kJ
③ 약 11,285kJ ④ 약 15,145kJ

54 도관을 통하여 흐르는 뉴턴액체(Newtonian fluid)의 Reynolds 수를 측정한 결과 2,500 이었다. 이 액체의 흐름의 형태는?

① 유선형(streamline)
② 천이형(transition region)
③ 교류형(turbulent)
④ 정치형(static state)

55 시간당 우유 5,500kg을 5℃에서 65℃까지 열교환 장치를 사용하여 가열하고자 한다. 우유의 비열이 3.85kJ/kg·K일 때 필요한 열에너지 양은?

① 746.4kW ② 352.9kW
③ 240.6kW ④ 120.2kW

56 *Clostridium botulinum* 포자현탁액을 121.1℃에서 열처리하여 초기농도의 99.999%를 사멸시키는 데 1.2분이 걸렸다. 이 포자의 $D_{121.1}$은 얼마인가?

① 0.28분 ② 0.24분
③ 1.00분 ④ 2.24분

57 식품을 급속 냉동하면 완만 냉동한 것보다 냉동식품의 품질(특히 texture)이 우수하다고 밝혀졌다. 그 이유로 가장 적합한 것은?

① 세포 내외에 미세한 얼음 입자가 생성된다.
② 냉동에 소요되는 시간이 길다.
③ 해동이 빨리 이루어진다.
④ 오래 보관할 수 있다.

58 분무건조법의 특징과 거리가 먼 것은?

① 열변성하기 쉬운 물질도 용이하게 건조 가능하다.

② 제품형상을 구형의 다공질 입자로 할 수 있다.

③ 연속으로 대량 처리가 가능하다.

④ 재료의 열을 빼앗아 승화시켜 건조한다.

59 다음의 막분리 공정 중 발효시킨 맥주의 효모를 제거하여 저장성을 부여함으로써 향미가 우수한 맥주의 생산에 이용되는 공정은 어느 것인가?

① 정밀여과　　② 한외여과

③ 전기투석　　④ 역삼투

60 라미네이트 필름에 관한 설명 중 맞는 것은?

① 알루미늄박만을 포장재료로 사용한 것이다.

② 종이를 사용한 것이다.

③ 두 가지 이상의 필름, 종이 또는 알루미늄박을 접착시킨 것을 말한다.

④ 셀로판을 사용한 포장재료를 말한다.

61 미생물 중 세포 내의 염색체 수가 한 개이고, 세포 분열은 비유사 분열법에 따르는 것은?

① 조류(Algae)　　② 곰팡이(Mold)

③ 효모(Yeast)　　④ 세균(Bacteria)

62 내생포자의 특징이 아닌 것은?

① 대사반응을 수행하지 않음

② 고온, 소독제 등에서 생존이 가능

③ 1개의 세포에서 2개의 포자 형성

④ 일부 그람 양성균이 형성하는 특별한 휴면세포

63 맥아, 곡류, 빵 등 여러 식품에서 발생하며 특히 고구마 연부병의 원인이 되는 미생물은?

① *Rhizopus nigricans*

② *Bacillus licheniformis*

③ *Penicillium citrinum*

④ *Aspergillus niger*

64 하면발효효모에 대한 설명 중 잘못된 것은?

① 난형 또는 타원형이다.

② 발효작용이 상면발효효모보다 빠르다.

③ 라피노오스(raffinose)를 발효시킬 수 있다.

④ 생육 최적온도는 5~10℃ 정도이다.

65 용균성 박테리오파지(virulent bacteri ophage)의 증식과정으로 올바른 것은?

① 흡착 → 용균 → 침입 → 핵산 복제 → phage 입자 조립
② 흡착 → 침입 → 핵산복제 → phage 입자 조립 → 용균
③ 흡착 → 침입 → 용균 → phage 입자 조립 → 핵산 복제
④ 흡착 → 용균 → 침입 → phage 입자 조립 → 핵산복제

66 실모양의 균사가 분지하여 방사상으로 성장하는 특징이 있는 미생물로 다양한 항생물질을 생산하는 균은?

① 초산균　　　② 방선균
③ 프로피온산균　　④ 연쇄상구균

67 *Bacillus subtilis*(1개)가 30분마다 분열한다면 5시간 후에는 몇 개가 되는가?

① 10개　　　② 512개
③ 1,024개　　④ 2,048개

68 유기화합물 합성을 위하여 햇빛을 에너지원으로 이용하는 광독립영양생물(photoau totroph)은 탄소원으로 무엇을 이용하는가?

① 메탄　　　② 이산화탄소
③ 포도당　　④ 지방산

69 미생물의 순수분리 방법이 아닌 것은?

① 평판배양법
② Lindner의 소적배양법
③ Micromanipulater를 이용하는 방법
④ 모래배양법(토양배양법)

70 돌연변이에 대한 설명으로 틀린 것은?

① 돌연변이의 근본 원인은 DNA상의 nucle otide 배열의 변화이다.
② DNA상 nucleotide 배열의 변화는 단백질의 아미노산 배열에 변화를 일으킨다.
③ nucleotide에서 염기쌍 변화에 의한 변이에는 치환, 첨가, 결손 및 역위가 있다.
④ 번역 시 어떠한 아미노산도 대응하지 않는 triplet(UAA, UAG, UGA)을 갖게 되는 변이를 'nonsense 변이'라 한다.

71 1차 대사와 생산물 생성이 별도의 시간에 일어나는 증식 비관련형 발효에 해당되지 않는 것은?

① 항생물질　　　② 라이신
③ 비타민　　　④ 글루코아밀라아제

72 포도주 제조 중 아황산 첨가의 목적이 아닌 것은?

① 에탄올만 생성하는 과정으로 하기 위해서
② 포도주 발효 시에 유해균의 사멸 및 증식억제를 위해서
③ 포도주의 산화 방지를 위해서
④ 적색 색소의 안정화를 위해서

73 앙금질이 끝난 청주를 가열하는 목적과 관계가 없는 것은?

① 저장 중 변패를 일으키는 미생물의 살균
② 청주 고유의 색택형성 촉진
③ 용출되어 잔존하는 효소의 파괴
④ 향미의 조화 및 숙성의 촉진

74 알코올 발효의 원료로 전분을 이용할 경우 곰팡이 효소를 이용하는 방법은?

① 맥아법   ② 산당화법
③ 국법   ④ 합성법

75 일반적으로 아미노산의 발효 생산과 관계가 가장 적은 것은?

① 야생주를 이용하는 방법
② 영양요구변이주를 이용하는 방법
③ 전구물질 첨가법
④ 활성오니법

76 탈탄산 반응(decarbonylation)의 보조효소로 작용하는 thiamine pyrophosphate(TPP)의 작용활성 부위는?

① Thiazole ring
② Pyrrole ring
③ Indole ring
④ Imidazole ring

77 TCA cycle 중 전자전달(electron transport) 과정으로 들어가는 $FADH_2$를 생성하는 반응은?

① isocitrate → α-ketoglutarate
② α-ketoglutarate → syccinyl CoA
③ succinate → fumarate
④ malate → oxaloacetate

78 지방산 분해에 대한 설명으로 틀린 것은?

① 트리아실글리세롤은 호르몬으로 자극된 지방질 가수분해효소로 가수분해된다.
② 지방산은 산화되기 전에 Coenzyme A에 연결된다.
③ 팔미트산의 완전 산화로 100분자의 ATP를 생성한다.
④ 카르니틴은 활성화된 긴 사슬 지방산들을 미토콘드리아 기질 안으로 운반한다.

79 요소회로(Urea cycle)를 형성하는 물질이 아닌 것은?

① ornithine

② citrulline

③ arginine

④ glutamic acid

80 핵 단백질의 가수분해 순서로 올바른 것은?

① 핵 단백질 → 핵산 → 뉴클레오티드 → 뉴클레어사이드 → 염기

② 핵 단백질 → 핵산 → 뉴클레어사이드 → 뉴클레오티드 → 염기

③ 핵산 → 핵 단백질 → 뉴클레오티드 → 뉴클레어사이드 → 염기

④ 핵산 → 뉴클레어사이드 → 핵 단백질 → 뉴클레오티드 → 염기

제1과목   **식품안전**

01 식품위생법상 식중독 환자를 진단한 의사가 1차적으로 보고하여야 할 기관은?

① 관할 읍·면·동장

② 관할 보건소장

③ 관할 경찰서장

④ 관할 시장·군수·구청장

02 다음 중 식품영업에 종사할 수 있는 자는?

① 후천성면역결핍증 환자

② 피부병 기타 화농성 질환자

③ 콜레라 환자

④ 비전염성 결핵 환자

03 유전자변형 식품 등의 표시기준에 의하여 농산물을 생산·수입·유통 등 취급과정에서 구분하여 관리한 경우에도 그 속에 유전자 변형농산물이 비의도적으로 혼입될 수 있는 비율을 의미하는 용어와 그 허용 비율의 연결이 옳은 것은?

① 비의도적 혼입치 – 5%

② 비의도적 혼입치 – 3%

③ 관리 이탈 혼입치 – 5%

④ 관리 이탈 혼입치 – 3%

04 HACCP 인증 의무대상 적용식품이 아닌 것은?

① 어묵류

② 두부

③ 빙과류

④ 비가열음료

05 HACCP(식품안전관리인증기준)에 대한 설명 중 틀린 것은?

① 위해분석(HA)과 중요관리점(CCP)으로 구성되어 있다.

② 유통 중의 상품만을 대상으로 하여 상품을 수거하여 위생상태를 관리하는 기준이다.

③ 식품의 원재료에서부터 가공 공정, 유통단계 등 모든 과정을 위생관리한다.

④ CCP는 해당 위해요소를 조사하여 방지, 제거한다.

06 식품가공 공장의 바닥, 수구 등에 관한 설명 중 틀린 것은?

① 바닥은 내수성이고 청소하기에 편리하여야 된다.

② 바닥은 물이 잘 빠지도록 경사가 필요하다.

③ 배수구는 U자형으로 하는 것이 좋다.

④ 배수구는 벽과 평행하여 밀착되게 설치하되 깊이는 20cm 이상 되게 한다.

07 안전한 식품 제조를 위한 작업장 관리에 대한 설명으로 적절하지 않은 것은?

① 내장재는 사전에 불침수성을 조사하여 선정한다.

② 청정도가 낮은 지역을 가장 큰 양압으로 하여 청정도가 높아질수록 실압으로 낮추어 간다.

③ 먼지가 누적되는 곳을 줄이기 위하여 코너에 45도 경사를 둔다.

④ 작업상 필요한 조도를 충분히 갖도록 하여 감시 및 검사지역은 600lux로 한다.

08 식품의 안전관리에 대한 사항으로 틀린 것은?

① 작업장 내에서 작업 중인 종업원 등은 위생복·위생모·위생화 등을 항시 착용하여야 하며, 개인용 장신구 등을 착용하여서는 아니 된다.

② 식품 취급 등의 작업은 바닥으로부터 60cm 이상의 높이에서 실시하여 바닥으로부터의 오염을 방지하여야 한다.

③ 칼과 도마 등의 조리 기구나 용기, 앞치마, 고무장갑 등은 원료나 조리과정에서의 교차오염을 방지하기 위하여 식재료 특성 또는 구역별로 구분하여 사용하여야 한다.

④ 해동된 식품은 즉시 사용하고 즉시 사용하지 못할 경우 조리 시까지 냉장 보관하여야 하며, 사용 후 남은 부분은 재동결하여 보관한다.

09 식품 제조 가공에 사용되는 용수로 지하수를 사용하는 경우 먹는물 수질기준 전 항목에 대한 검사 주기는?

① 월1회

② 반기에 2회

③ 연1회

④ 연2회

10 HACCP 적용을 위한 12절차 중 준비(예비)단계에 속하는 것은?

① 위해요소 분석

② 공정흐름도 작성

③ 중요관리점 결정

④ 개선조치방법 수립

11 HACCP plan(계획)을 확인하는 사람은?

① 업체의 영업 관련 직원

② 회사 인사 관련 직원

③ 경영자

④ 자격이 인정된 전문가

12 HACCP 2단계인 제품설명서 작성에 필요한 내용이 아닌 것은?

① 제품유형 및 성상

② 완제품의 규격

③ 제품용도 및 소비기간

④ HACCP의 팀 구성도

13 식품 위해요소 중 생물학적 위해요소와 관련이 없는 것은?

① 기생충, 세균
② 잔류 농약
③ 곰팡이
④ 부패미생물

14 CCP 결정도에서 사용되는 5가지 질문 내용에 포함되지 않는 것은?

① 선행요건이 있으며 잘 관리되고 있는가?
② 확인된 위해요소에 대한 조치방법이 있는가?
③ 확인된 위해요소의 오염이 허용수준을 초과하는가?
④ 위해요소가 완전히 없어졌는가?

15 위해 허용 한도의 설정(8단계) 내용에 포함되지 않는 것은?

① 모든 CCP에 적용되어야 한다.
② 유추한 자료를 이용한다.
③ 타당성이 있어야 한다.
④ 측정할 수 있어야 한다.

16 모니터링 결과의 기록에 해당하지 않는 내용은?

① 영업자의 성명 또는 법인의 명칭
② 기록한 일시
③ 제품을 특정할 수 있는 명칭
④ 위반의 원인을 조사한 기록

17 1일 섭취허용량이 체중 1kg당 10mg 이하인 첨가물을 어떤 식품에 사용하려고 하는데 체중 60kg인 사람이 이 식품을 1일 500g씩 섭취한다고 하면, 이 첨가물의 잔류 허용량은 식품의 몇 %가 되는가?

① 0.12%
② 0.17%
③ 0.22%
④ 0.27%

18 관능검사 방법 중 종합적 차이검사는 전체적 관능특성의 차이 유무를 판별하고자 기준 시료와 비교하는 것인데 이때 사용하는 방법이 아닌 것은?

① 일-이점검사
② 삼점검사
③ 단일시료검사
④ 이점비교검사

19 동물의 변으로부터 살모넬라균을 검출하려 할 때 처음 실시해야 할 배양은?

① 확인배양
② 순수배양
③ 분리배양
④ 증균배양

20 곤충 및 동물의 털과 같이 물에 잘 젖지 아니하는 가벼운 이물검출에 적용하는 이물검사는?

① 여과법
② 체분별법
③ 와일드만 플라스크법
④ 침강법

21 30%의 수분과 30%의 설탕(sucrose)을 함유하고 있는 어떤 식품의 수분활성도는? (단, 분자량의 H_2O : 18, $C_{12}H_{22}O_{11}$: 342)

① 0.98　　　　② 0.95
③ 0.82　　　　④ 0.90

22 수분활성도에 따라 평형수분함량 관계를 나타낸 등온흡습곡선에서 갈변화(마이야르반응 : Maillard reaction)가 가장 많이 일어나는 곳으로 예상되는 영역은?

① 단분자층 영역　　② B.E.T.영역
③ 다분자층 영역　　④ 모세관응축 영역

23 분자식은 $C_6H_{14}O_6$이며 포도당을 환원시켜 제조하고 백색의 알맹이, 분말 또는 결정성 분말로서 냄새가 없고 청량한 단맛이 있는 식품첨가물은?

① D-sorbitol　　② Xylitol
③ inositol　　　④ D-dulcitol

24 전분의 호정화에 대한 설명으로 옳은 것은?

① α-전분을 상온에 방치할 때 β-전분으로 되돌아가는 현상
② 전분에 묽은 산을 넣고 가열하였을 때 가수분해되는 현상
③ 160~170℃에서 건열로 가열하였을 때 전분이 분해되는 현상
④ 전분에 물을 넣고 가열하였을 때 점도가 큰 콜로이드 용액이 되는 현상

25 뇌조직에서 고급지방산과 에스테르 결합으로 존재하는 것은?

① 포스포이노시타이드(phosphoinositide)
② 시토스테롤(sitosterol)
③ 스티그마스테롤(stigmasterol)
④ 콜레스테롤(cholesterol)

26 지방산화 메커니즘에 대한 설명 중 틀린 것은?

① 유지의 자동산화는 산소 흡수속도가 매우 낮은 유도기간이 필요하다.
② 일중항산소(singlet oxygen)에 의한 산화는 지방의 이중 결합과 유도단계 없이 바로 결합하기에 반응 속도가 빠르다.
③ 효소에 의한 산화 중 lipoxygenase에 의한 산화의 기질로는 올레산(oleic acid), 리놀레산(linoleic acid), 리놀렌산(linolenic acid), 아라키돈산(arachidonic acid)이 모두 될 수 있다.
④ 튀김유와 같은 고온(180℃)에서는 생성된 hydroperoxide가 즉시 분해하여 거의 축적되지 않는다.

27 육류를 주식으로 하는 서양인과 달리 곡류를 주식으로 하는 동양인에게서 결핍되기 쉬운 필수 아미노산은?

① 라이신(lysine)
② 아스파라긴(asparagine)
③ 글루타민산(glutamic acid)
④ 알라닌(alanine)

28 단백질의 정색반응 중 Millon 반응은 어떤 기를 가진 아미노산에 의해서 일어나는가?

① imidazol기 ② benzene기
③ phenol기 ④ indol기

29 단백질이 변성되면 나타나는 일반적인 특성 변화에 대한 내용으로 옳은 것은?

① 소화 분해력 감소
② 친수성 증가
③ 용해도의 감소
④ 반응성 감소

30 철(Fe)에 대한 설명으로 틀린 것은?

① 철은 식품에 헴형(heme)과 비헴형(non-heme)으로 존재하며 헴형의 흡수율이 비헴형보다 2배 이상 높다.
② 비타민 C는 철 이온을 2가철로 유지시켜 주어 철 이온의 흡수를 촉진한다.
③ 두류의 피틴산은 철분 흡수를 촉진한다.
④ 달걀에 함유된 황이 철분과 결합하여 검은색을 나타낸다.

31 비타민 B_2의 광분해 시 알칼리성에서 생기는 물질은?

① 루미플라빈(lumiflavin)
② 루미크롬(lumichrome)
③ 리비톨(ribitol)
④ 이소알록사진(isoalloxazine)

32 양파를 가열 조리할 경우 자극적인 방향과 맛이 사라지고 단맛이 나타나는 원인은?

① propyl allyl disulfide가 가열로 분해되어 propyl mercaptan으로 변했기 때문이다.
② quercetin이 가열에 의해 mercaptan으로 변했기 때문이다.
③ 섬유질이 amylase 효소의 분해를 받아 포도당을 생성했기 때문이다.
④ carotene이 가열에 의해 단맛을 내는 lycopene으로 변화되었기 때문이다.

33 겨자과 식물의 주된 향기 성분은?

① allyl isothiocyanate
② sedanolide
③ allicin
④ lenthionine

34 고기류의 성분 및 성질을 설명한 것 중 틀린 것은?

① 고기류의 감칠맛을 내는 성분에는 글루타민, 이노신산, 퓨린염기, 크레아틴 등이 있다.
② 고기를 가열하면 회갈색으로 변화하는데 이것은 미오글로빈이 메트미오글로빈이 되기 때문이다.
③ 고기류가 상하면 나는 냄새의 물질은 트리메틸아민옥사이드로 그 악취가 매우 심하다.
④ 고기류의 신선도가 낮아지면 독성이 큰 프토마인(ptomaine)이 생겨 가끔 식중독의 원인이 되기도 한다.

35 포르피린 링(porphyrin ring) 구조 안에 Mg^{2+}을 함유하고 있는 색소 성분은?

① 미오글로빈   ② 헤모글로빈

③ 클로로필   ④ 헤모시아닌

36 감자를 절단한 후 공기 중에 방치하였더니 표면의 색이 흑갈색으로 변하였다. 이것은 다음의 어느 기작에 의한 것인가?

① Maillard reaction에 의한 갈변

② tyrosinase에 의한 갈변

③ NADH oxidase에 의한 갈변

④ ascorbic acid oxidation에 의한 갈변

37 기능이 다른 유화제 A(HLB 20)와 B(HLB 4.0)를 혼합하여 HLB가 16.0인 유화제 혼합물을 만들고자 한다. 각각 얼마씩 첨가해야 하는가?

① A 85(%)+B 15(%)

② A 75(%)+B 25(%)

③ A 65(%)+B 35(%)

④ A 55(%)+B 45(%)

38 아래의 두 성질을 각각 무엇이라 하는가?

> A : 잘 만들어진 청국장은 실타래처럼 실을 빼는 것과 같은 성질을 가지고 있다.
> B : 국수반죽은 긴 끈 모양으로 늘어나는 성질을 갖고 있다.

① A : 예사성, B : 신전성

② A : 신전성, B : 소성

③ A : 예사성, B : 소성

④ A : 신전성, B : 탄성

39 핵분해생성물 중에서 보통 식품위생상 문제가 되는 것은 그 생성율이 비교적 크고 반감기가 긴 것인데 이와는 달리 반감기가 짧으면서도 생성량이 비교적 많아서 문제가 되는 것은?

① 스트론튬 90   ② 세슘 137

③ 요오드 131   ④ 우라늄 238

40 다음의 식품첨가물 중 유화제로 사용되지 않는 것은?

① soybean lecithin

② glycerin fatty acid ester

③ morpholine fatty acid salt

④ sucrose monosterate

제3과목 **식품가공 · 공정공학**

41 밀의 제분 공정에서 조질(調質)이란?

① 외피와 배유의 분리를 쉽게 하기 위한 것

② 밀가루의 품질을 균일하게 하기 위한 것

③ 외피의 분쇄를 쉽게 하기 위한 것

④ 협잡물을 제거하기 위한 것

42 전분의 분해 정도가 진행되어 DE(dextrose equivalent)가 높아졌을 때의 현상이 아닌 것은?

① 단맛이 더해진다.
② 평균분자량이 적어져서 점도가 떨어진다.
③ 평균분자량이 적어져서 빙점이 낮아진다.
④ 삼투압 및 방부효과가 작아지는 경향이 있다.

43 콩으로부터 단백질이 고농도로 농축된 분리 대두 단백(soyprotein isolate)을 분리하기 위한 일반적인 제조 공정이 아닌 것은?

① 탈지 공정
② 가수분해 공정
③ 불용성 고형분 분리 공정
④ 단백질 응고 및 원심 분리 공정

44 물에 불린 콩을 마쇄하여 두부를 만들 때 마쇄가 두부에 미치는 영향에 대한 설명으로 틀린 것은?

① 콩의 마쇄가 불충분하면 비지가 많이 나오므로 두부의 수율이 감소하게 된다.
② 콩의 마쇄가 불충분하면 콩 단백질인 글리신이 비지와 함께 제거되므로 두유의 양이 적어 두부의 양도 적다.
③ 콩을 지나치게 마쇄하면 불용성의 고운 가루가 두유에 섞이게 되어 응고를 방해하여 두부의 품질이 좋지 않게 된다.
④ 콩을 지나치게 마쇄하면 콩 껍질, 섬유소 등이 제거되어 영양가 및 소화흡수율이 증가한다.

45 통조림의 저장 과정에서 일어날 수 있는 변질 중 flat sour와 관계가 없는 사항은?

① 가스를 생성하지 않는다.
② *Bacillus*속의 세균에 의한 변질이다.
③ 한쪽 뚜껑을 누르면 반대쪽 뚜껑이 튀어나온다.
④ 내용물에서 신맛이 난다.

46 떫은 감의 탈삽 기작과 관계가 없는 것은?

① 가용성 탄닌(tannin)의 불용화
② 감세포의 분자 간 호흡
③ 탄닌(tannin)물질의 제거
④ 아세트알데히드(acetaldehyde), 아세톤(acetone), 알코올(alcohol) 생성

47 우리나라 식품공전상 우유류 규격으로 맞지 않는 것은?

① 산도 0.18% 이하
② 조지방 3.0% 이상
③ 무지고형분 8.0% 이상
④ 세균수 6만/mL 이하

48 아이스크림 제조 시 균질효과가 아닌 것은?

① 믹스의 기포성을 좋게 하여 overrun을 증가한다.
② 아이스크림의 조직을 부드럽게 한다.
③ 믹스의 동결 공정으로 교동(churning)에 의해 일어나는 응고된 덩어리의 생성을 촉진시킨다.
④ 숙성(aging) 시간을 단축한다.

49 사후강직 중의 현상에 관한 설명 중 올바른 것은?

① 젖산이 분해되고, 알칼리 상태가 된다.
② ATP 함량이 증가한다.
③ 산성 포스파타아제(phosphatase) 활성이 증가한다.
④ 글리코겐(glycogen) 함량이 증가한다.

50 식육훈연의 목적과 거리가 먼 것은?

① 제품의 색과 향미 향상
② 건조에 의한 저장성 향상
③ 연기의 방부성분에 의한 잡균오염 방지
④ 식육의 pH를 조절하여 잡균오염 방지

51 동결란 제조 시 노른자는 젤화가 일어나 품질이 저하된다. 이를 방지하기 위하여 첨가되는 물질이 아닌 것은?

① 소금　　　　② 설탕
③ 구연산　　　④ 글리세린

52 멸치젓 제조 시 소금으로 절여 발효할 때 나타나는 현상이 아닌 것은?

① 과산화물가(peroxide value)가 증가한다.
② 가용성 질소가 증가한다.
③ 맛이 좋아진다.
④ pH가 증가한다.

53 유지를 정제한 다음 정제유에 수소를 첨가하면 유지는 어떻게 변하는가?

① 융점이 저하된다.
② 융점이 상승한다.
③ 성상이나 융점은 변하지 않는다.
④ 이중 결합에 변화가 없다.

54 무게 710.5N인 동결된 딸기의 질량은? (단, 중력가속도는 $9.80 m/s^2$으로 가정한다.)

① 65.5kg　　　② 71.1kg
③ 72.5kg　　　④ 75.5kg

55 전단속도(shear rate)가 커짐에 따라 겉보기점도(apparent viscosity)가 증가하는 유체는?

① Nowtonian
② Shear-Thining(pseudoplastic)
③ Shear-Thickening(dilatant)
④ Bingham plastic

56 열전도도가 $0.7 W/m^2 \cdot K$인 벽돌로 된 두께 15cm의 외부벽과 $208 W/m^2 \cdot K$의 열전도도를 갖는 1.5mm의 알루미늄판으로 된 창고가 있을 때 이 창고의 U(총열전달계수) 값은? (단, 창고 안팎의 표면 열전달계수는 각각 12와 $25 W/m^2 \cdot K$이다.)

① $0.45 W/m^2 \cdot K$　　② $1.42 W/m^2 \cdot K$
③ $1.96 W/m^2 \cdot K$　　④ $2.97 W/m^2 \cdot K$

57 어떤 공정에서 F_{121}=1min이라고 한다. 이 공정을 111℃에서 실시하면 몇 분간 살균하여야 하는가? (단, z=10℃으로 한다)

① 10분
② 18분
③ 100분
④ 118분

58 냉매 중 폭발성이 없고, 냉동범위가 비교적 넓은 것은?

① 프레온
② 암모니아
③ 메틸클로라이드
④ 이산화황

59 복원성이 좋고 제품의 품질 및 저장성을 향상시키기 위한 건조방법으로 가장 적합한 것은?

① 가압건조
② 동결건조
③ 감압건조
④ 진공감압건조

60 식품 포장재 중 기체 비투과성, 방습성 등의 차단(barrier)성이 좋으며 열수축성이 커서 햄, 소시지 등의 단위 포장에 주로 사용되는 것은?

① LDPE(low density poly ethylene)
② PP(polypropylene)
③ PVDC(polyvinylidene chloride)
④ CA

61 원핵세포(procaryotic cell)와 진핵세포(eucaryotic cell)를 구별하는 데 가장 관계가 깊은 것은?

① 색소 생성능
② 섭취영양분의 종류
③ 세포의 구조
④ 광합성 능력

62 그람 음성 세균의 세포벽을 구성하는 물질 중 내독소(endotoxin)라 부르는 독성 활성을 갖는 물질은?

① 펩티도글리칸(peptidoglycan)
② 테이코산(teichoic acid)
③ 지질 A(lipid A)
④ 포린(porin)

63 김치 숙성에 관여하지 않는 미생물은?

① *Lactobacillus plantarum*
② *Leuconostoc mesenteroides*
③ *Aspergillus oryzae*
④ *Pediococcus pentosaceus*

64 다음 그림 ㉠, ㉡에 해당하는 곰팡이 속명은?

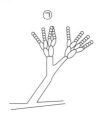 

① ㉠ *Penicillium*, ㉡ *Aspergillus*

② ㉠ *Aspergillus*, ㉡ *Mucor*

③ ㉠ *Penicillium*, ㉡ *Rhizopus*

④ ㉠ *Aspergillus*, ㉡ *Penicillium*

65 고구마를 연부시키는 미생물은?

① *Bacillus subtilis*

② *Aspergillus oryzae*

③ *Saccharomyces cerevisiae*

④ *Rhizopus nigricans*

66 분열에 의한 무성생식을 하는 전형적인 특징을 보이는 효모로 알맞은 것은?

① *Saccharomyces*속

② *Zygosaccharomyces*속

③ *Sacchromycodes*속

④ *Schizosaccharomyces*속

67 산화력이 강하며 배양액의 표면에서 피막을 형성하는 산막효모(피막효모, film yeast)에 속하는 것은?

① *Candida*속

② *Pichia*속

③ *Saccharomyces*속

④ *Shizosaccharomyces*속

68 제조 공정에서 박테리오파지에 의한 오염이 발생하지 않는 것은?

① 낙농식품 발효

② 젖산(lactic acid) 발효

③ 아세톤-부탄올(acetone-butanol) 발효

④ 맥주 발효

69 조류(algae)에 대한 설명 중 옳은 것은?

① 엽록소인 엽록체를 갖는다.

② 녹조류, 갈조류, 홍조류가 대표적이며 다세포이다.

③ 클로렐라(chlorella)는 단세포 갈조류의 일종이다.

④ 우뭇가사리, 김은 갈조류에 속한다.

70 탄소원으로서 CO_2를 이용하지 못하고 다른 동식물에 의해서 생성된 유기탄소화합물을 이용하는 미생물의 명칭은?

① 독립영양 미생물   ② 호기성 미생물

③ 호염성 미생물   ④ 종속영양 미생물

71 β-lactame계 항생제로 세포벽(peptidoglycan)합성을 저해하는 것은?

① Macrolides   ② Tetracyclines

③ Penicillins   ④ Aminoglycosides

72 단시간 내에 특정 DNA 부위를 기하급수적으로 증폭시키는 중합효소반응의 반복되는 단계를 바르게 나열한 것은?

① DNA 이중나선의 변성 → RNA 합성 → DNA 합성
② RNA 합성 → DNA 이중나선의 변성 → DNA 합성
③ DNA 이중나선의 변성 → 프라이머 결합 → DNA 합성
④ 프라이머 결합 → DNA 이중나선의 변성 → DNA 합성

73 연속배양의 일반적인 장점이 아닌 것은?

① 장치 용량을 축소할 수 있다.
② 작업 시간을 단축할 수 있다.
③ 생산성이 증가한다.
④ 배양액 중 생산물의 농도가 훨씬 높다.

74 탁·약주 제조 시 올바른 주모관리의 방법이 아닌 것은?

① 담금 품온은 22℃ 내외로 낮게 유지하여 오염균의 증식을 억제한다.
② 효모증식에 필요한 산소공급을 위해 교반한다.
③ 담금 배합은 술덧에 비해 발효제 사용비율을 높게 한다.
④ 급수 비율을 높게 하여 조기발효를 유도한다.

75 구연산 발효 시 당질 원료 대신 이용할 수 있는 유용한 기질은?

① n-paraffin
② ethanol
③ acetic acid
④ acetaldehyde

76 초산발효균으로서 *Acetobacter*의 장점이 아닌 것은?

① 발효수율이 높다.
② 혐기상태에서 배양한다.
③ 고농도의 초산을 얻을 수 있다.
④ 과산화가 일어나지 않는다.

77 효소에 있어서 그 활성을 나타내기 위해서는 특별한 이온을 필요로 하는 경우가 있다. 다음 중 효소의 활성화 물질로서 작용하지 않는 것은?

① Cu^{2+}
② Mg^{2+}
③ Pd^{2+}
④ Mn^{2+}

78 글루코네오제네시스(gluconeogenesis)는 무엇을 의미하는가?

① 포도당이 혐기적으로 분해하는 과정
② 포도당이 젖산이나 아미노산으로부터 합성되는 대사과정
③ 포도당이 산화되어 ATP를 합성하는 과정
④ 포도당이 아미노산으로 전환되는 과정

79 지방산의 β-oxidation에 관한 설명으로
틀린 것은?

① β-oxidation은 골지체에서 일어난다.

② β-oxidation의 최초단계는 acyl CoA
의 생성이다.

③ acetyl CoA는 TCA를 거쳐 CO_2, H_2O로
산화되어 에너지를 공급한다.

④ β-oxidation의 1회전 시 각각 1개의
$FADA_2$와 NADH가 생성된다.

80 DNA에는 함유되어 있으나 RNA에는 함유
되어 있지 않은 성분은?

① 아데닌(adenine)

② 티민(thymine)

③ 구아닌(guanine)

④ 시토신(cytosine)

01 식품운반업자가 받아야 하는 식품위생교육 시간은?

① 3시간
② 6시간
③ 8시간
④ 10시간

02 식품위생법상 식품위생감시원의 직무가 아닌 것은?

① 식품 등의 위생적 취급기준의 이행지도
② 출입 및 검사에 필요한 식품 등의 수거
③ 중요관리점(CCP) 기록 관리
④ 행정처분의 이행여부 확인

03 HACCP 연장심사 신청은 만료일로부터 며칠 전에 신청해야 하는가?

① 20일
② 30일
③ 50일
④ 60일

04 건강기능식품에서 원료 중에 함유되어 있는 화학적으로 규명된 성분 중에서 품질관리를 목적으로 정한 성분은?

① 지표성분
② 기능성분
③ 정제성분
④ 합성성분

05 식품공장의 작업장 구조와 설비를 설명한 것 중 틀린 것은?

① 출입문은 완전히 밀착되어 구멍이 없어야 하고 밖으로 뚫린 구멍은 방충망을 설치한다.
② 천장은 응축수가 맺히지 않도록 재질과 구조에 유의한다.
③ 가공장 바로 옆에 나무를 많이 식재하여 직사광선으로부터 공장을 보호하여야 한다.
④ 바닥은 물이 고이지 않도록 경사를 둔다.

06 식품공장에서의 미생물 오염 원인과 그에 대한 대책의 연결이 잘못된 것은?

① 작업복 – 에어 샤워(air shower)
② 작업자의 손 – 자외선 등
③ 공중낙하균 – 클린룸(clean room) 도입
④ 포장지 – 무균포장장치

07 식품공장의 식품취급 시설에 관한 설명으로 옳지 않은 것은?

① 식품과 직접 접촉하는 부분은 위생적인 내수성 재질이어야 한다.

② 식품 제조가공에 필요한 기계 및 기구류에 대해서는 특별한 기준이 없으므로 임의로 선택하여 사용할 수 있다.

③ 식품과 직접 접촉하는 부분은 열탕, 증기, 살균제 등으로 소독·살균이 가능한 것이어야 한다.

④ 냉동·냉장시설 및 가열처리 시설에는 온도계 등을 설치하여 온도관리를 해야 한다.

08 식품 제조 가공에 사용되는 용수 검사에 대한 설명으로 잘못된 것은?

① 지하수를 사용하는 경우에는 먹는물 수질기준 전 항목에 대하여 연 1회 이상 검사를 실시하여야 한다.

② 음료류 등 직접 마시는 용도의 경우는 반기 1회 이상 검사를 실시하여야 한다.

③ 먹는물 수질기준에 정해진 미생물학적 항목에 대한 검사를 반기에 1회 이상 실시하여야 한다.

④ 미생물학적 항목에 대한 검사는 간이검사키트를 이용하여 자체적으로 실시할 수 있다.

09 식품의 현실적인 위해 요인과 잠재 위해 요인을 발굴하고 평가하는 일련의 과정으로, HACCP 수립의 7원칙 중 제1원칙에 해당하는 단계는?

① 위해요소 분석(Hazard Analysis)

② 중요관리점(Critical Control Point)

③ 허용한도(Critical limit)

④ 모니터링 방법 결정

10 식품안전관리인증기준(HACCP)에 대한 설명이 틀린 것은?

① 위해가능성이 있는 요소를 찾아 분석·평가하여 위해성을 제거하고 관리점을 설정하여 사전에 예방하는 수단과 절차이다.

② 위해요소로는 물리적, 화학적, 생물학적 요소가 있다.

③ 숙련된 필수요원으로만 관리가 가능하도록 설계되어 있다.

④ 정확한 기록을 유지·보존한다는 것은 반드시 해야 하는 필수사항이다.

11 공정흐름도의 현장확인(5단계)에 대한 내용 중 바르지 못한 것은?

① 공정흐름도의 정확성이 매우 중요하다.

② 공정흐름도의 현장확인은 필수 단계가 아니다.

③ 현장 확인을 통해 제품에 대한 신뢰성을 가질 수 있다.

④ 현장 검증은 HACCP 팀 전원이 참여한다.

12 다음 중 생물학적 위해요소의 예방책으로 옳지 않은 것은?

① 가열 및 조리(열처리)
② 보존료 첨가에 의한 미생물 증식 억제
③ 식품 중의 수분 탈수(건조)
④ 실온 보관

13 중요관리점(CCP)의 결정도에 대한 설명으로 옳은 것은?

① 확인된 위해요소를 관리하기 위한 선행요건이 있으며 잘 관리되고 있는가 – (예) – CCP 맞음
② 확인된 위해요소의 오염이 허용수준을 초과하는가 또는 허용할 수 없는 수준으로 증가하는가 – (아니요) – CCP 맞음
③ 확인된 위해요소를 제거하거나 또는 그 발생을 허용수준으로 감소시킬 수 있는 이후의 공정이 있는가 – (예) – CCP 맞음
④ 해당 공정(단계)에서 안정성을 위한 관리가 필요한가 – (아니요) – CCP 아님

14 중요관리점이 잘 관리되고 있는지를 확인하기 위하여 계획된 항목을 관찰하거나 측정하는 것은?

① 모니터링 　　② 검증
③ 예방조치 　　④ 기록유지

15 다음 중 검증대상에 포함되지 않는 사항은?

① 공정흐름도의 현장 적합성
② 기록의 점검
③ 소비자로부터의 불만, 위반 등 원인분석
④ 미생물의 병원성

16 식품 또는 먹는물 중 노출된 집단의 50%를 치사시킬 수 있는 유해물질의 농도를 나타내는 것은?

① LD_{50} 　　② LC_{50}
③ TD_{50} 　　④ ADI

17 관능검사의 차이식별검사 방법을 크게 종합적 차이검사와 특성차이검사로 나눌 때 다음 중 종합적 차이검사에 해당하는 것은?

① 삼점검사 　　② 다중비교검사
③ 순위법 　　④ 평점법

18 아래의 설명과 가장 관계가 깊은 식중독 원인균은?

식중독이 발생한 검액을 증균 배양한 후 그 균액을 난황첨가 만니톨 식염한천배지에 분리 배양한 결과, 황색의 불투명한 집락을 형성하였다.

① 포도상구균 　　② 장염비브리오균
③ 살모넬라균 　　④ 부르셀라균

19 식품 검체로부터 미생물을 신속하게 검출하는 방법에 해당하는 것은?

① PCR을 이용하는 방법

② TLC를 이용하는 방법

③ HPLC를 이용하는 방법

④ IR을 이용하는 방법

20 이물검사법에 대한 설명이 틀린 것은?

① 체분별법 : 검체가 미세한 분말일 때 적용한다.

② 침강법 : 쥐똥, 토사 등의 비교적 무거운 이물의 검사에 적용한다.

③ 원심분리법 : 검체가 액체일 때 또는 용액으로 할 수 있을 때 적용한다.

④ 와일드만 플라스크법 : 곤충 및 동물의 털과 같이 물에 잘 젖지 아니하는 가벼운 이물검출에 적용한다.

21 식품 중 결합수(bound water)에 대한 설명으로 틀린 것은?

① 미생물의 번식에 이용할 수 없다.

② 100℃ 이상에서도 제거되지 않는다.

③ 0℃에서도 얼지 않는다.

④ 식품의 유용성분을 녹이는 용매의 구실을 한다.

22 밥을 냉장고에 여러 시간 보관하였다가 먹으면 더운밥에 비하여 맛이 없어지는데, 그 주된 이유는?

① 밥이 호화되기 때문이다.

② 밥이 노화되기 때문이다.

③ 밥이 수분을 많이 흡수하기 때문이다.

④ 밥의 점도가 증가하기 때문이다.

23 1g의 어떤 단당류 화합물을 20mL의 메탄올에 용해시킨 후 10cm 두께의 편광기에 넣고 광회전도를 측정하였더니 (+)5.0°가 나왔다. 이 화합물의 고유광회전도는?

① (−)100°   ② (−)50°

③ (+)50°   ④ (+)100°

24 수분 함량(분자량 18) 60%, 소금함량(분자량 58.45) 15.5%, 설탕함량(분자량 342) 4.5%, 비타민 A(분자량 286.46) 200mg% 함유된 식품의 수분활성도는?

① 약 0.94   ② 약 0.92

③ 약 0.90   ④ 약 0.88

25 요오드가(iodine value)란 지방의 어떤 특성을 표시하는 기준인가?

① 산패도

② 경화도

③ 유리지방산 함량

④ 불포화도

26 식용유지 혹은 지방질 식품에서 항산화제에 부가적으로 효과를 주는 시너지스트(synergist)가 아닌 것은?

① 구연산
② 레시틴
③ 아스코브산
④ 유리지방산

27 대두 단백질 중 단백질 분해효소인 trypsin의 작용을 억제하는 성질을 가진 단백질은 주로 어느 것인가?

① albumin
② globulin
③ glutelin
④ prolamin

28 단백질의 열변성에 대한 설명 중 틀린 것은?

① 단백질 중에서 알부민과 글로불린이 가장 열 변성이 쉽게 일어난다.
② 단백질에 수분이 많으면 비교적 낮은 온도에서 일어난다.
③ 단백질은 일반적으로 등전점에서 가장 열변성이 일어나기 어렵다.
④ 단백질은 전해질이 있으면 변성온도가 낮아진다.

29 칼슘(Ca)의 흡수를 도와주는 요인은?

① 인산
② 피틴산
③ 수산
④ 젖산

30 결핵환자들의 경우 결핵균이 활동하지 못하도록 균을 석회화시키는데 이런 경우 유용할 것으로 예상되는 비타민은?

① 비타민 C
② 비타민 D
③ 비타민 E
④ 비타민 K

31 서로 다른 맛 성분을 혼합하여 각각의 고유 맛이 약해지거나 사라지는 현상은?

① 맛의 대비
② 맛의 억제
③ 맛의 상극
④ 맛의 상쇄

32 된장을 숙성하면서 된장에 함께 존재하는 단백질 분해효소들에 의하여 구수한 맛을 내는 어떤 성분이 증가하는가?

① aspartic acid
② glutamic acid
③ lysine
④ histidine

33 표고버섯의 주요한 향기성분은?

① methyl cinnamate
② lenthionine
③ sedanolide
④ capsaicine

34 생선이 변질되면서 생성되는 불쾌취가 아닌 것은?

① 트리메틸아민(trimethylamine)

② 카다베린(cadaverine)

③ 피페리딘(piperidine)

④ 옥사졸린(oxazoline)

35 안토시아닌(anthocyanin)계 색소가 적색을 띠는 경우는?

① 산성에서 ② 중성에서

③ 알칼리성에서 ④ pH에 관계없이

36 오이김치를 담근 후 오이의 녹색이 점차 갈색으로 변화되는 이유로 적당한 것은?

① 녹색 색소인 클로로필 분자의 Mg이 K^+로 치환되었기 때문에

② 녹색 색소인 클로로필 분자의 Mg이 Na^+로 치환되었기 때문에

③ 녹색 색소인 클로로필 분자의 Mg이 Cu^+로 치환되었기 때문에

④ 녹색 색소인 클로로필 분자의 Mg이 H^+로 치환되었기 때문에

37 외부의 힘에 의하여 변형된 물체가 그 힘을 제거하여도 원상태로 돌아오지 않는 성질은?

① 탄성(elasticity)

② 점탄성(viscoelasticity)

③ 점성(viscosity)

④ 소성(plasticity)

38 식품의 생산, 가공, 저장 중 생성되는 에틸카바메이트에 대한 설명으로 틀린 것은?

① 발효과정에서 생성된 에탄올과 카바밀기가 화학반응을 일으켜 생성되는 물질이다.

② 주로 브랜디, 위스키, 포도주 등의 주류에서 많은 양이 검출된다.

③ 발효식품인 간장, 치즈 등에서도 검출된다.

④ 아미노산과 당이 열에 의해 생성되는 물질이다.

39 식품의 관능개선을 위한 식품첨가물과 거리가 먼 것은?

① 착향료 ② 산미료

③ 유화제 ④ 감미료

40 식품의 점도를 증가시키고 교질상의 미각을 향상시키는 효과를 갖는 첨가물은?

① 화학 팽창제 ② 산화 방지제

③ 유화제 ④ 호료

41 쌀의 도정 정도를 표시하는 도정률을 가장 잘 설명한 것은?

① 쌀의 왕겨층이 벗겨진 정도에 따라 표시된다.
② 도정된 정미의 무게가 현미 무게의 몇 %인가로 표시된다.
③ 도정된 쌀알이 파괴된 정도로 표시된다.
④ 도정과정 중에 손실된 영양소의 %로 표시된다.

42 식품공전상 액상포도당의 DE(포도당 당량) 규격은?

① 40.0 이하　　② 60.0 이하
③ 70.0 이상　　④ 80.0 이상

43 콩 단백질의 특성에 대한 설명으로 틀린 것은?

① 콩 단백질은 pH가 높으면 추출액에서 침전시킬 수 있다.
② 콩 단백질은 pH를 높게 하면 물보다 추출률이 약간 높아진다.
③ 콩 단백질은 물로 추출하면 90%가 녹아나온다.
④ 콩 단백질은 pH 4.3 근처에서 추출률이 가장 높다.

44 가염 코오지(koji)를 만드는 목적이 아닌 것은?

① 잡균 번식방지
② 코오지(koji)균의 발육정지
③ 발열방지
④ 건조방지

45 천연과일주스의 제조 공정 중 탈기(공기 제거)의 목적이 아닌 것은?

① 이미, 이취의 발생을 감소시킨다.
② 거품의 생성을 억제시킨다.
③ 색소파괴를 감소시킨다.
④ 조직감을 향상시킨다.

46 과채류를 블랜칭(blanching)하는 목적과 가장 거리가 먼 것은?

① 조직을 유연하게 한다.
② 박피를 용이하게 한다.
③ 산화효소를 불활성화시킨다.
④ 향미성분을 보호한다.

47 우유 단백질(카제인)의 등전점은?

① pH 7.6　　　② pH 6.6

③ pH 5.6　　　④ pH 4.6

48 가당연유의 예열 목적이 아닌 것은?

① 미생물 살균, 효소를 파괴하기 위해

② 첨가한 설탕의 완전한 용해를 시키기 위해

③ 농축 시 가열면의 우유가 눌어붙는 것을 방지하여 증발이 신속히 되기 위해

④ 단백질에 적당한 열변성을 주어서 제품의 농후화를 촉진시키기 위해

49 고기의 해동강직에 대한 설명으로 틀린 것은?

① 골격으로부터 분리되어 자유수축이 가능한 근육은 60~80%까지의 수축을 보인다.

② 가죽처럼 질기고 다즙성이 떨어지는 저품질의 고기를 얻게 된다.

③ 해동강직을 방지하기 위해서는 사후강직이 완료된 후에 냉동해야 한다.

④ 냉동 및 해동에 의하여 고기의 칼슘 결합력이 높아져서 근육수축을 촉진하기 때문에 발생한다.

50 육가공의 훈연에 대한 설명으로 틀린 것은?

① 훈연은 산화작용에 의하여 지방의 산화를 촉진하여 훈제품의 신선도가 향상된다.

② 염지에 의하여 형성된 염지육색이 가열에 의하여 안정된다.

③ 대부분의 제품에서 나타나는 적갈색은 훈연에 의하여 강하게 나타난다.

④ 연기성분 중 페놀(phenol)이나 유기산이 갖는 살균작용에 의하여 표면이 미생물을 감소시킨다.

51 피단(pidan)에 대한 설명으로 가장 알맞은 것은?

① 달걀을 삶아서 난각을 제거하고 조미액에 담가서 맛이 든 다음 훈연시켜 저장성이 우수하고 풍미가 양호한 제품이다.

② 달걀을 껍질째로 NaOH, 식염의 수용액에 넣어, 알칼리 성분을 계란 속으로 서서히 침입시켜 난단백을 응고시킨 제품이다.

③ 달걀을 물에 끓여 두부를 깨어 스푼이 들어갈 만큼 난각을 벗기고 식염, 후추를 뿌려 만든다.

④ 달걀을 염지액에 담근 후 한 번 끓이고 냉각시켜 만든다.

52 수산 건제품의 처리 방법에 대한 설명으로 틀린 것은?

① 자건품 : 수산물을 그대로 또는 소금을 넣고 삶은 후 말린 것

② 배건품 : 수산물을 그대로 또는 간단히 처리하여 말린 것

③ 염건품 : 수산물에 소금을 넣고 말린 것

④ 동건품 : 수산물을 동결·융해하여 말린 것

53 유지의 탈검 공정(degumming process)에서 주로 제거되는 성분은?

① 인지질(phospholipid)

② 알데하이드(aldehyde)

③ 케톤(ketone)

④ 냄새성분

54 압력 101.325kPa(1atm)에서 25℃의 물 2kg을 100℃의 수증기로 변화시키는 데 필요한 엔탈피 변화는? (단, 물의 평균비열은 4.2kJ/kg·K이고, 100℃에서 물의 증발잠열은 2,257kJ/kg이다.)

① 315kJ   ② 630kJ

③ 2,572kJ   ④ 5,144kJ

55 지름이 5cm인 원통관을 통해 밀도 1,015kg/m^3, 점도 5.25Pa·s인 시럽이 0.15m^3/s의 속도로 흐르고 있다. 이 조건에서 Reynolds 수는 약 얼마인가?

① 740   ② 1,070

③ 2,140   ④ 4,280

56 통조림 내에서 가장 늦게 가열되는 부분으로 가열살균 공정에서 오염미생물이 확실히 살균되었는가를 평가하는 데 이용되는 것은?

① 온점   ② 냉점

③ 비점   ④ 정점

57 어떤 과실주스(비열 3.92kJ/kg·K)를 0.5kg/s의 속도로 이중관 열교환기에 투입하여 20℃에서 55℃로 가열한다. 이 때 가열매체로는 90℃의 열수(비열 4.18kJ/kg·K)를 유속 1kg/s로 투입하여 향류방식으로 조업한다. 정상상태 조건으로 가정한다고 할 때 열수의 출구온도는 약 몇 도인가?

① 36.8℃   ② 45.6℃

③ 68.9℃   ④ 73.6℃

58 다음 중 대류형 건조기(convection type dryer)에 해당되지 않는 것은?

① 트레이 건조기(tray dryer)

② 터널 건조기(tunnel dryer)

③ 드럼 건조기(drum dryer)

④ 컨베이어 건조기(conveyor dryer)

59 가스치환 포장이 이용되는 식품, 봉입가스, 목적의 연결이 틀린 것은?

① 감자칩 – N_2 – 유지 산화방지

② 녹차 – CO_2 – 비타민C 산화방지

③ 도시락 – CO_2 – 세균의 생육억제

④ 식용유 – N_2 – 유지 산화방지

60 cream separator로서 가장 적합한 원심분리기는?

① tubular bowl centrifuge

② solid bowl centrifuge

③ nozzle discharge centrifuge

④ disc bowl centrifuge

61 ATP를 소비하면서 저농도에서 고농도로 농도구배에 역행하여 용질분자를 수송하는 방법은?

① 단순 확산(simple diffusion)

② 촉진 확산(facilitated diffusion)

③ 능동수송(active transport)

④ 세포 내 섭취작용(endocytosis)

62 일반적으로 세균포자 중에 특이하게 존재하는 물질은?

① Dipicolinic acid

② Magnesium(Mg)

③ Phycocyanin

④ Oxalic acid

63 그람 음성의 포자를 형성하지 않는 간균으로, 대개 주모에 의한 운동성이 있고, 유당으로부터 산과 가스를 형성하는 균은?

① *Salmonella typhi*

② *Shigella dysenteriae*

③ *Proteus vulgaris*

④ *Escherichia coli*

64 곰팡이 균총(colony)의 색깔은 곰팡이의 종류에 따라 다르다. 이 균총의 색깔은 다음 중 어느 것에 의해서 주로 영향을 받게 되는가?

① 포자

② 기중균사(영양균사)

③ 기균사

④ 격막(격벽)

65 곤충이나 곤충의 번데기에 기생하는 동충하초균 속인 것은?

① *Monascus*속   ② *Neurospora*속

③ *Gibberella*속   ④ *Cordyceps*속

66 효모균의 동정(同定)과 관계없는 것은?

① 포자의 유무와 모양

② 라피노스(raffinose) 이용성

③ 편모염색

④ 피막형성

67 파지(phage)에 감염되었으나 그대로 살아가는 세균세포를 무엇이라고 하는가?

① 비론(viron)   ② 숙주세포

③ 용원성세포   ④ 프로파지

68 미생물의 대사산물 중 혐기성 세균에 의해서만 생산되는 것은?

① acetic acid, ethanol

② citric acid, ethanol

③ propionic acid, butanol

④ glutamic acid, butanol

69 세균의 유전적 재조합(genetic recombination) 방법이 아닌 것은?

① 형질전환(transformation)

② 형질도입(transduction)

③ 돌연변이(mutation)

④ 접합(conjugation)

70 유전자의 프로모터(promoter)의 조절 부위 혹은 조절 단백질의 활성에 변이가 생겼을 때 일어나는 돌연변이체는?

① 영양요구 돌연변이체(auxotrophic mutant)

② 조절 돌연변이체(regulatory mutant)

③ 대사 돌연변이체(metabolic mutant)

④ 내성 돌연변이체(resistant mutant)

71 유가배양(fed-batch culture)법을 이용하는 공업적 배양 공정에 의해 생성되는 산물이 아닌 것은?

① 빵효모　　　　② 식초

③ 항생물질　　　④ 구연산

72 하면발효효모에 관한 내용 중 틀린 것은?

① 세포는 난형 또는 타원형

② Raffinose와 melibiose의 발효

③ 발효 최적온도는 5~10℃

④ 발효액의 혼탁

73 다음 중 TCA 회로(tricarboxylic acid cycle)상에서 생성되는 유기산이 아닌 것은?

① citric acid　　② lactic acid

③ succinic acid　④ malic acid

74 알코올 발효에 대한 설명 중 옳지 않은 것은?

① 미생물이 알코올을 발효하는 경로는 EMP경로와 ED경로가 알려져 있다.

② 알코올 발효가 진행되는 동안 미생물 세포는 포도당 1분자로부터 2분자의 ATP를 생산한다.

③ 효모가 알코올을 발효하는 과정에서 아황산나트륨을 적당량 첨가하면 알코올 대신 글리세롤이 축적되는데, 그 이유는 아황산나트륨이 alcohol dehydrogenase 활성을 저해하기 때문이다.

④ EMP경로에서 생산된 pyruvic acid는 decarboxylase에 의해 탈탄산되어 acetaldehyde로 되고 다시 NADH로부터 alcohol dehydrogenase에 의해 수소를 수용하여 ethanol로 환원된다.

75 아황산펄프폐액을 이용한 효모균체의 생산에 이용되는 균은?

① *Candida utilis*

② *Pichia pastoris*

③ *Sacharomyces cerevisiae*

④ *Torulopsis glabrata*

76 Allosteric 효소에 대한 설명으로 틀린 것은?

① 효소분자에서 촉매부위와 조절부위는 대부분 다른 subunit에 존재한다.

② 촉진인자가 첨가되면 효소는 기질과 복합체를 형성할 수 있다.

③ 조절인자는 효소활성을 저해 또는 촉진시킨다.

④ Michaelis-Menten 식의 성질을 갖는다.

77 해당작용 및 TCA cycle에서 형성된 NADH가 respiratory chain에 전자를 전달해 주는 첫 번째 수용체는?

① Ubiquinone

② Cytochrome c

③ Cytochrome a

④ FMN(flavin mononucleotide)

78 포유동물의 지방산 합성에 관한 설명으로 틀린 것은?

① 지방산 합성은 세포질에서 일어난다.

② 지방산 합성은 acetyl-CoA로부터 일어난다.

③ 다중효소복합체가 합성반응에 관여한다.

④ NADH가 사용된다.

79 세포 내 리보솜(ribosome)에서 일어나는 단백질 합성에 직접적으로 관여하는 인자가 아닌 것은?

① rRNA　　② tRNA

③ mRNA　　④ DNA

80 DNA와 RNA는 5탄당의 어떤 위치에 뉴클레오타이드(nucleotide)가 연결되어 있는가?

① 2′와 3′　　② 2′와 4′

③ 3′와 4′　　④ 3′와 5′

제1과목　식품안전

01 식중독 안전관리를 위한 시설·설비의 위생관리로 잘못된 것은?

① 수증기열 및 냄새 등을 배기시키고 조리장의 적정 온도를 유지시킬 수 있는 환기시설이 갖추어져 있어야 한다.

② 내벽은 내수처리를 하여야 하며, 미생물이 번식하지 아니하도록 청결하게 관리하여야 한다.

③ 바닥은 내수처리가 되어 있고 가급적 미끄러지지 않는 재질이어야 한다.

④ 경사가 지면 미끄러짐 등의 안전 위험이 있으므로 경사가 없도록 한다.

02 아래의 식품위생법에 의한 자가품질검사에 대한 기준에서 ( ) 안에 알맞은 것은?

> • 자가품질검사에 관한 기록서는 (A) 보관하여야 한다.
> • 자가품질검사주기의 적용시점은 (B)을 기준으로 산정한다.

① (A) : 1년간, (B) : 제품판매일

② (A) : 2년간, (B) : 제품판매일

③ (A) : 1년간, (B) : 제품제조일

④ (A) : 2년간, (B) : 제품제조일

03 식품안전관리인증기준(HACCP) 적용업소 영업자 및 종업원이 받아야 하는 신규 교육훈련시간으로 맞지 않는 것은?

① 영업자 교육훈련 : 2시간

② 안전관리인증기준(HACCP) 팀장 교육훈련 : 8시간

③ 안전관리인증기준(HACCP) 팀원 교육훈련 : 4시간

④ 안전관리인증기준(HACCP) 기타 종업원 교육훈련 : 4시간

04 기구 및 용기, 포장의 기준, 규격으로 틀린 것은?

① 식품과 접촉하는 기구 및 용기. 포장의 제조 또는 수리에 땜납을 사용하여서는 아니 된다.

② 전류를 직접 식품에 통하게 하는 장치를 가진 기구의 전극은 철, 알루미늄, 백금, 티타늄 및 스테인레스 이외의 금속을 사용하여서는 아니 된다.

③ 식품과 접촉하는 면에 인쇄할 때에는 인쇄 후 잔류 톨루엔의 함량이 $5mg/m^2$ 이하이어야 한다.

④ 기구 및 용기 포장의 제조 시에는 디에틸헥실아디페이트(DEH, 일명 DOA)를 사용하여서는 아니 된다.

05 식품의 원재료부터 제조, 가공, 보존, 유통, 조리단계를 거쳐 최종소비자가 섭취하기 전까지의 각 단계에서 발생할 우려가 있는 위해요소를 규명하고 중점적으로 관리하는 것은?

① GMP 제도
② 식품안전관리인증기준
③ 위해식품 자진 회수 제도
④ 방사살균(Radappertization) 기준

06 식품위생법상 식품의약품안전처장이 식품 등의 기준 및 규격 관리 기본계획을 수립하는 주기는?

① 1년마다   ② 3년마다
③ 5년마다   ④ 7년마다

07 식품공장의 식품취급 시설에 관한 설명으로 옳지 않은 것은?

① 식품과 직접 접촉하는 부분은 내수성 및 내부식성 재질이어야 한다.
② 냉장시설은 내부의 온도를 5℃ 이하, 냉동시설은 -18℃ 이하로 유지한다.
③ 식품과 직접 접촉하는 부분은 열탕, 증기, 살균제 등으로 소독·살균이 가능한 재질이어야 한다.
④ 식품취급시설·설비는 정기적으로 점검·정비를 하여야 하고 그 결과를 보관하여야 한다.

08 SSOP(Sanitation Standard Operation Procedure, 표준위생관리기준)의 핵심 요소(8가지)와 관련이 없는 것은?

① 저온살균법
② 교차오염의 방지
③ 물의 안전성
④ 화학제품의 적절한 라벨링

09 식품 제조·가공업소의 작업 관리 방법으로 틀린 것은?

① 작업장(출입문, 창문, 벽, 천장 등)은 누수, 외부의 오염물질이나 해충·설치류 등의 유입을 차단할 수 있도록 밀폐 가능한 구조이어야 한다.
② 식품 취급 등의 작업은 안전사고 방지를 위하여 바닥으로부터 60cm 이하의 높이에서 실시한다.
③ 작업장은 청결구역(식품의 특성에 따라 청결구역은 청결구역과 준청결구역으로 구별할 수 있다.)과 일반구역으로 분리하고 제품의 특성과 공정에 따라 분리, 구획 또는 구분할 수 있다.
④ 작업장은 배수가 잘 되어야 하고 배수로에 퇴적물이 쌓이지 아니 하여야 하며, 배수구, 배수관 등은 역류가 되지 아니 하도록 관리하여야 한다.

10 식품위해요소중점관리기준에서 중요관리점(CCP)결정 원칙에 대한 설명으로 틀린 것은?

① 농·임·수산물의 판매 등을 위한 포장, 단순처리 단계 등은 선행요건으로 관리한다.

② 기타 식품판매업소 판매식품은 냉장·냉동식품의 온도관리 단계를 CCP로 결정하여 중점적으로 관리함을 원칙으로 한다.

③ 판매식품의 확인된 위해요소 발생을 예방하거나 제거 또는 허용수준으로 감소시키기 위하여 의도적으로 행하는 단계가 아닐 경우는 CCP가 아니다.

④ 확인된 위해요소 발생을 예방하거나 제거 또는 허용수준으로 감소시킬 수 있는 방법이 이후 단계에도 존재할 경우는 CCP이다.

11 HACCP의 7원칙에 해당하지 않는 것은?

① 위험요인 분석
② 기록 보관 및 문서화 방법 설정
③ 모니터링 절차 설정
④ 작업공정도 작성

12 HACCP의 적용 순서 2단계인 제품설명서 작성 내용에 포함되지 않아도 되는 것은?

① 제품유형 및 성상
② 섭취 방법
③ 소비기간
④ 포장방법 및 재질

13 생물학적 위해요소와 그 예방책의 연결이 맞지 않는 항목은?

① 세균 – 냉각 및 동결
② 기생충 – 냉장
③ 세균 – 시간, 온도 관리
④ 바이러스 – 가열 조리

14 식품의 제조·가공 공정에서 일반적인 HACCP의 한계기준으로 부적합한 것은?

① 미생물 수
② Aw와 같은 제품 특성
③ 온도 및 시간
④ 금속검출기 감도

15 HACCP에서 모니터링이란?

① 중요관리점이 관리 하에 있는가를 평가하기 위한 방법
② 위해 허용 한도의 형태
③ 위해 허용 한도 명분
④ 위해 허용 한도 확인 과정

16 HACCP 관리계획의 적절성과 실행 여부를 정기적으로 평가하는 일련의 활동을 무엇이라 하는가?

① 중요관리점　　② 개선조치
③ 검증　　　　　④ 위해요소 분석

17 HACCP에서 개선조치 보고서 내용에 포함되지 않는 것은?

① 이탈 발생 시간
② 이탈의 내역
③ 격리한 제품의 양
④ 공급 용수의 수질

18 아래의 관능검사 질문지는 어떤 관능검사인가?

・이름 :　　・성별 :　　・나이 :

R로 표시된 기준시료와 함께 두 시료(시료 352, 시료647)가 있습니다. 먼저 R시료를 맛본 후 나머지 두 시료를 평가하여 R과 같은 시료를 선택하여 그 시료에 (V)표 하여 주십시오.

시료352 (　) 　시료647 (　)

---

① 단순차이검사　　② 일-이점검사
③ 삼점검사　　　　④ 이점비교검사

19 바실러스 세레우스(*Bacillus cereus*)를 MYP 한천배지에 배양한 결과 집락의 색깔은?

① 분홍색　　　　② 흰색
③ 녹색　　　　　④ 흑녹색

20 수질검사를 위한 불소의 측정 시 검수의 전처리 방법에 해당하지 않는 것은?

① 비화수소법
② 증류법
③ 이온 교환수지법
④ 잔류염소의 제거

제2과목　　**식품화학**

21 식품 중 결합수(bound water)를 바르게 설명한 것은?

① 미생물의 번식은 물론 포자의 발아에도 이용할 수 없다.
② 미생물의 번식에는 이용이 안 되나 포자의 발아에는 이용이 가능하다.
③ 0℃ 이하가 되면 동결한다.
④ 식품의 유용성분을 녹이는 용매의 구실을 한다.

22 고등어 보관을 목적으로 염장할 때 고등어의 수분활성도는 어떻게 변하는가?
① 감소한다.
② 증가한다.
③ 일정하다.
④ 감소했다가 증가한다.

23 저칼로리의 설탕대체품으로 이용되면서 당뇨병 환자들을 위한 식품에 이용할 수 있는 성분은?
① 자일리톨
② 젖당
③ 맥아당
④ 갈락토오스

24 cyclodextrin의 공동내부에는 수소가 배열되어 있고 환상구조의 외부에는 수산기가 배열되어 있다. 내부와 외부의 특성을 올바르게 연결한 것은?
① Lipophobic – Lipophilic
② Hydrophobic – Hydrophilic
③ Hydrocolloid – Hydrocolloid
④ Lipocolloid – Lipocolloid

25 전분의 노화현상에 대한 설명 중 틀린 것은?
① 옥수수가 찰옥수수보다 노화가 잘 된다.
② amylose 함량이 많을수록 노화가 빨리 일어난다.
③ 20℃에서 노화가 가장 잘 일어난다.
④ 30~60%의 수분 함량에서 노화가 가장 잘 일어난다.

26 유지의 경화 공정과 트랜스지방에 대한 설명으로 틀린 것은?
① 경화란 지방의 이중결합에 수소를 첨가하여 유지를 고체화시키는 공정이다.
② 트랜스지방은 심혈관질환의 발병률을 증가시킨다.
③ 식용유지류 제품은 트랜스지방이 100g당 5g 미만일 경우 "0"으로 표시할 수 있다.
④ 경화된 유지는 비경화유지에 비해 산화안정성이 증가하게 된다.

27 산패(rancidity)가 가장 빠른 지방산은?
① arachidonic acid
② linoleic acid
③ stearic acid
④ palmitic acid

28 밀가루 단백질 중 반죽형성 시 점착성과 연한 성질을 부여하는 것은?
① 알부민(albumin)
② 글로불린(globulin)
③ 글루테닌(glutenin)
④ 글리아딘(gliadin)

29 **단백질 변성에 따른 변화가 아닌 것은?**

① 단백질분해효소에 의해 분해되기 쉬워
소화율이 증가한다.

② 단백질의 친수성이 감소하여 용해도가
감소한다.

③ 생물학적 특성들이 상실된다.

④ -OH, -COOH, C=O기 등이 표면에
나타나 반응성이 감소한다.

30 **무기물에 대한 설명 중 옳은 것은?**

① 체내의 뼈나 치아에 주로 존재하는 불소
는 충치억제에 효과가 있으나 과잉 시에
는 치아에 반점이 형성될 수 있다.

② 글루타티온 과산화효소(glutathione
peroxidase)의 구성성분은 요오드이다.

③ 고메톡실펙틴(High methoxyl pectin)
에 칼슘을 첨가하면 겔(gel)을 형성할 수
있다.

④ 그린빈(green bean)을 통조림화하는 경
우에는 엽록소의 마그네슘이 색의 안정
화를 유도한다.

31 **혼합야채를 주 원료로 만든 야채주스에
retinol 50μg, α-carotene 120μg, β-caro
tene 60μg, lycopene 180μg이 함유되어 있
다면 이는 몇 RE(retinol equivalent)인가?**

① 50RE   ② 60RE

③ 70RE   ④ 80RE

32 **아린맛 성분인 호모젠틴스산(homogen
tisic acid)은 어떤 아미노산의 대사과정에
서 생성되는가?**

① betaine   ② phenylalanine

③ glutamine   ④ glycine

33 **우유의 특유 향기성분이 아닌 것은?**

① acetone

② acetaldehyde

③ butyric acid

④ oleic acid

34 **다음 식물성 카로티노이드(carotenoid)색
소 중에서 프로비타민 A가 아닌 것은?**

① α-carotene

② β-carotene

③ cryptoxanthin

④ xanthophyll

35 **알돌축합반응(aldol condensation)은 마
이야르(Maillard) 반응의 어느 단계에서
일어나는가?**

① 초기단계   ② 중간단계

③ 최종단계   ④ 반응 후 단계

36 다음 식품 중 뉴턴 유체가 아닌 것은?

① 물   ② 커피

③ 마요네즈   ④ 맥주

37 식품의 조리 및 가공 중이나 유기물질이 불완전 연소되면서 생성되는 유해물질과 관계 깊은 것은?

① polycyclic aromatic hydrocarbon

② zearalenone

③ cyclamate

④ auramine

38 동물성식품과 단백질 함량이 많은 식품을 상압가열건조법을 이용하여 수분측정 시 적합한 가열온도는?

① 98~100℃   ② 100~103℃

③ 105℃ 전후   ④ 110℃ 이상

39 식품첨가물의 정의에 대한 설명으로 적합하지 않은 것은?

① 사용목적에 따른 효과를 소량으로도 충분히 나타낼 수 있는 첨가물질

② 저장성을 향상시킬 목적의 의도적 첨가물질

③ 식욕증진 목적의 첨가물질

④ 포장의 적응성을 높일 목적으로 식품에 첨가하는 물질

40 미생물 포자의 발아와 성장을 억제하여 치즈 및 식육가공품에 사용되는 보존료는?

① salicylic acid

② benzoic acid

③ dehydroacetic acid

④ sorbic acid

41 제빵 공정 중 1차 발효 후 가스빼기를 실시하는 이유로 적합하지 않은 것은?

① 발효에 의하여 축적된 이산화탄소를 내보내기 위해

② 빵 반죽이 너무 커지는 것을 막기 위해

③ 신선한 공기를 주어 효모의 활동을 왕성하게 하기 위해

④ 효모를 새로운 영양분과 접촉시켜 활성화하기 위해

42 전분의 효소가수분해 물질 중 DE(dextrose equivalent) 20 이하의 저당화당인 제품은?

① glucose(포도당)

② starch syrup(물엿)

③ maltodextrin(말토덱스트린)

④ fructose(과당)

43 대두 조직 단백(Textured soybean protein, TSP, 조직대두단백)을 대체 소재로 사용 시 기대되는 효과로 틀린 것은?

① 비교적 양질의 단백질을 함유하고 있어 영양가가 우수하다.
② 제품이 대개 건조된 상태로 되어 있어 포장 및 운반이 쉽다.
③ 지방과 Na 함량이 적어 고혈압, 비만증 등의 환자를 위한 식단에 적합하다.
④ 외관, 형태, 조직 또는 촉감은 육류와 달라 증량 향상을 목적으로 사용된다.

44 산분해간장용 원료로 주로 사용되는 것은?

① 감자
② 돼지감자
③ 탈지대두
④ 고구마

45 탄닌의 분자량과 떫은맛에 대한 설명으로 틀린 것은?

① 저분자 탄닌은 중합도가 낮고 입안의 점막단백질과의 가교결합이 적어 떫은 맛이 없거나 미약하다.
② 고분자 탄닌은 입안의 점막단백질 분자 사이와의 가교결합이 약해 떫은 맛을 느낄 수 없다.
③ 분자량이 크면 탄닌이 산화되어 물에 녹기 쉬워 떫은맛이 강해진다.
④ 분자량이 중간 정도이면 탄닌은 입안의 점막단백질과의 가교결합이 잘 되어 떫은 맛이 강하다.

46 소금 절임은 육류나 채소의 저장성을 향상시키기 위하여 사용되는 저장방법 중의 하나이다. 소금 절임의 저장효과의 주 원인은?

① 소금에서 해리된 나트륨 이온
② 수분 활성도의 증가
③ 삼투압 저하
④ 소금에서 해리된 염소이온

47 우유를 균질화(homogenization)시키는 목적이 아닌 것은?

① 지방구의 분리를 방지한다.
② 미생물의 발육이 저지된다.
③ 커드(curd)가 연하게 되며 소화가 잘 된다.
④ 지방구가 가늘게 된다.

48 근육의 사후변화 중 pH에 대한 설명으로 바르지 않은 것은?

① 사후 pH의 저하는 미생물의 번식을 억제하는 효과가 있어 고기 보존상 도움을 준다.
② 도체의 체온이 아직 높은 상태에서 pH가 급속히 떨어지면 육단백질의 변성이 많이 일어나 단백질의 용해도가 저하된다.
③ 사후 pH가 높을 때에는 보수력이 높고 미생물의 번식이 억제된다.
④ 사후 pH가 높을 때에는 육색이 검어서 늙은 가축의 고기나 부패육으로 오해를 받기 쉬워 신선육으로서의 가치가 떨어진다.

49 햄이나 베이컨을 만들 때 훈연(smoking)을 한다. 다음 중 훈연의 목적과 관계가 없는 것은?

① 향기의 부여
② 제품의 색깔 향상
③ 보존성 부여
④ 조직의 연화

50 마요네즈의 설명으로 틀린 것은?

① 마요네즈는 유백색이며, 기포가 없고, 내용물이 균질하여야 한다.
② 식용유의 입자가 큰 것일수록 점도가 높고 안정도도 크다.
③ 유탁의 조직 점도와 함께 조미료와 향신료의 배합에 의한 풍미는 마요네즈의 품질을 좌우한다.
④ 마요네즈는 oil in water(O/W)의 유탁액이다.

51 아래에서 설명하는 기능성 원료는?

> 키틴 또는 키토산을 가수분해하여 얻은 단당류로 식용에 적합하도록 처리한 것(염류 포함)이다. 관절 및 연골의 구성성분으로 관절 및 연골 건강에 도움을 준다.

① 프락토올리고당
② 뮤코다당·단백
③ 키토산분말
④ 글루코사민 분말

52 식용유지의 제조과정에서 "탈색"에 대한 설명으로 틀린 것은?

① 원유 중에 카로티노이드, 엽록소 및 기타 색소류를 제거한다.
② 주로 화학적 방법으로 색소류를 열분해하여 제거한다.
③ 활성백토, 활성탄소를 사용하여 흡착 제거한다.
④ 탈산 과정을 거친 후에 탈색하는 것이 일반적이다.

53 식품의 단위 공정(unit processing)이란?

① 식품성분의 공학적 변화를 일으키는 공정을 말한다.
② 식품성분의 화학반응을 수반하는 가공과정을 말한다.
③ 식품의 물리적 변화를 취급하는 조작을 말한다.
④ 식품의 물리, 화학적 변화를 취급하는 조작을 말한다.

54 안지름 2.5cm의 파이프 안으로 21℃의 우유가 0.10m³/min의 유속으로 흐를 때 이 흐름의 상태를 어떻게 판정하는가? (단, 우유의 점도 및 밀도는 각각 2.1×10^{-3} Pa·S 및 1,029kg/m³이다.)

① 층류　　　② 중간류
③ 난류　　　④ 경계류

55 주스를 1,000kg/h로 10℃에서 80℃까지 열교환 장치를 사용하여 가열하고자 한다. 주스의 비열이 3.90kJ/kg·k일때 필요한 열에너지는?

① 300,000kg/h   ② 273,000kg/h
③ 233,000kg/h   ④ 180,000kg/h

56 식품가공에 사용되는 고주파에 대한 설명으로 틀린 것은?

① 고주파는 파장의 길이에 따라 단파, 초단파, 극초단파로 구분된다.
② 주파수가 높은 전파일수록 파장은 짧다.
③ 식품에 사용되는 주파수는 물을 포함한 식품성분과 금속을 통과한다.
④ 전자레인지는 고주파의 가열원리를 이용한 것이다.

57 냉각된 브라인(brine)을 흘려 냉각한 금속판 사이에 피동결물을 끼워서 동결하는 방법은?

① 침지식 동결법   ② 공기 동결법
③ 접촉식 동결법   ④ 가스 동결법

58 수분 함량이 83%(wet base)인 100kg의 감자 절편을 열풍 건조기로 함수량을 5%까지 줄이고자 한다. 건조 개시 때의 외부 공기와 감자 절편의 온도는 똑같이 25℃이고 건조 종료 시의 배출 공기와 건조된 감자 제품의 온도는 모두 80℃이다. 건조에 필요한 열량은? (단, 감자의 평균 비열은 0.8kcal/kg·℃이고 80℃에서의 증발 잠열은 551kcal/kg이다.)

① 45,733kcal   ② 49,640kcal
③ 59,133kcal   ④ 55,340kcal

59 압출가공 방법인 extrusion cooking 과정 중 일어나는 물리·화학적 변화가 아닌 것은?

① 조직 팽창 및 밀도 조절
② 단백질의 변성, 분자 간 결합
③ 전분의 수화, 팽윤
④ 전분의 노화 및 결합

60 다음 중 같은 두께에서 기체 투과성이 가장 낮은 필름(film) 재료는?

① 폴리에틸렌
② 폴리프로필렌
③ 폴리염화비닐리덴
④ 폴리염화비닐

61 미생물의 표면 구조물 중 유전물질의 이동에 관여하는 것은?

① 편모(flagella)

② 섬모(cilia)

③ 필리(pili)

④ 핌브리아(fimbriae)

62 소맥분 중에 존재하며 빵의 slime화, 숙면의 변패 등의 주요 원인균은?

① Bacillus licheniformis

② Aspergillus niger

③ Pseudomonas aeruginosa

④ Rhizopus nigricans

63 Aspergillus속에 속하는 곰팡이에 대한 설명으로 틀린 것은?

① A. oryzae는 단백질 분해력과 전분 당화력이 강하여 주류 또는 장류 양조에 이용된다.

② A. glaucus군에 속하는 곰팡이는 백색집락을 이루며 ochratoxin을 생산한다.

③ A. niger는 대표적인 흑국균이다.

④ A. flavus는 aflatoxin을 생산한다.

64 유당(lactose)을 발효하여 알코올을 생성하는 효모는?

① Saccharomyces속

② Kluyveromyces속

③ Candida속

④ Pichia속

65 식품공장에서 박테리오파지(bacteriophage)의 대책으로 부적합한 것은?

① 사용하는 균주를 바꾸는 rotation system을 실시

② 공장 환경의 청결 유지

③ 항생제 내성 균주 사용

④ 세균 여과기 사용

66 클로렐라의 설명 중 틀린 것은?

① 클로로필(chlorophyll)을 갖는 구형이나 난형의 단세포 조류이다.

② 건조물은 약 50%가 단백질이고 아미노산과 비타민이 풍부하다.

③ 단위 면적당 연간 단백질 생산량은 대두의 50배 정도이다.

④ 태양에너지 이용률은 일반 재배식물과 같다.

67 미생물의 증식곡선에서 환경에 대한 적응 시기로 세포수 증가는 거의 없으나 세포 크기가 증대되며 RNA 함량이 증가하고 대사 활동이 활발해지는 시기는?

① 유도기(lag phase)
② 대수기(logarithmic phase)
③ 정상기(stationary phase)
④ 사멸기(death phase)

68 *Saccharomycers cerevisiae*를 12시간 배양한 결과, 균수가 2에서 128로 증가할 때 세대수와 평균 세대시간은?

① 세대수=64, 평균 세대시간=20분
② 세대수=7, 평균 세대시간=2시간
③ 세대수=6, 평균 세대시간=2시간
④ 세대수=5, 평균 세대시간=3시간

69 세균의 세포융합에 직접 관련이 없는 것은?

① Protoplast   ② Lysozyme
③ Spheroplast   ④ Plasmid

70 발효산업에서 고체배양의 일반적인 장점이 아닌 것은?

① 값싼 원료를 이용할 수 있다.
② 생산물의 회수가 쉽다.
③ 산소공급이 쉽다.
④ 환경조건의 측정 및 제어가 쉽다.

71 맥주의 발효가 끝나면 후발효와 숙성을 시킨 다음 여과하여 일정기간 후숙을 시킨다. 이때 낮은 온도에 보관하여 후숙을 하면 현탁물이 생기는 경우가 있다. 다음 설명 중 옳은 것은?

① 효모의 Invertase가 남아 있어서
② 주발효가 완전하지 못하여
③ 발효되지 못한 지방산(fatty acid)이 남아 있어서
④ 분해물 중 펩티드(peptide)와 호프의 수지 및 탄닌 성분들이 집합체(flocculation 또는 colloid)를 형성하기 때문

72 Dextran에 대한 설명으로 틀린 것은?

① 공업적 제조에 *Leuconostoc mesenteroides*가 이용된다.
② 발효법에서는 배지 중의 sucrose로부터 furctose가 중합되어 생산되어, 이때 glucose가 유리된다.
③ dextransucrase를 사용하여 효소법으로도 제조된다.
④ 효소법으로는 불순물의 혼입 없이 진행되므로 순도가 높은 dextran을 얻을 수 있다.

73 초산발효균으로서의 *Gluconobacter sp.*의 장점은?

① 발효수율이 높다.
② 발효속도가 빠르다.
③ 고농도의 초산을 얻을 수 있다.
④ 과산화가 일어나지 않는다.

74 전분 1000kg으로부터 얻을 수 있는 100% 주정의 이론적 수득량은?

① 586kg   ② 568kg
③ 534kg   ④ 511kg

75 글루탐산(glutamic acid)을 생산하는 균주의 공통적 성질이 아닌 것은?

① 혐기적으로 배양하였을 때 높은 수율로 생산한다.
② catalase 양성이며 그람 양성균이다.
③ 균의 형태는 대략 구형, 타원형 단간균이다.
④ 포자를 형성하지 않으며 비오틴을 요구한다.

76 아래의 보기에서 설명하는 효소는?

> NADH를 이용하여 젖산을 탈수소하여 피루브산으로 만드는 세포질 효소이다.

① lactase
② succinate dehydrogenase
③ lactose operon
④ lactate dehydrogenase

77 광합성의 Calvin cycle의 중간 대사산물 중 glucose를 생합성하는 대사과정으로 가는 시작 물질은?

① 3-phosphoglyceric acid
② 1,3-diphosphoglyceric acid
③ glyceraldehyde-3-phosphate
④ ribulose-5-phosphate

78 cholesterol 합성에 관여하는 HGM-CoA (beta-hydroxy-beta- methylglutaryl-CoA) redutase의 인산화(불활성화)와 탈인산화(활성화)에 관여하는 호르몬이 순서대로 바르게 짝지어진 것은?

① glucagon - insulin
② insulin - glucagon
③ thyroxine - thyrotropin-releasing hormone(TRH)
④ thyrotropin-releasing hormone (TRH) - thyroxine

79 단백질의 생합성에 대한 설명으로 옳은 것은?

① 핵에서 이루어진다.

② 아미노산의 배열은 r-RNA에 의해 결정
된다.

③ 각각의 아미노산에 대한 특이한 t-RNA
가 필요하다.

④ RNA 중합효소에 의해서 만들어진다.

80 핵산의 소화에 관한 설명으로 틀린 것은?

① 췌액 중의 nuclease에 의해 분해되어
mononucleotide가 생성된다.

② 위액 중의 DNAase에 의해 인산과
nucleoside로 분해된다.

③ nucleosidase는 글리코시드 결합을 가
수분해한다.

④ pentose는 다시 인산과 결합하여 pentose phosphate로 전환된다.

제1과목   **식품안전**

01 판매가 금지되는 동물의 질병으로 옳지 않은 것은?

① 구간낭충   ② 살모넬라병

③ 선모충증   ④ 리스테리아병

02 식품을 채취, 제조, 가공, 조리, 저장, 운반 또는 판매하는 직접 종사하는 자는 연 1회 정기건강진단을 받아야 하는데, 다음 중 건강진단 항목이 아닌 것은?

① 파라티푸스   ② 장티푸스

③ 이질   ④ 폐결핵

03 HACCP 인증서를 한국식품안전관리인증원장에게 지체없이 반납해야 하는 경우가 아닌 것은?

① 식품안전관리인증기준을 지키지 아니한 경우

② 거짓이나 부정한 방법으로 인증을 받은 경우

③ 영업정지 1개월 이상의 행정처분을 받은 경우

④ 영업자와 종업원이 교육훈련을 받지 않은 경우

04 장기보존식품의 기준 및 규격상 통·병조림식품 중 가열 등의 방법으로 살균처리 할 수 있는 기준은?

① 저산성 식품으로 pH 4.6 이상의 것

② 산성식품으로 pH 4.6 미만인 것

③ 제조 시 관 또는 병 뚜껑이 팽창 또는 변형되지 아니한 것

④ 호열성 세균이 증식할 우려가 없는 식품

05 HACCP에 대한 설명 중 틀린 것은?

① 위해요소 분석(HA)과 주요 관리기준(CCP)을 의미한다.

② 자율적 위생관리에서 정부주도형 위생관리를 하기 위한 제도이다.

③ HACCP 도입업소는 회사의 신뢰성이 향상될 수 있다.

④ 위해발생요소를 사전에 관리하는 방법이다.

06 선별 및 검사구역 작업장 등 육안확인이 필요한 곳의 조도는 얼마로 유지하여야 하는가?

① 110lux   ② 260lux 이상

③ 450lux 이상   ④ 540lux 이상

07 식품제조·가공업의 HACCP 적용을 위한 선행요건이 틀린 것은?

① 작업장은 독립된 건물이거나 식품취급 외의 용도로 사용되는 시설과 분리되어야 한다.

② 채광 및 조명시설은 이물 낙하 등에 의한 오염을 방지하기 위한 보호장치를 하여야 한다.

③ 선별 및 검사구역 작업장의 밝기는 220 룩스 이상을 유지하여야 한다.

④ 원·부자재의 입고부터 출고까지 물류 및 종업원의 이동동선을 설정하고 이를 준수하여야 한다.

08 다음과 같은 식품 기계장치의 세정 방법은?

> 기계가 조립된 상태 그대로 장치 내부에 세제용액으로 오염물질을 제거한 후 세척수로 헹구고, 살균제로 세척된 표면을 살균하고, 최종적으로 헹구어 주는 방법

① 분해 세정법
② CIP법
③ HACCP법
④ Clean room법

09 단체급식이나 외식산업 HACCP의 7가지 원칙에 해당하지 않는 것은?

① 모니터링 방법 설정
② 검증방법 설정
③ 기록유지 및 문서관리
④ 공정흐름도 작성

10 HACCP의 적용 순서 4단계인 공정도 작성에 포함되지 않는 것은?

① 공급되는 물의 수질 상태
② 원재료 공정에 투입되는 물질
③ 부재료 공정에 투입되는 물질
④ 포장재 공정에 투입되는 물질

11 HACCP 도입 시 화학적 위해요소와 관련 식품의 연결이 잘못된 것은?

① prion - 소, 양 등의 식육제품
② aflatoxin - 옥수수, 땅콩
③ ciguatera - 버섯류
④ 항생제 - 식육, 양식어류

12 안전관리인증기준(HACCP)을 적용하여 식품·축산물의 위해요소를 예방·제어하거나 허용 수준 이하로 감소시켜 당해 식품·축산물의 안전성을 확보할 수 있는 중요한 단계·과정 또는 공정은?

① Good manufacturing practice
② Hazard Analysis
③ Critical Limit
④ Critical Control Point

13 가공우유의 제조 공정에서 CCP(Critial Control Coint)로 가장 우선되는 과정은?

> 집유 → 배합 → 균질 → 살균 → 냉각 → 포장

① 균질　　　　② 살균
③ 냉각　　　　④ 포장

14 식품안전관리인증기준(HACCP)의 7원칙 중 다음의 설명에 해당하는 것은?

> - CCP에서 위해를 예방, 제거 또는 허용 범위 이내로 감소시키기 위하여 관리되어야 하는 기준의 최대 또는 최소치를 말한다.
> - 제조기준, 과학적인 데이터(문헌, 실험)에 근거하여 설정되어야 한다.

① 위해요소 분석
② 한계기준 설정
③ 개선조치방법 수립
④ 검증절차 및 방법 수립

15 HACCP의 중요관리점에서 모니터링의 측정치가 허용한계치를 이탈한 것이 판명될 경우, 영향받은 제품을 배제하고 중요관리점에서 관리상태를 신속 정확히 정상으로 원위치시키기 위해 행해지는 과정은?

① 기록유지(record keeping)
② 예방조치(preventive action)
③ 개선조치(corrective action)
④ 검증(verification)

16 검증절차의 수립에서 검증은 다음 3가지의 형태의 활동으로 구성된다. ⓛ에 들어갈 수 있는 것은?

> ㉠ 기록의 확인 → ㉡ (　　) → ㉢ 시험·검사

① 현장확인　　　　② 적정제조 기준
③ 위생관리 기준　　④ 위해물질 농도

17 사람이 일생 동안 섭취하였을 때 현시점에서 알려진 사실에 근거하여 바람직하지 않은 영향이 나타나지 않을 것으로 예상되는 화학물질의 1일 섭취량을 나타낸 것은?

① ADI　　　　② GRAS
③ LD_{50}　　　④ LC_{50}

18 관능검사 중 묘사분석법의 종류가 아닌 것은?

① 향미프로필　　② 텍스처프로필
③ 질적 묘사분석　④ 양적 묘사분석

19 통·병조림식품, 레토르트식품과 관련된 다음 설명과 같은 시험은?

> 검체 3관(또는 병)을 인큐베이터에서 35±1℃에서 10일간 보존한 후, 상온에서 1일간 추가로 방치하면서 용기·포장이 팽창 또는 새는 것을 "세균발육 양성"으로 한다.

① 응집시험　　　② 가온보존시험
③ 분리시험　　　④ 독성시험

20 식품 중 미생물 오염 여부를 신속하게 검출하는 등에 활용되며, 검출을 원하는 특정 표적 유전물질을 증폭하는 방법은?

① Inductively Coupled Plasma(ICP)
② High Performance Liquid Chromatography(HPLC)
③ Gas Chromatography(GC)
④ Polymerase Chain Rreaction(PCR)

제2과목 식품화학

21 수분활성치(Aw)를 저하시켜 식품을 저장하는 방법만으로 나열된 것은?

① 동결저장법, 냉장법, 건조법, 염장법
② 냉장법, 염장법, 당장법, 동결저장법
③ 냉장법, 건조법, 염장법, 당장법
④ 염장법, 당장법, 동결저장법, 건조법

22 물의 상태도 그래프에서 ①, ②, ③ 각각에 들어갈 물질을 순서대로 나열한 것은?

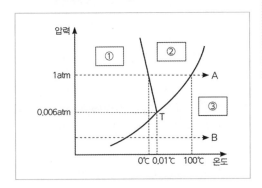

① 얼음, 물, 수증기 ② 얼음, 물, 물
③ 수증기, 물, 물 ④ 얼음, 수증기, 물

23 단당류 중 glucose와 mannose는 화학구조적으로 어떤 관계인가?

① anomer ② epimer
③ 동위원소 ④ acetal

24 전분의 호화에 대한 일반적인 설명 중 잘못된 것은?

① 생전분에 물을 넣고 가열하였을 때 소화되기 쉬운 α 전분으로 되는 현상이다.
② 호화에 필요한 최저온도는 일반적으로 60℃ 전후이다.
③ 호화된 전분의 X선 회절도는 불명료한 형태로 바뀐다.
④ 호화가 일어나기 쉬운 수분 함량은 30~60%이다.

25 다음 중 시토스테롤(sitosterol)은?

① 동물성 스테롤
② 식물성 스테롤
③ 미생물 생산스테롤
④ 버터의 구성성분

26 유지의 자동산화를 촉진시키지 않는 것은?

① 구리이온(Cu^{++})
② 광선(light)
③ 열(heat)
④ 질소가스(nitrogen gas)

27 다음 중 물에 녹고 가열에 의해 응고되는 단백질은?

① albumin
② protamine
③ albuminoid
④ glutelin

28 다음 아미노산 중 자외선 흡수성을 지니지 않는 것은?

① Tyrosine
② Phenylalanine
③ Glycine
④ Tryptophan

29 단백질 열변성에 영향을 주는 요인으로 거리가 먼 것은?

① 수분
② 표면장력
③ 전해질
④ pH

30 다음 중 식품의 알칼리도를 구하는 공식은?

- a : 처음에 가한 0.1N NaOH 용액의 mL 수
- b : 회분 용해에 이용한 0.1N HCl 용액의 mL 수
- c : 적정에 소요된 0.1N NaOH 용액의 mL 수
- s : 시료의 채취량(g)

① $\dfrac{[b-(a-c)\times 10]}{s}\times\dfrac{1}{100}$

② $\dfrac{[b-(a+c)\times 10]}{s}\times\dfrac{1}{100}$

③ $\dfrac{[b-(a-c)\times 100]}{s}\times\dfrac{1}{10}$

④ $\dfrac{[b-(a+c)\times 100]}{s}\times\dfrac{1}{10}$

31 감자칩이나 마요네즈와 같이 지방이 함유되거나 갈변화가 예상되는 식품에서 지방 산패나 갈변화 반응을 억제할 목적으로 효소를 이용한다면 어떤 종류의 효소를 사용하는 것이 바람직한가?

① polyphenol oxidase, peroxidase
② glucose oxidase, catalase
③ naringinase, tyrosinase
④ papain, lipoxygenase

32 일반적으로 육류의 맛은 단백질 가수분해물인 아미노산에 의해 지미를 나타내고 있는데 이들 아미노산 외에 중요한 또 하나의 맛 성분은 ATP가 분해되어 생성된 것이다. 이것은 어떤 물질인가?

① 모노소디움 글루타메이트
② 구아닐산
③ 이노신산
④ 아스파라진산

33 우유 단백질 간의 이황화결합을 촉진시키는데 관여하는 것은?

① 설프하이드릴(sulfhydryl) 그룹
② 이미다졸(imidazole) 그룹
③ 페놀(phenol) 그룹
④ 알킬(alkyl) 그룹

34 비타민 A 효과가 없는 carotenoid는?

① β-carotene ② cryptoxanthin

③ α-carotene ④ lycopene

35 마이야르(Maillard) 반응의 최종단계(final stage)에서 일어나는 화학반응이 아닌 것은?

① 알돌(aldol) 축합반응

② 중합(polymerzation)반응

③ 스트랙커(strecker) 분해반응

④ 엔올화(enolization)

36 물과의 친화력이 가장 큰 반응 그룹은?

① 수산화기(-OH)

② 알데히드기(-CHO)

③ 메틸기($-CH_3$)

④ 페닐기($-C_6H_5$)

37 식품의 원재료에는 존재하지 않으나 가공 처리 공정 중 유입 또는 생성되는 위해인자와 거리가 먼 것은?

① 트리코테신(trichothecene)

② 다핵방향족 탄화수소(polynuclear aromatic hydrocarbons, PAHs)

③ 아크릴아마이드(acrylamide)

④ 모토클로로프로판디올(monochloro propandiol, MCPD)

38 효소반응을 위한 buffer를 제조하고자 한다. 최종 buffer는 A, B, C 용액성분이 각각 0.1, 0.05, 0.5mM이 함유되어 있다. A, B, C 용액이 각각 1.0mM 있다면 buffer 1L 제조 시 각각 어떻게 준비해야 하는가?

① A 용액 : 0.1L, B 용액 : 0.2L
   C 용액 : 0.45L, 물 : 0.35L

② A 용액 : 0.1L, B 용액 : 0.05L
   C 용액 : 0.5L, 물 : 0.35L

③ A 용액 : 0.2L, B 용액 : 0.1L
   C 용액 : 0.5L, 물 : 0.2L

④ A 용액 : 0.2L, B 용액 : 0.4L
   C 용액 : 0.1L, 물 : 0.3L

39 식품첨가물의 지정절차에서 첨가물 사용의 기술적 필요성 및 정당성에 해당하지 않는 것은?

① 식품의 품질을 보존하거나 안정성을 향상

② 식품의 영양성분을 유지

③ 특정 목적으로 소비자를 위하여 제조하는 식품에 필요한 원료 또는 성분을 공급

④ 식품의 제조·가공 과정 중 결함 있는 원재료를 은폐

40 다음 중 수용성인 산화방지제는?

① Ascorbic acid

② Butylated hydroxy anisole(BHA)

③ Butylated hydroxy toluene(BHT)

④ Propyl gallate

41 맥아로 물엿을 만들 때 당화온도가 50℃ 정도로 낮아질 경우 어떤 현상이 나타날 수 있는가?

① 고온성 젖산균이 번식하여 시어진다.
② 부패균이 번식하여 쓴맛이 난다.
③ 쌀알갱이가 완전히 풀어진다.
④ 당화효소의 활성이 없어진다.

42 고구마 녹말 제조 시 녹말의 순도를 낮게 하는 요인과 거리가 먼 것은?

① 단백질 함량   ② 고른 녹말입자
③ 수지성분   ④ 탄닌 성분

43 콩의 영양을 저해하는 인자와 관계가 없는 것은?

① 트립신 저해제(trypsin inhibitor) : 단백질 분해효소인 트립신의 작용을 억제하는 물질
② 리폭시게나제(lipoxygenase) : 비타민과 지방을 결합시켜 비타민의 흡수를 억제하는 물질
③ Phytate(inositol hexaphosphate) : Ca, P, Mg, Fe, Zn 등과 불용성 복합체를 형성하여 무기물의 흡수를 저해시키는 작용을 하는 물질
④ 라피노스(raffinose), 스타키오스(stachyose) : 우리 몸속에 분해효소가 없어 소화되지 않고, 대장내의 혐기성 세균에 의해 분해되어 N_2, CO_2, H_2, CH_4 등의 가스를 발생시키는 장내 가스인자

44 전통적인 제조법에 의해 두유를 제조할 때 불쾌한 냄새와 맛이 나고 두유의 수율이 낮은 문제가 생길 수 있는데, 이를 개선하는 방법이 아닌 것은?

① 끓는 물(80~100℃)로 콩을 마쇄하여 지방 산패나 콩 비린내를 발생시키는 lipoxygenase를 불활성화시키는 방법
② 콩을 $NaHCO_3$용액에 침지시켜 불린 뒤, 마쇄 전과 후에 가열처리해서 콩 비린내를 없애는 방법
③ 데치기 전에 콩을 수세하고 껍질을 벗겨 사용하는 방법
④ 낮은 온도에서 장시간 가열하여 염에 대한 노출을 증가시키는 방법

45 밀감 통조림의 백탁에 대한 설명 중 틀린 것은?

① hesperidin이 용출되어 백탁이 형성된다.
② 조기 수확한 밀감에서 자주 발생한다.
③ 수세를 너무 길게 하면 발생하기 쉽다.
④ 산 처리를 길게, 알칼리 처리를 짧게 하면 억제된다.

46 채소류의 건제품을 제조할 때 블랜칭(blanching)하는 목적이 아닌 것은?

① 신선미 부여
② 점질물 형성물질 제거
③ 악취물질 제거
④ 조직의 유연화

47 물을 탄 우유의 판별법으로 부적당한 것은?

① 비점 측정　　② 빙결점 측정

③ 지방 측정　　④ 점도 측정

48 아이스크림 제조 시 냉동기에서 동결할 때 부피 증가율은 연질 아이스크림인 경우 어느 정도가 가장 적당한가?

① 70~80%　　② 90~100%

③ 10~20%　　④ 30~50%

49 육류 가공 시 색소 고정에 사용되지 않는 첨가물은?

① 질산염　　　② 아질산염

③ 아스코르빈산　④ 인산염

50 소시지 제조 시 silent cutter나 emulsifier를 사용해서 얻을 수 있는 효과가 아닌 것은?

① meat emulsion의 파괴

② 혼합(blending)

③ 세절(cutting)

④ 이기기(kneading)

51 마요네즈 제조 시 유화제 역할을 하는 것은?

① 난황　　　② 식초산

③ 식용유　　④ 소금

52 유지 추출 용매의 구비조건이 아닌 것은?

① 기화열과 비열이 작아 회수하기 용이할 것

② 인화, 폭발성, 독성이 적을 것

③ 모든 성분을 잘 추출, 용해시킬 수 있을 것

④ 유지와 추출박에 이취, 이미가 남지 않을 것

53 우유 4,500kg/h를 5℃에서 55℃까지 열교환장치를 사용하여 가열하고자 한다. 우유의 비열이 3.85kJ/kg·K일 때 필요한 열에너지의 양은?

① 746.6kW　　② 530kW

③ 240.6kW　　④ 120.2kW

54 지름 5cm인 관을 통해서 1.5kg/s의 속도로 20℃의 물을 펌프로 이송할 때 평균유속은? (단, 물의 밀도는 1,000kg/m³으로 가정한다.)

① 0.764m/s　　② 0.989m/s

③ 1.195m/s　　④ 1.528m/s

55 D값, F값, Z값에 대한 설명 중 옳은 것은?

① $D_{110℃}=10$: 110℃에서 일정농도의 미생물을 완전히 사멸시키려면 10분이 소요된다.

② $F_{121℃}=4.07$: 식품을 121℃에서 가열하면 미생물이 처음 균수의 1/10로 줄어드는데 4.07분이 소요된다.

③ $Z=20℃$: D값을 1/10로 감소시키려면 살균온도를 20℃만큼 더 높여야 한다.

④ D값, F값, Z값은 모두 시간을 나타낸다.

56 D값(decimal reduction time)의 설명으로 옳은 것은?

① 주어진 미생물을 일정온도에서 100% 사멸시키는 데 요하는 가열시간이다.

② 주어진 미생물을 일정온도에서 90% 사멸시키는 데 요하는 가열시간이다.

③ 주어진 미생물을 일정온도에서 50% 사멸시키는 데 요하는 가열시간이다.

④ 주어진 미생물을 일정온도에서 10% 사멸시키는 데 요하는 가열시간이다.

57 동결점이 −1.6℃인 축육을 동결하여 최종 품온을 −20℃까지 냉각하였다면 제품의 동결율은 얼마인가?

① 92%　　　　② 94%

③ 96%　　　　④ 98%

58 활성 글루텐을 만드는 데 가장 적합한 건조기는?

① 플래쉬 건조기(flash dryer)

② 킬른 건조기(kiln dryer)

③ 터널 건조기(tunnel dryer)

④ 유동층 건조기(fluidezed bed dryer)

59 압출 가공 공정이 식품에 미치는 영향에 대한 설명으로 틀린 것은?

① 마이야르 갈색화 반응이 발생하면 단백질의 품질이 저하될 수 있다.

② 식품의 색과 향기가 현저히 저하되므로 적용가능한 식품의 종류가 한정적이다.

③ 향의 기화를 방지하기 위해 향료를 제품 표면에 에멀전 또는 점성현탁액의 형태로 코팅한다.

④ cold extrusion의 경우 비타민 손실이 적다.

60 질소치환포장을 통해 얻을 수 있는 이점이 아닌 것은?

① 호기성균에 의한 변패를 막을 수 있다.

② 갈변반응을 억제할 수 있다.

③ 호흡작용이 증가하여 영양소를 축적할 수 있다.

④ 지방의 산패를 억제할 수 있다.

식품미생물 및 생화학

61 미생물의 명명법에 관한 설명 중 틀린 것은?

① 종명은 라틴어의 실명사로 쓰고 대문자로 시작한다.

② 학명은 속명과 종명을 조합한 2명법을 사용한다.

③ 세균과 방선균은 국제세균명명규약에 따른다.

④ 속명 및 종명은 이탤릭체로 표기한다.

62 *Clostridium butyricum*이 장내에서 정장작용을 나타내는 것은?

① 강한 포자를 형성하기 때문이다.

② 유기산을 생성하기 때문이다.

③ 항생물질을 내기 때문이다.

④ 길항세균으로 작용하기 때문이다.

63 과즙 청정제로 사용하는 효소를 생산하는 균주는?

① *Aspergillus niger*

② *Mucor rouxii*

③ *Neurospora crassa*

④ *Penicillium roqueforti*

64 산막효모의 특징으로 틀린 것은?

① 알코올 발효력이 강하다.

② 산화력이 강하다.

③ 다극출아로 증식하는 효모가 많다.

④ 대부분 양조과정에서 유해균으로 작용한다.

65 박테리오파지(Bacteriophage)가 감염하여 증식할 수 없는 균은?

① *Bacillus subtilis*

② *Aspergillus oryzae*

③ *Escherichia coli*

④ *Clostridium perfringens*

66 조류(algae)에 대한 설명으로 틀린 것은?

① 엽록소를 가지는 광합성 미생물이다.

② 남조류를 포함하여 모든 조류는 진핵세포 구조로 되어 있어 고등미생물에 속한다.

③ 갈조류와 홍조류는 조직분화를 볼 수 있는 다세포형이다.

④ 녹조류인 클로렐라는 단세포 미생물로 단백질 함량이 높아 미래의 식량으로 기대되고 있다.

67 발효 미생물의 일반적인 생육곡선에서 정상기(정지기, stationary phase)에 대한 설명으로 잘못된 것은?

① 균수의 증가와 감소가 같게 되어 균수가 더 이상 증가 하지 않게 된다.

② 전 배양기간을 통하여 최대의 균수를 나타낸다.

③ 세포가 왕성하게 증식하며 생리적 활성이 가장 높다.

④ 정상기 초기는 세포의 저항성이 가장 강한 시기이다.

68 세균의 균수를 측정하는 방법에 대한 설명으로 틀린 것은?

① 총균수를 측정하기 위해서는 Thoma의 혈구계수기(Haematometer)가 사용된다.

② 그람염색법으로 생균과 사균을 구별할 수 있다.

③ 비교적 미생물 농도가 낮은 시료는 필터(filter)법을 이용한다.

④ 일반적으로 생균수는 평판 배양법으로 측정할 수 있다.

69 플라스미드(plasmid)에 관한 설명으로 틀린 것은?

① 다른 종의 세포 내에도 전달된다.

② 세균의 성장과 생식과정에 필수적이다.

③ 약제에 대한 저항성을 가진 내성인자, 세균의 자웅을 결정하는 성결정인자 등이 있다.

④ 염색체와 독립적으로 존재하며, 염색체 내에 삽입될 수 있다.

70 bacteriophage를 매개체로 하여 DNA를 옮기는 유전적 재조합 현상은?

① 형질전환(transformation)

② 세포융합(cell fusion)

③ 형질도입(transduction)

④ 접합(conjugation)

71 다음은 어떤 것과 가장 관계가 깊은가?

> Waldhof형, Cavitator, Air lift형

① 효소정제장치 ② 증류장치

③ 발효탱크 ④ 클로렐라 배양기

72 탁·약주 제조 시 당화과정을 담당하는 미생물은?

① *Aspergillus* ② *Saccharomyces*

③ *Lactobacillus* ④ *Leuconostoc*

73 설탕을 기질로 하여 덱스트란(dextran)을 공업적으로 생성하는 젖산균은?

① *Pediococcus lindneri*

② *Streptococcus cremoris*

③ *Lactobacillus bulgaricus*

④ *Leuconostoc mesenteroides*

74 대사산물 제어 조절계(feedback control)에 관한 설명으로 틀린 것은?

① 합동피드백제어(concerted feedback control)는 과잉으로 생산된 1개 이상의 최종산물이 대사계의 첫 단계 반응의 효소를 제어하는 경우를 말한다.

② 협동피드백제어(co-operative feedback)는 과잉으로 생산된 다수의 최종산물이 합동제어에서와 마찬가지로 협동적으로 첫 단계 반응의 효소를 제어함과 동시에 각각의 최종산물 사이에도 약한 제어반응이 존재하는 경우를 말한다.

③ 순차적 피드백제어(sequential feedback control)는 그 계에 존재하는 모든 대사기구의 갈림반응이 그 계의 뒤쪽의 생산물에 의해 제어되는 경우를 말한다.

④ 동위효소제어(isoenzyme control)는 각각의 최종산물이 서로 관계없이 독립적으로 그 생합성계의 첫 번째 반응의 어떤 백분율로 제어하는 경우이다.

75 주정발효의 원료로 돼지감자에 많이 들어있는 이눌린(Inulin)을 이용하고자 한다. 특별히 추가하여 처리할 공정은?

① 전분의 처리 시와 같게 처리해도 무방하다.

② 액화 시 이눌린 가수분해효소(Inulinase)를 처리해야 한다.

③ *Saccharomyces* 효모 대신 *Torulopsis* 효모로 당화시켜야 한다.

④ 액화효소로 Invertase를 과량 첨가해야 한다.

76 구연산 발효의 설명으로 적합하지 않은 것은?

① 구연산 발효의 주 생산균은 *Aspergillus niger*이다.

② 배지 중에 Fe^{2+}, Zn^{2+}, Mn^{2+} 등 금속이온 양이 많으면 산생성이 저하된다.

③ 발효액 중의 구연산 회수를 위해 탄산나트륨 등으로 중화한다.

④ 구연산 발효의 전구물질은 옥살산(oxaloacetic acid)이다.

77 당대사 과정 중 일어나는 혐기적 초기 단계의 ATP 생성 기구는?

① Oxidative phosphorylation

② Substrate level phosphorylation

③ TCA cycle

④ Photophosphorylation

78 지방산화과정에서 일반적으로 일어나는 β-oxidation의 설명으로 틀린 것은?

① 세포의 세포질 속으로 운반된 지방산은 CoA와 ATP에 의해서 활성화된다.

② acyl-CoA는 carnitine과 결합하여 mitochondria 내부로 이동된다.

③ 짝수지방산은 산화 후 acetyl-CoA만을 생성하지만 홀수지방산은 acetyl-CoA와 propionic acid를 생성한다.

④ 포화지방산의 산화에는 isomerization과 epimerization의 보조적인 반응이 필요하다.

79 단백질의 생합성에 대한 설명으로 옳은 것은?

① 핵에서 이루어진다.

② 아미노산의 배열은 r-RNA에 의해 결정된다.

③ 각각의 아미노산에 대한 특이한 t-RNA가 필요하다.

④ RNA 중합효소에 의해서 만들어진다.

80 핵산의 구성성분인 purine 고리 생합성에 관련이 없는 아미노산은?

① glycin

② tyrosine

③ aspartate

④ glutamine

01 다음 중 판매금지 대상이 되는 식품이 아닌 것은?

① 표시기준 및 규격이 정하여지지 않은 식품

② 유독·유해물질이 들어있거나 묻어 있는 식품

③ 영업허가를 받지 않은 자가 제조 가공한 식품

④ 제품 외관이 좋지 않은 식품

02 식품 등의 표시·광고기준에 관한 법령상 허용이 되는 표시·광고에 해당하는 것은?

① 식품 등을 의약품으로 인식할 우려가 있는 표시 또는 광고

② 특수용도식품으로 환자의 영양보급 등에 도움을 준다는 내용의 표시·광고

③ 질병의 예방·치료에 효능이 있는 것으로 인식할 우려가 있는 표시 또는 광고

④ 건강기능식품이 아닌 것을 건강기능식품으로 인식할 우려가 있는 표시 또는 광고

03 HACCP 용어의 설명으로 옳지 않은 것은?

① 모니터링(Monitoring) – CCP 또는 그 기준에 대하여 정확한 기록을 얻도록 계획된 일련의 검사, 측정 및 관찰하는 행위

② 중요관리점(CCP) – 중점적인 감시를 요구하지만 위해 제어조치는 해당하지 않음

③ 위해(Hazard) – 소비자의 건강 장애를 일으킬 우려가 있는 생물적, 화학적, 물리적인 요소

④ 한계기준(Critical Limit) – 위해요소 관리가 허용 범위 이내로 이루어지고 있는지의 판단 기준

04 기구 및 용기·포장의 일반기준으로 옳은 것은?

① 전분, 글리세린, 왁스 등 식용물질이 식품과 접촉하는 면에 접착되어 있는 용기포장에 대해서는 총 용출량의 규격 적용을 아니 할 수 있다.

② 기구 및 용기·포장의 식품과 접촉하는 부분에 사용하는 도금용 주석은 납을 1% 이상 함유하여서는 아니 된다.

③ 식품의 용기·포장을 회수하여 재사용하고자 할 때에는 먹는물 관리법의 수질기준에 적합한 물로 깨끗이 세척하고 즉시 사용한다.

④ 검체 채취 시 상자 등에 넣어 유통되는 기구 및 용기포장은 반드시 개봉하여 채취한다.

05 HACCP을 도입함으로써 얻을 수 있는 효과에 해당하지 않는 것은?

① 예상되는 위해요인을 과학적으로 규명하여 효과적으로 제어할 수 있다.

② 체계적인 위생관리시스템의 확립이 가능하다.

③ 해당 업체에서 수행되는 모든 단계를 광범위하게 관리할 수 있다.

④ 소비자들이 안심하고 섭취할 수 있다.

06 식품 및 축산물 안전관리인증기준(HACCP)의 작업위생관리에서 아래의 (   ) 안에 알맞은 것은?

> • 칼과 도마 등의 조리 기구나 용기, 앞치마, 고무장갑 등은 원료나 조리과정에서의 (   )을(를) 방지하기 위하여 식재료 특성 또는 구역별로 구분하여 사용하여야 한다.
> • 식품 취급 등의 작업은 바닥으로부터 (   )cm 이상의 높이에서 실시하여 바닥으로부터의 (   )을(를) 방지하여야 한다.

① 오염물질 유입 – 60 – 곰팡이 포자 날림

② 교차오염 – 60 – 오염

③ 공정간 오염 – 30 – 접촉

④ 미생물 오염 – 30 – 해충·설치류의 유입

07 식품공장의 위생상태를 유지 관리하기 위하여 일반적인 조치 사항 중 가장 맞는 것은?

① 작업장과 화장실은 2일 1회 이상 청소하여야 한다.

② 온도계와 같은 계기류는 유명회사 제품을 사용하면 자체 점검할 필요가 없다.

③ 우물물을 사용하는 경우 정기적으로 공공기관에 수질검사를 받고 그 성적서를 보관한다.

④ 냉장시설과 창고는 월 1회 이상 청소를 하여야 한다.

08 식품 제조를 위한 작업장 관리에 대한 설명으로 옳지 않은 것은?

① 작업장은 독립된 건물이거나 식품취급 외의 용도로 사용되는 시설과 분리되어야 한다.

② 먼지가 누적되는 곳을 줄이기 위하여 코너에 45도 경사를 둔다.

③ 청정도가 낮은 지역을 가장 큰 양압으로 하여 청정도가 높아질수록 실압으로 낮추어 간다.

④ 작업상 필요한 조도를 충분히 갖도록 하여 감시 및 검사지역은 540lux 이상으로 한다.

09 식품냉동·냉장업소의 영업장 관리 방법으로 적합하지 않은 것은?

① 환기 시설은 악취, 유해가스, 매연, 증기 등을 충분히 배출할 수 있어야 한다.

② 천장 및 상부 구조물은 응결수가 떨어지지 않도록 청결하게 관리되어야 한다.

③ 냉동실 및 냉장실 등은 온도조절이 가능하도록 시공되어 있고 문을 열지 아니하고도 온도를 알아볼 수 있는 온도계가 외부에 설치되어 있으며 온도감응장치의 센서는 온도가 가장 낮은 곳에 부착되어야 한다.

④ 기구 및 용기 등 축산물에 직접 접촉하는 부분은 위생적인 내수성 재질로 씻기 쉬우며 살균·소독이 가능하여야 한다.

10 HACCP의 7원칙에 해당되지 않는 것은?

① 검증절차의 수립

② 개선조치방법 수립

③ 모니터링(Monitoring) 방법의 설정

④ 종업원 교육 방법의 설정

11 HACCP 팀원 구성으로 다음 분야에 책임자가 포함되어야 한다. 해당하지 않는 사항은?

① 시설·설비의 공무관계 책임자

② 종사자 보건관리 책임자

③ 식품위생관련 품질관리업무 책임자

④ 운반수송 관리 책임자

12 HACCP의 적용 순서 4단계인 공정흐름도 작성에서 작업자의 도면에 표시하지 않아도 되는 것은?

① 시설도면

② 포장방법

③ 저장 및 분배 조건

④ 물 공급 및 배수

13 식품안전관리인증기준(HACCP)에서 화학적 위해요소와 관련된 것은?

① 기생충   ② 유리조각

③ 살균소독제   ④ 간염바이러스

14 다음은 HACCP 7원칙 중 어느 단계를 설명한 것인가?

> 원칙 1에서 파악된 중요위해(위해평가 3점 이상)를 예방, 제어 또는 허용 가능한 수준까지 감소시킬 수 있는 최종 단계 또는 공정

① CCP   ② HA

③ 모니터링   ④ 검증

15 위해를 관리함에 있어서 그 허용 한계를 구분하는 모니터링의 기준을 무엇이라 하는가?

① CCP   ② CL

③ SSOP   ④ HA

16 중요관리점(CCP)이 정확히 관리되고 있음을 확인하며 또는 검증 시에 이용할 수 있는 정확한 기록의 기입을 위하여 관찰, 측정 또는 시험검사를 하는 것을 무엇이라 하는가?

① 모니터링　　② 중요관리점
③ 검증　　　　④ 개선조치

17 개선조치에 대한 설명 중 잘못된 것은?

① 위해 허용 한도에서 이탈이 발생한 경우에 취한다.
② 개선조치는 즉시적 조치와 예방적 조치가 있다.
③ 개선조치는 형법상의 책임이 따른다.
④ 개선조치는 문서로 기록 관리한다.

18 식품에 함유된 독성물질의 독성을 나타내는 것은?

① Aw　　　　② DO
③ LD_{50}　　　④ BOD

19 관능검사 중 가장 많이 사용되는 검사법으로 일반적으로 훈련된 패널요원에 의하여 식품시료 간의 관능적 차이를 분석하는 검사법은?

① 차이식별검사　② 향미프로필검사
③ 묘사분석　　　④ 기호도검사

20 살모넬라(*Salmonella* spp.)를 TSI slant agar에 접종하여 배양한 결과 하층부가 검은색으로 변한 이유는?

① 유기산 생성　　② 인돌 생성
③ 젖당 생성　　　④ 유화수소 생성

제2과목　식품화학

21 결합수에 대한 설명이 아닌 것은?

① 용질에 대하여 용매로 작용하지 않는다.
② 수증기압이 자유수보다 낮다.
③ 0℃에서는 얼지 않는다.
④ 4℃일 때 밀도가 가장 크다.

22 등온흡습곡선에 있어서 식품의 안정성이 가장 좋은 영역으로 최적 수분 함량(optimum moisture content)을 나타내는 영역은 어느 부분인가?

① 단분자층 영역
② 다분자층 영역
③ 모세관 응고 영역
④ 평형수분 영역

23 $CuSO_4$의 알칼리 용액에 다음 당을 넣고 가열할 때 $CuSO_4$의 붉은색 침전이 생기지 않는 당은?

① maltose　　　② sucrose
③ lactose　　　④ glucose

24 다음 화합물 중 전분의 호화(gelatinization)를 억제하는 화합물은?

① KOH
② KCNS
③ $MgSO_4$
④ KI

25 혈청 콜레스테롤을 낮출 수 있는 성분이 아닌 것은?

① HDL
② 리그닌(lignin)
③ 필수지방산
④ 시토스테롤(sitosterol)

26 다음 중 산화안정성이 가장 낮은 지방산은?

① arachidonic acid
② linoleic acid
③ stearic acid
④ palmitic acid

27 콜라겐의 기본적 구조단위는?

① gelatin
② hydroxylysine
③ proline
④ tropocollagen

28 어떤 단백질의 등전점보다 높은 pH에서 그 단백질은 어떤 성질을 보이는가?

① 주로 양이온과 결합한다.
② 주로 음이온과 결합한다.
③ 양이온과 음이온 모두 결합할 수 있다.
④ 어떤 이온과도 결합하지 않는다.

29 단백질의 기능성에 대한 설명으로 옳은 것은?

① 단백질의 용해도는 단백질의 등전점에서 가장 높다.
② 단백질의 거품형성능을 활용하는 식품으로는 빵, 케이크, 맥주 등이 있다.
③ 두부나 치즈는 단백질 침전성에 있어 분리정제를 이용한 음식이다.
④ 단백질의 점성을 활용한 식품은 우유, 크림, 버터, 마요네즈를 들 수 있다.

30 인체 내에서 Fe의 생리작용에 대한 설명으로 틀린 것은?

① 헤모글로빈의 구성성분이다.
② 과잉 섭취 시 칼슘의 흡수율을 저하시킬 수 있다.
③ 식품 중의 phytic acid는 철의 흡수를 방해한다.
④ 인체 내에 가장 많은 무기질이며, 결핍 시 골다공증을 일으킨다.

31 Ascorbic acid(비타민 C)는 대표적인 레덕톤류(reductones)로 취급된다. 그 이유는 그 구조 중 어떤 기능기가 있기 때문인가?

① 엔다이올(enediol)
② 티올-엔올(thiol-enol)
③ 엔아미놀(enaminol)
④ 엔다이아민(endiamine)

32 같은 종류의 맛을 느낄 수 있는 것으로 연결된 것은?

① 글라이시리진과 카페인
② 스테비오사이드와 자일리톨
③ 키니네와 구연산
④ 페릴라틴과 캡사이신

33 냄새 성분과 함유식품의 연결이 틀린 것은?

① 메틸메르캅탄(Methyl mercaptan) – 함황화합물류 – 파, 마늘
② 에틸아세테이트(Ethyl acetate) – 케톤류 – 파인애플
③ 리나오올(Linalool) – 알코올류 – 복숭아
④ 헥센알(Hexenal) – 알데히드류 – 찻잎

34 다음 중 provitamin A가 아닌 것은?

① cryptoxanthin
② ergosterol
③ β-carotene
④ γ-carotene

35 새우, 게의 갑각은 청록색이지만 조리할 때 삶거나 초절임을 하면 적색이 된다. 이 적색 색소는?

① capsoubin
② canthaxanthin
③ astacin
④ physalien

36 유중수적형(water in oil type : W/O) 교질상 식품은 무엇인가?

① 마가린(margarine)
② 우유(milk)
③ 마요네즈(mayonnasie)
④ 아이스크림(ice cream)

37 식품오염에 문제가 되는 방사성 물질과 거리가 먼 것은?

① ^{90}Sr
② ^{137}Cs
③ ^{131}I
④ ^{12}C

38 돼지고기 2g을 Kjeldahl법으로 분석하였더니 질소함량이 60mg이었다. 돼지고기의 조단백질 함량은 약 몇 %인가?

① 17.2
② 18.8
③ 20.0
④ 21.4

39 안식향산이 식품첨가물로 광범위하게 사용되는 이유는?

① 물에 용해되기 쉽고 각종 금속과 반응하지 않기 때문이다.

② 값이 싸고 방부력이 뛰어나며 독성이 낮기 때문이다.

③ pH에 따라 항균효과가 달라지지 않아 산성식품뿐만 아니라 알칼리식품까지도 사용할 수 있기 때문이다.

④ 비이온성 물질이 많은 식품에서도 항균작용이 뛰어나고 비이온성 계면활성제와 함께 사용하면 상승효과가 나타나기 때문이다.

40 식품의 점도를 증가시키고 교질상의 미각을 향상시키는 고분자의 천연물질과 그 유도체인 식품첨가물과 거리가 먼 것은?

① methyl cellulose

② sodium carboxymethyl starch

③ sodium alginate

④ glycerin fatty acid ester

제3과목　**식품가공 · 공정공학**

41 밀가루의 물리적 시험법에 관한 설명 중 틀린 것은?

① 아밀로그래프로 아밀라아제의 역가를 알 수 있다.

② 아밀로그래프로 최고점도와 호화개시 온도를 알 수 있다.

③ 익스텐소그래프로 반죽의 신장도와 항력을 알 수 있다.

④ 익스텐소그래프로 강력분과 중력분을 구할 수 있다.

42 42% 전분유 1L를 산분해시켜 DE값이 42가 되는 물엿을 만들었을 때 생성된 환원당의 양은?

① 420.0g　　② 176.4g

③ 100.8g　　④ 84.2g

43 두부에 대한 설명 중 틀린 것은?

① 두부 단백질은 K⟨Mg⟨Al 이온 순으로 응고력이 높아진다.

② 콜로이드 물질인 두유는 음전하를 띠며 양이온에 의하여 응고된다.

③ 두유가 응고될 때 유리지방산은 단백질에 흡착된다.

④ 두유가 응고될 때 비타민 B류도 같이 흡착된다.

44 코오지를 만들면 전분과 단백질을 분해하는 효소가 생성되는데 이들 효소들은?

① 아밀라아제(amylase)와 카탈라아제 (catalase)

② 펙티나아제(pectinase)와 셀룰라아제 (cellulase)

③ 아밀라아제(amylase)와 프로테아제 (protease)

④ 프로테아제(protease)와 펙티나아제 (pectinase)

45 수확한 과일 및 채소에 대한 설명으로 틀린 것은?

① 산소를 섭취하여 효소적으로 산화되므로 이산화탄소를 내보내는 호흡작용을 하여 성분이 변화한다.

② 증산작용이 일어나 신선도와 무게가 변한다.

③ 호흡작용은 수확 직후에 가장 저조하고 시간이 경과함에 따라 점차 강해진다.

④ 고온성 과일 및 채소를 제외하고, 미생물이 번식하기 어려운 1~6 ℃ 정도가 저장을 위한 적당한 온도이다.

46 염장에 영향을 미치는 요인에 대한 설명으로 틀린 것은?

① 식염의 삼투속도는 식염의 온도가 높을수록 크다.

② 식염의 농도가 높을수록 삼투압은 커진다.

③ 순수한 식염의 삼투속도가 크다.

④ 지방 함량이 많은 어체에서는 식염의 침투속도가 빠르다.

47 우유의 살균 여부를 판정할 때 이용되는 적당한 방법은?

① 알코올 테스트

② 산도 측정

③ 비중검사

④ 포스파타아제 테스트

48 요구르트 제조 시 0.2% 정도의 한천이나 젤라틴을 사용하는 이유는?

① 우유 단백질인 casein의 열 안정성 증대를 위하여

② 유청(Whey)이 분리되는 것을 방지하고, 커드(curd)를 굳히기 위하여

③ 감미와 풍미 향상을 위하여

④ 유산균 발효 시 영양성분 공급을 위하여

49 도살 후 일반적으로 최대경직시간이 가장 짧은 고기는?

① 닭고기　　② 소고기

③ 양고기　　④ 돼지고기

50 고기의 연화제로 많이 쓰이는 효소는?

① 리파아제(lipase)

② 아밀라아제(amylase)

③ 인버타아제(invertase)

④ 파파인(papain)

51 계란 가공 시 특히 액란 건조 시 품질 증진을 위하여 행하는 공정은?

① 제당(desugarization)

② 냉장(refrigeration)

③ 냉동(freezing)

④ 살균(sterilization)

52 유지를 추출하기 위한 유기용제의 구비조건으로 잘못된 것은?

① 유지 외에도 유용성 물질을 잘 추출할 것
② 이취와 독성이 없을 것
③ 기화열 및 비열이 작아 회수하기 쉬울 것
④ 인화 및 폭발하는 위험성이 적을 것

53 국제단위계(SI system)에서 힘의 단위는?

① dyne   ② lb(pound force)
③ kgf(kg force)   ④ N(Newton)

54 원통형 저장탱크에 밀도가 $0.917g/cm^3$인 식용유가 5.5m 높이로 담겨져 있을 때, 탱크 밑바닥이 받는 압력은 얼마나 되는가? (단, 탱크의 배기구가 열려져 있고 외부압력이 1기압이다.)

① $0.495 \times 10^5 \, Pa$ ② $0.990 \times 10^5 \, Pa$
③ $1.013 \times 10^5 \, Pa$ ④ $1.508 \times 10^5 \, Pa$

55 배지를 110°C에서 20분간 살균하려 한다. 사용하고자 하는 살균기의 온도가 화씨(°F)로 표시되어 있을 때 이 살균기를 사용하려면 살균온도(°F)를 얼마로 고정하여 살균하여야 하는가?

① 110°F   ② 212°F
③ 230°F   ④ 251°F

56 20wt% 설탕 용액의 끓는점을 구하는 아래의 과정에서 ( ) 안에 알맞은 것을 순서대로 나열한 것은? (단, 설탕의 분자식은 $C_{12}H_{22}O_{11}$, 용액의 끓는점 오름 근사식 $\Delta t_b = 0.51m$, m은 몰랄농도이다.)

> 20% 설탕 용액의 몰랄농도(m)는 몰랄농도의 정의를 이용하여 계산하여 약 ( )이고 끓는점 오름 근사식에 대입하여 구하면 $\Delta t_b = ($) °C이다.

① 0.01, 0.0051   ② 0.03, 0.0153
③ 0.73, 0.3723   ④ 2.92, 1.4892

57 5°C에서 저장중인 양배추 5,000kg의 호흡열 방출에 의한 냉동부하는? (단, 5°C에서 양배추의 저장 시 열 방출량은 63W/ton이다.)

① 315kJ/h   ② 454kJ/h
③ 778kJ/h   ④ 1,134kJ/h

58 농축장치를 사용하여 오렌지주스를 농축하고자 한다. 원료인 오렌지주스는 7.08%의 고형분을 함유하고 있으며, 농축이 끝난 제품은 58% 고형분을 함유하도록 한다. 원료주스를 100kg/h의 속도로 투입할 때 증발 제거되는 수분의 양(W)과 농축주스의 양(C)은 얼마인가?

① W=75.0kg/h, C=25.0kg/h
② W=25.0kg/h, C=75.0kg/h
③ W=87.8kg/h, C=12.2kg/h
④ W=12.1kg/h, C=87.8kg/h

59 다음 중 분말건조제품의 복원성을 향상시키는 가장 효과적인 방법은?

① 입자를 매우 작게 하여 서로 뭉치는 경향을 띠게 한다.

② 건조제를 첨가하여 물의 표면장력을 증가시킨다.

③ 입자표면에 응축이 일어나 부착성을 갖도록 수증기 또는 습한 공기로 처리한 다음 건조·냉각한다.

④ 분무 건조한 입자 상호간의 접촉을 차단하기 위하여 입자의 운동을 직선형으로 유도한다.

60 식품포장재의 일반적인 구비조건과 거리가 먼 것은?

① 위생성   ② 안전성

③ 간편성   ④ 가연성

제4과목   식품미생물 및 생화학

61 편모에 관한 설명 중 틀린 것은?

① 주로 구균이나 나선균에 존재하며 간균에는 거의 없다.

② 세균의 운동기관이다.

③ 위치에 따라 극모와 주모로 구분된다.

④ 그람염색법에 의해 염색되지 않는다.

62 다음에 열거해 놓은 세균 속 중 Enterobacteriaceae과에 속하지 않는 것은?

① *Eschrichia*속

② *Klebslella*속

③ *Pseudomonas*속

④ *Shigella*속

63 식품으로부터 곰팡이를 분리하여 맥아즙 한천(Malt agar)배지에서 배양하면서 관찰하였다. 균총의 색은 배양시간이 경과함에 따라 백색에서 점차 청록색으로 변화하였으며, 현미경 시야에서 격벽이 있는 분생자병, 정낭 구조가 없는 빗자루 모양의 분생자두, 구형의 분생자를 관찰할 수 있었다. 이상의 결과로부터 추정할 수 있는 이 곰팡이의 속명은?

① *Aspergillus*속   ② *Mucor*속

③ *Penicillium*속   ④ *Trichoderma*속

64 다음 효모의 설명 중 틀린 것은?

① 산막효모에는 *Debaryomyces*속, *Pichia*속, *Hansenula*속이 있다.

② 산막효모는 산화능이 강하고 비산막효모는 알코올 발효능이 강하다.

③ 맥주 상면발효효모는 raffinose를 완전발효하고 맥주 하면발효효모는 raffinose를 1/3만 발효한다.

④ 야생효모는 자연에 존재하는 효모이고, 배양효모는 유용한 순수 분리한 효모이다.

65 노로바이러스에 대한 틀린 설명은?

① 구토, 복통을 유발한다.

② 식중독 증상이 심하고 발병 시 대부분은 치명적인 경우가 많다.

③ 오염된 지하수, 물로부터 감염될 수 있다.

④ 학교 급식에서 식중독이 발생한 사례가 있다.

66 남조류(Blue green alge)의 특성과 관계 없는 것은?

① 일반적으로 스테롤(sterol)이 없다.

② 진핵세포이다.

③ 핵막이 없다.

④ 활주 운동(gliding movement)을 한다.

67 미생물의 증식도 측정에 관한 설명 중 틀린 것은?

① 총균계수법 측정에서 0.1% methylene blue로 염색하면 생균은 청색으로 나타난다.

② 곰팡이와 방선균의 증식도는 일반적으로 건조균체량으로 측정한다.

③ Packed volume법은 일정한 조건으로 원심분리하여 얻은 침전된 균체의 용적을 측정하는 방법이다.

④ 비탁법은 세포현탁액에 의하여 산란된 광의 양을 전기적으로 측정하는 방법이다.

68 일반적으로 미생물의 생육 최저 수분활성도가 높은 것부터 순서대로 나타낸 것은?

① 곰팡이 〉 효모 〉 세균

② 효모 〉 곰팡이 〉 세균

③ 세균 〉 효모 〉 곰팡이

④ 세균 〉 곰팡이 〉 효모

69 변이는 일으키지 않고 미생물을 보존하는 방법은?

① 토양보존법

② 동결건조법

③ 유중(油中)보존법

④ 모래보존법

70 재조합 DNA기술(Recombinant DNA Technology)과 직접 관련된 사항이 아닌 것은?

① Plasmid

② DNA ligase

③ Transformation

④ Spheroplast

71 주정 제조 시 단식 증류기와 비교하여 연속식 증류기의 일반적인 특징이 아닌 것은?

① 연료비가 많이 든다.

② 일정한 농도의 주정을 얻을 수 있다.

③ 알데히드(aldehyde)의 분리가 가능하다.

④ fusel유의 분리가 가능하다.

72 탁·약주의 발효방식으로 적합한 것은?

① 단발효　　　② 단행복발효

③ 병행복발효　④ 비당화발효

73 재래법에 의한 제국 조작순서로 적당한 것은?

① 제1손질 → 섞기 → 재우기 → 뒤지기 → 담기 → 뒤바꾸기 → 제2손질 → 출국

② 담기 → 뒤지기 → 섞기 → 재우기 → 제1손질 → 뒤바꾸기 → 제2손질 → 출국

③ 재우기 → 섞기 → 뒤지기 → 담기 → 뒤바꾸기 → 제1손질 → 제2손질 → 출국

④ 섞기 → 뒤지기 → 제1손질 → 재우기 → 뒤바꾸기 → 제2손질 → 담기 → 출국

74 gluconic acid의 발효조건이 아닌 것은?

① 호기적 조건 하에서 발효시킨다.

② *Aspergillus niger*가 사용된다.

③ 배양 중의 pH는 5.5~6.5로 유지한다.

④ Biotin을 생육인자로 요구한다.

75 Fusel oil의 주요 성분이 아닌 것은?

① isoamyl alcohol

② isobutyl alcohol

③ methyl alcohol

④ n-propyl alcohol

76 아래는 어느 한 효소의 초기(반응)속도와 기질농도와의 관계를 표시한 것이다. 이 효소의 반응속도 항수인 K_m 과 V_{max} 값은?

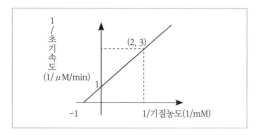

① $K_m=1$, $V_{max}=1$

② $K_m=2$, $V_{max}=2$

③ $K_m=1$, $V_{max}=2$

④ $K_m=2$, $V_{max}=1$

77 Cori cycle에서 피루브산이 아미노기(NH_3) 전이를 받아 생성되는 아미노산은?

① 프롤린　　② 트립토판

③ 알라닌　　④ 리신

78 지방산의 생합성 속도를 결정하는 효소는?

① 시트르산 분해효소(citrate lyase)

② 아세틸-CoA 카르복실화효소(acetyl-CaA carboxylase)

③ ACP-아세틸기 전이효소(ACP-acetyl transferase)

④ ACP-말로닐기 전이효소(ACP-malonul transferase)

79 **DNA로부터 단백질 합성까지의 과정에서 t-RNA의 역할에 대한 설명으로 옳은 것은?**

① m-RNA 주형에 따라 아미노산을 순서대로 결합시키기 위해 아미노산을 운반하는 역할을 한다.

② 핵 안에 존재하는 DNA정보를 읽어 세포질로 나오는 역할을 한다.

③ 아미노산을 연결하여 protein을 직접 합성하는 장소를 제공한다.

④ 합성된 protein을 수식하는 기능을 담당한다.

80 **DNA 중합효소는 $15s^{-1}$의 turnover number를 갖는다. 이 효소가 1분간 반응하였을 때 중합되는 뉴클레오티드(nucleotide)의 개수는?**

① 15

② 150

③ 900

④ 1,500

제1과목   식품안전

01 식품, 식품첨가물 등의 공전은 누가 작성하여 보급하여야 하는가?

① 도지사
② 보건복지부장관
③ 국립보건원장
④ 식품의약품안전처장

02 식품위생 분야 종사자의 건강진단 규칙에 의거한 건강진단 항목이 아닌 것은?

① 장티푸스(식품위생 관련 영업 및 집단급식소 종사자만 해당한다.)
② 폐결핵
③ 전염성 피부질환(한센병 등 세균성 피부질환을 말한다.)
④ 갑상선 검사

03 식품안전관리인증기준(HACCP) 적용업소 HACCP 팀장이 받아야 하는 신규 교육훈련시간으로 맞는 것은?

① 2시간   ② 4시간
③ 8시간   ④ 16시간

04 식품원료 중 식물성 원료(조류 제외)의 총 아플라톡신 기준은? (단, 총아플라톡신은 B_1, B_2, G_1, G_2의 합을 말한다.)

① 20μg/kg 이하   ② 15μg/kg 이하
③ 5μg/kg 이하   ④ 1μg/kg 이하

05 식품 및 축산물 안전관리인증기준(HACCP)에 의거하여 식품(식품첨가물 포함) 제조 · 가공업소, 건강기능식품제조업소, 집단급식소식품판매업소, 축산물작업장 · 업소의 선행요건관리 대상이 아닌 것은?

① 용수관리
② 차단방역관리
③ 회수 프로그램 관리
④ 검사관리

06 식품 제조 가공 작업장의 위생관리에 대한 설명으로 옳은 것은?

① 물품검수구역, 일반작업구역, 냉장보관구역 중 일반작업구역의 조명이 가장 밝아야 한다.
② 화장실에는 손을 씻고 물기를 닦기 위하여 깨끗한 수건을 비치하는 것이 바람직하다.
③ 식품의 원재료 입구와 최종제품 출구는 반대 방향에 위치하는 것이 바람직하다.
④ 작업장에서 사용하는 위생 비닐장갑은 파손되지 않는 한 계속 사용이 가능하다.

07 식품가공을 위한 냉장·냉동시설 설비의 관리방법으로 틀린 것은?

① 냉장시설은 내부 온도를 10℃ 이하로 유지한다.

② 냉동시설은 −18℃ 이하로 유지한다.

③ 온도감응장치의 센서는 온도가 가장 낮게 측정되는 곳에 위치하도록 한다.

④ 신선편의식품, 훈제연어, 가금육은 5℃ 이하로 유지한다.

08 식품공장에서 사용되는 용수에 대한 기본적인 처리 방법에 해당되지 않는 것은?

① 여과　　　　② 경화

③ 침전　　　　④ 연화

09 다음 중 HACCP 시스템 적용 시 가장 먼저 시행해야 하는 단계는?

① 위해요소 분석

② HACCP 팀 구성

③ 중요관리점 결정

④ 개선조치 설정

10 HACCP 2단계인 제품설명서 작성에 필요한 내용이 아닌 것은?

① 제품유형 및 성상

② 완제품의 규격

③ 제품용도 및 소비기간

④ HACCP의 팀 구성도

11 위해요소 분석 시 위해요소 분석 절차가 바르게 나열된 것은?

> ㉠ 위해요소 분석 목록표 작성
> ㉡ 잠재적 위해요소 도출 및 원인규명
> ㉢ 위해평가(심각성, 발생가능성)
> ㉣ 예방조치 및 관리방법 결정

① ㉠ → ㉡ → ㉢ → ㉣

② ㉡ → ㉢ → ㉣ → ㉠

③ ㉢ → ㉠ → ㉡ → ㉣

④ ㉢ → ㉡ → ㉠ → ㉣

12 중요관리점(CCP) 결정의 내용에 포함되지 않는 것은?

① 위해요소가 예방되는 지점

② 위해요소가 제거되는 지점

③ 위해요소가 허용 수준으로 감소하는 지점

④ 위해요소가 제거될 수 없는 지점

13 다음 HACCP 결정도에서 중요관리점(CCP) 표시가 잘못된 것은?

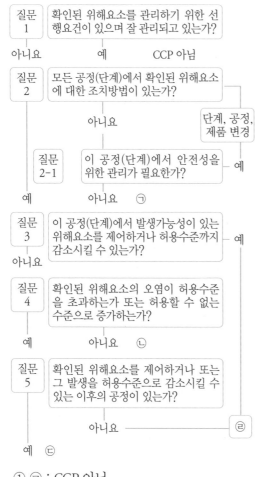

① ㉠ : CCP 아님
② ㉡ : CCP
③ ㉢ : CCP 아님
④ ㉣ : CCP

14 농약잔류허용기준 설정 시 안전수준 평가는 ADI 대비 TMDI 값이 몇 %를 넘지 않아야 안전한 수치인가?

① 10%   ② 20%
③ 40%   ④ 80%

15 모니터링 담당자가 갖추어야 할 요건에 해당하지 않는 내용은?

① CCP 모니터링 기술에 대하여 교육훈련을 받아두어야 한다.
② CCP 모니터링의 중요성에 대하여 충분히 이해하고 있어야 한다.
③ 위반사항에 대하여 행정적 조치를 취할 직위에 있어야 한다.
④ 모니터링을 하는 장소에 쉽게 이동(접근)할 수 있어야 한다.

16 HACCP의 일반적인 특성에 대한 설명으로 옳은 것은?

① 기록유지는 사고 발생 시 역추적하기 위하여 시행되어야 하고 개인의 책임소지를 판단하는 데 사용하는 것은 바람직하지 않다.
② 식품의 HACCP 수행에 있어 가장 중요한 위험요인은 "화학적 〉 생물학적 〉 물리적" 요인 순이다.
③ 공조시설계통도나 용수 및 배관처리계통도상에서는 폐수 및 공기의 흐름 방향까지 표시되어야 한다.
④ 제품설명서에 최종제품의 기준·규격작성은 반드시 식품공전에 명시된 기준·규격과 동일하게 설정하여야 한다.

17 식품안전관리인증기준(HACCP)의 7원칙 중 다음의 설명에 해당하는 것은?

> • 기기 고장 시 즉시 작업 중단 및 수리를 의뢰한다.
> • 가열 온도 및 시간 이탈 시 해당 제품을 즉시 재가열한다.
> • 이탈에 대한 원인 규명 및 재발을 방지하기 위한 방법을 결정한다.

① 한계기준 설정
② 중요관리점 결정
③ 개선조치방법 수립
④ 모니터링 체계 확립

18 관능검사 중 흔히 사용되는 척도의 종류가 아닌 것은?

① 명목척도
② 서수척도
③ 비율척도
④ 지수척도

19 수질오염의 지표가 되며 식품위생검사와 가장 밀접한 관계가 있는 균은?

① 대장균
② 젖산균
③ 초산균
④ 발효균

20 carbonyl value에 대한 설명으로 옳은 것은?

① 트랜스지방의 함량을 측정하는 값이다.
② 불포화지방산의 함량을 측정하는 값이다.
③ 가열 유지의 산화 정도를 판정하는 값이다.
④ 단백질의 부패 정도를 판정하는 값이다.

제2과목	식품화학

21 식품에 존재하는 수분에 대한 설명 중 틀린 것은?

① 어떤 임의의 온도에서 식품이 나타내는 수증기압을 그 온도에서 순수한 물의 수증기압으로 나눈 것을 수분활성도라고 한다.
② 수용성 단백질, 설탕, 중성지질, 포도당, 비타민 E로 구성된 식품에서 수분활성도에 영향을 미치지 않는 성분은 중성지질과 비타민 E이다.
③ 식품 내 수용성 물질과 수분은 주로 이온결합을 통해 수화(hydration)상태로 존재한다.
④ 결합수는 식품 성분과 수소결합으로 연결되어 있어 탈수나 건조 등에 의해 쉽게 제거되지 않는다.

22 다음과 같은 배합비를 가진 식품의 수분활성도는 약 얼마인가?

- 포도당(분자량 180) 18%
- 비타민 C(분자량 176) 1.7%
- 비타민 A(분자량 286) 2.8%
- 수분 77.5%

① 0.89   ② 0.91
③ 0.93   ④ 0.98

23 다음 당류 중 이눌린(inulin)의 주요 구성단위는?

① 포도당 (glucose)
② 만노오스(mannose)
③ 갈락토오스(galactose)
④ 과당(fructose)

24 전분의 노화현상 방지책이 아닌 것은?

① 냉장고에 저장한다.
② 설탕을 첨가한다.
③ 빙점 이하에서 수분 함량을 15% 이하로 억제한다.
④ 유화제를 사용한다.

25 콜레스테롤에 대한 설명으로 틀린 것은?

① 동물의 근육조직, 뇌, 신경조직에 널리 분포되어 있다.
② 과잉섭취는 동맥경화를 유발시킨다.
③ 비타민, 성호르몬 등의 전구체이다.
④ 인지질과 함께 식물의 세포벽을 구성한다.

26 유지의 산화속도에 영향을 미치는 인자에 대한 설명으로 틀린 것은?

① 이중결합의 수가 많은 들기름은 이중결합의 수가 상대적으로 적은 올리브유에 비해 산패의 속도가 빠르다.
② 수분활성도가 매우 낮은 상태(Aw 0.2 정도)로 분유를 보관하면 상대적으로 지방산화속도가 느려진다.
③ 유탕처리 시 구리성분을 기름에 넣으면 유지의 산화 속도가 빨라진다.
④ 유지를 형광등 아래에 방치하면 산패가 촉진된다.

27 대두 단백질 식품에서 제한아미노산으로 가장 문제되는 필수아미노산은?

① lysine   ② tryptophan
③ methionine   ④ phenylalanine

28 단백질을 설명한 사항 중 옳지 않은 것은?

① 탄수화물, 지방과는 달리 평균 16%의 질소를 함유하고 있다.
② 각종 아미노산이 펩타이드(peptide) 결합을 한 고분자 화합물이다.
③ 단백질은 등전점에서 용해성, 삼투압, 점성이 최고로 된다.
④ 단백질의 구조에서 2차 구조는 수소결합에 의한 것이다.

29 단백질의 변성을 이용한 것과 가장 거리가 먼 것은?

① 육류의 가열조리　② 어류의 염장

③ 두부 제조　④ 캐러멜화

30 무기질의 주요한 생리작용으로 옳지 않은 것은?

① Ca : 뼈, 치아 등 경조직 구성원조

② Fe : 혈색소의 구성물질

③ Cl : 삼투압 조절

④ S : 갑상선호르몬의 구성성분

31 산성용액에서 광분해 했을 때 lumichrome 이 되는 것은?

① 비타민 B_1　② 비타민 B_2

③ 비타민 B_6　④ 나이아신(niacin)

32 쓴맛 성분과 그 쓴맛을 감소시킬 수 있는 효소의 연결이 옳은 것은?

① 리모닌(limonin) - 파파인(papain)

② 탄닌(tannin) - 레닌(renin)

③ 나린진(naringin) - 나린진나아제(naringinase)

④ 카페인(caffein) - 셀룰라아제(cellulase)

33 가리비의 향기, 김 냄새의 주 성분은?

① dimethyl sulfide

② terpene

③ pinene

④ $\beta - \gamma$ -hexenol

34 중심 금속원소로서 마그네슘(Mg)을 가진 화합물은?

① 클로로필(chlorophyll)

② 헤모글로빈(hemoglobin)

③ 미오글로빈(myoglobin)

④ 헤모시아닌(hemocyanin)

35 alanine이 Strecker 반응을 거치면 무엇으로 변하는가?

① acetic acid　② ethanol

③ acetamide　④ acetaldehyde

36 고체식품에서 어떤 항복력을 초과할 때까지는 영구변형이 일어나지 않는 성질은?

① 탄성체　② 가소성체

③ 점탄성체　④ 완형체

37 KMnO₄를 이용한 수산정량, 칼슘정량 등의 실험에 적용되는 실험방법은?

① 산화환원적정법
② 침전적정법
③ 중화적정법
④ 요오드적정법

38 내분비계 장애물질에 대한 설명으로 틀린 것은?

① 체내의 항상성유지와 발달과정을 조절하는 생체내 호르몬의 작용을 간섭하는 내인성 물질이다.
② 일반적으로 합성 화학물질로서 물질의 종류에 따라 교란시키는 호르몬의 종류 및 교란방법이 다르다.
③ 쉽게 분해되지 않고, 안정하여 환경 혹은 생체 내에 지속적으로 수년간 잔류하기도 한다.
④ 수용체 결합과정에서 호르몬 모방작용, 차단작용, 촉발작용, 간접영향 작용 등을 한다.

39 식품첨가물 사용에 있어 바림직하지 않은 것은?

① 식품의 성질, 식품첨가물의 효과, 성질을 잘 연구하여 가장 적합한 첨가물을 선정한다.
② 순도가 높은 것을 사용하여야 한다.
③ 식품첨가물은 별도로 잘 정돈하여 보관하되, 각각 알맞은 조건에 유의하여 보관하여야 한다.
④ 식품첨가물은 식품학적 안정성이 보장되므로 충분히 사용하여야 한다.

40 주요 용도가 산도조절제가 아닌 것은?

① sorbic acid
② lactic acid
③ acetic acid
④ citric acid

제3과목 **식품가공 · 공정공학**

41 빵을 제조할 때 반죽의 숙성이 지나칠 경우 나타나는 현상과 거리가 먼 것은?

① 수분 흡수량이 증가하여 글루텐 형성이 느리다.
② 반죽이 처지는 현상이 나타난다.
③ 반죽시간이 길어진다.
④ 발효속도가 빨라져 부피형성에 좋지 않은 영향을 준다.

42 전분액화에 대한 설명으로 틀린 것은?

① 전분의 산액화는 효소액화보다 액화시간이 길다.
② 전분의 산액화는 연속 산액화 장치로 할 수 있다.
③ 전분의 산액화는 효소액화보다 백탁이 생길 염려가 적다.
④ 산액화는 호화온도가 높은 전분에도 작용이 가능하다.

43 다음의 두부 응고제 중 물에 잘 녹지 않아 응고반응이 비교적 느리지만 비교적 보수성과 탄력성이 우수한 두부를 제조하는 것은?

① glucono-δ-lactone
② $MgCl_2$
③ $CaCl_2$
④ $CaSO_4$

44 종국(seed koji)제조 시 목회(나무 탄재)를 첨가하는 목적은?

① 증자미의 수분 조절
② 유해 미생물의 발육 저지
③ 코오지균의 접종 용이
④ 표면에 포자 착생 용이

45 다음 중 통조림 제조 시 탈기 공정의 목적이 아닌 것은?

① 통조림 내 산소를 제거하여 통 내면의 부식과 내용물과의 변화를 적게 한다.
② 가열살균 할 때 내용물이 너무 지나치게 팽창하여 통이 터지는 것을 방지한다.
③ 유리산소의 양을 적게 하여 혐기성 세균의 발육을 억제한다.
④ 통조림 내용물의 색깔, 향기 및 맛 등의 변화를 방지한다.

46 토마토의 solid pack 가공 시 칼슘염을 첨가하는 주된 이유는?

① 가열에 의한 과실의 과육붕괴를 방지하기 위하여
② 가열에 의한 과실 색깔의 퇴색을 방지하기 위하여
③ 가열에 의한 무기질의 손실을 방지하기 위하여
④ 가열에 의한 향기성분의 손실을 방지하기 위하여

47 유가공 제품에 대한 설명 중 틀린 것은?

① 저지방우유 : 원유의 유지방분을 2% 이하로 조정하여 살균 또는 멸균한 것을 말한다(원유 100%).
② 발효유 : 유가공품을 제외한 원유만을 유산균, 효모로 발효시킨 것을 말한다.
③ 유산균음료 : 유가공품 또는 식물성 원료를 유산균으로 발효시켜 가공(살균포함)한 것이다.
④ 탈지분유 : 탈지유에서 수분을 제거하여 분말화한 것을 말한다(원유 100%).

48 아이스크림 제조 공정이 바르게 된 것은?

① 살균 → 균질화 → 숙성 → 냉동
② 균질화 → 숙성 → 냉동 → 살균
③ 살균 → 숙성 → 균질화 → 냉동
④ 숙성 → 살균 → 균질화 → 냉동

49 식육의 사후경직과 숙성에 대한 설명으로 틀린 것은?

① 사후경직 – 도살 후 시간이 경과함에 따라 근육이 굳어지는 현상

② 식육냉동 – 사후경직 억제

③ 식육숙성 – 육의 연화과정, 보수력 증가

④ 숙성속도 – 온도가 높으면 신속

50 훈연의 목적이 아닌 것은?

① 향기의 부여　② 제품의 색 향상

③ 보존성 향상　④ 조직의 연화

51 신선란에 대한 설명으로 틀린 것은?

① 비중은 1.08~1.09이다.

② 난황의 굴절률은 1.42 정도로 난백보다 높다.

③ 난백의 pH는 6.0 정도로 난황보다 낮다.

④ 신선란의 pH는 저장기간이 지남에 따라 증가한다.

52 아래 설명에 해당하는 성분은?

- 인체 내에서 소화되지 않는 다당류이다.
- 항균, 항암 작용이 있어 기능성 식품으로 이용된다.
- 갑각류의 껍질성분이다.

① 섬유소　② 펙틴

③ 한천　④ 키틴

53 식품공학에서 사용하는 공식적인 국제단위계는?

① SI단위　② CGS단위

③ FPS단위　④ Amecican단위

54 모세관점도계를 통하여 20℃ 물이 흘러내리는데 걸린 시간은 1분 25초이고, 같은 온도에서 과실주스가 흘러내리는데 걸린 시간은 3분 35초였다. 이 주스의 비중을 1.0이라 가정하고 주스의 점도를 계산하면 약 얼마인가?

① 1.02 mPa·s　② 1.52 mPa·s

③ 2.02 mPa·s　④ 2.53 mPa·s

55 마이크로파 가열의 특징이 아닌 것은?

① 빠르고 균일하게 가열할 수 있다.

② 침투 깊이에 제한없이 모든 부피의 식품에 적용 가능하다.

③ 식품을 용기에 넣은 채 가열이 가능하다.

④ 조작이 간단하고 적응성이 좋다.

56 냉동회로 중 기체의 단열압축 과정에 대한 설명으로 옳은 것은?

① enthalpy만 일정하다.

② entropy만 일정하다.

③ enthalpy와 entropy 모두 일정하다.

④ enthalpy와 entropy 모두 변화한다.

57 20℃의 물 1톤을 24시간 동안 −15℃의 얼음으로 만드는데 필요한 냉동능력은 약 얼마인가? (단, 물의 비열은 1.0kcal/kg·℃, 얼음의 비열은 0.5kcal/kg·℃이다.)

① 2.36 냉동톤　　② 2.10 냉동톤
③ 1.78 냉동톤　　④ 1.35 냉동톤

58 건조방법 중에서 건조시간이 대단히 짧고, 제품의 온도를 비교적 낮게 유지할 수 있으며 액상식품을 분말로 건조하는데 가장 적합한 건조법은?

① Rotary drying
② Drum drying
③ Freeze drying
④ Spray drying

59 20% 유지성분을 함유하는 콩 200kg을 2%의 유지를 함유하는 용매 미셀라(miscella) 200kg으로 추출한 결과 20%의 유지를 함유하는 미셀라(miscella) 160kg을 얻었다. 이때 추출잔사에 잔존된 유지량은 몇 kg인가?

① 8.2kg　　② 9.6kg
③ 12.0kg　　④ 15.2kg

60 다음은 강하게 혼합시키는 교반기의 용기 벽면에 설치된 방해판(baffle plate)에 대한 그림이다. 위의 그림은 측면도이고, 아래 그림은 위에서 내려다 본 평면도이다. 방해판의 역할에 대한 A와 B의 비교 설명 중에서 그 원리가 틀린 것은?

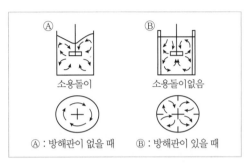

① Ⓑ – 액체의 흐름이 용기 벽면의 방해판에 부딪혀 난류 상태가 되므로 교반 효과가 향상된다.
② Ⓑ – 액체의 흐름이 소용돌이가 생기지 않아 공기가 혼입되지 않는다.
③ Ⓐ – 고체입자가 있을 때는 회전하는 원심력에 의하여 입자가 용기 벽 쪽으로 밀려나게 된다.
④ Ⓐ – 교반 날개가 회전하면 액체가 일정한 방향으로만 돌아가므로 교반 효율이 높아진다.

제4과목　**식품미생물 및 생화학**

61 원핵세포와 진핵세포의 차이점이 아닌 것은?

① 핵막의 유무
② 세포분열방법
③ 세포벽의 유무
④ 미토콘드리아의 유무

62 그람 양성균의 세포벽 성분은?

① peptidoglycan, teichoic acid

② lipopolysaccharide, protein

③ polyphosphate, calcium dipicholinate

④ lipoprotein, phospholipid

63 붉은 색소를 생성하며 빵, 육류, 우유 등에 번식하여 적색으로 변하게 하는 세균은?

① *Serratia*속

② *Escherichia*속

③ *Pseudomonas*속

④ *Lactobacillus*속

64 곰팡이의 유성포자에 해당하지 않는 것은?

① 분생포자(condiospore)

② 접합포자(zygospore)

③ 난포자(oospore)

④ 담자포자(basidiospore)

65 다음 중 산막효모가 아닌 것은?

① *Hansenula*속

② *Debaryomyces*속

③ *Saccharomyces*속

④ *Pichia*속

66 식품공장의 파지(phage) 대책으로 부적합한 것은?

① 살균을 철저히 하여 예방한다.

② 온도, pH 등의 환경조건을 바꾸어 파아지(phage) 증식을 억제한다.

③ 숙주를 바꾸는 rotation system을 실시한다.

④ 항생물질의 저농도에 견디고 정상발효를 하는 내성균을 사용한다.

67 조류(algae)에 대한 설명으로 틀린 것은?

① 대부분 수중에서 생활한다.

② 남조류, 녹조류는 육안으로 볼 수 있는 다세포형이다.

③ 남조류, 규조류, 갈조류, 홍조류 등이 있다.

④ 조류는 세포 내에 엽록체나 엽록소를 갖는다.

68 미생물의 성장곡선에서 세포분열이 급속하게 진행되어 최대의 성장속도를 보이는 시기는?

① 유도기   ② 대수기

③ 정체기   ④ 사멸기

69 종속영양균의 탄소원과 질소원에 관한 설명 중 옳은 것은?

① 탄소원과 질소원 모두 무기물만으로 생육한다.

② 탄소원으로 무기물을, 질소원으로 유기 또는 무기 질소화합물을 이용한다.

③ 탄소원으로 유기물을, 질소원으로 유기 또는 무기 질소화합물을 이용한다.

④ 탄소원과 질소원 모두 유기물만으로 생육한다.

70 유기물을 분해하여 호흡 또는 발효에 의해 생기는 에너지를 이용하여 생육하는 균은?

① 광합성균   ② 화학합성균

③ 독립영양균   ④ 종속영양균

71 공여세포로부터 유리된 DNA가 직접 수용 세포 내로 들어가 일어나는 DNA 재조합 방법은?

① 형질전환(transformation)

② 형질도입(transduction)

③ 접합(conjugation)

④ 세포융합(cell fusion)

72 연속식 배양법에 대한 설명으로 틀린 것은?

① 전체 공정의 관리가 용이하여 대부분의 발효공업에서 적용되고 있다.

② 중간 및 최종제품의 품질이 일정하다.

③ 배양 중 잡균에 의한 오염이나 변이의 가능성이 있다.

④ 수율 및 생산물 농도는 일반적으로 회분식에 비해 낮다.

73 맥주 혼탁방지에 이용되고 있는 효소는?

① amylase의 일종이 이용되고 있다.

② protease의 일종이 이용되고 있다.

③ lipase의 일종이 이용되고 있다.

④ cellulase의 일종이 이용되고 있다.

74 당밀의 알코올 발효 시 밀폐식 발효의 장점이 아닌 것은?

① 잡균오염이 적다.

② 소량의 효모로 발효가 가능하다.

③ 운전경비가 적게 든다.

④ 개방식 발효보다 수율이 높다.

75 정미성 nucleotide가 아닌 것은?

① GMP   ② XMP

③ IMP   ④ AMP

76 미카엘리스 상수(Michaelis constant) Km 의 값이 낮은 경우는 무엇을 의미하는가?

① 효소와 기질의 친화력이 크다.
② 효소와 기질의 친화력이 작다.
③ 기질과 저해제가 경쟁한다.
④ 기질과 저해제가 결합한다.

77 gluconeogenesis(당신생경로)에서 젖산으로부터 glucose를 재합성할 때 조직세포의 미토콘드리아로부터 세포질로 운반되는 중간물질은?

① pyruvate
② oxaloacetate
③ malate
④ phosphoenolpyruvate

78 지질합성과정에서 Malonyl-CoA 합성에 관여하는 효소는?

① fatty acid synthase
② acetyl-CoA carboxylase
③ acyl-CoA synthase
④ acyl-CoA dehydrogenase

79 단백질의 아미노산 배열은 DNA상의 염기 배열에 의하여 결정되는데 이러한 유전자(DNA)의 암호(code)는 몇 개의 염기배열에 의하여 구성되는가?

① 1개
② 2개
③ 3개
④ 4개

80 피리미딘(pyrimidine) 유도체로서 핵산 중에 존재하지 않는 것은?

① 시토신(cytosine)
② 우라실(uracil)
③ 티민(thymine)
④ 아데닌(adenine)

12회 |식품안전기사 필기| 실전모의고사

제1과목 식품안전

01 위해평가(risk assessment)의 주요 요소가 아닌 것은?

① 위험성 확인   ② 위험성 결정

③ 노출평가   ④ 위해치료

02 제조가공업에서 유독·유해물질이 들어 있어서 인체의 건강을 해칠 우려가 있는 것을 판매하였을 때의 1차 위반 시의 행정처분은?

① 영업정지 1월

② 영업정지 1월과 제품폐기

③ 영업허가 취소 또는 영업소폐쇄와 제품폐기

④ 영업정지 15일

03 HACCP(식품안전관리인증기준)을 준수하여야 하는 식품이 아닌 것은?

① 레토르트식품

② 어육가공품 중 어묵류

③ 커피류

④ 즉석조리식품 중 순대

04 식품 등의 표시기준으로 틀린 것은?

① 소비기한 : 식품 등에 표시된 보관방법을 준수할 경우 섭취하여도 안전에 이상이 없는 기한

② 트랜스지방 : 트랜스구조를 1개 이상 가지고 있는 비공액형의 모든 포화지방산

③ 품질유지기한 : 식품의 특성에 맞는 적절한 보존방법이나 기준에 따라 보관할 경우 해당식품 고유의 품질이 유지될 수 있는 기한

④ 당류 : 식품 내에 존재하는 모든 단당류와 이당류의 합

05 HACCP(식품안전관리인증기준)에 대한 설명으로 옳지 않은 것은?

① 용수관리는 HACCP 선행요건에 포함된다.

② 선행요건의 목적은 HACCP 제도가 효율적으로 가동될 수 있도록 하는 것이다.

③ HACCP 제도에서 위해요소는 생물학적, 화학적 물리적 요소로 구분된다.

④ HACCP의 7원칙 중 첫 번째 원칙은 중요관리점(CCP) 결정이다.

06 식품공장의 작업장 구조와 설비를 설명한 것 중 옳지 않은 것은?

① 바닥은 내수성이고 불침투성이어야 하며 표면이 평탄하여 청소가 쉬워야 한다.

② 천장은 응축수가 맺히지 않도록 재질과 구조에 유의한다.

③ 식품공장 바로 옆에 나무를 많이 식재하여 직사광선으로부터 공장을 보호하여야 한다.

④ 천장은 표면을 고르게 하고 밝은색으로 처리한다.

07 식품 및 축산물 제조업의 HACCP 적용을 위한 선행요건 설명이 옳지 않은 것은?

① 작업장은 누수, 외부의 오염물질이나 해충·설치류 등의 유입을 차단할 수 있도록 밀폐가능한 구조이어야 한다.

② 작업장은 배수가 잘 되어야 하고 배수로에 퇴적물이 쌓이지 아니하여야 한다.

③ 선별 및 검사구역 작업장의 밝기는 220룩스 이상을 유지하여야 한다.

④ 원·부자재의 입고부터 출고까지 물류 및 종업원의 이동동선을 설정하고 이를 준수하여야 한다.

08 단체급식 등 선행요건관리와 관련하여 바르게 설명한 것은?

① 배식 온도관리 기준에서 냉장식품은 10℃ 이하, 온장식품은 50℃ 이상에서 보관한다.

② 조리한 식품의 보존식은 5℃ 이하에서 48시간까지 보관한다.

③ 냉장시설은 내부의 온도를 5℃ 이하, 냉동시설은 -18℃로 유지해야 한다.

④ 운송차량은 냉장의 경우 10℃ 이하, 냉동의 경우 -18℃ 이하를 유지할 수 있어야 한다.

09 HACCP 12단계 중 최종 단계에 해당하는 것은?

① 모니터링 체계 확립

② 개선조치

③ 한계기준 설정

④ 문서화 및 기록 유지

10 공정흐름도의 현장확인(5단계)에 대한 내용 중 바르지 못한 것은?

① 공정흐름도의 정확성이 매우 중요하다.

② 공정흐름도의 현장확인은 필수 단계가 아니다.

③ 현장 확인을 통해 제품에 대한 신뢰성을 가질 수 있다.

④ 현장 검증은 HACCP 팀 전원이 참여한다.

11 HACCP 관리에서 미생물학적 위해분석을 수행할 경우 평가사항과 거리가 먼 것은?

① 위해의 중요도 평가
② 위해의 위험도 평가
③ 위해의 원인분석 및 확정
④ 위해의 발생 후 사후조치 평가

12 HACCP 관리에서 중요관리점(CCP)의 결정도에 대한 설명이 바르게 된 것은?

① 질문1 : 확인된 위해요소를 관리하기 위한 선행요건이 있으며 잘 관리되고 있는가? - (예) - CP임
② 질문3 : 이 공정은 이 위해의 발생가능성을 제거 또는 허용수준까지 감소시키는가? - (아니요) - CCP
③ 질문4 : 확인된 위해요소의 오염이 허용수준을 초과하여 발생할 수 있는가? 또는 오염이 허용할 수 없는 수준으로 증가할 수 있는가? - (예) - CP임
④ 질문5 : 이후의 공정에서 확인된 위해를 제거하거나 발생가능성을 허용수준까지 감소시킬 수 있는가? - (예) - CCP 아님

13 중요관리점(CCP)에서 관리되어야 할 생물학적, 화학적, 물리적 위해요소를 예방, 제거 또는 허용가능한 안전한 수준까지 감소시킬 수 있는 최대치 또는 최소치를 설정하는 데에 활용되는 지표가 아닌 것은?

① 수분(습도)
② 산소농도
③ 금속검출기 감도
④ 염소, 염분농도

14 HACCP의 중요관리점에서 모니터링의 측정치가 허용한계치를 이탈한 것이 판명될 경우, 영향을 받은 제품의 배제하고 중요관리점에서 관리상태를 신속 정확히 정상으로 원위치시키기 위해 행해지는 과정은?

① 기록유지(record keeping)
② 예방조치(preventive action)
③ 개선조치(corrective action)
④ 검증(verification)

15 감독기관의 검증절차 내용이 아닌 것은?

① 검증 기록의 검토
② CCP 모니터링 기록의 검토
③ 수입식품의 품질검토
④ HACCP 계획과 개정에 대한 검토

16 사람에 대한 경구치사량(성인) 기준 중 극독성인 것은?

① 15g/kg
② 5~15g/kg
③ 50~500mg/kg
④ 5~50mg/kg

17 관능검사법의 장소에 따른 분류 중 이동수레(mobile serving cart)를 활용하여 소비자 기호도 검사를 수행하는 방법은?

① 중심지역검사　　② 실험실검사
③ 가정사용검사　　④ 직장사용검사

18 대장균군의 정량시험법에 해당하는 것은?

① 추정시험　　② 확정시험
③ 완전시험　　④ 최확수법

19 식중독균이 오염된 식품에서 식중독균을 분리하려고 한다. 식중독균과 분리배지가 바르게 연결된 것은?

① 황색포도상구균 – 난황함유 Mackonkey 한천배지
② 클로스트리디움 퍼프린겐스 – 난황함유 CW 한천배지
③ 살모넬라균 – TCBS 한천배지
④ 리스테리아균 – Deoxycholate 한천배지

20 다음 중 납의 시험법과 관계가 없는 것은?

① 황산-질산법
② 피크린산시험지법
③ 마이크로웨이브법
④ 유도결합플라즈마법

21 30%의 수분과 30%의 설탕(sucrose)을 함유하고 있는 어떤 식품의 수분활성도는? (단, 분자량의 H_2O : 18, $C_{12}H_{22}O_{11}$: 342)

① 0.98　　② 0.95
③ 0.82　　④ 0.90

22 환원성 당류로 단맛을 내는 저칼로리 감미료로 이용되는 물질은?

① 배당체(glycoside)
② 전분(starch)
③ 당알코올(sugar alcohol)
④ 글리코겐(glycogen)

23 전분의 노화에 영향을 주는 인자에 대한 설명으로 틀린 것은?

① 전분에 수분 함량이 10% 이하가 되면 노화가 잘 일어나지 않는다.
② -30~-20℃에 이르면 노화가 거의 일어나지 않는다.
③ 노화는 pH가 알칼리성 부근에서 가장 잘 일어난다.
④ amylose의 함량이 많으면 노화가 잘 된다.

24 카카오 버터에 대한 설명 중 옳은 것은?

① 코코넛 종자에서 압착하여 얻어진다.

② 다른 유지에 비해 저급과 중급지방산의 조성 비율이 높다.

③ 팜유와 그 특성이 매우 비슷하다.

④ 팔미트산, 올레산, 스테아르산으로 구성된 중성지방이 주요 성분이다.

25 유지의 굴절률에 대한 설명으로 옳은 것은?

① 불포화도와 굴절률은 상관관계가 없다.

② 불포화도가 클수록 굴절률은 감소한다.

③ 분자량과 굴절률은 상관관계가 없다.

④ 분자량이 클수록 굴절률은 증가한다.

26 부제탄소원자를 가지지 않아 2개의 광학이성체가 존재하지 않는 중성아미노산은?

① isoleucine　② threonine

③ glycine　④ serine

27 식품 중 단백질 변성에 대한 설명 중 옳은 것은?

① 단백질 변성이란 공유결합 파괴 없이 분자 내 구조 변형이 발생하여 1, 2, 3, 4차 구조가 변화하는 현상이다.

② 결합조직 중 collagen은 가열에 의해 gelatin으로 변성된다.

③ 어육의 경우 동결에 의해 물이 얼음으로 동결되면서 단백질 입자가 상호접근하여 결합되는 염용(salting-in)현상이 주로 발생한다.

④ 우유 단백질인 casein의 경우 등전점 부근에서 가장 잘 변성이 되지 않는다.

28 최근 숙성육(냉장육)의 소비가 급격히 증가하고 있다. 육의 숙성과정 중에 일반적으로 발생하는 문제점이라고 보기 가장 어려운 것은?

① 육색의 변화

② 육단백질의 변화

③ 수분의 손실로 인한 감량

④ 미생물의 번식

29 다음 호르몬 중 요오드(iodine)의 대사와 직접 관련되는 것은?

① Epinephrine　② Thyroxine

③ Insulin　④ Cortisone

30 다음 중 대표적인 reductone은?

① 포도당(glucose)

② 과당(fructose)

③ 아스코르빈산(ascorbic acid)

④ 글루탐산(glutamic acid)

31 맥주를 제조함에 있어 전분을 발효성 당으로 분해하며 전분에 의한 혼탁을 제거할 목적으로 이용되는 효소는?

① β-amylase　② tannase

③ invertase　④ lipase

32 맛의 인식 기작에 대한 설명이 옳은 것은?

① 단맛 성분은 G-protein 결합수용체에 의해 인식된다.

② 쓴맛 성분은 맛 수용체 세포막의 이온통로에 직접 작용한다.

③ 신맛은 신맛 성분으로부터 유래한 수소이온이 이온통로에 결합하면서 칼슘 이온이 흐름을 막는다.

④ 짠맛 성분은 염의 양이온(Na^+)이 G-protein 결합수용체와 반응한다.

33 고기류가 부패하면서 생성되는 물질이 아닌 것은?

① 아민류(amines)

② 알리신(allicin)

③ 인돌(indole) 또는 스케톨(skatole)

④ 암모니아(ammonia)

34 다음 carotenoid 중 xanthophyll 그룹에 해당하는 것은?

① β-carotene   ② cryptoxanthin

③ α-carotene   ④ lycopene

35 클로로필(chlorophyll)을 알칼리로 처리하였더니 피톨이 유리되고 용액의 색깔이 청록색으로 변했다. 다음 중 어느 것이 형성된 것인가?

① pheophytin   ② pheophorbide

③ chlorophyllide   ④ chlorophylline

36 각 식품별로 분산매와 분산상 간의 관계가 순서대로 연결된 것은?

① 마요네즈 : 액체 – 액체

② 우유 : 고체 – 기체

③ 캔디 : 액체 – 고체

④ 버터 : 고체 – 고체

37 1M NaCl, 0.5M KCl, 0.25M HCl이 준비되어 있다. 최종농도도 0.1M NaCl, 0.1M KCl, 0.1M HCl 혼합수용액 1,000mL를 제조하고자 할 때 각각 첨가되어야 할 시약의 부피는 얼마인가?

① 1M NaCl 용액 50mL, 0.5M KCl 100mL, 0.25M HCl 200mL를 첨가 후 물 650mL를 첨가한다.

② 1M NaCl 용액 75mL, 0.5M KCl 150mL, 0.25M HCl 300mL를 첨가 후 물 475mL를 첨가한다.

③ 1M NaCl 용액 100mL, 0.5M KCl 200mL, 0.25M HCl 400mL를 첨가 후 물 300mL를 첨가한다.

④ 1M NaCl 용액 125mL, 0.5M KCl 250mL, 0.25M HCl 500mL를 첨가 후 물 120mL를 첨가한다.

38 식품 중의 acrylamide에 대한 설명으로 틀린 것은?

① 반응성이 높은 물질이다.

② 탄수화물이 많은 식물성 식품보다는 단백질이 많은 동물성 식품에서 많이 발견된다.

③ 신경계통에 이상을 일으킬 수 있다.

④ 식품을 삶아서 가공하는 경우에는 생성되는 양이 적다.

39 식품첨가물을 올바르게 사용하기 위한 방법으로 거리가 먼 것은?

① 식품의 성질과 제조 방법을 고려하여 적합한 첨가물을 선택한다.
② 어떤 식품이나 관계없이 첨가물의 사용은 법정허용량만큼을 사용한다.
③ 식품첨가물공전 총칙에 의해 도량형은 미터법을 준용한다.
④ 식품의 유통조건(온도, 빛 등)을 고려하여 첨가물의 효과를 과신하지 말아야 한다.

40 항산화제의 효과를 강화하기 위하여 유지 식품에 첨가되는 효력 증강제(synergist)가 아닌 것은?

① tartaric acid
② propyl gallate
③ citric acid
④ phosphoric acid

제3과목 **식품가공·공정공학**

41 라면의 일반적인 제조 공정에 대한 설명으로 틀린 것은?

① 전분의 α화는 100~150℃ 정도의 증기를 불어 넣어 2~5분간 찐다.
② 전분의 α화 고정은 열풍건조한 면을 튀김용 용기에 일정량 넣어 130~150℃의 온도에서 2~3분간 튀긴다.
③ 튀긴 후의 면을 충분히 냉각하지 않고 포장하면 포장지 내면에 응축수가 생겨 유지의 산패가 촉진된다.
④ 반죽은 밀가루의 5%에 해당하는 물에 원료를 넣고 혼합, 반죽하여 수분 함량은 1%로 조절한다.

42 변성전분의 일종인 말토덱스트린(malto dextrin)의 특성 중 옳은 것은?

① 보수성 또는 보습성이 크다.
② 감미도가 높다.
③ 갈변 현상이 잘 일어난다.
④ 케이킹(Caking)현상이 잘 일어난다.

43 다음 중 두부 제조 시 두유를 응고시키는 가장 적합한 온도는?

① 30~40 ℃
② 50~60 ℃
③ 70~80 ℃
④ 90~100 ℃

44 된장 숙성에 대한 설명으로 틀린 것은?

① 탄수화물은 아밀라아제의 당화작용으로 단맛이 생성된다.
② 당분은 효모의 알코올 발효로 알코올 등의 방향물질이 생성된다.
③ 단백질은 프로테아제에 의하여 아미노산으로 분해되어 구수한 맛이 생성된다.
④ 60~65℃에서 3~5시간 유지하여야 숙성이 잘 된다.

45 통조림 제조 시 탈기를 하는 목적과 가장 거리가 먼 것은?

① 호기성균의 발육 방지

② 혐기성균의 발육 방지

③ 내용물의 변색 방지

④ 캔의 파손 방지

46 토마토케첩 제조 시 갈색이 발생하였다면 그 주된 원인은?

① 토마토의 적색 색소인 리코펜(lycopene)이 가열과정 중에 산화되었기 때문에

② 토마토의 색소성분인 카로티노이드가 알칼리 성분에 의해 착색화합물을 생성하였기 때문에

③ 토마토의 함유된 당이 가열되어 효소적 갈변이 진행되었기 때문에

④ 토마토에 함유된 유기산과 리코펜이 반응하여 착색물질을 생성하였기 때문에

47 우유 살균법으로 가장 실용적인 방법은?

① 고온순간 살균법 ② 방사선 살균법

③ 냉온 살균법   ④ 가압 살균법

48 버터류의 식품 유형 중, 버터의 ⑦ 유지방과 ⓒ 수분 함량 기준이 모두 옳은 것은?

① ⑦ 70% 이상, ⓒ 20% 이하

② ⑦ 80% 이상, ⓒ 18% 이하

③ ⑦ 75% 이하, ⓒ 25% 이상

④ ⑦ 80% 이하, ⓒ 16% 이상

49 육류 가공에서 훈연의 목적을 가장 잘 설명한 것은?

① 제품의 저장성과 맛을 높인다.

② 제품의 방부성과 영양가를 높인다.

③ 제품의 빛깔을 좋게 하고 영양가를 높인다.

④ 제품의 수분 감소와 영양가를 목적으로 한다.

50 소시지(sausage) 가공에 쓰이는 기계 장치는?

① 사일런트 커터(silent cutter)

② 해머밀(hammer mill)

③ 프리저(freezer)

④ 볼밀(ball mill)

51 전란분(whole egg powder)이나 난백분(egg white powder)을 건조하여 제조한 제품의 색깔, 점성 등 제품의 품질이 떨어져 있다. 이는 공정상의 어떤 문제가 주원인으로 작용하는가?

① 달걀 원료에 문제가 있다.

② 건조 시 너무 낮은 온도에서 건조를 진행하였기 때문이다.

③ 제품 특성상 갈색화는 문제가 되지 않는다.

④ 전처리 공정인 제당처리 또는 산성화처리가 미진하였다.

52 유지에 수소를 첨가하는 주요 목적이 아닌 것은?

① 안전성을 높임
② 불포화지방산에 기인한 냄새를 제거함
③ 융점을 높임
④ 유리지방산을 제거함

53 미국에서 생산된 냉동감자 1 container 분량의 무게가 355,856N일 때, 냉동감자의 질량(1 comtainer 분량)을 kg 단위로 계산하면 약 몇 kg인가? (단, 이 지역에서의 중력가속도(standard acceleration of gravity, g)는 $9.8024m/s^2$이고 중력환산계수(g_c)는 $1kg \cdot m/N \cdot s^2$이다.)

① 3,488,243kg ② 36,303kg
③ 355,856kg   ④ 35,586kg

54 설탕 20kg을 물 80kg에 녹였다. 이 설탕용액에서 설탕의 몰분율은?

① 0.0923 ② 0.634
③ 0.0584 ④ 0.0130

55 유체의 유량을 측정하는 기구가 아닌 것은?

① 피토관   ② 오리피스메타
③ 벤튜리메타 ④ 타코메타

56 z값이 8.5℃인 미생물을 순간적으로 138℃까지 가열시키고 이 온도를 5초 동안 유지한 후에 순간적으로 냉각시키는 공정으로 살균 열처리를 할 때 이 살균 공정의 F_{121}값은?

① 125초 ② 250초
③ 375초 ④ 500초

57 동결건조의 원리를 가장 잘 나타낸 것은?

① 증발에 의한 건조
② 냉풍에 의한 건조
③ 승화에 의한 건조
④ 진공에 의한 건조

58 20℃의 물 1kg을 −20℃의 얼음으로 만드는데 필요한 냉동부하는? (단, 물의 비열은 1.0kcal/kg℃, 얼음의 비열은 0.5kcal/kg℃, 물의 융해잠열은 79.6kcal/kg℃이다)

① 100kcal ② 110kcal
③ 120kcal ④ 130kcal

59 농축장치를 사용하여 오렌지 주스를 농축하고자 한다. 원료인 오렌지 주스는 7.08%의 고형분을 함유하고 있으며, 농축이 끝난 제품은 58%의 고형분을 함유하도록 한다. 원료주스를 500kg/h의 속도로 투입할 때 증발 제거되는 수분의 양(W)과 농축주스의 양(C)은 얼마인가?

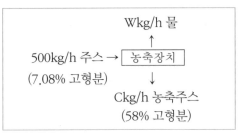

① W=375.0kg/h, C=125.0kg/h
② W=125.0kg/h, C=375.0kg/h
③ W=439.0kg/h, C=61.0kg/h
④ W=61.0kg/h, C=439.0kg/h

60 식품의 환경기체 조절포장에 사용되는 기체 중 이산화탄소의 특징이 아닌 것은?
① 미생물 성장의 억제
② 지방 및 물에 가용성
③ 고농도에서는 제품의 색이나 향미를 변화시키고 과채류에서는 질식을 가져올 수 있음
④ 신선육의 밝은 적색을 유지시킴

제4과목   **식품미생물 및 생화학**

61 원핵세포의 구조적 특징이 아닌 것은?
① DNA가 존재하는 곳에 특정한 막이 없다.
② 세포벽이 있다.
③ 유사분열을 볼 수 있다.
④ 세포에 따라 운동성 기관인 편모가 존재한다.

62 세균의 지질다당류(lipopolysaccharide)에 대한 설명 중 옳은 것은?
① 그람 양성균의 세포벽 성분이다.
② 세균의 세포벽이 양(+)전하를 띠게 한다.
③ 지질 A, 중심 다당체, H항원 세 부분으로 이루어져 있다.
④ 독성을 나타내는 경우가 많아 내독소로 작용한다.

63 *E. coli* O157 균이 보통 *E. coli* 균주와 다르게 특이한 항원성을 보이는 것은 세포 성분 중 무엇이 다르기 때문인가?
① 외막의 지질다당류(lipopolysaccharide)
② 세포벽의 peptidoglycan
③ 세포막의 porin 단백질
④ 세포막의 hopanoid

64 과일이나 채소를 부패시킬 뿐만 아니라 보리나 옥수수와 같은 곡류에서 zearalenone 이나 fumonisin 등의 독소를 생산하는 곰팡이는?

① *Aspergillus*속   ② *Fusarium*속
③ *Penicillium*속   ④ *Cladosporium*속

65 미생물과 그 이용에 대한 설명이 옳지 않은 것은?

① *Bacillus subtilis* – 단백분해력이 강하여 메주에서 번식한다.
② *Aspergillus oryzae* – amylase와 protease 활성이 강하여 코오지(koji)균으로 사용된다.
③ *Propionibacterium shermanii* – 치즈눈을 형성시키고, 독특한 풍미를 내기 위하여 스위스 치즈에 사용된다.
④ *Kluyveromyces lactis* – 내염성이 강한 효모로 간장의 후숙에 중요하다.

66 파지(phage)의 특성에 관한 설명 중 틀린 것은?

① 세균여과기를 통과한다.
② 발효생산에 이용되는 발효균의 용균 및 대사산물 생산정지를 유발한다.
③ 약품에 대한 저항력은 일반 세균보다 약하여 항생물질에 의해 쉽게 사멸된다.
④ 유전물질로 DNA 또는 RNA를 가진다.

67 항생물질과 그 항생물질의 생산에 이용되는 균이 아닌 것은?

① Penicillin – *Penicillium chrysogenum*
② Streptomycin – *Streptomyces aureus*
③ Teramycin – *Streptomyces rimosus*
④ Chlorotetracycline – *Streptomyces aureofaciens*

68 어떤 세균이 20분마다 규칙적으로 분열한다면 세균 1개는 2시간 후에 몇 개가 되는가?

① 20개   ② 40개
③ 56개   ④ 64개

69 주정공업에서 glucose 1톤을 발효시켜 얻을 수 있는 에탄올의 이론적 수량은?

① 180kg   ② 511kg
③ 244kg   ④ 711kg

70 재조합 DNA를 제조하기 위해 DNA를 절단하는 데 사용하는 효소는?

① 중합효소   ② 제한효소
③ 연결효소   ④ 탈수소효소

71 발효장치 중 기계적인 교반에 의해 산소가 공급되는 통기교반형 배양장치가 아닌 것은?

① Air-lift형 발효조
② 표준형 발효조
③ Waldhof형 발효조
④ Vogelbusch형 발효조

72 과일주 향미의 주성분이라고 할 수 있는 것은?

① 알코올(alcohol) 성분
② 에테르 유도체(ether derivatives)
③ 에스테르 및 유도체(esters and derivatives)
④ 글루탐산(glutamate)

73 구연산(citric acid)을 제조하는 방법 중 발효법에 이용되는 것은?

① ethyl isovalerate
② *Brevibacterium*속
③ phenylacetic acid
④ *Aspergillus niger*

74 당밀 원료로 주정을 제조할 때의 발효법인 Hildebrandt-Erb법(two-stage method)의 특징이 아닌 것은?

① 효모증식에 소모되는 당의 양을 줄인다.
② 폐액의 BOD를 저하시킨다.
③ 효모의 회수비용이 절약된다.
④ 주정농도가 가장 높은 술덧을 얻을 수 있다.

75 glutamic acid 발효 시 penicillin을 첨가하는 주된 이유는?

① 잡균의 오염 방지를 위하여
② 원료당의 흡수를 증가시키기 위하여
③ 당으로부터 glutamic acid 생합성 경로에 있는 효소반응을 촉진시키기 위하여
④ 균체 내에 생합성된 glutamic acid를 균체 외로 투과하는 막투과성을 높이기 위하여

76 조효소로 사용되면서 산화환원반응에 관여하는 비타민으로 짝지어진 것은?

① 엽산, 비타민 B_{12}
② 니코틴산, 엽산
③ 리보플라빈, 니코틴산
④ 리보플라빈, 티아민

77 한 분자의 피루브산이 TCA 회로를 거쳐 완전분해하면 얻을 수 있는 ATP의 수는? (단, NADH, $FADH_2$의 경우도 ATP를 얻은 것으로 한다.)

① 12.5   ② 30
③ 36   ④ 38

78 사람 체내에서의 콜레스테롤(cholesterol) 생합성 경로를 순서대로 표시한 것 중 옳은 것은?

① acetyl CoA → L-mevalonic acid → squalene → lanosterol → cholesterol

② acetyl CoA → lanosterol → squalene → L-mevalonic acid → cholesterol

③ acetyl CoA → squalene → lanosterol → L-mevalonic acid → cholesterol

④ acetyl CoA → lanosterol → L-mevalonic acid → cholesterol

79 대장균에서 단백질 합성에 직접적으로 관여하는 인자가 아닌 것은?

① 리보솜(ribosome)

② tRNA

③ 신장인자(elongation factor)

④ DNA

80 퓨린계 뉴클레오티드(purine nucleotide) 대사 이상으로 인하여 관절이나 신장 등의 조직에 침범하여 통풍(gout)을 일으키는 원인물질로 알려진 것은?

① allopurinol　　② colchicine

③ GMP　　　　④ uric acid

실전모의고사 12회

정답 및 해설

다락원

제1과목　식품안전

01　③ 식품위생법 제2조(정의)

화학적 합성품이란 화학적 수단으로 원소 또는 화합물에 분해반응 외의 화학반응을 일으켜서 얻은 물질을 말한다.

02　③ 식품위생법 제86조(식중독에 관한 조사 보고)

㉠ 다음 각 호의 어느 하나에 해당하는 자는 지체 없이 관할 특별자치시장·시장(「제주특별자치도 설치 및 국제자유도시 조성을 위한 특별법」에 따른 행정시장 포함)·군수·구청장에게 보고하여야 한다. 이 경우 의사나 한의사는 대통령령으로 정하는 바에 따라 식중독 환자나 식중독이 의심되는 자의 혈액 또는 배설물을 보관하는 데에 필요한 조치를 하여야 한다.

> - 식중독 환자나 식중독이 의심되는 자를 진단하였거나 그 사체를 검안한 의사 또는 한의사
> - 집단급식소에서 제공한 식품 등으로 인하여 식중독 환자나 식중독으로 의심되는 증세를 보이는 자를 발견한 집단급식소의 설치·운영자

㉡ 시장·군수·구청장은 제1항에 따른 보고를 받은 때에는 지체 없이 그 사실을 식품의약품안전처장 및 시·도지사에게 보고하고, 대통령령으로 정하는 바에 따라 원인을 조사하여 그 결과를 보고하여야 한다.

03　③ 식품위생법 시행규칙 제62조(HACCP 대상 식품)

- 수산가공식품류의 어육가공품류 중 어묵·어육소시지
- 기타 수산물가공품 중 냉동 어류·연체류·조미가공품
- 냉동식품 중 피자류·만두류·면류
- 과자류, 빵류 또는 떡류 중 과자·캔디류·빵류·떡류
- 빙과류 중 빙과
- 음료류[다류 및 커피류는 제외한다]
- 레토르트식품
- 절임류 또는 조림류의 김치류 중 김치
- 코코아가공품 또는 초콜릿류 중 초콜릿류
- 면류 중 유탕면 또는 곡분, 전분, 전분질원료 등을 주원료로 반죽하여 손이나 기계 따위로 면을 뽑아내거나 자른 국수로서 생면·숙면·건면
- 특수용도식품

- 즉석섭취·편의식품류 중 즉석섭취식품, 즉석섭취·편의식품류의 즉석조리식품 중 순대
- 식품제조·가공업의 영업소 중 전년도 총 매출액이 100억 원 이상인 영업소에서 제조·가공하는 식품

04　② 식품공전 제1. 총칙 1. 일반원칙 2) 가공식품의 분류

가공식품에 대하여 다음과 같이 식품군(대분류), 식품종(중분류), 식품유형(소분류)으로 분류한다.

- 식품군 : '제5. 식품별 기준 및 규격'에서 대분류하고 있는 음료류, 조미식품 등을 말한다.
- 식품종 : 식품군에서 분류하고 있는 다류, 과일·채소류음료, 식초, 햄류 등을 말한다.
- 식품유형 : 식품종에서 분류하고 있는 농축과·채즙, 과·채주스, 발효식초, 희석초산 등을 말한다.

05　② 식품 및 축산물 안전관리인증기준 제5조(선행요건 관리)

- 영업장 관리
- 제조·가공시설·설비관리
- 냉장·냉동시설·설비관리
- 위생관리
- 용수관리
- 입고·보관·운송관리
- 검사관리
- 회수관리 프로그램 관리

06　③ 식품 제조 가공 작업장의 위생관리

- 물품검수구역(540lux), 일반작업구역(220lux), 냉장보관구역(110lux) 중 물품검수구역의 조명이 가장 밝아야 한다.
- 화장실에는 페달식 또는 전자감응식 등으로 직접 접촉하지 않고 물을 사용할 수 있는 세척 시설과 손을 건조시킬 수 있는 시설을 설치하여야 한다.
- 작업장에서 사용하는 위생 비닐장갑은 1회 사용 후 파손이 없는지 확인하고 전용 쓰레기통에 폐기하도록 한다.

07　④ 식품 및 축산물 안전관리인증기준 제5조(선행요건 관리) [별표1] 영업장 관리

선별 및 검사구역 작업장 등은 육안확인이 필요한 조도 540lux 이상을 유지하여야 한다.

08 ② 식품 및 축산물 안전관리인증기준 제5조(선행
요건 관리) [별표1] 작업위생관리

식품 취급 등의 작업은 바닥으로부터 60cm 이상의 높이
에서 실시하여 바닥으로부터의 오염을 방지하여야 한다.

09 ③ 식품 및 축산물 안전관리인증기준 제5조(선행
요건 관리) [별표1] 작업위생관리

식품 제조·가공에 사용되거나, 식품에 접촉할 수 있는
시설·설비, 기구·용기, 종업원 등의 세척에 사용되는
용수는 다음 각 호에 따른 검사를 실시하여야 한다.

> • 지하수를 사용하는 경우에는 먹는물 수질기준 전
> 항목에 대하여 연 1회 이상(음료류 등 직접 마시는
> 용도의 경우는 반기 1회 이상) 검사를 실시하여야
> 한다.
> • 먹는물 수질기준에 정해진 미생물학적 항목에 대
> 한 검사를 월 1회 이상 실시하여야 하며, 미생물학
> 적 항목에 대한 검사는 간이검사키트를 이용하여
> 자체적으로 실시할 수 있다.

10 ④ HACCP의 7원칙 및 12절차

1. 준비단계 5절차
• 절차 1 : HACCP 팀 구성
• 절차 2 : 제품설명서 작성
• 절차 3 : 용도 확인
• 절차 4 : 공정흐름도 작성
• 절차 5 : 공정흐름도 현장 확인

2. HACCP 7원칙
• 절차 6(원칙 1) : 위해요소 분석(HA)
• 절차 7(원칙 2) : 중요관리점(CCP) 결정
• 절차 8(원칙 3) : 한계기준(Critical Limit, CL) 설정
• 절차 9(원칙 4) : 모니터링 체계 확립
• 절차 10(원칙 5) : 개선조치방법 수립
• 절차 11(원칙 6) : 검증절차 및 방법 수립
• 절차 12(원칙 7) : 문서화 및 기록유지

11 ④ HACCP 팀원의 구성

제조·작업 책임자, 시설·설비의 공무관계 책임자, 보관
등 물류관리업무 책임자, 식품위생 관련 품질관리업무
책임자 및 종사자 보건관리 책임자 등으로 구성한다.

12 ③ 위해요소 분석 시 활용할 수 있는 기본 자료

해당 식품 관련 역학조사 자료, 업체자체 오염실태조사
자료, 작업환경조건, 종업원 현장조사, 보존시험, 미생물
시험, 관련 규정이나 연구자료 등이 있으며, 기존의 작
업공정에 대한 정보도 이용될 수 있다.

13 ② 위해요소 분석 절차

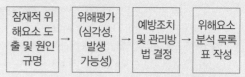

14 ④ 중요관리점(Critical Control Point, CCP)

• 식품안전관리인증기준(HACCP)을 적용하여 식품·축
산물의 위해요소를 예방·제어하거나 허용 수준 이하
로 감소시켜 당해 식품·축산물의 안전성을 확보할 수
있는 중요한 단계·과정 또는 공정을 말한다.
• 중요관리점이란 원칙 1에서 파악된 중요위해(위해평
가 3점 이상)를 예방, 제어 또는 허용 가능한 수준까
지 감소시킬 수 있는 최종단계 또는 공정을 말한다.

15 ② 한계기준(Critical Limit)

중요관리점에서의 위해요소 관리가 허용범위 이내로 충
분히 이루어지고 있는지 여부를 판단할 수 있는 기준이
나 기준치를 말한다.

16 ① 모니터링(Monitoring)

중요관리점에 설정된 한계기준을 적절히 관리하고 있는
지 여부를 확인하기 위하여 수행하는 일련의 계획된 관
찰이나 측정하는 행위 등을 말한다.

17 ③ HACCP 검증의 절차

HACCP 계획과 개정에 대한 검토, CCP 모니터링 기
록의 검토, 시정 조치 기록의 검토, 검증 기록의 검토,
HACCP 계획이 준수되는지, 그리고 기록이 적절하게
유지되는지 확인하기 위한 작업 현장의 방문 조사, 무작
위 표본 채취 및 분석 등이 있다.

18 ② LC_{50}

실험동물의 50%를 죽이게 하는 독성물질의 농도로 균
일하다고 생각되는 모집단 동물의 반수를 사망하게 하
는 공기 중의 가스농도 및 액체 중의 물질의 농도이다.

• LD_{50} : 실험동물의 50%을 치사시키는 화학물질의 투
여량을 말한다.
• TD_{50} : 공시생물의 50%가 죽음 외의 유해한 독성을
나타내게 되는 독물의 투여량을 말한다.
• ADI : 사람이 일생 동안 섭취하여 바람직하지 않은
영향이 나타나지 않을 것으로 예상되는 화학물질의 1일
섭취량을 말한다.

19 ① 차이식별검사

- 식품시료 간의 관능적 차이를 분석하는 방법으로 관능검사 중 가장 많이 사용되는 검사이다.
- 일반적으로 훈련된 패널요원에 의하여 잘 설계된 관능평가실에서 세심한 주의를 기울여 실시하여야 한다.
- 이용
  - 신제품의 개발
  - 제품 품질의 개선
  - 제조 공정의 개선 및 최적 가공조건의 설정
  - 원료 종류의 선택
  - 저장 중 변화와 최적 저장 조건의 설정
  - 식품첨가물의 종류 및 첨가량 설정

20 ② 세균수의 기재보고

- 표준평판법에 있어서 검체 1mL 중의 세균수를 기재 또는 보고할 경우에 그것이 어떤 제한된 것에서 발육한 집락을 측정한 수치인 것을 명확히 하기 위하여 1평판에 있어서의 집락수는 상당 희석배수로 곱하고 그 수치가 표준평판법에 있어서 1mL 중(1g 중)의 세균수 몇 개라고 기재보고하며 동시에 배양온도를 기록한다.
- 이 산출법에 의하지 않을 때에는 "표준"이란 문자를 사용해서는 아니 된다.
- 숫자는 높은 단위로부터 3단계를 4사 5입하여 유효숫자를 2단계로 끊어 이하를 0으로 한다.

제2과목   식품화학

21 ③ 결합수의 특징

- 식품성분과 결합된 물이다.
- 용질에 대하여 용매로 작용하지 않는다.
- 100℃ 이상으로 가열하여도 제거되지 않는다.
- 0℃ 이하의 저온에서도 잘 얼지 않으며 보통 −40℃ 이하에서도 얼지 않는다.
- 보통의 물보다 밀도가 크다.
- 식물 조직을 압착하여도 제거되지 않는다.
- 미생물 번식과 발아에 이용되지 못한다.

22 ① 글루코시드(glucoside)

포도당의 헤미아세탈성 수산기(OH)와 다른 화합물(아글리콘)의 수산기(드물게 SH기, NH$_2$기, COOH기)에서 물이 유리되어 생긴 결합, 즉 글루코시드결합(에테르 결합)한 물질의 총칭을 말한다.

23 ③ 펙틴 성분의 특성

저메톡실 팩틴 (Low methoxy pectin)	• methoxy(CH$_3$O) 함량이 7% 이하인 것 • 고메톡실 팩틴의 경우와 달리 당이 전혀 들어가지 않아도 젤리를 만들 수 있다. • Ca와 같은 다가이온이 팩틴분자의 카르복실기와 결합하여 안정된 펙틴겔을 형성한다. • methoxyl pectin의 젤리화에서 당의 함량이 적으면 칼슘을 많이 첨가해야 한다.
고메톡실 팩틴 (High methoxy pectin)	• methoxy(CH$_3$O) 함량이 7% 이상인 것 • 고메톡실펙틴의 겔에 영향을 주는 인자는 pH, 설탕 등이다.

24 ③ 이눌린(Inulin)

- β−D−fructofuranose가 β−1,2결합으로 이루어진 중합체로 대표적인 fructan이다.
- 다알리아 뿌리, 우엉, 돼지감자 등에 저장 물질로 함유되어 있다.
- 산이나 효소 inulase에 의하여 가수분해되어 fructose로 된다.
- 인체 내에서는 가수분해되지 않아 흡수되지 않기 때문에 저칼로리 감미료로 주목받고 있다.

25 ① 소고기가 융점이 높은 이유

- 소고기와 양고기의 지방산은 닭고기, 돼지고기의 지방산 조성에 비하여 포화지방산인 스테아르산(stearic acid)이 많고 불포화지방산인 리놀레산(linoleic acid)이 적기 때문에 융점이 높다.
- 융점 : 소고기 지방 40~50℃, 양고기 지방 44~55℃, 돼지고기 지방 33~46℃, 닭고기 지방 33~40℃

26 ④ 섬유상 단백질

- 근원섬유에 존재하는 단백질이다.
- 근수축에 관여하는 수축단백질인 미오신, 액틴, 액토미오신과 조절기능을 갖는 조절단백질인 트로포미오신, 트로포닌 등이 있다.
- 콜라겐, 젤라틴, 엘라스틴, 케라틴 등이 있다.
- ※ 미오글로빈(육색소)은 근장단백질로 1분자의 글로빈과 1분자의 heme과 결합하여 산소의 저장작용을 한다.
- ※ 헤모글로빈(혈색소)은 색소단백질로 1분자의 글로빈과 4분자의 heme과 결합하여 산소의 운반작용을 한다.

27 ③ **단백질 열변성에 영향을 주는 인자**

온도(60~70℃), 수분(많으면 낮은 온도에서 열변성), 전해질(두부 : $MgCl_2$, $CaSO_4$), 수소이온농도(ovalbumin의 등전점 pH 4.8), 기타(당, 지방, 염류 등의 존재)이다.

28 ③ **칼슘대사**

- Ca는 산성에서는 가용성이지만 알칼리성에서는 불용성으로 된다.
- 유당, 젖산, 단백질, 아미노산 등은 장내의 pH를 산성으로 만들어 칼슘의 흡수를 좋게 한다.
- 비타민 D는 Ca의 흡수를 촉진한다.
- 시금치의 oxalic acid, 곡류의 phytic acid, 탄닌, 식이섬유 등은 Ca의 흡수를 방해한다.
- 칼시토닌(calcitonin)은 혈액 속의 칼슘량을 조절하는 갑상선 호르몬으로 혈액 속의 칼슘의 농도가 정상치보다 높을 때 그 양을 저하시키는 작용을 한다.

29 ① **맛의 대비현상(강화현상)**

- 서로 다른 정미성분이 혼합되었을 때 주된 정미성분의 맛이 증가하는 현상을 말한다.
- 설탕용액에 소금용액을 소량 가하면 단맛이 증가하고, 소금용액에 소량의 구연산, 식초산, 주석산 등의 유기산을 가하면 짠맛이 증가하는 것은 바로 이 현상 때문이다.
- 예로서 15% 설탕용액에 0.01% 소금 또는 0.001% quinine sulfate를 넣으면 설탕만인 경우보다 단맛이 세어진다.

30 ③ **양파와 마늘을 잘랐을 때 나는 향기 성분**

- 양파와 마늘의 자극적인 냄새와 매운맛을 나타내는 것은 바로 알리신(allicin)이다.
- 알리신에 열을 가하면 분해되어 프로필메르캅탄(propylmercaptan)이라는 물질로 바뀐다. 이것은 단맛을 가진 화합물이다.
- Propylmercaptan은 유황화합물로 양파와 마늘의 최루성분이다.

31 ② **탄닌의 기본구조**

- 플라보노이드와 같은 $C_6-C_3-C_6$구조를 하고 있다.
- 곡류와 과일, 야채류의 탄닌은 이들이 성숙함에 따라 산화과정에 의해 anthoxanthin이나 anthocyanin으로 전환된다.
- 탄닌 함량이 많은 과일이나 야채통조림관의 제1 철이온(Fe^{2+})이 탄닌과 반응하여 회색의 복합염(Fe^{2+}–tannin)을 형성한다.

- 이때 통조림 내부에 산소가 존재하면 Fe^{2+}가 제2 철이온(Fe^{3+})으로 변한다. 감을 칼로 자를 때의 흑변 현상도 탄닌과 제2 철이온과의 반응 때문이다.

32 ② **루틴(rutin)**

- 케르세틴의 3번 탄소에 루티노오스(글루코오스와 람노오스로 되는 2당류)가 결합한 배당체이다.
- 운향과의 루타속 식물에서 발견되었고 콩과의 회화나무(*Sophora japonica*)의 꽃봉오리, 마디풀과의 메밀(*Fagopyrum esculentum*) 등 많은 종류의 식물에서도 분리되고 있다.
- 모세혈관을 강화시키는 작용이 있고, 뇌출혈, 방사선 장애, 출혈성 질병 등을 예방하는 데 효과가 있다.

33 ② **식품의 레올로지(rheology)**

소성 (plasticity)	외부에서 힘의 작용을 받아 변형이 되었을 때 힘을 제거하여도 원상태로 되돌아가지 않는 성질 예 버터, 마가린, 생크림
점성 (viscosity)	액체의 유동성에 대한 저항을 나타내는 물리적 성질이며 균일한 형태와 크기를 가진 단일물로 구성된 뉴톤 액체의 흐르는 성질을 나타내는 말 예 물엿, 벌꿀
탄성 (elasticity)	외부에서 힘의 작용을 받아 변형되어 있는 물체가 외부의 힘을 제거하면 원래 상태로 되돌아가려는 성질 예 한천젤, 빵, 떡
점탄성 (viscoelasticity)	외부에서 힘을 가할 때 점성유동과 탄성변형을 동시에 일으키는 성질 예 껌, 반죽
점조성 (consistency)	액체의 유동성에 대한 저항을 나타내는 물리적 성질이며 상이한 형태와 크기를 가진 복합물질로 구성된 비 뉴톤 액체에 적용되는 말

※ 항복치 : 한계치

34 ② **비타민 D는 자외선에 의해**

- 식물에서는 에르고스테롤(ergosterol)에서 에르고칼시페롤(D_2)이 형성된다.
- 동물에서는 7-디하이드로콜레스테롤(7-dehydrocholesterol)에서 콜레칼시페롤(D_3)이 형성된다.

35 ① **노화(retrogradation)**

- 전분(호화 전분)을 실온에 방치할 때 차차 굳어져 micelle 구조의 β 전분으로 되돌아가는 현상을 노화라 한다.

- Amylose의 비율이 높은 전분일수록 노화가 빨리 일어나고, amylopectin 비율이 높은 전분일수록 노화하는 것이 어렵다. 즉, 옥수수, 밀은 노화하기 쉽고, 고구마, 타피오카는 노화하기 어려우며, 찰옥수수 전분은 amylopection이 주성분이기 때문에 노화가 가장 어렵다.
- β−전분의 X선 간섭도는 원료 전분의 종류에 관계없이 항상 B형의 간섭도를 나타낸다.
- 노화된 전분은 효소의 작용을 받기 힘들어 소화가 어렵다.

36 ① 청색값(blue value)
- 전분입자의 구성성분과 요오드와의 친화성을 나타낸 값으로 전분 분자 중에 존재하는 직쇄상 분자인 amylose의 양을 상대적으로 비교한 값이다.
- 전분 중 amylose 함량의 지표이다.
- amylose의 함량이 높을수록 진한 청색을 나타낸다.
- β−amylase를 반응시켜 분해시키면 청색값은 낮아진다.
- amylose의 청색값은 0.8~1.2이고 amylopectin의 청색값은 0.15~0.22이다.

37 ④ TBA시험법
- 유지의 산패도를 측정하는 방법이다.
- 산화된 유지 속의 어떤 특정 카아보닐 화합물이 적색의 복합체를 형성하며, 이 적색의 강도로 나타낸다.

38 ① chlorophyll의 산에 의한 변화
- 김치는 담근 후 시간이 지남에 따라 유산발효에 의해 산이 생성된다.
- 배추나 오이 속의 chlorophyll은 산에 불안정한 화합물이다.
- 산으로 처리하면 porphyrin에 결합하고 있는 Mg이 H^+과 치환되어 갈색의 pheophytin을 형성한다.
- 엽록소에 계속 산이 작용하면 pheophorbide라는 갈색의 물질로 가수분해된다.

39 ① 트랜스지방(trans fatty)
- 식물성 유지에 수소를 첨가하여 액체유지를 고체유지 형태로 변형한 유지(부분경화유)를 말한다.
- 보통 자연에 존재하는 유지의 이중결합은 cis 형태로 수소가 결합되어 있으나 수소첨가 과정을 거친 유지의 경우에는 일부가 trans 형태로 전환된다. 이렇게 이중결합에 수소의 결합이 서로 반대방향에 위치한 trans 형태의 불포화 지방산을 트랜스지방이라고 한다.
- 일반적으로 쇼트닝과 마가린에 많이 함유되어 있다.

- 식품 등의 표시기준 제2조 7의3에 의하면 「"트랜스지방"이라 함은 트랜스구조를 1개 이상 가지고 있는 비공액형의 모든 불포화지방을 말한다.」라고 정의하고 있다.

40 ④ 프로피온산나트륨(CH_3CH_2COONa)
- 보존료, 백색의 결정, 과립이며 냄새가 없거나 특이한 냄새가 약간 있다.
- 산성에서 프로피온산을 유리하는데 바로 이 산이 세균(곰팡이·호기성 포자형성균)에 대한 항균력을 갖는다.
- 항균력은 pH가 낮을수록 효과가 크다.
- 치즈, 빵, 양과자 등의 곰팡이 방지제로 사용된다.

제3과목   식품가공·공정공학

41 ③ 벼의 구조
- 왕겨층, 겨층(과피, 종피), 호분층, 배유 및 배아로 이루어져 있다.
- 현미는 과피, 종피, 호분층, 배유, 배아로 이루어져 있다. 즉, 현미는 벼에서 왕겨층을 벗긴 것이다.

42 ④ 콩 단백질의 특성
- 콩 단백질의 주성분은 음전하를 띠는 glycinin이다.
- 콩 단백질은 묽은 염류용액에 용해된다.
- 콩을 수침하여 물과 함께 마쇄하면, 인산칼륨 용액에 의해 glycinin이 용출된다.
- 두부는 콩 단백질인 glycinin을 70℃ 이상으로 가열하고 $MgCl_2$, $CaCl_2$, $CaSO_4$ 등의 응고제를 첨가하면 glycinin(음이온)은 Mg^{++}, Ca^{++} 등의 금속이온에 의해 변성(열, 염류) 응고하여 침전된다.

43 ① 아미노산(산분해) 간장
- 단백질 원료를 염산으로 가수분해하고 NaOH 또는 Na_2CO_3로 중화하여 얻은 아미노산과 소금이 섞인 액체를 말한다.
- 산분해 간장 제조 시 부산물로서 생성되는 염소화합물 중의 하나인 3−클로로−1,2−프로판디올(MCPD)이 생성된다.
- MCPD는 유지성분을 함유한 단백질을 염산으로 가수분해할 때 생성되는 글리세롤 및 그 지방산 에스테르와 염산과의 반응에서 형성되는 염소화합물의 일종이다.
- WHO의 식품첨가물전문가위원회에서 이들 물질은 '바람직하지 않은 오염물질로서 가능한 농도를 낮추어야 하는 물질'로 안전성을 평가하고 있다.

44 ④ **밀가루의 품질시험방법**
- 색도 : 밀기울의 혼입도, 회분량, 협잡물의 양, 제분의 정도 등을 판정(보통 Pekar법을 사용)
- 입도 : 체눈 크기와 사별 정도를 판정
- 페리노그래프(farinograph) 시험 : 밀가루 반죽 시 생기는 점탄성을 측정하며 반죽의 경도, 반죽의 형성기간, 반죽의 안정도, 반죽의 탄성, 반죽의 약화도 등을 측정
- 익스텐소그래프(extensograph) 시험 : 반죽의 신장도와 인장항력을 측정
- 아밀로그래프(amylograph) 시험 : 전분의 호화온도와 제빵에서 중요한 α-amylase의 역가를 알 수 있고 강력분과 중력분 판정에 이용

45 ② **밀가루 반죽의 개량제**
- 빵 반죽의 물리적 성질을 개량할 목적으로 사용하는 첨가물을 말한다.
- 주 효과는 산화제에 의한 반죽의 개량이고 효모의 먹이가 되는 것은 암모늄염만이다.
- 산화제는 밀가루 단백질의 SH기를 산화하여 S-S결합을 이루어 입체적인 망상구조를 형성함으로써 글루텐의 점탄성을 강화하고 반죽의 기계내성이나 발효내성을 향상시켜, 빵의 부피를 증대하여 내부의 품질을 개량하는 등의 효과가 있다.
- 비타민 C는 밀가루 반죽의 개량제로서 숙성 중 글루텐의 S-S결합으로 반죽의 힘을 강하게 하여 가스 보유력을 증가시키는 역할을 해 오븐팽창을 양호하게 한다.

46 ① **전분분리법**
- 전분유에는 전분, 미세 섬유, 단백질 및 그 밖의 협잡물이 들어 있으므로 비중 차이를 이용하여 불순물을 분리 제거한다.
- 분리법에는 탱크침전법, 테이블법 및 원심분리법이 있다.

탱크 침전법	• 분의 비중을 이용한 자연침전법으로 분리된 전분유를 침전탱크에서 8~12시간 정치하여 전분을 침전시킨 다음 배수하고 전분을 분리하는 방법이다.
테이블법 (tabling)	• 입자 자체의 침강을 이용한 방법으로 탱크침전법과 같으나 탱크 대신 테이블을 이용한 것이 다르다. • 전분유를 테이블(1/1,200~1/500되는 경사면)에 흘려 넣으면 가장 윗부분에 모래와 큰 전분 입자가 침전하고 중간부에 비교적 순수한 전분이 침전하며 끝에 가서 고운 전분 입자와 섬유가 침전하게 된다.
원심 분리법	• 원심분리기를 사용하여 분리하는 방법으로 순간적으로 전분 입자와 즙액을 분리할 수 있어 전분 입자와 불순물의 접촉 시간이 가장 짧아 매우 이상적이다.

47 ② **과일 · 채소류의 데치기(blanching) 목적**
- 산화효소를 파괴하여 가공 중에 일어나는 변색 및 변질을 방지한다.
- 통조림 및 건조 중에 일어나는 외관, 맛의 변화를 방지한다.
- 원료의 조직을 부드럽게 하여 통조림 등을 만들 때 담는 조작을 쉽게 하고 살균 가열할 때 부피가 줄어드는 것을 방지한다.
- 이미 · 이취를 제거한다.
- 껍질 벗기기를 쉽게 한다.
- 원료를 깨끗이 하는 데 효과가 있다.

48 ④ **통조림 살균**

산성 식품의 통조림 살균	• pH가 4.5 이하인 산성식품에는 변패나 식중독을 일으키는 세균이 자라지 못하므로 곰팡이나 효모류만 살균하면 살균 목적을 달성할 수 있다. 이런 미생물은 끓는 물에서 살균되므로 비교적 낮은 온도(100℃ 이하)에서 살균한다. 예 과실, 과실주스 통조림 등
저산성 식품의 통조림 살균	• pH가 4.5 이상인 저산성 식품의 통조림은 내열성 유해포자 형성 세균이 잘 자라기 때문에 이를 살균하기 위하여 100℃ 이상의 온도에서 고온가압 살균(*Clostridium botulinum*의 포자를 파괴할 수 있는 살균조건)해야 한다. 예 곡류, 채소류, 육류 등

49 ① **초콜릿 제조 시 템퍼링(tempering)**
- 콘칭이 끝난 액체 초콜릿을 안정된 고체상의 지방으로 굳을 수 있도록 열을 가하는 과정이다.
- 초콜릿의 유지결정을 가장 안정된 형태의 분자구조를 만드는 단계이다.
- 장점
  - 초콜릿의 블룸(blooming)현상을 방지
  - 초콜릿이 입안에서 부드럽게 녹는 느낌
  - 광택 및 보형 안정성
  - 초콜릿 조각이 딱딱 부러지는 성질인 스냅성

50 ① 샐러드유(salad oil)

- 정제한 기름으로 면실유 외에 olive oil, 옥수수기름, 콩기름, 채종유 등이 사용된다.
- 특성
  - 색이 엷고, 냄새가 없다.
  - 저장 중 산패에 의한 풍미의 변화가 없다.
  - 저온에서 탁하거나 굳거나 하지 않는다.
- ※ 유지의 불포화지방산의 불포화 결합에 Ni 등의 촉매로 수소를 첨가하여 액체유지를 고체지방으로 변화시켜 제조한 것을 경화유라고 한다.

51 ④ 유지 채취 시 전처리

정선 (cleaning)	원료 중에 흙, 모래, 나무조각, 쇠조각, 잡곡 등의 여러 가지 협잡물을 제거한다.
탈각(shell removing)	낙화생, 피마자, 면실 등과 같이 단단한 껍질을 가진 것은 탈각기로 탈각한다.
파쇄 (breaking)	기름이 나오기 쉽게 하기 위하여 roller mill을 이용하여 압쇄하며 외피를 파괴하여 얇게 만든다.
가열 (heating)	상온에서 압착하는 냉압법도 있으나 가열하여 압착하는 온압착을 많이 쓴다.
가체 (moulding)	가열 처리한 원료는 곧 착유기에 넣어 압착하기 좋은 모양으로 만든다.

52 ① 우유의 살균법

- 저온장시간살균법(LTLT) : 62~65℃에서 20~30분
- 고온단시간살균법(HTST) : 71~75℃에서 15~16초
- 초고온순간살균법(UHT) : 130~150℃에서 0.5~5초

53 ② 가공치즈[식품공전]

치즈를 원료로 하여 가열·유화 공정을 거쳐 제조 가공한 것으로 치즈 유래 유고형분 18% 이상인 것을 말한다.

54 ④ 육가공 시 염지(curing)

- 원료육에 소금 이외에 아질산염, 질산염, 설탕, 화학조미료, 인산염 등의 염지제를 일정량 배합, 만육시켜 냉장실에서 유지시키고, 혈액을 제거하고, 무기염류성분을 조직 중에 침투시킨다.
- 육가공 시 염지의 목적
  - 근육단백질의 용해성 증가
  - 보수성과 결착성 증대
  - 보존성 향상과 독특한 풍미 부여
  - 육색소 고정
- 햄이나 소시지를 가공할 때 염지를 하지 않고 가열하면 육괴 간의 결착력이 떨어져 조직이 흩어지게 된다.

55 ② 마요네즈

- 난황의 유화력을 이용하여 난황과 식용유를 주원료로 하여 식초, 후추가루, 소금, 설탕 등을 혼합하여 유화시켜 만든 제품이다.
- 제품의 전체 구성 중 식물성유지 65~90%, 난황액 3~15%, 식초 4~20%, 식염 0.5~1% 정도이다.
- 마요네즈는 oil in water(O/W)의 유탁액이다.
- 식용유의 입자가 작은 것일수록 마요네즈의 점도가 높게 되며 고소하고 안정도도 크다.

56 ③ 오보뮤신(ovomucin)

- 난백 중에 colloid상으로 분산되어 난백의 섬유구조의 주체를 이루고 있다. 용액상태에서 오보뮤신 섬유(ovomucin fibers)가 3차원 망상구조를 이룬다.
- 농후난백에는 수양난백보다 4배 이상의 ovomucin이 들어있다.
- 인플렌자 바이러스에 의한 적혈구의 응집반응억제로 작용한다.

57 ② CA저장법(controlled atmosphere storage)

- 냉장고를 밀폐하고 온도를 0℃로 내려 냉장고 내부의 산소량을 줄이고 탄산가스의 양을 늘려 농산물의 호흡작용을 위축시켜 변질되지 않게 하는 저장방법이다.
- 과실의 저장에 가장 유리한 저장법은 실내온도를 0~4℃의 저온으로 하여 CO_2 농도를 5%, O_2 농도를 3%, N_2 농도를 92%로 유지되게 조절하는 것이다.

가장 적합한 과일	사과, 서양배, 바나나, 감, 토마토 등이다.
적합한 과일	매실, 딸기, 양송이, 당근, 복숭아, 포도 등이다.
부적당한 과일	레몬, 오렌지 등이다.

- 사과, 복숭아, 살구 등은 산화효소의 활성도가 높아 그대로 건조하면 갈색으로 변한다.
- CA저장 시 공통적인 품질보존 효과는 비타민과 색소의 산화 방지, 녹색의 과일과 채소는 황변 없이 장기간 녹색을 유지, 후숙의 억제, 연화의 억제 등이다.
- 부작용은 방향이 없어지고, 착색의 방해, 갈변 등이다.

58 ④ 동결진공건조법

- 건조하고자 하는 식품의 색, 맛, 방향, 물리적 성질, 원형을 거의 변하지 않게 하며, 복원성이 좋은 건조식품을 만드는 가장 좋은 방법이다.
- 이 방법은 미리 건조식품을 −30~−40℃에서 급속히 동결시켜 1~0.1mmHg 정도의 진공도를 유지(감압)

하는 건조실에 넣어 얼음의 승화에 의해서 건조한다.

59 ③ 냉동식품 포장재료

- 내한성, 방습성. 내수성이 있어야 한다.
- gas 투과성이 낮아야 한다.
- 가열 수축성이 있어야 한다.
- 종류 : 저압 폴리에틸렌, 염화비닐리덴 등이 단일 재료로 사용된다.

60 ③ 대류열전달계수(h)

1. 정의 : 대류현상에 의해 고체표면에서 유체에 열을 전달하는 크기를 나타내는 계수

2. Newton의 냉각법칙

$$q'' = h(T_S - T\infty)$$
$$1,000W/m^2 = h(120-20)$$
$$\therefore h = 10W/m^2{}^\circ C$$

┌ q'' : 대류열 속도 h : 대류열전달계수 ┐
└ T_S : 표면온도 $T\infty$: 유체온도 ┘

제4과목 식품미생물 및 생화학

---

61 ④ 협막 또는 점질층(slime layer)

- 대부분의 세균세포벽을 둘러싸고 있는 점성물질을 말한다.
- 협막의 화학적 성분은 다당류, polypeptide의 중합체, 지질 등으로 구성되어 있으며 균종에 따라 다르다.

62 ④ 광합성 무기영양균(photolithotroph)의 특징

- 탄소원을 이산화탄소로부터 얻는다.
- 광합성균은 광합성 무기물 이용균과 광합성 유기물 이용균으로 나눈다.
- 세균의 광합성 무기물 이용균은 편성 혐기성균으로 수소 수용체가 무기물이다.
- 대사에는 녹색 식물과 달라 보통 H_2S를 필요로 한다.
- 녹색 황세균과 홍색 황세균으로 나누어지고, 황천이나 흑화니에서 발견된다.
- 황세균은 기질에 황화수소 또는 분자 상황을 이용한다.

63 ① *Penicillium*속과 *Aspergillus*속 곰팡이

- 생식균사인 분생자병의 말단에 분생포자를 착생하여 무성적으로 증식한다.
- 포자가 밖으로 노출되어 있어 외생포자라고도 한다.

64 ③ 황변미 식중독

- 수분을 15~20% 함유하는 저장미는 *Penicillium*이나 *Aspergillus*에 속하는 곰팡이류의 생육에 이상적인 기질이 된다.
- 쌀에 기생하는 *Penicillium*속의 곰팡이류는 적홍색 또는 황색의 색소를 생성하며 쌀을 착색시켜 황변미를 만든다.

Penicillum toxicarium	• 1937년 대만쌀 황변미에서 분리 • 유독대사산물은 citreoviride
Penicillum islandicum	• 1947년 아일랜드산 쌀에서 분리 • 유독대사산물은 luteoskyrin
Penicillum citrinum	• 1951년 태국산 쌀에서 분리 • 유독대사산물은 citrinin

65 ③ 효모의 증식

- 대부분의 효모는 출아법(budding)으로 증식하고 출아방법은 다극출아방법과 양극출아방법이 있다.
- 종에 따라서는 분열, 포자 형성 등으로 생육하기도 한다.
- 효모의 유성포자에는 동태접합과 이태접합이 있고, 효모의 무성포자는 단위생식, 위접합, 사출포자, 분절포자 등이 있다.
  - *Saccharomyces*속, *Hansenula*속, *Candida*속, *Kloeckera*속 등은 출아법에 의해서 증식
  - *Schizosaccharomyces*속은 분열법으로 증식

66 ① 김치 숙성에 관여하는 미생물

Lactobacillus plantarum, *Lactobacillus brevis*, *Streptococcus faecalis*, *Leuconostoc mesenteroides*, *Pediococcus halophilus*, *Pediococcus cerevisiae* 등이 있다.

※ *Escherichia*속은 포유동물의 변에서 분리되고, 식품의 일반적인 부패세균이다.

67 ④ *Rhodotorula*속의 특징

- 원형, 타원형, 소시지형이 있다.
- 위균사를 만든다.
- 출아 증식을 한다.
- carotenoid 색소를 현저히 생성한다.
- 빨간 색소를 갖고, 지방의 집적력이 강하다.
- 이 속의 대표적인 균종은 *Rhodotorula glutinus*이다.

68 ③ 홍조류(red algae)

- 엽록체를 갖고 있어 광합성을 하는 독립영양 생물로 거의 대부분의 식물이 열대, 아열대 해안 근처에서 다른 식물체에 달라붙은 채로 발견된다.

- 세포막은 주로 셀룰로오스와 펙틴으로 구성되어 있으나 칼슘을 침착시키는 것도 있다.
- 홍조류가 빨간색이나 파란색을 띠는 것은 홍조소(phycoerythrin)와 남조소(phycocyanin)라는 2가지의 피코빌린 색소들이 엽록소를 둘러싸고 있기 때문이다.
- 생식체는 운동성이 없다.
- 약 500속이 알려지고 김, 우무가사리 등이 홍조류에 속한다.

69 ③ 세포융합(cell fusion, protoplast fusion)
- 서로 다른 형질을 가진 두 세포를 융합하여 두 세포의 좋은 형질을 모두 가진 새로운 우량형질의 잡종세포를 만드는 기술을 말한다.
- 세포융합을 하기 위해서는 먼저 세포의 세포벽을 제거하여 원형질체인 프로토플라스트(protoplast)를 만들어야 한다. 세포벽 분해효소로는 세균에는 리소자임(lysozyme), 효모와 사상균에는 달팽이의 소화관액, 고등식물의 세포에는 셀룰라아제(cellulase)가 쓰인다.
- 세포융합의 단계
  - 세포의 protoplast화 또는 spheroplast화
  - protoplast의 융합
  - 융합체(fusant)의 재생(regeneration)
  - 재조합체의 선택, 분리

70 ① 그람 염색 특성

그람 음성세균	*Pseudomonas, Gluconobacter, Acetobacter*(구균, 간균), *Escherichia, Salmonella, Enterobacter, Erwinia, Vibrio*(통성혐기성 간균)속 등이 있다.
그람 양성세균	*Micrococcus, Staphylococcus, Streptococcus, Leuconostoc, Pediococcus*(호기성 통성혐기성균), *Sarcina*(혐기성균), *Bacillus*(내생포자 호기성균), *Clostridium*(내생포자 혐기성균), *Lactobacillus*(무포자 간균)속 등이 있다.

71 ② 발효주
1. 단발효주 : 원료속의 주성분이 당류로서 과실 중의 당류를 효모에 의하여 알코올 발효시켜 만든 술이다. 예 과실주
2. 복발효주 : 전분질을 아밀라아제(amylase)로 당화시킨 뒤 알코올 발효를 거쳐 만든 술이다.

단행복 발효주	맥주와 같이 맥아의 아밀라아제(amylase)로 전분을 미리 당화시킨 당액을 알코올 발효시켜 만든 술이다. 예 맥주
병행복 발효주	청주와 탁주 같이 아밀라아제(amylase)로 전분질을 당화시키면서 동시에 발효를 진행시켜 만든 술이다. 예 청주, 탁주

72 ④ 맥아즙 자비(wort boiling)의 목적
- 맥아즙을 농축한다(보통 엑기스분 10~10.7%).
- 홉의 고미성분이나 향기를 침출시킨다.
- 가열에 의해 응고하는 단백질이나 탄닌 결합물을 석출시킨다.
- 효소의 파괴 및 맥아즙을 살균시킨다.

73 ① 당밀의 특수 발효법
1. Urises de Melle법(Reuse법)
- 발효가 끝난 후 효모를 분리하여 다음 발효에 재사용하는 방법이다.
- 고농도 담금이 가능하다.
- 당 소비가 절감된다.
- 원심 분리로 잡균 제거에 용이하다.
- 폐액의 60%를 재이용한다.
2. Hildebrandt-Erb법(Two stage법)
- 증류폐액에 효모를 배양하여 필요한 효모를 얻는 방법이다.
- 효모의 증식에 소비되는 발효성 당의 손실을 방지한다.
- 폐액의 BOD를 저하시킬 수 있다.
3. 고농도 술덧 발효법
- 원료의 담금농도를 높인다.
- 주정 농도가 높은 숙성 술덧을 얻는다.
- 증류할 때 많은 열량이 절약된다.
- 동일 생산 비율에 대하여 장치가 적어도 된다.
4. 연속 발효법
- 술덧의 담금, 살균 등의 작업이 생략되므로 발효경과가 단축된다.
- 발효가 균일하게 진행된다.
- 장치의 기계적 제어가 용이하다.

74 ③ 비타민 B_{12}(cobalamine)
- 코발트를 함유하는 빨간색 비타민이다.
- 식물 및 동물은 이 비타민을 합성할 수 없고 미생물이 자연계에서 유일한 공급원이며 미생물 중에서도 세균이나 방선균이 주로 생성하며 효모나 곰팡이는 거의 생성하지 않는다.
- 비타민 B_{12} 생산균

- *Propionibacterium freudenreichii, Propionibacterium shermanii, Streptomyces olivaceus, Micromonospora chalcea, Pseudomonas denitrificans, Bacillus megaterium* 등이 있다.
- 이외에 *Nocardia, Corynebacterium, Butyribacterium, Flavobacterium*속 등이 있다.

75 ② Feedback inhibition(최종산물저해)

최종생산물이 그 반응 계열의 최초반응에 관여하는 효소 E_A의 활성을 저해하여 그 결과 최종산물의 생성, 집적이 억제되는 현상을 말한다.

※ feedback repression(피드백 억제)은 최종생산물에 의해서 효소 E_A의 합성이 억제되는 것을 말한다.

76 ③ 산화 환원 효소계의 보조인자(조효소)

NAD^+, $NADP^+$, FMN, FAD, ubiquinone(UQ. Coenzyme Q), cytochrome, L–lipoic acid 등이 있다.

77 ③ HFCS(High Fructose Corn Syrup)

- 포도당을 과당으로 이성화시켜 과당함량이 42%와 55%, 그리고 85%인 제품이 생산되고 있다.
- glucose isomerase는 D–glucose에서 D–fructose을 변환하는 효소이다.

78 ④ Pentose phosphate(HMP) 경로의 중요한 기능

- 여러 가지 생합성 반응에서 필요로 하는 세포질에서 환원력을 나타내는 NADPH를 생성한다. NADPH는 여러 가지 환원적 생합성 반응에서 수소 공여체로 작용하는 특수한 dehydrogenase들의 보효소가 된다. 예를 들면 지방산, 스테로이드 및 glutamate dehydrogenase에 의한 아미노산 등의 합성과 적혈구에서 glutathione의 환원 등에 필요하다.
- 6탄당을 5탄당으로 전환하며 3–, 4–, 6– 그리고 7탄당을 당대사 경로에 들어갈 수 있도록 해준다.
- 5탄당인 ribose 5–phosphate를 생합성하는데 이것은 RNA 합성에 사용된다. 또한 deoxyribose 형태로 전환되어 DNA 구성에도 이용된다.
- 어떤 조직에서는 glucose 산화의 대체 경로가 되는데, glucose 6–phosphate의 각 탄소원자는 CO_2로 산화되며, 2개의 NADPH분자를 만든다.

79 ② 등전점(isoelectric point)

단백질은 산성에서는 양하전으로 해리되어 음극으로 이동하고, 알칼리성에서는 음하전으로 해리되어 양극으로 이동한다. 그러나 양하전과 음하전이 같을 때는 양극, 음극, 어느 쪽으로도 이동하지 않은 상태가 되며, 이때의 pH를 등전점이라 한다.

※ 글리신의 pK_1(–COOH)=2.4, pK_2 (–NH_3^+)=9.6일 때 등전점은 (2.4+9.6)/2=6이다.

80 ③ 비타민과 보효소의 관계

- 비타민 B_1(thiamine) : ester를 형성하여 TPP (thiamine pyrophosphate)로 되어 보효소로서 작용
- 비타민 B_2(riboflavin) : FMN(flavin mononucleotide)와 FAD(flavin adenine dinucleotide)의 보효소 형태로 변환되어 작용
- 비타민 B_6(pyridoxine) : PLP(pyridoxal phosphate 혹은 pyridoxamine)로 변환되어 주로 아미노기 전이반응에 있어서 보효소로서 역할
- Niacin : NAD(nicotinamide adenine dinucleotide), NADP(nicotinamide adenine dinucleotide phosphate)의 구성성분으로 되어 주로 탈수소효소의 보효소로서 작용

제1과목 식품안전

01 ④ **식품위생법 제86조(식중독에 관한 조사보고)**
다음 각 호의 어느 하나에 해당하는 자는 지체 없이 관할 특별자치시장·시장(「제주특별자치도 설치 및 국제자유도시 조성을 위한 특별법」에 따른 행정시장을 포함한다.)·군수·구청장에게 보고하여야 한다. 이 경우 의사나 한의사는 대통령령으로 정하는 바에 따라 식중독 환자나 식중독이 의심되는 자의 혈액 또는 배설물을 보관하는 데에 필요한 조치를 하여야 한다.

> • 식중독 환자나 식중독이 의심되는 자를 진단하였거나 그 사체를 검안(檢案)한 의사 또는 한의사
> • 집단급식소에서 제공한 식품 등으로 인하여 식중독 환자나 식중독으로 의심되는 증세를 보이는 자를 발견한 집단급식소의 설치·운영자

02 ④ **식품위생법 시행규칙 제50조(식품 영업에 종사하지 못하는 질병의 종류)**
• 제2급 감염병 중 결핵(비전염성인 경우 제외)
• 제2급 감염병 중 콜레라, 장티푸스, 파라티푸스, 세균성이질, 장출혈성대장균감염증, A형 간염
• 피부병 또는 그 밖의 고름형성(화농성) 질환
• 후천성면역결핍증(성매개감염병에 관한 건강진단을 받아야 하는 영업에 종사하는 자에 한함)

03 ④ **식품위생법 시행규칙 제68조(인증유효기간의 연장신청)**
인증기관의 장은 인증유효기간이 끝나기 90일 전까지 다음 각 호의 사항을 식품안전관리인증기준 적용업소의 영업자에게 통지하여야 한다.

> • 인증유효기간을 연장하려면 인증유효기간이 끝나기 60일 전까지 연장 신청을 하여야 한다는 사실
> • 인증유효기간의 연장 신청 절차 및 방법

04 ③ **식품 등의 표시기준 Ⅲ. 개별표시사항 및 표시기준 1. 식품**
1. 제조연월일(제조일) 표시대상 식품
• 즉석섭취식품 중 도시락, 김밥, 햄버거, 샌드위치, 초밥

• 설탕류
• 식염
• 빙과류(아이스크림, 빙과, 식용얼음)
• 주류(다만, 제조번호 또는 병입연월일을 표시한 경우에는 생략할 수 있다.)
※ 주류 세부표시기준 : 제조번호 또는 병입연월일을 표시한 경우에는 제조일자를 생략할 수 있다.

05 ③ **식품 및 축산물 안전관리인증기준 제5조(선행요건 관리) [별표1]**
• 선별 및 검사구역 작업장 등은 육안확인에 필요한 조도(540룩스 이상)를 유지하여야 한다.
• 채광 및 조명시설은 내부식성 재질을 사용하여야 하며, 식품이 노출되거나 내포장 작업을 하는 작업장에는 파손이나 이물낙하 등에 의한 오염을 방지하기 위한 보호장치를 하여야 한다.

06 ④ **식품 및 축산물 안전관리인증기준 제5조(선행요건 관리) [별표1] 위생관리**
세척 또는 소독기준은 다음의 사항을 포함하여야 한다.

> • 세척·소독 대상별 세척·소독 부위
> • 세척·소독 방법 및 주기
> • 세척·소독 책임자
> • 세척·소독 기구의 올바른 사용 방법
> • 세제 및 소독제(일반명칭 및 통용명칭)의 구체적인 사용방법

07 ③ **식품 및 축산물 안전관리인증기준 제5조(선행요건 관리) [별표1] 작업위생관리**
식품 제조·가공에 사용되거나, 식품에 접촉할 수 있는 시설·설비, 기구·용기, 종업원 등의 세척에 사용되는 용수는 다음 각 호에 따른 검사를 실시하여야 한다.

> • 지하수를 사용하는 경우에는 먹는물 수질기준 전 항목에 대하여 연1회 이상(음료류 등 직접 마시는 용도의 경우는 반기 1회 이상) 검사를 실시하여야 한다.
> • 먹는물 수질기준에 정해진 미생물학적 항목에 대한 검사를 월 1회 이상 실시하여야 하며, 미생물학적 항목에 대한 검사는 간이검사키트를 이용하여 자체적으로 실시할 수 있다.

08 ④ 식품 및 축산물 안전관리인증기준 제5조(선행요건 관리)

- 냉장식품과 온장식품에 대한 배식 온도관리기준을 설정·관리하여야 한다.

냉장보관	냉장식품 10℃ 이하(다만, 신선편의식품, 훈제연어는 5℃ 이하 보관 등 보관온도 기준이 별도로 정해져 있는 식품의 경우에는 그 기준을 따른다.)
온장보관	온장식품 60℃ 이상

- 조리한 식품은 소독된 보존식 전용용기 또는 멸균 비닐봉지에 매회 1인분 분량을 –18℃ 이하에서 144시간 이상 보관하여야 한다.

09 ③ HACCP의 7원칙 및 12절차

1. 준비단계 5절차
- 절차 1 : HACCP 팀 구성
- 절차 2 : 제품설명서 작성
- 절차 3 : 용도확인
- 절차 4 : 공정흐름도 작성
- 절차 5 : 공정흐름도 현장확인

2. HACCP 7원칙
- 절차 6(원칙 1) : 위해요소 분석(HA)
- 절차 7(원칙 2) : 중요관리점(CCP) 결정
- 절차 8(원칙 3) : 한계기준(Critical Limit, CL) 설정
- 절차 9(원칙 4) : 모니터링 체계 확립
- 절차 10(원칙 5) : 개선조치방법 수립
- 절차 11(원칙 6) : 검증절차 및 방법 수립
- 절차 12(원칙 7) : 문서화 및 기록유지

10 ② 제품설명서 작성 내용

제품명, 제품유형 및 성상, 품목제조 보고연월일, 작성자 및 작성연월일, 성분(또는 식자재)배합비율 및 제조(또는 조리)방법, 제조(포장)단위, 완제품의 규격, 보관·유통(또는 배식)상의 주의사항, 제품용도 및 소비(또는 배식)기간, 포장방법 및 재질, 표시사항, 기타 필요한 사항이 포함되도록 작성한다.

11 ② 식품 및 축산물 안전관리인증기준 제2조(정의)

1. 위해요소

식품위생법 제4조(위해 식품 등의 판매 등 금지)의 규정에서 정하고 있는 인체의 건강을 해칠 우려가 있는 생물학적, 화학적 또는 물리적 인자나 조건을 말한다.

2. 식품 및 축산물 안전관리인증기준 제6조(안전관리인증기준) [별표2] 위해요소

생물학적 위해요소	병원성미생물, 부패미생물, 기생충, 곰팡이 등 식품에 내재하면서 인체의 건강을 해할 우려가 있는 생물학적 위해요소를 말한다.
화학적 위해요소	식품 중에 인위적 또는 우발적으로 첨가·혼입된 화학적 원인물질(중금속, 항생물질, 항균 물질, 성장호르몬, 환경호르몬, 사용기준을 초과하거나 사용 금지된 식품첨가물 등)에 의해 또는 생물체에 유해한 화학적 원인물질(아플라톡신, DOP 등)에 의해 인체의 건강을 해할 우려가 있는 요소를 말한다.
물리적 위해요소	식품 중에 일반적으로는 함유될 수 없는 경질이물(돌, 경질플라스틱), 유리조각, 금속 파편 등에 의해 인체의 건강을 해할 우려가 있는 요소를 말한다.

12 ④ CCP 결정도에서 사용하는 질문 5가지

질문 1	확인된 위해요소를 관리하기 위한 선행요건이 있으며 잘 관리되고 있는가?
질문 2	모든 공정(단계)에서 확인된 위해요소에 대한 조치방법이 있는가?
질문 2–1	이 공정(단계)에서 안전성을 위한 관리가 필요한가?
질문 3	이 공정(단계)에서 발생가능성이 있는 위해요소를 제어하거나 허용수준까지 감소시킬 수 있는가?
질문 4	확인된 위해요소의 오염이 허용수준을 초과하는가 또는 허용할 수 없는 수준으로 증가하는가?
질문 5	확인된 위해요소를 제어하거나 또는 그 발생을 허용수준으로 감소시킬 수 있는 이후의 공정이 있는가?

13 ① 한계기준(Critical Limit)

- 중요관리점에서의 위해요소 관리가 허용범위 이내로 충분히 이루어지고 있는지 여부를 판단할 수 있는 기준이나 기준치를 말한다.
- 한계기준은 CCP에서 관리되어야 할 생물학적, 화학적 또는 물리적 위해요소를 예방, 제거 또는 허용 가능한 안전한 수준까지 감소시킬 수 있는 최대치 또는 최소치를 말하며 안전성을 보장할 수 있는 과학적 근거에 기초하여 설정되어야 한다.
- 한계기준은 현장에서 쉽게 확인 가능하도록 가능한 육안관찰이나 측정으로 확인할 수 있는 수치 또는 특

정 지표로 나타내어야 한다.

> – 온도 및 시간
> – 습도(수분)
> – 수분활성도(Aw) 같은 제품 특성
> – 염소, 염분농도 같은 화학적 특성
> – pH
> – 금속 검출기 감도
> – 관련 서류 확인 등

14 ③ 모니터링(Monitoring)의 목적

- CCP에서 위해물질이 정확히 관리되고 있는지 여부를 명확히 한다.
- CCP에서의 관리상태가 부적절하여 CL에 위반된 것을 인식한다.
- 공정관리시스템에서 문서에 의한 증거를 남긴다.

15 ① 검증활동

검증활동은 크게 1. 기록의 확인, 2. 현장 확인 3. 시험·검사로 구분할 수 있다.

기록의 확인	• 현행 HACCP 계획, 이전 HACCP 검증보고서, 모니터링 활동, 개선조치사항 등의 기록 검토 • 모니터링 활동의 누락, 결과의 한계기준 이탈, 개선조치 적절성, 즉시 이행 및 유지에 대해 검토
현장 확인	• 설정된 CCP의 유효성 확인 • 담당자의 CCP 운영, 한계기준, 모니터링 활동 및 기록관리 활동에 대한 이해 확인 • 한계기준 이탈 시 담당자가 취해야 할 조치사항에 대한 숙지 상태 확인
시험·검사	• CCP가 적절히 관리되고 있는지 검증하기 위하여 주기적으로 시료를 채취하여 실험분석을 실시

16 ② LD$_{50}$(50% Lethal Dose)

- 식품에 함유된 독성물질의 독성을 나타내며 실험동물의 반수를 1주일 내에 치사시키는 화학물질의 양을 뜻한다.
- LD$_{50}$값이 적을수록 독성이 강함을 의미한다.

17 ③ 식품의 세균수 검사

- 일반세균수 검사 : 주로 Breed법에 의한다.
- 생균수 검사 : 표준한천평판배양법에 의한다.

18 ④ 식품의 관능검사

차이 식별검사	• 종합적 차이검사 : 단순차이검사, 일–이점검사, 삼점검사, 확장삼점검사 • 특성차이검사 : 이점비교검사, 순위법, 평점법, 다시료비교검사
묘사분석	• 향미프로필 방법 • 텍스쳐프로필 방법 • 정량적 묘사방법 • 스펙트럼 묘사분석 • 시간–강도 묘사분석
소비자 기호도검사	• 이점비교법 • 기호도척도법 • 순위법 • 적합성 판정법

19 ③ 대장균 검사에 이용하는 최확수(MPN)법

- 검체 1mL 중의 대장균군수로 나타낸다.
- 1mL에 3이면 검체 1,000mL 중에는 10배가 되므로 3,000이 된다.

20 ① 수질검사를 위한 불소 측정 시 검수의 전처리

다음 4가지 방법 중 어느 하나를 택하여 전처리한다.

- 증류법
- 양이온 교환수지법 : 미량의 Fe, Al이온의 제거
- 잔류염소의 제거
- MnO$_2$의 제거

제2과목　식품화학

21 ④ 식품의 수분활성도(Aw)

$$Aw = \frac{Nw}{Nw + Ns}$$
$$= \frac{\frac{77.5}{18}}{\frac{77.5}{18} + \frac{18}{180}} = \frac{4.3}{4.3 + 0.1} = 0.98$$

> ┌ A$_w$: 수분활성도
> │ N$_w$: 물의 몰수
> └ N$_s$: 용질의 몰수

22 ④ 식혜

- 찹쌀이나 멥쌀밥에 엿기름가루를 우려낸 물을 부어서 당화시켜 만든 전통 음료이다.

- 식혜의 감미 주성분은 맥아당(maltose)이고, 맥아당은 엿기름 속에 들어있는 아밀라아제에 의해 전분이 가수분해되어 생성된다.

23 ④ 멜라민(Melamine) 기준(식품공전)

대상식품	기 준
• 특수용도식품 중 영아용 조제식, 성장기용 조제식, 영·유아용 곡류 조제식, 기타 영·유아식, 특수의료용도 등 식품 • 축산물의 가공기준 및 성분규격에 따른 조제분유, 조제우유, 성장기용 조제분유, 성장기용 조제우유, 기타조제분유, 기타조제우유	불검출
• 상기 이외의 모든 식품 및 식품첨가물	2.5mg/kg 이하

24 ② 얄라핀(jalapin)

- 생고구마 절단면에서 나오는 백색 유액의 주성분이다.
- 주로 미숙한 것에 많다.
- jalap에서 얻어진 방향족 탄화수소의 배당체($C_{35}H_{56}O_{16}$)이다.
- 강한 점성의 원인물질이다.
- 공기 중에 그대로 두면 공존하는 폴리페놀과의 작용으로 산화하여 흑색으로 변하게 된다.

25 ① 청색값(blue value)

- 전분입자의 구성성분과 요오드와의 친화성을 나타낸 값으로 전분 분자 중에 존재하는 직쇄상 분자인 amylose의 양을 상대적으로 비교한 값이다.
- 전분 중 amylose 함량의 지표이다.
- amylose의 함량이 높을수록 진한 청색을 나타낸다.
- β−amylase를 반응시켜 분해시키면 청색값은 낮아진다.
- amylose의 청색값은 0.8∼1.2이고 amylopectin의 청색값은 0.15∼0.22이다.

26 ② 단백질 변성

- 단백질의 변성(denaturation)이란 단백질 분자가 물리적 또는 화학적 작용에 의해 비교적 약한 결합으로 유지되고 있는 고차구조(2∼4차)가 변형되는 현상을 말한다.
- 어육의 경우 동결에 의해 물이 얼음으로 동결되면서 단백질 입자가 상호 접근하여 결합되는 염석(salting out)현상이 주로 발생한다.
- 우유 단백질인 casein의 경우 등전점 부근에서 가장 잘 변성이 일어난다.

27 ② 요오드가(iodine value)

- 유지 100g 중에 첨가되는 요오드의 g수를 말한다.
- 유지의 불포화도가 높을수록 요오드가 높기 때문에 요오드가는 유지의 불포화 정도를 측정하는 데 이용된다.
- 고체지방 50 이하, 불건성유 100 이하, 건성유 130 이상, 반건성유 100∼130 정도이다.

28 ② 질소환산계수

- 단백질은 약 16%의 질소를 함유하고 있으므로, 식품 중의 단백질을 정량할 때 질소량을 측정하여 이것에 100/16, 즉 6.25(질소계수)를 곱하여 조단백질 함량을 산출한다.
- 이 계수는 단백질 종류에 따라 다르다.

식품명	질소계수
소맥분(중등질, 경질, 연질), 수득율 100∼94%	5.83
소맥분(중등질), 수득율 93∼83% 또는 그 이하	5.70
쌀	5.95
보리, 호밀, 귀리	5.83
메밀(모밀국수)	6.31
국수, 마카로니, 스파게티	5.70
낙화생	5.46
콩 및 콩제품(대두 및 대두제품)	5.71
밤, 호두, 깨, 조	5.30
호박, 수박 및 해바라기의 씨	5.40
우유, 유제품, 마아가린	6.38
팥, 작두콩, 강낭콩	6.25

29 ② 비타민 C(ascorbic acid)

- lactone환을 가진 당유도체(hexose, 6탄당)로서 4위와 5위의 2개의 비대칭탄소(asymmetric carbon)가 존재하므로 $2^2=4$개의 이성체가 가능하다.
- Ascorbic acid는 물에 녹기 쉽고 알코올에도 녹는다.

30 ④ 안토시아닌(anthocyanin)

- 꽃, 과실, 채소류에 존재하는 적색, 자색, 청색의 수용성 색소로서 화청소라고도 부른다.
- 안토시안니딘(anthocyanidin)의 배당체로서 존재한다.
- benzopyrylium 핵과 phenyl기가 결합한 flavylium

화합물로 2-phenyl-3,5,7-trihydroxyflavylium chloride의 기본구조를 가지고 있다.
- 산, 알칼리, 효소 등에 의해 쉽게 분해되는 매우 불안정한 색소이다.
- anthocyanin계 색소는 수용액의 pH가 산성 → 중성 → 알칼리성으로 변화함에 따라 적색→ 자색 → 청색으로 변색되는 불안정한 색소이다.

31 ③ 양파나 무에서 alkylmercaptan의 생성
- 양파나 무를 삶을 때 매운맛 성분인 allyl sulfide류가 단맛이 나는 alkylmercaptan으로 변화하기 때문에 단맛이 증가한다.
- 즉, 양파나 무를 삶을 때 매운맛 성분인 diallyl disulfide나 diallyl sulfide가 단맛이 나는 propyl mercaptan이나 methyl mercaptan으로 변화하기 때문에 단맛이 증가한다.

32 ④ 아미노산 중 쓴맛을 나타내는 것
- L-leucine, L-Isoleucine, L-tryptophan, L-phenylalanine 등이다.
- L-leucine은 0.11% caffeine의 쓴맛, D-leucine은 1.3% sucrose의 강한 단맛

33 ③ 어류의 비린맛
- 신선도가 떨어진 어류에서는 trimethylamine(TMA)에 의해서 어류의 특유한 비린 냄새가 난다. 이것은 원래 무취였던 trimethylamine oxide가 어류가 죽은 후 세균의 작용으로 환원되어 생성된 것이다.
- trimethylamine oxide의 함량이 많은 바닷고기가 그 함량이 적은 민물고기보다 빨리 상한 냄새가 난다.

34 ① 식품의 가공 중 변색
- 감자를 깎았을 때 갈변은 주로 tyrosinase에 의한 변화이다.
- 고온에서 빵이나 비스킷의 제조 시 발생하는 갈변은 주로 카라멜화(caramelization)반응에 의한 것이다.
- 새우와 게를 가열하면 아스타크산틴(astaxanthin)이 아스타신(astacin)으로 변화되어 붉은 색을 나타낸다.

35 ② HLB(hydrophilic-lipophilic balance)
- 유화제는 분자 내에 친수성기(hydrophilic group)와 친유성기(lipophilic group)를 가지고 있으므로 이들 기의 범위 차에 따라 친수성 유화제와 친유성 유화제로 구분하고 있으며 이것을 편의상 수치로 나타낸 것이 HLB이다.
- HLB의 숫자가 클수록 친수성이 높다.

- HLB가 다른 유화제를 서로 혼합하여 자기가 원하는 적당한 HLB를 가진 것을 만들 수 있다.
- 유화제 혼합물계산

$$5.0 = \frac{20x + 4.0(100 - x)}{100}$$

$x = 6.25$가 되므로, HLB가 20의 것을 6.25%, HLB가 4.0인 것을 93.75% 혼합

36 ④ 농도변경

HCl 35%   10-0=10

        10%

H$_2$O 0%   35-10=25

$$35\% \text{ HCl} = \frac{10}{10+25} \times 500 = 143\text{mL}$$

$$\text{H}_2\text{O} = \frac{25}{10+25} \times 500 = 357\text{mL}$$

37 ④ texturometer에 의한 texture-profile

1차적 요소	견고성(경도, hardness), 응집성(cohesiveness), 부착성(adhesiveness), 탄성(elasticity)
2차적 요소	파쇄성(brittleness), 저작성(씹힘성, chewiness), 점착성(검성, gumminess)
3차적 요소	복원성(resilience)

38 ③ 유지의 자동산화가 발생할 때
- 저장기간이 지남에 따라 산가, 과산화물가, 카보닐가 등이 증가하고 요오드가는 감소한다.
- 유지의 점도, 비중, 굴절률, 포립성 등이 증가하고, 발연점이나 색조는 저하한다.

39 ② 안식향산(benzoic acid)이 사용되는 식품
- 과실·채소류 음료, 탄산음료 기타음료, 인삼음료, 홍삼음료 및 간장 0.6g/kg 이하
- 식용알로에겔 농축 및 알로에겔 가공식품 0.5g/kg 이하
- 오이절임, 마요네즈, 잼류 1.0g/kg 이하
- 발효음료류 0.05g/kg 이하
- 마가린류 1.0g/kg 이하

40 ③ L-아스코르빈산 나트륨(sodium L-ascorbate)
- 수용성으로 주로 색소의 산화방지에 이용된다.

• 용도는 식육제품의 산화방지(변색방지), 과일 통조림의 갈변방지, 선도유지, 기타 식품에 풍미유지 등에 쓰인다.

제3과목   식품가공·공정공학

41 ① 도정률(도)을 결정하는 방법
• 백미의 색깔
• 쌀겨 층이 벗겨진 정도
• 도정시간
• 도정횟수
• 전력소비량
• 생성된 쌀겨량
• 염색법(MG 시약) 등

42 ④ 밀가루의 품질시험방법
• 색도 : 밀기울의 혼입도, 회분량, 협잡물의 양, 제분의 정도 등을 판정(보통 Pekar법을 사용)
• 입도 : 체눈 크기와 사별 정도를 판정
• 페리노그래프(farinograph) 시험 : 밀가루 반죽 시 생기는 점탄성을 측정하며 반죽의 경도, 반죽의 형성기간, 반죽의 안정도, 반죽의 탄성, 반죽의 약화도 등을 측정
• 익스텐소그래프(extensograph) 시험 : 반죽의 신장도와 인장항력을 측정
• 아밀로그래프(amylograph) 시험 : 전분의 호화온도와 제빵에서 중요한 α-amylase의 역가를 알 수 있고 강력분과 중력분 판정에 이용

43 ① 밀의 회분함량
밀의 회분은 껍질인 밀기울에 많고, 배유부는 전분이 많아 회분량이 많으면(0.5%이상) 껍질이 밀가루 중에 많다는 것을 알 수 있고, 제분율을 알 수 있다.

44 ③ 노타임 반죽법(no time dough method)
• 무발효 반죽법이라고도 하며 발효시간의 길고 짧음에 관계없이 펀치를 하지 않고 일반적으로 산화제와 환원제를 사용하여 믹싱을 하고 반죽이 완료된 후 40분이내로 발효를 시킨다. 그렇기 때문에 제조 공정이 짧다.
• 환원제와 산화제를 사용하는 이유
– 산화제(브롬산칼륨)를 반죽에 넣으면 단백질의 S–H기를 S–S기로 변화시켜 단백질 구조를 강하게 하고 가스 포집력을 증가시켜 반죽 다루기를 좋게 한다.

– 환원제(L–시스테인)는 단백질의 S–S기를 절단하여(–SH로 환원) 글루텐을 약하게 하며 믹싱시간을 25% 단축시킨다.

45 ① 당화율(dextrose equivalent, DE)
• 전분의 가수분해 정도를 나타내는 단위이다.
• DE가 높아지면 포도당이 증가되어 감미도가 높아지고, 덱스트린은 감소되어 평균분자량은 적어지고, 따라서 제품의 점도
$$DE = \frac{직접환원당(포도당으로 표시)}{고형분} \times 100$$가 떨어진다.
• 평균분자량이 적어지면 빙점이 낮아지고, 삼투압 및 방부효과가 커지는 경향이 있다.
• 포도당 함량이 증가되므로 제품은 결정화되기 쉬울 뿐 아니라 하얗게 흐려지거나 침전이 생기는 수가 많다.

46 ①
두부를 제조할 때 두유의 단백질 농도가 낮으면 두부가 딱딱해지고 두부의 색이 밝아진다.

47 ① 코오지(koji) 제조의 목적
• 코오지 중 amylase 및 protease 등의 여러 가지 효소를 생성하게 하여 전분 또는 단백질을 분해하기 위함이다.
• 원료는 순수하게 분리된 코오지균과 삶은 두류 및 곡류 등이다.

48 ②
향기 성분은 가열에 의하여 크게 손상되므로 가공상 주의하여야 한다.

49 ④ 익스팬션 링을 만드는 이유
• 통조림을 밀봉한 후 가열 살균할 때 내부 팽압으로 뚜껑과 밑바닥이 밖으로 팽출하고 냉각하면 다시 복원된다.
• 내부 압력에 견디고 복원을 용이하게 하여 밀봉부에 비틀림이 생기지 않도록 하기 위해서이다.

50 ② 감의 떫은맛
• gallic acid와 phloroglucinol의 축합물인 shibuol (diosprin)에 의한 것이다.
• 탈삽에 의하여 탄닌의 주성분인 가용성 shibuol을 불용성으로 변화시켜 떫은맛(삽미)을 느끼지 못하게 한다.

51 ① 김치의 발효에 관여하는 발효균
• 김치가 막 발효되기 시작하는 초기단계에서는 저온에서 우세하게 번식하는 이상 젖산발효균인 *Leuconostoc*

*mesenteroides*이 왕성하게 자라서 김치의 맛을 알맞게 한다.
- 중기와 후기에는 젖산균인 *Streptococcus faecalis*, *Pediococcus cerevisiae*, *Lactobacillus plantarum* 등이 번식하여 다른 해로운 균을 사멸시키지만 산을 과도하게 생산해 김치 산패의 원인이 된다.

52 ④ 유지의 경화
- 액체 유지에 환원 니켈(Ni) 등을 촉매로 하여 수소를 첨가하는 반응을 말한다.
- 수소의 첨가는 유지 중의 불포화지방산을 포화지방산으로 만들게 되므로 액체 지방이 고체 지방이 된다.
- 경화유 제조 공정 중 유지에 수소를 첨가하는 목적
  - 글리세리드의 불포화 결합에 수소를 첨가하여 산화 안정성을 좋게 한다.
  - 유지에 가소성이나 경도를 부여하여 물리적 성질을 개선한다.
  - 색깔을 개선한다.
  - 식품으로서의 냄새, 풍미를 개선한다.
  - 융점을 높이고, 요오드가를 낮춘다.

53 ② 렌닌(rennin)에 의한 우유 응고
- 송아지의 제4 위에서 추출한 우유 응유효소(rennin)로서 최적응고 pH는 4.8, 온도는 40~41°C이다.
- Casein은 rennin에 의하여 paracasein이 되며 Ca^{2+}의 존재 하에 응고되어 치즈 제조에 이용된다.

- $\kappa\text{-casein} \xrightarrow{\text{rennin}} \text{para-}\kappa\text{-casein} +$ glycomacropeptide
- $\text{para-}\kappa\text{-casein} \xrightarrow[\text{pH 6.4~6.0}]{Ca^{++}} \text{dicalcium para-}\kappa\text{-casein}$(치즈커드)

54 ④ 분유의 제조법
- 피막건조법(drum film drying process), 분부건조법(spray drying process), 포말벨트건조법(foam belt drying process), 냉동진공건조법(vacumm freeze drying process), 가습재건조법(wetting and redrying process) 등이 있다.
- 현재는 농축유를 건조실에 분무하여 건조하는 분무건조법이 유가공업계에서 가장 널리 이용되고 있다.
- 분무건조법 : 열풍 속으로 미세한 액적(droplet)을 분사하면 액적이 미세입자가 되어 표면적이 크게 증가하여 수분이 순간적으로 증발하여 유고형분이 분말입자로 낙하하게 되는 방식이다.

55 ① 사일런트 커터(silent cutter)
- 소시지(sausage) 가공에서 일단 만육된 고기를 더욱 곱게 갈아서 고기의 유화 결착력을 높이는 기계이다.
- 첨가물을 혼합하거나 이기기(kneading) 등 육제품 제조에 꼭 필요하다.

56 ① 육가공 시 염지(curing)
- 원료육에 소금 이외에 아질산염, 질산염, 설탕, 화학조미료, 인산염 등의 염지제를 일정량 배합, 만육시켜 냉장실에서 유지시키고, 혈액을 제거하고, 무기염류 성분을 조직 중에 침투시킨다.
- 육가공 시 염지의 목적
  - 근육단백질의 용해성 증가
  - 보수성과 결착성 증대
  - 보존성 향상과 독특한 풍미 부여
  - 육색소 고정
- 햄이나 소시지를 가공할 때 염지를 하지 않고 가열하면 육괴 간의 결착력이 떨어져 조직이 흩어지게 된다.

57 ① 마요네즈
- 난황의 유화력을 이용하여 난황과 식용유를 주원료로 하여 식초, 후추가루, 소금, 설탕 등을 혼합하여 유화시켜 만든 제품이다.
- 제품의 전체 구성 중 식물성유지 65~90%, 난황액 3~15%, 식초 4~20%, 식염 0.5~1% 정도이다.
- 마요네즈는 oil in water(O/W)의 유탁액이다.
- 식용유의 입자가 작은 것일수록 마요네즈의 점도가 높으며 고소하고 안정도도 크다.

58 ① 어류의 비린맛
- 신선도가 떨어진 어류에서는 trimethylamine(TMA)에 의해서 어류의 특유한 비린 냄새가 난다. 이것은 원래 무취였던 trimethylamine oxide가 어류가 죽은 후 세균의 작용으로 환원되어 생성된 것이다.
- trimethylamine oxide의 함량이 많은 바닷고기가 그 함량이 적은 민물고기보다 빨리 상한 냄새가 난다.

59 ③ 식품 기구 및 용기 포장의 용출시험 항목[식품공전]
- 합성수지제 : 중금속, 과망간산칼륨소비량, 증발잔류물, 페놀, 포름알데히드, 안티몬, 아크릴로니트릴, 멜라민 등
- 셀로판 : 비소, 중금속, 증발잔류물
- 고무제 : 페놀, 포름알데히드, 아연, 중금속, 증발잔류물
- 종이제 또는 가공지제 : 비소, 중금속, 증발잔류물, 포름알데히드, 형광증백제

60 ② D값

$$D_{100} = \frac{t}{\log N_1 - \log N_2}$$

$\log 6 \times 10^4 = 4.778$, $\log 3 = 0.477$

$$D_{100} = \frac{45}{4.778 - 0.477} = 10.46$$

[t : 가열 시간, N_1 : 처음 균수, N_2 : t시간 후 균수]

제4과목   식품미생물 및 생화학

61 ② 곰팡이·효모 세포와 세균세포의 비교

성질	곰팡이·효모 세포	세균세포
세포의 크기	통상 2μm 이상	통상 1μm 이하
핵	핵막을 가진 핵이 있으며, 인이 있다.	핵막을 가진 핵은 없고(핵부분이 있다) 인도 없다.
염색체수	2개 내지 그 이상	1개
소기관 (organelle)	미토콘드리아, 골지체, 소포체를 가진다.	존재하지 않는다.
세포벽	glucan, man-nan-protein 복합체, cellulose, chi-tin(곰팡이)	mucopolysaccharide, teichoic acid, lipolysaccharide, lipoprotein

※ *Saccharomyces*속과 *Candida*속은 효모이고, *Aspergillus*속은 곰팡이이고, *Escherichia*속은 세균이다.

62 ③ 원생생물(protists)

1. 고등미생물
- 진핵세포로 되어 있다.
- 균류, 일반조류, 원생동물 등이 있다.
- 진균류의 종류

조상균류	곰팡이(*Mucor, Rhizopus*)
순정균류	자낭균류(곰팡이, 효모), 담자균류(버섯, 효모), 불완전균류(곰팡이, 효모)

2. 하등미생물
- 원핵세포로 되어 있다.
- 세균, 방선균, 남조류 등이 있다.

63 ① 알코올발효
- glucose로부터 EMP 경로를 거쳐 생성된 pyruvic acid가 CO_2 이탈로 acetaldehyde로 되고 다시 환원되어 알코올과 CO_2가 생성된다.
- 효모에 의한 알코올발효의 이론식은 아래와 같다.

$$C_6H_{12}O_6 \longrightarrow 2C_2H_5OH + CO_2$$

64 ④ *Rhizopus*속의 특징

생육이 빠른 점에서 *Mucor*속과 유사하지만 수 cm에 달하는 가근과 포복지를 형성하는 점이 다르다.

65 ① Neuberg 발효형식

효모에 의해서 일어나는 발효형식을 3가지 형식으로 분류

제1 발효형식	· $C_6H_{12}O_6 \rightarrow 2CH_5OH + 2CO_2$
제2 발효형식	· Na_2SO_3를 첨가 · $C_6H_{12}O_6 \rightarrow C_3H_5(OH)_3 + CH_3CHO + CO_2$
제3 발효형식	· $NaHCO_3$, Na_2HPO_4 등의 알칼리를 첨가 · $2C_6H_{12}O_6 + H_2O \rightarrow 2C_3H_5(OH)_3 + CH_3COOH + C_2H_5OH + 2CO_2$

66 ② 킬러 효모(killer yeast)
- 특수한 단백질성 독소를 분비하여 다른 효모를 죽여버리는 효모를 가리키며 킬러주(killer strain)라고도 한다.
- 자신이 배출하는 독소에는 작용하지 않는다(면역성이 있다고 한다). 다시 말해 킬러 플라스미드를 갖고 있는 균주는 독소에 저항성이 있고, 갖고 있지 않은 균주만을 독소로 죽이고 자기만이 증식한다.
- 알코올 발효 때에 킬러 플라스미드를 가진 효모를 사용하면 혼입되어 있는 다른 효모를 죽이고 사용한 효모만이 증식하게 되어 발효제어가 용이하게 된다.

67 ② 포자의 내열성 원인
- 포자 내의 수분 함량이 대단히 적다.
- 영양세포에 비하여 대부분의 수분이 결합수로 되어 있어서 상당히 내건조성을 나타낸다.
- 특수성분으로 dipicolinc acid를 5~12% 함유하고 있다.

68 ② 메주에 관여하는 주요 미생물

곰팡이	*Aspergillus oryzae, Rhizopus oryzae, Aspergillus sojae, Rhizopus nigricans, Mucor abundans* 등
세균	*Bacillus subtilis, B. pumilus* 등
효모	*Saccharomyces coreanus, S. rouxii* 등

69 ③ 바이러스

- 동식물의 세포나 세균세포에 기생하여 증식하며 광학 현미경으로 볼 수 없는 직경 0.5μ 정도로 대단히 작은 초여과성 미생물이다.
- 증식과정은 부착(attachment)단계 → 주입(injection) 단계 → 핵산 복제(nucleic acid replication)단계 → 단백질 외투 합성단계(synthesis of protein coats) → 조립(assembly)단계 → 방출(release)단계 순이다.

70 ③ 그람 염색 특성

그람 음성 세균	*Pseudomonas, Gluconobacter, Acetobacter*(구균, 간균), *Escherichia, Salmonella, Enterobacter, Erwinia, Vibrio*(통성혐기성 간균)속 등이 있다.
그람 양성 세균	*Micrococcus, Staphylococcus, Streptococcus, Leuconostoc, Pediococcus*(호기성 통성혐기성균), *Sarcina*(혐기성균), *Bacillus*(내생포자 호기성균), *Clostridium*(내생포자 혐기성균), *Lactobacillus*(무포자 간균)속 등이 있다.

71 ① 고체배양의 장단점

장점	• 배지조성이 단순하다. • 곰팡이의 배양에 이용되는 경우가 많고 세균에 의한 오염방지가 가능하다. • 공정에서 나오는 폐수가 적다. • 산소를 직접 흡수하므로 동력이 따로 필요 없다. • 시설비가 비교적 적게 들고 소규모 생산에 유리하다. • 폐기물을 사용하여 유용미생물을 배양하여 그대로 사료로 사용할 수 있다.
단점	• 대규모 생산의 경우 냉각방법이 문제가 된다. • 비교적 넓은 면적이 필요하다. • 심부배양에서는 가능한 제어배양이 어렵다.

72 ② 맥주발효 효모

- *Saccharomyces cerevisiae* : 맥주의 상면발효효모
- *Saccharomyces carlsbergensis* : 맥주의 하면발효효모
- ※ *Saccharomyces sake* : 청주효모
- ※ *Saccharomyces coreanus* : 한국의 약·탁주효모

73 ② *Pichia*속 효모의 특징

- 자낭포자가 구형, 토성형, 높은 모자형 등 여러 가지가 있다.
- 다극출아로 증식하는 효모가 많다.
- 산소요구량이 높고 산화력이 강하다.
- 생육조건에 따라 위균사를 형성하기도 한다.
- 에탄올을 소비하고 당 발효성이 없거나 미약하다.
- KNO_3을 동화하지 않는다.
- 액면에 피막을 형성하는 산막효모이다.
- 주류나 간장에 피막을 형성하는 유해효모이다.

74 ③ 영양요구성 미생물

- 일반적으로 세균, 곰팡이, 효모의 많은 것들은 비타민류의 합성 능력을 가지고 있으므로 합성배지에 비타민류를 주지 않아도 생육하나 영양 요구성이 강한 유산균류는 비타민 B군을 주지 않으면 생육하지 않는다.
- 유산균이 요구하는 비타민류

비타민류	요구하는 미생물(유산균)
biotin	*Leuconostoc mesenteroides*
vitamin B_{12}	*Lactobacillus leichmanii* *Lactobacillus lactis*
folic acid	*Lactobacillus casei*
vitamin B_1	*Lactobacillus fermentii*
vitamin B_2	*Lactobacillus casei* *Lactobacillus lactis*
vitamin B_6	*Lactobacillus casei* *Streptococcus faecalis*

75 ② 치즈 숙성과 관계있는 미생물

- *Penicillium camemberti*와 *Penicillium roqueforti*은 프랑스 치즈의 숙성과 풍미에 관여하여 치즈에 독특한 풍미를 준다.
- *Streptococcus lactis*는 우유 중에 보통 존재하는 대표적인 젖산균으로 버터, 치즈 제조의 starter로 이용된다.
- *Propionibacterium freudenreichii*는 치즈눈을 형성시키고, 독특한 풍미를 내기 위하여 스위스 치즈에 사용된다.

※ *Aspergillus oryzae*는 amylase와 protease 활성이
강하여 코오지(koji)균으로 사용된다.

76 ④ **경쟁적 저해**
- 기질과 저해제의 화학적 구조가 비슷하여 효소의 활성부위에 저해제가 기질과 경쟁적으로 비공유 결합하여 효소작용을 저해하는 것이다.
- 경쟁적 저해제가 존재하면 효소의 반응 최대속도(V_{max})는 변화하지 않고 미카엘리스 상수(K_m)은 증가한다.
- 경쟁적 저해제가 존재하면 Lineweaver-Burk plot에서 기울기는 변하지만, y절편은 변하지 않는다.

77 ③ **pyruvate decarboxylase**
- EMP경로에서 생산된 피루브산(pyruvic acid)에서 이산화탄소(CO_2)를 제거하여 아세트알데하이드(acetaldehyde)를 만든다.
- 이 반응을 촉매하는 인자로는 TPP와 Mg^{2+}이 필요하다.

78 ③ **프로스타글란딘(prostaglandin)의 생합성**
- 20개의 탄소로 이루어진 지방산 유도체로서 20-C(eicosanoic) 다가 불포화지방산(즉 arachidonic acid)의 탄소 사슬 중앙부가 고리를 형성하여 cyclo pentane 고리를 형성함으로써 생체 내에서 합성된다.
- 동물에서 호르몬 같은 다양한 효과를 지닌 생리활성물질 호르몬이 뇌하수체, 부신, 갑상선과 같은 특정한 분비샘에서 분비되는 것과는 달리 프로스타글란딘은 신체 모든 곳의 세포막에서 합성된다.
- 심장혈관 질환과 바이러스 감염을 억제할 수 있는 강력한 효과로 인해 큰 관심을 끌고 있다.

79 ④ **단백질의 생합성**
- 세포 내 ribosome에서 이루어진다.
- mRNA는 DNA에서 주형을 복사하여 단백질의 아미노산 배열순서를 전달 규정한다.
- t-RNA은 다른 RNA와 마찬가지로 RNA polymerase(RNA 중합효소)에 의해서 만들어진다.
- aminoacyl-tRNA synthetase에 의해 아미노산과 tRNA로부터 aminoacyl-tRNA로 활성화되어 합성이 개시된다.

80 ④ **핵산을 구성하는 염기**
- pyrimidine의 유도체 : cytosine(C), uracil(U), thymine(T) 등
- Purine의 유도체 : adenine(A), guanine(G) 등

제1과목 식품안전

01 ① 식품위생법 제2조(정의)

"집단급식소"란 영리를 목적으로 하지 아니하면서 특정 다수인에게 계속하여 음식물을 공급하는 곳의 급식시설로서 대통령령으로 정하는 시설(1회 50명 이상에게 식사를 제공하는 급식소)을 말한다.

02 ④ 식품·의약품분야 시험·검사 등에 관한 법률 시행규칙 제12조(시험·검사의 절차) 제3항

시험·검사기관은 의뢰된 시료에 대한 시험·검사 결과 제11조에 따른 기준에 부적합한 경우에는 그 시험·검사가 끝난 날부터 60일간 식품의약품안전처장이 정하는 바에 따라 해당 시료의 전부 또는 일부를 보관하여야 한다. 다만, 보관하기 곤란하거나 부패하기 쉬운 시료의 경우에는 그러하지 아니한다.

03 ② 식품 및 축산물 안전관리인증기준 제20조(교육훈련)

① 안전관리인증기준(HACCP) 적용업소 영업자 및 종업원이 받아야 하는 신규교육 훈련시간은 다음 각 호와 같다. 다만, 영업자가 안전관리인증기준(HACCP) 팀장 교육을 받은 경우에는 영업자 교육을 받은 것으로 본다.

식품	• 영업자 교육훈련 : 2시간 • 안전관리인증기준(HACCP) 팀장 교육훈련 : 16시간 • 안전관리인증기준(HACCP) 팀원 교육훈련, 기타 종업원 교육 훈련 : 4시간
축산물	• 영업자 및 농업인 교육훈련 : 4시간 이상 • 종업원 교육훈련 : 24시간 이상

04 ④ 식품 등의 표시기준 Ⅲ. 개별표시사항 및 표시기준

즉석식품류	소비기한(즉석섭취식품 중 도시락, 김밥, 햄버거, 샌드위치, 초밥은 제조연월일 및 소비기한, 제조연월일 표시는 제조일과 제조시간을 함께 표시하여야 한다.)

음료류	소비기한[고체식품(다류 및 커피에 한함) 및 멸균한 액상제품은 소비기한 또는 품질유지기한, 침출차 중 발효과정을 거치는 차의 경우 소비기한 또는 제조연월일로 표시할 수 있다.]
빙과류	소비기한(아이스크림류, 빙과, 식용얼음은 제조연월일, 단, 아이스크림류, 빙과는 "제조연월"만을 표시할 수 있다.)
주류	제조연월일(탁주 및 약주는 소비기한, 맥주는 소비기한 또는 품질유지기한). 다만, 제조번호 또는 병입연월일을 표시한 경우에는 제조일자를 생략할 수 있다.

05 ③ HACCP 도입의 효과

1. 식품업체 측면
• 자주적 위생관리체계의 구축 : 기존의 정부주도형 위생관리에서 벗어나 자율적으로 위생관리를 수행할 수 있는 체계적인 위생관리시스템의 확립이 가능하다.
• 위생적이고 안전한 식품의 제조 : 예상되는 위해요소를 과학적으로 규명하고 이를 효과적으로 제어함으로써 위생적이고 안전성이 충분히 확보된 식품의 생산이 가능해진다.
• 위생관리 집중화 및 효율성 도모 : 위해가 발생될 수 있는 단계를 사전에 집중적으로 관리함으로써 위생관리체계의 효율성을 극대화시킬 수 있다.
• 경제적 이익 도모 : 장기적으로는 관리인원의 감축, 관리요소의 감소 등이 기대되며, 제품 불량률, 소비자 불만, 반품, 폐기량 등의 감소로 궁극적으로는 경제적인 이익의 도모가 가능해진다.
• 회사의 이미지 제고와 신뢰성 향상

2. 소비자 측면
• 안전한 식품을 소비자에게 제공
• 식품선택의 기회를 제공

06 ③ 식품 및 축산물 안전관리인증기준 제5조(선행요건 관리) [별표1] 냉장·냉동시설·설비 관리

• 냉장시설은 내부의 온도를 10℃ 이하(다만, 신선편의식품, 훈제연어, 가금육은 5℃ 이하 보관 등 보관온도 기준이 별도로 정해져 있는 식품의 경우에는 그 기준을 따른다.)

- 냉동시설은 −18℃ 이하로 유지하고, 외부에서 온도 변화를 관찰할 수 있어야 하며, 온도감응 장치의 센서는 온도가 가장 높게 측정되는 곳에 위치하도록 한다.

07 ② 식품 및 축산물 안전관리인증기준 제5조(선행요건 관리) [별표1] 작업위생관리
- 칼과 도마 등의 조리 기구나 용기, 앞치마, 고무장갑 등은 원료나 조리과정에서의 교차오염을 방지하기 위하여 식재료 특성 또는 구역별로 구분하여 사용하여야 한다.
- 식품 취급 등의 작업은 바닥으로부터 60cm 이상의 높이에서 실시하여 바닥으로부터의 오염을 방지하여야 한다.

08 ③ 식품 및 축산물 안전관리인증기준 제5조(선행요건 관리) [별표1] 위생관리
- 작업장과 화장실은 일 1회 이상 청소하여야 한다.
- 온도계는 연 1회 공인기관으로부터 검·교정을 실시하여야 한다.
- 지하수를 사용하는 경우에는 먹는물 수질기준 전 항목에 대하여 연 1회 이상(음료류 등 직접 마시는 용도의 경우는 반기 1회 이상) 검사를 실시하여야 한다.
- 냉장시설과 창고는 일 1회 이상 청소를 하여야 한다.

09 ② HACCP의 7원칙 및 12절차
1. 준비단계 5절차
- 절차 1 : HACCP 팀 구성
- 절차 2 : 제품설명서 작성
- 절차 3 : 용도확인
- 절차 4 : 공정흐름도 작성
- 절차 5 : 공정흐름도 현장확인
2. HACCP 7원칙
- 절차 6(원칙 1) : 위해요소 분석(HA)
- 절차 7(원칙 2) : 중요관리점(CCP) 결정
- 절차 8(원칙 3) : 한계기준(Critical Limit, CL) 설정
- 절차 9(원칙 4) : 모니터링 체계 확립
- 절차 10(원칙 5) : 개선조치방법 수립
- 절차 11(원칙 6) : 검증절차 및 방법 수립
- 절차 12(원칙 7) : 문서화 및 기록유지

10 ① HACCP 팀장의 역할
- HACCP 추진의 범위 통제
- HACCP 시스템의 계획과 이행 관리
- 팀 회의 조정 및 주제
- 시스템이 기준(Codex 지침)에 적합하고, 법적 요구를 충족하여 효과적인지를 결정

- 모든 문서의 기록을 유지 내부 감사 계획의 유지 및 이행

11 ① 공정도 작성
- 원재료, 포장재 및 부재료 등 공정에 투입되는 물질
- 검사, 운반, 저장 및 공정의 지연을 포함하는 상세한 모든 공정 활동
- 공정의 출력물 등

12 ④ HACCP 관리에서 미생물학적 위해분석을 수행할 경우 평가사항
- 위해의 중요도 평가
- 위해의 위험도 평가
- 위해의 원인분석 및 확정 등

13 ① 중요관리점(Critical Control Point, CCP)
안전관리인증기준(HACCP)을 적용하여 식품·축산물의 위해요소를 예방·제어하거나 허용 수준 이하로 감소시켜 당해 식품·축산물의 안전성을 확보할 수 있는 중요한 단계·과정 또는 공정을 말한다.

14 ④ 식품위해요소중점관리기준에서 중요관리점(CCP) 결정 원칙
- 기타 식품판매업소 판매식품은 냉장·냉동식품의 온도관리 단계를 중요관리점으로 결정하여 중점적으로 관리함을 원칙으로 하되, 판매식품의 특성에 따라 입고검사나 기타 단계를 중요관리점 결정도(예시)에 따라 추가로 결정하여 관리할 수 있다.
- 농·임·수산물의 판매 등을 위한 포장, 단순처리 단계 등은 선행요건으로 관리한다.
- 중요관리점(CCP) 결정도(예시)

질문 1	이 단계가 냉장·냉동식품의 온도관리를 위한 단계이거나, 판매식품의 확인된 위해요소 발생을 예방하거나 제거 또는 허용수준으로 감소시키기 위하여 의도적으로 행하는 단계인가?	→ 아니오 (CCP아님)

↓ (예)

질문 2	확인된 위해요소 발생을 예방하거나 제거 또는 허용수준으로 감소시킬 수 있는 방법이 이후 단계에도 존재하는가?	→ 아니오 (CCP)

(예) → (CCP 아님)

15 ④ 모니터링(Monitoring)
- 모니터링(Monitoring) 담당자 : 제조현장의 종사자 또는 제조에 이용하는 기계기구의 조작 담당자
- 모니터링 담당자가 갖추어야 할 요건
  - CCP의 모니터링 기술에 대하여 적절한 교육을 받아둘 것
  - CCP 모니터링의 중요성에 대하여 충분히 이해하고 있을 것
  - 모니터링을 하는 장소, 이용하는 기계기구에 쉽게 이동(접근)할 수 있을 것
  - CL을 위반한 경우에는 신속히 그 내용을 신속히 보고하고 개선조치를 취하도록 할 것

16 ④ 검증(verification)
안전관리기준(HACCP) 관리계획의 유효성과 실행 여부를 정기적으로 평가하는 일련의 활동(적용방법과 절차, 확인 및 기타 평가 등을 수행하는 행위를 포함한다)을 말한다.

17 ① 사람의 1일 섭취허용량(ADI)
사람이 일생 동안 섭취하여 바람직하지 않은 영향이 나타나지 않을 것으로 예상되는 화학물질의 1일 섭취량을 말한다.

ADI=MNEL(최대무작용량)×1/100×국민의 평균 체중(mg/kg)

18 ③ 관능적 특성의 측정 요소들 중 반응척도가 갖추어야 할 요건
- 단순해야 한다.
- 관련성이 있어야 한다.
- 편파적이지 않고 공평해야 한다.
- 의미전달이 명확해야 한다.
- 차이를 감지할 수 있어야 한다.

19 ③ 대장균군의 정성시험
추정시험, 확정시험, 완전시험의 3단계로 구분된다.

추정시험	유당부이온(LB배지) 배지 사용
확정시험	BGLB, EMB, Endo 배지 사용
완전시험	EMB 배지 사용

※ 추정시험은 유당배지를 가한 발효관에 검체를 넣어 35±1℃에서 48±3시간 동안 배양하여 가스 발생의 유무로 대장균의 존재를 추정할 수 있으며, 가스발생이 있으면 확정시험을 실시한다.

20 ④ 이물시험법
체분별법, 여과법, 와일드만 플라스크법, 침강법 등이 있다.

체분별법	• 검체가 미세한 분말 속의 비교적 큰 이물 • 체로 포집하여 육안검사
여과법	• 검체가 액체이거나 또는 용액으로 할 수 있을 때의 이물 • 용액으로 한 후 신속여과지로 여과하여 이물검사
와일드만 플라스크법	• 곤충 및 동물의 털과 같이 물에 젖지 않는 가벼운 이물 • 원리 : 검체를 물과 혼합되지 않는 용매와 저어 섞음으로써 이물을 유기용매 층에 떠오르게 하여 취함
침강법	• 쥐똥, 토사 등의 비교적 무거운 이물

제2과목 식품화학

21 ① 물의 상태도

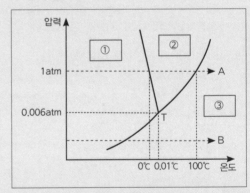

- 물은 고체(얼음, 그림 ①), 액체(물, 그림 ②), 기체(증기, 그림 ③)의 3상(phase)으로 존재한다.
- T(triple point, 삼중점)는 물-수증기-얼음이 함께 존재하는 조건이다. 즉, 압력이 0.006atm이면서 온도가 0.001℃일 때 나타나는 상태이다.

22 ② 키틴(chitin)
- 갑각류의 구조형성 다당류로서 바닷가재, 게, 새우 등의 갑각류와 곤충류 껍질 층에 포함되어 있다.
- N-acetyl glucosamine들이 β-1,4 glucoside 결합으로 연결된 고분자의 다당류로서 영양성분은 아닌 물질이다.
- 항균, 항암 작용, 혈중 콜레스테롤 저하, 고혈압 억제 등의 효과가 있다.

23 ② 펙틴 성분의 특성

저메톡실 펙틴 (Low methoxy pectin)	• methoxy(CH_3O) 함량이 7% 이하인 것이다. • 고메톡실 펙틴의 경우와 달리 당이 전혀 들어가지 않아도 젤리를 만들 수 있다. • Ca와 같은 다가이온이 펙틴 분자의 카르복실기와 결합하여 안정된 펙틴겔을 형성한다. • methoxyl pectin의 젤리화에서 당의 함량이 적으면 칼슘을 많이 첨가해야 한다.
고메톡실 펙틴 (High methoxy pectin)	• methoxy(CH_3O) 함량이 7% 이상인 것이다. • 고메톡실펙틴의 겔에 영향을 주는 인자는 pH, 설탕 등이다.

24 ④ 단백질의 변성(denaturation)

1. 정의 : 단백질 분자가 물리적 또는 화학적 작용에 의해 비교적 약한 결합으로 유지되고 있는 고차구조(2~4차)가 변형되는 현상을 말하며, 대부분 비가역적 반응이다.

2. 단백질의 변성에 영향을 주는 요소
• 물리적 작용 : 가열, 동결, 건조, 교반, 고압, 조사 및 초음파 등
• 화학적 작용 : 묽은 산, 알칼리, 요소, 계면활성제, 알코올, 알칼로이드, 중금속, 염류 등

3. 단백질 변성에 의한 변화
• 용해도가 감소
• 효소에 대한 감수성 증가
• 단백질의 특유한 생물학적 특성을 상실
• 반응성의 증가
• 친수성 감소

25 ② 글루타티온(glutathione)
• γ-glutamic acid, cysteine 및 glycine으로 되어 있는 아미노산 중합체이다.
• 생물체에 광범위하게 분포되어 있다. 간과 신장에 가장 많이 포함되어 있다.
• 활성산소와 과산화물을 감소하는 항산화제 역할을 한다.

26 ① 비타민 D
• 동식물계에 널리 분포하는 provitamin D인 에르고스테롤과 7-히드로콜레스테롤이 자외선의 조사를 받아 에르고칼시페롤(비타민 D_2, 식물)과 콜레칼시페롤(비타민 D_3, 동물)이 생성된다.

• Ca와 P의 흡수 및 체내 축적을 돕고 균형을 적절히 유지하여 뼈의 석회화를 도와주는 역할을 한다.
• 결핍되면 구루병, 골연화증 등이 발생되고 골다공증을 유발하기도 한다.

27 ③ 5′-이노신산(5′-inosinic acid)
• 중요한 퓨린뉴클레오티드인 5′-아데닐산, 5′-구아닐산은 5′-이노신산을 거쳐서 생합성 된다. 또 ADP와 ATP는 5′-아데닐산이 인산화된 것이므로, 5′-이노신산은 ADP와 ATP의 전구체이다.
• 5′-이노신산은 핵산, 조효소, ATP 등을 합성하는 데 중요한 물질이다.
• 동물의 근육 속에는 5′-아데닐산이 다량으로 함유되어 있는데, 동물이 죽은 후에는 5′-아데닐산디아미나아제가 작용하여 5′-이노신산으로 변한다.
• 5′-이노신산은 음식의 맛을 강하게 하므로 그 나트륨염이 화학조미료로 사용되고 있다.

28 ② 매운맛 성분
• 피페린(piperine) : 후추의 매운맛 성분
• 차비신(chavicine) : 후추의 매운맛 성분
• 진제론(zingerone) : 생강의 매운맛 성분
• 이소티오시아네이트(isothiocyanate) : 무, 고추냉이, 겨자, 양배추 등의 매운맛

29 ④ Chlorophyll은 Cu, Fe, Zn 등의 이온 또는 염과 함께 가열하면
• chlorophyll 분자 중의 Mg^{2+}이 이들의 금속이온과 치환되어 선명한 녹색의 Cu-chlorophyll, 선명한 갈색의 Fe-chlorophyll, Zn-chlorophyll 등을 형성한다.
• 이들의 색깔은 매우 안정하여 가열 시에도 그 색깔이 그대로 유지된다.

30 ① Maillard reaction(amino-carbonyl reaction)
• 초기단계는 당류와 아미노화합물의 축합반응과 아마도리 전위(amadori rearrangement)가 일어난다.
• 즉, glucose와 amino compound가 축합하여 질소 배당체인 glucosylamine이 형성된다(축합반응).
• 다시 glucosylamine은 amadori 전위를 일으켜 대응하는 fructosylamine으로 이성화된다(아마도리 전위).

31 ④ 호화에 미치는 영향

수분	전분의 수분 함량이 많을수록 호화는 잘 일어난다.

Starch 종류	호화는 전분의 종류에 큰 영향을 받는데 이것은 전분 입자들의 구조의 차이에 기인한다.
온도	호화에 필요한 최저 온도는 대개 60℃ 정도다. 온도가 높으면 호화의 시간이 빠르다. 쌀은 70℃에서는 수 시간 걸리나 100℃에서는 20분 정도이다.
pH	알칼리성에서는 팽윤과 호화가 촉진된다.
염류	일부 염류는 전분 알맹이의 팽윤과 호화를 촉진시킨다. 일반적으로 음이온이 팽윤제로서 작용이 강하다(OH⁻ > CNS⁻ > Br⁻ > Cl⁻). 한편, 황산염은 호화를 억제한다.

32 ① 젤(gel)
- 친수 졸(sol)을 가열 후 냉각시키거나 물을 증발시키면 분산매가 줄어들어 반고체 상태로 굳어지는데 이 상태를 젤(gel)이라고 한다.
- 종류 : 한천, 젤리, 양갱, 두부, 묵, 삶은 계란, 치즈 등

33 ② 비타민 B_2(riboflavin)
- 약산성 내지 중성에서 광선에 노출되면 lumichrome으로 변한다.
- 알칼리성에서 광선에 노출되면 lumiflavin으로 변한다.
- 비타민 B_1, 비타민 C가 공존하면 비타민 B_2의 광분해가 억제된다.
- 갈색병에 보관함으로써 광분해를 억제할 수 있다.

34 ② 식품의 레올로지(rheology)

소성 (plasticity)	외부에서 힘의 작용을 받아 변형이 되었을 때 힘을 제거하여도 원상태로 되돌아가지 않는 성질 예 버터, 마가린, 생크림
점성 (viscosity)	액체의 유동성에 대한 저항을 나타내는 물리적 성질이며 균일한 형태와 크기를 가진 단일물질로 구성된 뉴톤 액체의 흐르는 성질을 나타내는 말 예 물엿, 벌꿀
탄성 (elasticity)	외부에서 힘의 작용을 받아 변형되어 있는 물체가 외부의 힘을 제거하면 원래 상태로 되돌아가려는 성질 예 한천젤, 빵, 떡

점탄성 (viscoelasticity)	외부에서 힘을 가할 때 점성유동과 탄성변형을 동시에 일으키는 성질 예 껌, 반죽
점조성 (consistency)	액체의 유동성에 대한 저항을 나타내는 물리적 성질이며 상이한 형태와 크기를 가진 복합물질로 구성된 비 뉴톤 액체에 적용되는 말

35 ③ Weissenberg 효과
- 가당연유 속에 젓가락을 세워서 회전시키면 연유가 젓가락을 따라 올라가는데, 이와 같은 현상을 말한다.
- 이것은 액체에 회전운동을 부여하였을 때 흐름과 직각방향으로 현저한 압력이 생겨서 나타나는 현상이며, 액체의 탄성에 기인한 것이다.
- 연유, 벌꿀 등

36 ② MCPD(3-monochloro-1,2-propandiol)
- 아미노산(산분해) 간장의 제조 시 유지성분을 함유한 단백질을 염산으로 가수분해할 때 생성되는 글리세롤 및 그 지방산 에스테르와 염산과의 반응에서 형성되는 염소화합물의 일종으로 실험동물에서 불임을 유발한다는 일부 보고가 있다.
- WHO의 식품첨가물전문가위원회에서 이들 물질은 '바람직하지 않은 오염물질로서 가능한 농도를 낮추어야 하는 물질'로 안전성을 평가하고 있다.

37 ④ 식품오염에 문제가 되는 방사선 물질
- 생성률이 비교적 크고 반감기가 긴 것 : Sr-90(28.8년), Cs-137(30.17년) 등
- 생성률이 비교적 크고 반감기가 짧은 것 : I-131(8일), Ru-106(1년), Ba-140(12.8일) 등
- ※ Sr-90은 주로 뼈에 침착하여 17.5년이란 긴 유효반감기를 가지고 있기 때문에 한번 침착되면 장기간 조혈기관인 골수를 조사하여 장애를 일으킨다.

38 ①

람베르트-베르법칙	흡광도가 농도와 흡수층 두께에 비례한다고 하는 법칙
페히너의 법칙	차역(差閾)에 관한 베버의 법칙을 바탕으로 한 인간의 감각 크기는 자극의 크기의 로그에 비례한다는 법칙
웨버의 법칙	자극의 강도와 식별역의 비가 일정하다고 하는 법칙

미하엘리스-멘텐의 식	효소반응의 속도론적 연구에서, 효소와 기질이 우선 복합체를 형성한다는 가정 하에서 얻은 반응 속도식

39 ① 식품첨가물의 사용기준 설정
- 가장 중요한 인자는 1일 섭취 허용량이다.
- 식품첨가물은 의약품과 달리 일생 동안 섭취하므로 만성독성 시험이라든가 발암성 시험 등이 추가되어 사용량 및 사용할 수 있는 대상 식품이 검토되며 물질의 조성, 순도 등 여러 가지 시험을 통해 각각의 식품첨가물에 대한 1일 섭취 허용량을 정한다.
- 1일 섭취 허용량(ADI) : 식품첨가물을 안전하게 사용하기 위한 지표가 되는 것으로 인간이 어떤 식품첨가물을 일생 동안 매일 섭취해도 어떠한 영향도 받지 않는 하루의 섭취량을 의미한다.

40 ① 산미료(acidulant)
- 식품을 가공하거나 조리할 때 적당한 신맛을 주어 미각에 청량감과 상쾌한 자극을 주는 식품첨가물이며, 소화액의 분비나 식욕 증진효과도 있다.
- 보존료의 효과를 조장하고, 향료나 유지 등의 산화방지에 기여한다.
- 유기산계에는 구연산(무수 및 결정), D-주석산, DL-주석산, 푸말산, 푸말산일나트륨, DL-사과산, 글루코노델타락톤, 젖산, 초산, 디핀산, 글루콘산, 이타콘산 등이 있다.
- 무기산계에는 이산화탄소(무수탄산), 인산 등이 있다.
※ 소르빈산(sorbic acid)은 허용 보존료이다.

제3과목 식품가공·공정공학

41 ② 밀가루 반죽 품질검사 기기
- arinograph : 밀가루 반죽 시 생기는 점탄성을 측정
- consistometer : 점도 측정 장치
- amylograph 시험 : 전분의 호화온도 측정
- extensograph 시험 : 반죽의 신장도와 인장항력 측정
- mixograph : 반죽의 물성을 측정

42 ① 글루텐(gluten)의 아미노산 조성
- glutamine과 proline함량이 높다.
- proline은 다른 아미노산과 달리 아민기(NH_3^+)가 아닌 이민(NH)으로 이루어져 있어서 탄소사슬의 회전이 힘들고 고리구조를 이루고 있어서 견고함을 유지한다.

- proline은 알파-나선구조(α-helix)함량을 저하시켜 불규칙한 고차구조를 없애며 고도로 분자를 서로 엉키게 하여 탄력성을 부여하는 아미노산이다.

43 ④ 제빵 시 설탕첨가 목적
- 효모의 영양원으로 발효 촉진
- 빵 빛깔과 질을 좋게 함
- 산화방지
- 수분보유력이 있어 노화 방지
※ 제빵에서 설탕은 유해균의 발효 능력을 억제하지 못함

44 ① 옥수수 전분 제조 시 아황산(SO_2)의 침지
- 아황산 농도 0.1~0.3%, pH 3~4, 온도 48~52℃에서 48시간 행한다.
- 아황산은 옥수수를 부드럽게 하여 전분과 단백질의 분리를 쉽게 하고 잡균의 오염을 방지한다.

45 ④ 콩 단백질의 특성
- 콩 단백질의 주성분은 음전하를 띠는 glycinin이다.
- 콩 단백질은 묽은 염류용액에 용해된다.
- 콩을 수침하여 물과 함께 마쇄하면, 인산칼륨 용액에 의해 glycinin이 용출된다.
- 두부는 콩 단백질인 glycinin을 70℃ 이상으로 가열하고 $MgCl_2$, $CaCl_2$, $CaSO_4$ 등의 응고제를 첨가하면 glycinin(음이온)은 Mg^{++}, Ca^{++} 등의 금속이온에 의해 변성(열, 염류) 응고하여 침전된다.

46 ③ 글루코노델타락톤(G.D.L., glucono-δ-lactone)
- 첨가 온도가 85~90℃이다.
- 수용성이므로 계속하여 생성된 락톤기가 글루콘산을 만들어 응고력이 지속된다.
- 수율이 높은 장점이 있으나, 약간의 신맛이 날 염려가 있다.

47 ① 산분해간장용(아미노산 간장)
- 단백질을 염산으로 가수분해하여 만든 아미노산액을 원료로 제조한 간장이다.
- 단백질 원료를 염산으로 가수분해 시킨 후 가성소다(NaOH)로 중화시켜 얻은 아미노산액을 원료로 만든 화학간장이다.
- 중화제는 수산화나트륨 또는 탄산나트륨을 쓴다.
- 단백질 원료에는 콩깻묵, 글루텐 및 탈지대두박, 면실박 등이 있고 동물성 원료에는 어류 찌꺼기, 누에, 번데기 등이 사용된다.

48 ① 과일 박피 방법

- 칼(손)로 벗기는 법(hand peeling) : 손으로 칼을 이용하여 벗긴다.
- 열탕, 증기에 의한 법(steam peeling) : 열탕에 1분간 데치거나 증기를 2~3분 작용시킨 후 냉각하여 박피한다.
- 알칼리 처리법(lye peeling) : 1~3% NaOH용액 90~95℃에서 1~2분 담근 후 물로 씻는다(법랑냄비 사용).
- 산처리(acid peeling) : 1~2% Hcl, H_2SO_4를 온도 80℃ 이상에서 1분간 담갔다가 꺼내 찬물에 담근 후 박피한다.
- 산 및 알칼리 처리법 : 1~2% 염산 또는 황산액에 일정시간 담근 후 찬물로 씻고, 2~3%의 끓는 NaOH용액에 담그면 껍질이 녹는다.
- 기계를 쓰는 법(mechanical peeling) : 기계적으로 박피기를 이용한다.

49 ③ 통조림 살균

산성 식품의 통조림 살균	• pH가 4.5 이하인 산성식품에는 변패나 식중독을 일으키는 세균이 자라지 못하므로 곰팡이나 효모류만 살균하면 살균 목적을 달성할 수 있는데, 이런 미생물은 끓는 물에서 살균되므로 비교적 낮은 온도(100℃ 이하)에서 살균한다. • 과실, 과실주스 통조림 등
저산성 식품의 통조림 살균	• pH가 4.5 이상인 저산성 식품의 통조림은 내열성 유해포자 형성 세균이 잘 자라기 때문에 이를 살균하기 위하여 100℃ 이상의 온도에서 고온가압 살균(Clostridium botulinum의 포자를 파괴할 수 있는 살균조건)해야 한다. • 곡류, 채소류, 육류 등

50 ③ 과실주스 제조에 이용되는 효소

펙틴분해효소(pectinase), 셀룰라아제(cellulase), 헤미셀룰라아제(hemicellulase), 알파아말라제(α-amylase), 단백질분해효소(protease), 나린진나아제(naringinase), 폴리페놀옥시다아제(Polyphenoloxidase), 에스테라제(Esterase) 등이 있다.

※ 리폭시지나아제(lipoxygenase)는 콩의 비린내 원인 물질로서 리놀산과 리놀렌산 같은 긴 사슬의 불포화 지방산 산화과정에 관여함으로써 유발되는 것으로 알려져 있다.

51 ③ 우유류 규격[식품공전]

- 산도(%) : 0.18 이하(젖산으로서)
- 유지방(%) : 3.0 이상(다만, 저지방제품은 0.6~2.6, 무지방제품은 0.5 이하)
- 세균수 : n=5, c=2, m=10,000, M=50,000
- 대장균군 : n=5, c=2, m=0, M=10(멸균제품은 제외한다.)
- 포스파타제 : 음성이어야 한다(저온장시간 살균제품, 고온단시간 살균제품에 한함).
- 살모넬라 : n=5, c=0, m=0/25g
- 리스테리아 모노사이토제네스 : n=5, c=0, m=0/25g
- 황색포도상구균 : n=5, c=0, m=0/25g

52 ② 육가공 제조 시 육색고정

- 육색고정제로 질산염을 사용할 경우 질산염 환원균에 의해 부분적으로 아질산염을 생성시키고 이 아질산염은 myoglobin과 반응하여 metmyoglobin을 생성시킨다.
- 이 아질산은 ascorbic acid와 반응하여 일산화질소가 생성되고, 젖산과 반응하여 일산화질소가 생성된다.
- 이것(일산화질소)이 myoglobin과 반응하여 nitorosomyglobin의 적색으로 전환되어 고정된다.

53 ③ 냉동 육류의 드립(drip) 발생원인

- 얼음결정이 기계적으로 작용하여 육질의 세포를 파괴 손상시키는 것
- 체액의 빙결분리
- 단백질의 변성
- 해동경직에 의한 근육의 이상 강수축

54 ① 난백의 기포성에 영향을 주는 조건

온도	• 온도가 높으면 기포력은 커지나 안정성은 감소한다.
pH	• 난백의 주요 단백질인 ovalbumin의 등전점 부근인 pH 4.8에서 크고 이외 영역에서는 적다.
점도	• 포말의 안정성은 일반적으로 용액의 점도가 높은 쪽이 좋다. • 난백액에 glycerine, sorbitol 등의 증점제를 첨가하여 점도를 높이면 포말 안정성도 높아진다. ovomucin은 포말 안정성에 관여하는 단백질이다.

무기염의 첨가	• 난백액을 저온살균처리하면 기포력이 낮아진다. • conalbumin에 친화성이 있는 인산염이나 구연산염을 첨가하면 저온살균에 의해 생긴 기포력 저하를 억제한다.
기름	• 소량으로도 기포력을 현저히 감소시킨다.
설탕	• 기포력을 증가시킨다.
소금	• 기포력을 감소시킨다.

※ 설탕은 기포력을 증가시키거나 지방족인 glycerol은 기포생성을 저해한다.

55 ① 유지채취법

1. **식물성 유지채취법** : 압착법과 추출법이 이용된다.
• 압착법 : 원료를 정선한 뒤 탈각하고 파쇄, 가열하여 압착한다.
• 추출법 : 원료를 휘발성 용제에 침지하여 유지를 유지 용제로 용해시킨 다음 용제는 휘발시키고, 유지를 채취하는 방법으로 소량 유지까지도 착유할 수 있고, 채유 효율이 가장 좋은 방법이다.

2. **동물성 유지 채취법** : 용출법이 이용된다.
• 용출법 : 원료를 가열하여 내용물을 팽창시켜 세포막을 파괴하고 함유된 유지를 세포 밖으로 녹여내는 방법이다. 건식법과 습식법이 있다.
※ 착유율을 높이기 위해서 기계적 압착을 한 후 용매로 추출하는 방법이 많이 이용되고 있 다.

56 ④ 유지의 정제 공정 중 탈산 공정

• 원유에는 유리지방산이 0.5% 이상 함유되어 있다. 특히 미강유에는 10% 정도나 함유되어 있어 산을 제거하기 위해서 탈산처리를 한다.
• 가장 많이 쓰이는 방법은 수산화나트륨(NaOH) 용액으로 유리지방산을 중화하고 비누로 만들어 제거하는 알칼리 정제법이 있다.

57 ① 갈조류

미역, 다시마, 녹미채(톳), 모자반 등이 있다.
※ 김은 홍조류이다.

58 ④ 알루미늄박(Al-foil)

• 장점 : 가스 차단성, 내유성, 내열성, 방습성, 빛 차단성, 내한성이 우수
• 단점 : 인쇄성, 열접착성, 열성형성, 기계적성, 투명성 등에 결점
• 알루미늄박과 폴리에틸렌을 맞붙이면(lamination) 알루미늄박의 결점인 강도, 인쇄성, 열접착성, 기계적성

등이 향상된다.

59 ④ 냉동부하

물체를 냉동시키기 위해 제거되어야 할 열량

$$2,000kg \times 0.063W = 126W$$

60 ① 냉점(cold point)

• 포장식품에 열을 가했을 때 그 내부에는 대류나 전도열이 가장 늦게 미치는 부분을 말한다.
• 액상의 대류가열식품은 용기 아래쪽 수직 축상에 그 냉점이 있고, 잼 같은 반고형 식품은 전도·가열되어 수직 축상 용기의 중심점 근처에 냉점이 있다.
• 육류, 생선, 잼은 전도·가열되고 액상은 대류와 전도 가열에 의한다.

---

61 ② 대수기(증식기, logarithimic phase)

• 세포는 급격히 증식을 시작하여 세포 분열이 활발하게 되고, 세대시간도 가장 짧고, 균수는 대수적으로 증가한다.
• 대사물질이 세포질 합성에 가장 잘 이용되는 시기이다.
• RNA는 일정하고, DNA가 증가하고, 세포의 생리적 활성이 가장 강하고 예민한 시기이다.
• 이때의 증식 속도는 환경(영양, 온도, pH, 산소 등)에 따라 결정된다.

62 ④ 광합성 무기영양균(photolithotroph)의 특징

• 탄소원을 이산화탄소로부터 얻는다.
• 광합성균은 광합성 무기물 이용균과 광합성 유기물 이용균으로 나눈다.
• 세균의 광합성 무기물 이용균은 편성 혐기성균으로 수소 수용체가 무기물이다.
• 대사에는 녹색 식물과 달리 보통 H_2S를 필요로 한다.
• 녹색 황세균과 홍색 황세균으로 나누어지고, 황천이나 흑화니에서 발견된다.
• 황세균은 기질에 황화수소 또는 분자 상황을 이용한다.

63 ② 허들기술(hudle technology)

• 식품의 살균과정에서 화학보존료의 사용을 낮게 하기 위해 다양한 미생물 저해방법을 병행적으로 처리하여 식품의 변질을 최소화하는 방법이다.
• 미생물에 대한 살균력을 높이는 기술을 말한다.

- 낮은 소금의 농도, 낮은 산도, 그리고 낮은 농도의 보존료와 같이 낮은 수분활성도는 제품의 품질을 좋게 하여 그 제품의 선호도를 높게 할 수도 있게 된다.

64 ① *Aspergillus oryzae*
- 황국균(누룩곰팡이)이라고 한다.
- 생육온도는 25~37°C이다.
- 전분 당화력과 단백질 분해력이 강해 간장, 된장, 청주, 탁주, 약주 제조에 이용된다.
- 분비효소는 amylase, maltase, invertase, cellulase, inulinase, pectinase, papain, trypsin, lipase이다.
- 특수한 대사산물로서 kojic acid를 생성하는 것이 많다.
- ※ *Asp. niger*(흑국균)이 pectinase를 강하게 생산하여 주스 청징제에 이용된다.

65 ③ *Penicillum citrinum*
황변미의 원인균으로 신장 장애를 일으키는 유독 색소인 citrinin($C_{13}H_{14}O_5$)을 생성하는 유해균이다.

66 ② *Hansenula*속의 특징
- 액면에 피막을 형성하는 산막효모이다.
- 포자는 헬멧형, 모자형, 부정각형 등 여러 가지가 있다.
- 다극출아를 한다.
- 알코올로부터 에스테르를 생성하는 능력이 강하다.
- 질산염(nitrate)을 자화할 수 있다.

67 ① 그람(gram) 염색
- 세균분류의 가장 기본이 된다.
- 그람 양성과 그람 음성의 차이를 나타내는 것은 세포벽의 화학구조 때문이다.

68 ② *Streptococcus faecalis*
- 사람이나 동물의 장관에서 잘 생육하는 장구균의 일종이며 분변오염의 지표가 된다.
- 젖산균 제재나 미생물 정량에 이용된다.

69 ① *Leuconostoc mesenteroides*
- 그람 양성, 쌍구 또는 연쇄의 헤테로형 젖산균이다.
- 내염성을 갖고 있어서 김치의 발효 초기에 주로 발육하여 김치를 혐기성 상태로 만든다.
- ※ *Lactobacillus plantarum*은 간균이고 호모형 젖산균으로 침채류의 주 젖산균이고 우리나라 김치발효에 중요한 역할을 한다.

70 ③ 세포융합(cell fusion, protoplast fusion)
- 서로 다른 형질을 가진 두 세포를 융합하여 두 세포의 좋은 형질을 모두 가진 새로운 우량형질의 잡종세포를 만드는 기술을 말한다.
- 세포융합을 하기 위해서는 먼저 세포의 세포벽을 제거하여 원형질체인 프로토플라스트(protoplast)를 만들어야 한다. 세포벽 분해효소로는 세균에는 리소자임(lysozyme), 효모와 사상균에는 달팽이의 소화관액, 고등식물의 세포에는 셀룰라아제(cellulase)가 쓰인다.
- 세포융합의 단계
  - 세포의 protoplast화 또는 spheroplast화
  - protoplast의 융합
  - 융합체(fusant)의 재생(regeneration)
  - 재조합체의 선택, 분리

71 ④ 생산물의 생성 유형

증식 관련형	• 에너지대사 기질의 1차 대사경로(분해경로) • 균체생산(SCP 등), 에탄올 발효, 글루콘산 발효 등
중간형	• 에너지대사 기질로부터 1차 대사와는 다른 경로로 생성(합성경로) • 유기산, 아미노산, 핵산관련물질
증식 비관련형	• 균의 증식이 끝난 후 산물의 생성 • 항생물질, 비타민, glucoamylase 등

72 ③ 조류(Algae)
- 규조류 : 깃돌말속, 불돌말속 등
- 갈조류 : 미역, 다시마, 녹미채(톳) 등
- 홍조류 : 우뭇가사리, 김
- 남조류 : *Chroococcus*속, 흔들말속, 염주말속 등
- 녹조류 : 클로렐라

73 ① 젖산 발효형식
1. **정상발효 형식(homo type)** : 당을 발효하여 젖산만 생성
- EMP경로(해당과정)의 혐기적 조건에서 1mole의 포도당이 효소에 의해 분해되어 2mole의
- ATP와 2mole의 젖산 생성된다.

$$C_6H_{12}O_6 \xrightarrow{\ \ \ \ } 2CH_3CHOHCOOH$$
포도당   2ATP   젖산

- 정상발효 유산균 : *Str. lactis, Str. cremoris, L. delbruckii, L. acidophilus, L. casei, L. homohiochii* 등

2. **이상발효형식(hetero type)** : 당을 발효하여 젖산 외에 알코올, 초산, CO_2 등 부산물 생성

$$C_6H_{12}O_6 \rightarrow CH_3CHOHCOOH + C_2H_5OH + CO_2$$
$$2C_6H_{12}O_6 + H_2O \rightarrow 2CH_3CHOHCOOH + C_2H_5OH + CH_3COOH + 2CO_2 + 2H_2$$

- 이상발효 유산균 : *L. brevis*, *L fermentum*, *L. heterohiochii*, *Leuc.*, *mesenteoides*, *Pediococcus halophilus* 등

74 ③ 발효주

1. **단발효주** : 원료 속의 주성분이 당류로서 과실 중의 당류를 효모에 의하여 알코올 발효시켜 만든 술이다.
   예 과실주

2. **복발효주** : 전분질을 아밀라아제(amylase)로 당화시킨 뒤 알코올 발효를 거쳐 만든 술이 다.

단행복 발효주	맥주와 같이 맥아의 아밀라아제(amylase)로 전분을 미리 당화시킨 당액을 알코올 발효시켜 만든 술이다. **예** 맥주
병행복 발효주	청주와 탁주 같이 아밀라아제(amylase)로 전분질을 당화시키면서 동시에 발효를 진행시켜 만든 술이다. **예** 청주, 탁주

75 ① 맥아즙제조

- 맥아의 분쇄, 담금, 맥아즙 여과, 맥아즙 자비와 홉 첨가, 맥아즙 냉각 등의 공정으로 이루어진다.
- 맥아를 담금 전에 다시 정선하여 분쇄기에서 분쇄하고 물과 온도를 맞추어 담금을 한다.
- 이 담금에서 맥아의 amylase는 맥아 및 전분을 dextrin과 maltose로 분해하며 단백분해효소는 단백질을 가용성의 함질소물질로 분해한다.

76 ② 다른 자리 입체성 조절효소(allosteric enzyme)

- 활성물질들이 효소의 활성 부위가 아닌 다른 자리에 결합하여 이루어지는 반응능력 조절이다.
- 반응속도가 Michaelis-Menten 식을 따르지 않는다.
  - 기질농도와 반응속도의 관계가 S형 곡선이 된다.
- 기질결합에 대하여 협동성을 나타낸다.
  - 기질결합 → 형태변화 초래 → 다른 결합자리에 영향
- 효과인자(다른 자리 입체성 저해물, 다른 자리 입체성 활성물)에 의해 조절된다.
- 가장 대표적인 효소 : ATCase

77 ④ C_4 식물

- 사탕수수, 옥수수, 사탕옥수수, 등 열대산의 중요한 작물은 빛 합성률이 높고, 빛호흡을 하지 않는 것이 특징이다.
- 열대산 식물은 C_4경로를 통하여 이산화탄소를 고정한다.
- C_4-카복실산 경로는 빛의 쪼이는 양이 많고 온도가 높아서 물이 적은 환경에 적응하여 진화해온 경로이다.

78 ④ 생체 내의 지질대사 과정

- 인슐린은 지질 합성을 촉진한다.
- 생체 내에서는 초기에 주로 탄소수 16개의 palmitate를 생성한다.
- 지방산이 산화되기 위해서는 먼저 acyl-CoA synthetase의 촉매작용으로 acyl-CoA로 활성화되어야 한다.
- ※ phyridoxal phosphate(PLP)는 아미노산 대사에서 transaminase, glutamate decarboxylase 등의 보효소로 각각 아미노기 전이, 탈탄산 반응에 관여한다.

79 ② 단백질의 3차 구조

- polypeptide chain이 복잡하게 겹쳐서 입체구조를 이루고 있는 구조이다.
- 이 구조는 수소결합, disulfide결합, 해리 기간의 염결합(이온결합), 공유결합, 비극성 간의 van der waals 결합에 의해 유지된다.
- 특히 disulfide 결합은 입체구조의 유지에 크게 기여하고 있다.

80 ② DNA의 상보적인 결합

- 염기에는 퓨린(purine)과 피리미딘(pyrimidine)의 두 가지 종류가 있다.
- 퓨린은 아데닌(Adenine)과 구아닌(Guanine)의 두 가지가 존재한다.
- 피리미딘은 시토신(cytosine)과 티민(thymine)이 존재한다.
- 아데닌(A)은 다른 가닥의 티민(T)과, 구아닌(G)은 다른 가닥의 사이토신(C)과 각각 수소결합을 한다.
- DNA의 뼈대에서 디옥시리보오스에 인산기가 연결된 방향을 5′ 방향이라고 부르고 그 반대에 하이드록시기가 붙어있는 방향을 3′ 방향이라고 부른다.
- DNA 이중나선을 이루는 두 가닥의 DNA는 서로 반대 방향(Anti-parallel)으로 구성되어 있다.
- 즉, 이중나선의 상보적 한 가닥이 위에서 아래 방향이 5′ → 3′ 방향이라면, 나머지 한 가닥은 반대 방향인 아래에서 위 방향이 5′ → 3′ 방향이다.

제1과목　식품안전

01 ④ **식품위생법 시행규칙 제2조(식품 등의 위생적인 취급에 관한 기준)[별표1]**
최소판매 단위로 포장된 식품은 포장을 뜯어 분할하여 판매할 수 없다.

02 ② **식품위생법 시행령 제21조(영업의 종류)**
1. 식품접객업 영업형태 비교

업종	주 영업형태	부수적 영업형태
휴게음식점영업	음식류 조리·판매	• 음주행위금지
일반음식점영업	음식류 조리·판매	• 식사와 함께 부수적인 음주행위 허용
단란주점영업	주류 조리·판매	• 손님 노래허용
유흥주점영업	주류 조리·판매	• 유흥접객원, 유흥시설 설치 허용 • 공연 및 음주가무 허용
위탁급식영업	음식류 조리·판매	• 음주행위 금지
제과점영업	음식류 조리·판매	• 음주행위 금지

03 ③
1. 식품 및 축산물 안전관리인증기준 제14조(인증서의 반납)
• 식품위생법 제48조 제8항 또는 「축산물위생관리법」 제9조의4에 따라 안전관리인증기준(HACCP) 인증취소를 통보 받은 영업자 또는 영업소 폐쇄처분을 받거나 영업을 폐업한 영업자는 제11조 제3항 또는 제12조 제3항에 따라 발급된 안전관리인증기준(HACCP) 적용업소 인증서를 한국식품안전관리인증원장에게 지체 없이 반납하여야 한다.
• 이하생략
2. 식품위생법 제48조 제8항
• 식품안전관리인증기준을 지키지 아니한 경우
• 거짓이나 그 밖의 부정한 방법으로 인증을 받은 경우
• 제75조 또는 「식품 등의 표시·광고에 관한 법률」 제

16조 제1항·제3항에 따라 영업정지 2개월 이상의 행정처분을 받은 경우
• 영업자와 그 종업원이 제5항에 따른 교육훈련을 받지 아니한 경우
• 그 밖에 제1호부터 제3호까지에 준하는 사항으로서 총리령으로 정하는 사항을 지키지 아니한 경우

04 ② **식품공전 제3. 장기보존식품의 기준 및 규격**
1. 통·병조림식품
1. 병·통조림식품 제조, 가공기준
• 멸균은 제품의 중심온도가 120℃ 4분간 또는 이와 동등 이상의 효력을 갖는 방법으로 열처리하여야 한다.
• pH 4.6 이상의 저산성식품(low acid food)은 제품의 내용물, 가공장소, 제조일자를 확인할 수 있는 기호를 표시하고 멸균공정 작업에 대한 기록을 보관하여야 한다.
• pH가 4.6 이하인 산성식품은 가열 등의 방법으로 살균처리 할 수 있다.

2 규격
• 성상 : 관 또는 병 뚜껑이 팽창 또는 변형되지 아니하고, 내용물은 고유의 색택을 가지고 이미·이취가 없어야 한다.
• 주석(mg/kg) : 150 이하(알루미늄 캔을 제외한 캔제품에 한하며, 산성 통조림은 200 이하이어야 한다.)
• 세균 : 세균발육이 음성이어야 한다.

05 ④ **식품 및 축산물 안전관리인증기준 제5조(선행요건 관리)[별표1] 작업위생관리**
해동된 식품은 즉시 사용하고 즉시 사용하지 못할 경우 조리 시까지 냉장 보관하여야 하며, 사용 후 남은 부분을 재동결하여서는 아니 된다.

06 ③ **식품공장의 내벽시설 기준**
• 내벽은 바닥에서부터 1.5m까지는 밝은 색의 내수성, 내산성, 내열성의 적절한 자재로 설비하여야 한다.
• 세균 방지용 페인트로 도색하여야 한다.

07 ② **방충망**
망의 크기는 16mesh(14칸×12칸/2.54cm)로서 세척이나 수선을 위해 제거할 수 있도록 설계한다(그러나 16mesh 방충망도 완전하지 않음).

08 ① **HACCP의 7원칙 및 12절차**

1. 준비단계 5절차
- 절차 1 : HACCP 팀 구성
- 절차 2 : 제품설명서 작성
- 절차 3 : 용도확인
- 절차 4 : 공정흐름도 작성
- 절차 5 : 공정흐름도 현장확인

2 HACCP 7원칙
- 절차 6(원칙 1) : 위해요소 분석(HA)
- 절차 7(원칙 2) : 중요관리점(CCP) 결정
- 절차 8(원칙 3) : 한계기준(Critical Limit, CL) 설정
- 절차 9(원칙 4) : 모니터링 체계 확립
- 절차 10(원칙 5) : 개선조치방법 수립
- 절차 11(원칙 6) : 검증절차 및 방법 수립
- 절차 12(원칙 7) : 문서화 및 기록유지

09 ③ **HACCP에서 경영자의 역할**
- 예산 승인
- 회사의 HACCP 혹은 식품 안전성 정책의 승인 및 추진
- HACCP 팀장 및 팀원 지정
- HACCP 팀이 적절한 자원을 활용할 수 있도록 보장
- HACCP 팀이 작성한 프로젝트 승인 및 프로젝트가 지속적으로 추진되도록 보장
- 보고체계를 수립
- 프로젝트가 현실적이고 달성 가능하도록 보장

10 ③ **식품 및 축산물 안전관리인증기준 제2조(정의) 2. 위해요소**

식품위생법 제4조(위해 식품 등의 판매 등 금지)의 규정에서 정하고 있는 인체의 건강을 해칠 우려가 있는 생물학적, 화학적 또는 물리적 인자나 조건을 말한다.

※ 식품 및 축산물 안전관리인증기준 제6조(안전관리인증기준) [별표2] 위해요소

생물학적 위해요소	병원성미생물, 부패미생물, 기생충, 곰팡이 등 식품에 내재하면서 인체의 건강을 해할 우려가 있는 생물학적 위해 요소를 말한다.
화학적 위해요소	식품 중에 인위적 또는 우발적으로 첨가·혼입된 화학적 원인물질(중금속, 항생물질, 항균 물질, 성장호르몬, 환경호르몬, 사용기준을 초과하거나 사용 금지된 식품첨가물 등)에 의해 또는 생물체에 유해한 화학적 원인물질(아플라톡신, DOP 등)에 의해 인체의 건강을 해할 우려가 있는 요소를 말한다.
물리적 위해요소	식품 중에 일반적으로는 함유될 수 없는 경질이물(돌, 경질플라스틱), 유리조각, 금속 파편 등에 의해 인체의 건강을 해할 우려가 있는 요소를 말한다.

11 ④ **중요관리점(CCP)의 결정도**

1. 질문 1 : 확인된 위해요소를 관리하기 위한 선행요건 프로그램이 있으며 잘 관리되고 있는가?
- 예 : CP임
- 아니오 : 질문2

2. 질문 2 : 이 공정이나 이후 공정에서 확인된 위해의 관리를 위한 예방조치 방법이 있는가?
- 예 : 질문3
- 아니오 : 이 공정에서 안전성을 위한 관리가 필요한가?
  - 아니오 : CP임

3. 질문 3 : 이 공정은 이 위해의 발생가능성을 제거 또는 허용수준까지 감소시키는가?
- 예 : CCP
- 아니오 : 질문4

4. 질문 4 : 확인된 위해요소의 오염이 허용수준을 초과하여 발생할 수 있는가? 또는 오염이 허용할 수 없는 수준으로 증가할 수 있는가?
- 예 : 질문5
- 아니오 : CP임

5. 질문 5 : 이후의 공정에서 확인된 위해를 제거하거나 발생가능성을 허용수준까지 감소시킬 수 있는가?
- 예 : CP임
- 아니오 : CCP

12 ② **한계기준(Critical Limit)**
- 중요관리점에서의 위해요소 관리가 허용범위 이내로 충분히 이루어지고 있는지 여부가 판단할 수 있는 기준이나 기준치를 말한다.
- 한계기준은 CCP에서 관리되어야 할 생물학적, 화학적 또는 물리적 위해요소를 예방, 제거 또는 허용 가능한 안전한 수준까지 감소시킬 수 있는 최대치 또는 최소치를 말하며 안전성을 보장할 수 있는 과학적 근거에 기초하여 설정되어야 한다.
- 한계기준은 현장에서 쉽게 확인 가능하도록 가능한 육안관찰이나 측정으로 확인할 수 있는 수치 또는 특정 지표로 나타내어야 한다.

- 온도 및 시간
- 습도(수분)
- 수분활성도(Aw) 같은 제품 특성
- 염소, 염분농도 같은 화학적 특성
- pH
- 금속 검출기 감도
- 관련 서류 확인 등

13 ③ 모니터링(Monitoring)

1. **모니터링(Monitoring) 담당자** : 제조현장의 종사자 또는 제조에 이용하는 기계기구의 조작 담당자

2. **모니터링 담당자가 갖추어야 할 요건**
- CCP의 모니터링 기술에 대하여 적절한 교육을 받아 둘 것
- CCP 모니터링의 중요성에 대하여 충분히 이해하고 있을 것
- 모니터링을 하는 장소, 이용하는 기계기구에 쉽게 이동(접근)할 수 있을 것
- CL을 위반한 경우에는 신속히 그 내용을 보고하고 개선조치를 취하도록 할 것

14 ③ 개선조치(Corrective Action)
- 모니터링 결과 중요관리점의 한계기준을 이탈할 경우에 취하는 일련의 조치를 말한다.
- HACCP 관리계획에는 CCP에서의 모니터링 결과 CL로부터의 위반이 명백해진 경우에 취해야 하는 개선조치가 포함되어 있어야 한다.

15 ③ 검증주기에 따른 분류

최초검증	HACCP 계획을 수립하여 최초로 현장에 적용할 때 실시하는 HACCP 계획의 유효성 평가(Validation)
일상검증	일상적으로 발생되는 HACCP 기록문서 등에 대하여 검토·확인하는 것
특별검증	새로운 위해정보가 발생 시, 해당식품의 특성 변경 시, 원료·제조 공정 등의 변동 시, HACCP 계획의 문제점 발생 시 실시하는 검증
정기검증	정기적으로 HACCP 시스템의 적절성을 재평가하는 검증

16 ④ 유전자재조합 식품의 안전성 평가항목
- 신규성
- 항생제 내성
- 알레르기성독성
- 독성

17 ③ 관능검사에서 사용되는 정량적 평가방법

분류 (classification)	용어의 표준화가 되어 있지 않고 평가 대상인 식품의 특성을 지적하는 방법
등급(grading)	고도로 숙련된 등급 판단자가 4~5단계(등급)로 제품을 평가하는 방법
순위(ranking)	3개 이상 시료의 독특한 특성 강도를 순서대로 배열하는 방법
척도(scaling)	차이식별검사와 묘사분석에서 가장 많이 사용하는 방법으로 구획척도와 비구획척도로 나누어지며 항목척도, 직선척도, 크기 추정척도 등 3가지가 있음

18 ② 관능검사 패널

차이식별 패널	• 원료 및 제품의 품질검사, 저장시험, 원가절감 또는 공정개선 시험에서 제품 간의 품질차이를 평가하는 패널이다. • 보통 10~20명으로 구성되어 있고 훈련된 패널이다.
특성묘사 패널	• 신제품 개발 또는 기존제품의 품질 개선을 위하여 제품의 특성을 묘사하는 데 사용되는 패널이다. • 보통 고도의 훈련과 전문성을 겸비한 요원 6~12명으로 구성되어 있다.
기호조사 패널	• 소비자의 기호도 조사에 사용되며, 제품에 관한 전문적 지식이나 관능검사에 대한 훈련이 없는 다수의 요원으로 구성된다. • 조사크기 면에서 대형에서는 200~20,000명, 중형에서는 40~200명을 상대로 조사한다.
전문패널	• 경험을 통해 기억된 기준으로 각각의 특성을 평가하는 질적검사를 하며, 제조과정 및 최종제품의 품질차이를 평가, 최종품질의 적절성을 판정한다. • 포도주 감정사, 유제품 전문가, 커피 전문가 등

19 ③ 대장균 O157:H7의 분리 및 동정 시험
- 증균배양
- 확인시험
- 베로세포 독성검사
- 분리배양
- 혈청학적 검사
- 최종확인

20 ① 식품 중의 포름알데히드(formaldehyde)검사

formaldehyde를 함유한 식품에 chromotropic acid 용

액을 가하고 가열하면 formaldehyde은 chromotropic acid와 반응하여 자색을 띤다.

제2과목 식품화학

21 ③ **결합수의 특징**
- 식품성분과 결합된 물이다.
- 용질에 대하여 용매로 작용하지 않는다.
- 100℃ 이상으로 가열하여도 제거되지 않는다.
- 0℃ 이하의 저온에서도 잘 얼지 않으며 보통 −40℃ 이하에서도 얼지 않는다.
- 보통의 물보다 밀도가 크다.
- 식물 조직을 압착하여도 제거되지 않는다.
- 미생물 번식과 발아에 이용되지 못한다.

22 ② **등온흡습곡선**

단분자층 영역	식품성분 중의 carboxyl기나 amino기와 같은 이온그룹과 강한 이온결합을 하는 영역으로 식품 속의 물 분자가 결합수로 존재한다(흡착열이 매우 크다).
다분자층 영역	식품의 안정성에 가장 좋은 영역이다. 최적수분 함량을 나타낸다. 수분은 결합수로 주로 존재하나 수소결합에 의하여 결합되어 있다.
모세관응고 영역	식품의 세관에 수분이 자유로이 응결되며 식품성분에 대해 용매로서 작용한다. 따라서 화학, 효소 반응들이 촉진되고 미생물의 증식도 일어날 수 있다. 물은 주로 자유수로 존재한다.

23 ③ **당알코올(sugar alcohol)**
- 단당류의 carbonyl기(−CHO, $\rangle C = O$)가 환원되어 알코올(−OH)로 된 것이다.
- 일반적으로 단맛이 있고 체내에서 이용되지 않으므로 저칼로리 감미료로 이용된다.
- 솔비톨(sorbitol), 자일리톨(xylitol), 만니톨(mannitol), 에리스리톨(erythritol), 이노시톨(inositol) 등이 있다.

24 ② **호화전분의 물리적 성질**
- 수분흡수에 따라 팽윤(swelling)된다.
- 용해성과 점도가 증가한다.
- 광선의 투과율이 증가한다.
- 비등방성(anistropy)은 없어진다.
- 전분 gel은 thixotropic gel의 성질을 나타낸다.
- 소화되기 쉽다.

25 ④ **각 식용유지에 많이 함유된 지방산**
- 올리브유나 옥수수유, 낙화생유에는 oleic acid가 많이 함유되어 있다.
- 피마자유에는 ricinoleic acid가 많이 함유되어 있다.
- 대두유는 linoleic acid가 많이 함유되어 있다.

26 ④ **유지의 산패와 불포화도**
- 일반적으로 불포화도가 높은 지방산일수록 산화되기 쉽다.
- 불포화지방산에서 cis형이 tran형보다 산화되기 쉽다.
- 스테아르산(stearic acid)와 라우르산(lauric acid)은 포화지방산이고, 올레산(oleic acid)은 2중 결합 1개 함유하고, 리놀렌산(linolenic acid)은 2중 결합 3개 함유하고 있다.

27 ③

쌀, 보리, 밀 등 곡류의 단백질은 lysine, tryptophan, 함황아미노산 등의 함유량이 적다.

28 ③ **닌하이드린(ninhydrin) 반응**
- 아미노산의 −NH₂기는 가수분해가 어려우나 ninhydrin은 강한 산화제이므로 아미노산과 함께 가열하면 α−NH₂기를 산화 제거하여 정량적으로 deamination이 일어난다.
- 이때 발생하는 암모니아는 환원된 ninhydrin과 반응하여 청자색 화합물이 생성된다.
- 이 생성물의 흡광도는 처음 있던 −NH₂기의 양에 비례하므로 아미노산 혹은 단백질의 정성, 정량검사에 이용된다.

29 ④ **단백질의 변성(denaturation)**
1. 정의 : 단백질 분자가 물리적 또는 화학적 작용에 의해 비교적 약한 결합으로 유지되고 있는 고차구조(2~4차)가 변형되는 현상을 말하며, 대부분 비가역적 반응이다.
2. 단백질의 변성에 영향을 주는 요소
- 물리적 작용 : 가열, 동결, 건조, 교반, 고압, 조사 및 초음파 등
- 화학적 작용 : 묽은 산, 알칼리, 요소, 계면활성제, 알코올, 알칼로이드, 중금속, 염류 등
3. 단백질 변성에 의한 변화
- 용해도가 감소
- 효소에 대한 감수성 증가
- 단백질의 특유한 생물학적 특성을 상실
- 반응성의 증가
- 친수성 감소

30 ④ 칼슘(Ca) 흡수를 촉진하는 물질

- 칼슘은 산성에서는 가용성이지만 알칼리성에서는 불용성으로 되기 때문에 유당, 젖산, 단백질, 아미노산 등 장내의 pH를 산성으로 유지하는 물질은 흡수를 좋게 한다.
- 비타민 D, 비타민 C, 카제인포스포펩타이드, 올리고당 등은 Ca의 흡수를 촉진한다.
- ※ 칼슘 흡수를 방해하는 물질 : 시금치의 수산(oxalic acid), 곡류의 피틴산(phytic acid), 탄닌, 식이섬유 등

31 ① 나이아신(niacin)

- 결핍되면 사람은 pellagra에 걸린다.
- Pellagra는 옥수수를 주식으로 하는 지방에서 많이 볼 수 있는데 옥수수는 niacin이 부족할 뿐만 아니라 이에 들어 있는 단백질인 zein에 tryptophan 함량이 적기 때문이다.

32 ① 정미성을 가지고 있는 ribonucleotides

- 5′-guanylic acid(guanosine-5′-monophosphate, 5′-GMP), 5′-inosinic acid (inosine-5′-monophosphate, 5′-IMP), 5′-xanthylic acid (xanthosine-5′-phosphate, 5′-XMP)이다.
- 정미성 크기 : GMP > IMP > XMP의 순이다.
- 5′-GMP는 표고버섯, 송이버섯에, 5′-IMP는 소고기, 돼지고기, 생선에 함유된 맛난맛(지미) 성분이다.

33 ①

ammonia는 어류의 선도가 어느 정도 저하되었을 때 발생하는 자극적인 냄새이며, 요소로부터 세균의 작용으로 생성된 것이다.

34 ② 사과껍질의 붉은색 색소

안토시아닌(anthocyanin)계 색소인 시아니딘(cyanidin)이다.

35 ② 교질용액(colloid)의 특징

- 액체 중에 응집하거나 침전하지 않고 분산된 상태이다.
- Brown운동을 한다.
- 입자의 직경이 1~100㎛이다.
- 한외현미경으로만 관찰이 가능하다.
- 여과지는 통과하나 양피지는 통과하지 못한다.

36 ④ texturometer에 의한 texture-profile

1차적 요소	견고성(경도, hardness), 응집성(cohesiveness), 부착성(adhesiveness), 탄성(elasticity)
2차적 요소	파쇄성(brittleness), 저작성(씹힘성, chewiness), 점착성(검성, gumminess)
3차적 요소	복원성(resilience)

37 ③ heterocyclic amines(HCAs)

- 요리와 특히 구운 고기에서 발견되는 것으로 알려진 발암물질이다.
- 고기의 헤테로 고리 아민 형성은 높은 조리 온도에서 발생한다.
- 소고기, 돼지고기, 가금 및 물고기와 같은 근육 고기 요리에서 형성되는 발암물질이다.
- 근육의 아미노산과 크레아틴 등이 높은 조리 온도에서 반응하여 생성된다.

38 ④ 몰농도

- 용액 1ℓ 속에 함유된 용액의 분자량이다.
- 1몰=40
- NaOH 30g의 몰수=30/40=0.75

39 ① 표백제

- 식품의 색을 제거하기 위해 사용되는 식품첨가물이다.
- 환원표백제(6종) : 메타중아황산나트륨(sodium metabisulfite), 메타중아황산칼륨(potassium metabisulfite), 무수아황산(sulfur dioxide), 산성아황산나트륨(sodium bisulfite), 아황산나트륨(sodium sulfite), 차아황산나트륨(sodium hyposulfite) 등

40 ① 염소(chlorine)의 살균 특성

- pH가 낮을수록 비해리형 차아염소산(HClO)의 양이 커지므로 살균력도 높아진다.
- 살균효과는 유효염소량과 pH의 영향을 받는다.
- 음료수의 살균이나 우유처리 기구 등의 소독에 쓰이며, 광선에 의해 유효염소가 분해되므로 냉암소에 보관한다.
- 기구나 장비의 부식을 피하며 살균효과가 비교적 높은 pH 6.5~7 수준을 사용한다.

제3과목　식품가공·공정공학

41 ③ 곡물의 도정 방법

건식도정 (dry milling)	• 건조곡류를 그대로 도정하여 겨층을 제거 • 최종제품의 크기(meal, grit, 분말)에 따라 분류 • 옥수수, 쌀, 보리 도정에 이용 ※ 필요에 따라 소량의 물을 첨가할 수 있음.
습식도정 (wet milling)	• 물에 침지한 후 도정 • 주로 배유를 단백질과 전분으로 분리할 경우 사용

42 ③ 밀가루의 제빵 특성
• 밀가루 단백질인 글루텐(gluten)의 함량은 밀가루의 품질을 결정하는 데 가장 중요하다.
• 글루텐의 함량에 따라 강력분, 준강력분, 중력분, 박력분으로 크게 나눌 수 있다.
• 밀가루의 단백질에 물을 가하여 이겼을 때 대부분 글루텐이 되므로 대체로 단백질이 많으면 제빵 적성이 좋아진다.

43 ③ 콩의 영양을 저해하는 인자
트립신 저해제(trypsin inhibitor), 적혈구응고제(hemagglutinin), 리폭시게나제(lipoxygenase), Phytate(inositol hexaphosphate), 라피노스(raffinose), 스타키오스(stachyose) 등이다.

44 ① 두부의 제조 원리
두부는 콩 단백질인 글리시닌(glycinin)을 70℃ 이상으로 가열하고 $MgCl_2$, $CaCl_2$, $CaSO_4$ 등의 응고제를 첨가하면 glycinin(음이온)은 Mg^{++}, Ca^{++} 등의 금속이온에 의해 변성(열, 염류) 응고하여 침전된다.

45 ④ 연유 제조 시 예열(preheating)의 목적
• 유해 세균 살균과 효소의 불활성화
• 우유 단백질을 변성시켜서 농축 중의 열안정성 증가
• 설탕 용해 촉진
• 우유가 가열면에 눌어붙는 것을 방지
• 우유 제품의 농후화 억제

46 ④ 도살 해체한 지육의 냉각
• 도살 해체한 지육은 즉시 냉각하여 선도를 유지하여야 한다.
• 냉동 시에는 −20~−30℃로 급속동결해야 하며 −18℃ 이하로 저장한다.

47 ② 펙틴 성분의 특성

저메톡실 팩틴 (Low methoxy pectin)	• methoxy(CH_3O) 함량이 7% 이하인 것 • 고메톡실 팩틴의 경우와 달리 당이 전혀 들어가지 않아도 젤리를 만들 수 있다. • Ca와 같은 다가이온이 팩틴 분자의 카복실기와 결합하여 안정된 펙틴젤을 형성한다. • methoxyl pectin의 젤리화에서 당의 함량이 적으면 칼슘을 많이 첨가해야 한다.
고메톡실 팩틴 (High methoxy pectin)	• Methoxy(CH_3O) 함량이 7% 이상인 것

48 ④ 과채류 데치기(blanching)의 목적
• 산화효소를 파괴하여 가공 중에 일어나는 변색 및 변질을 방지한다.
• 원료 중의 특수 성분에 의하여 통조림 및 건조 중에 일어나는 외관, 맛의 변화를 방지한다.
• 원료의 조직을 부드럽게 하여 통조림 등을 만들때 담는 조작을 쉽게 하며 살균 가열할 때 부피가 줄어드는 것을 방지한다.
• 껍질 벗기기를 쉽게 한다.
• 원료를 깨끗이 하는 데 효과가 있다.

49 ① rennin에 의한 우유 응고
• casein은 rennin에 의하여 paracasein이 되며 Ca^{2+}의 존재 하에 응고되어 치즈 제조에 이용된다.
• rennin의 작용기작

$$\kappa\text{-casein} \xrightarrow{\text{rennin}} \text{para-}\kappa\text{-casein} + \text{glycomacropeptide}$$
$$\text{para-}\kappa\text{-casein} \xrightarrow[\text{pH 6.4~6.0}]{Ca^{++}} \text{dicalcium para-}\kappa\text{-casein(치즈커드)}$$

50 ③ 육 연화제

1. 정의 : 육의 유연성을 높이기 위하여 단백질 분해효소를 이용해서 거대한 분자구조를 갖는 단백질의 쇄(chain)를 절단하는 방법이다.

2. 종류

브로멜린 (bromelin)	파인애플에서 추출한 단백질 분해효소
파파인 (papain)	파파야에서 추출한 단백질 분해효소
피신(ficin)	무화과에서 추출한 단백질 분해효소
엑티니딘 (actinidin)	키위에서 추출한 단백질 분해효소

※ 이들은 열대나무에서 추출된 단백질분해효소이다.

51 ④ 계란의 저장 중 변화

- 신선란의 난백은 pH 7.6~7.9 사이이다. 계란의 저장 기간 동안 난백의 pH는 최대 9.7 수준으로 증가한다(알칼리성으로 변함).
- 난백의 pH 상승은 난각의 구멍을 통하여 CO_2가 방출되기 때문이다.

52 ④ 어류의 지질

어류의 지방에는 불포화지방산이 많이 포함되어 있는데, 불포화지방산의 융점은 포화지방산의 융점보다 낮다.

53 ② 탈납처리(winterization, 동유처리)

- salad oil 제조 시에만 하는 처리이다.
- 기름 냉각 시 고체지방으로 생성되는 것을 방지하기 위하여 탈취하기 전에 고체지방을 제거하는 작업이다.
- 주로 면실유에 사용되며, 면실유는 낮은 온도에 두면 고체지방이 생겨 사용할 때 외관상 좋지 않으므로 이 작업을 꼭 거친다.

54 ④ 식품가공에 이용되는 단위조작(unit operation)

- 액체의 수송, 저장, 혼합, 가열살균, 냉각, 농축, 건조에서 이용되는 기본 공정으로서, 유체의 흐름, 열전달, 물질이동 등의 물리적 현상을 다루는 것이다.
- 그러나 전분에 산이나 효소를 이용하여 당화시켜 포도당이 생성되는 것과 같은 화학적인 변화를 주목적으로 하는 조작을 반응조작 또는 단위 공정(unit process)이라 한다.

55 ③

흐르는 유체의 총에너지는 위치에너지, 운동에너지($v^2/2$), 내부에너지 및 압력에너지로 구성되어 있다.

56 ④ 냉점(cold point)

- 포장식품에 열을 가했을 때 그 내부에 대류나 전도열이 가장 늦게 미치는 부분을 말한다.
- 액상의 대류가열식품은 용기 아래쪽 수직 축상에 그 냉점이 있고, 잼 같은 반고형 식품은 전도·가열되어 수직 축상 용기의 중심점 근처에 냉점이 있다.
- 육류, 생선, 잼은 전도·가열되고 액상은 대류와 전도가열에 의한다.

57 ④ 심온냉동(cryogenic freezing)

- 액체질소, 액체탄산가스, freon 12 등을 이용한 급속 동결방법이다.
- 에틸렌가스는 −169.4℃, 액화질소는 −195.79℃, 프레온 −12는 −157.8℃, 이산화황가스는 −75℃에서 기화한다.
- ※ 이산화황가스는 심온냉동기의 냉매로는 부적합하다.

58 ② 제거된 수분의 양

- 70%의 수분을 함유한 식품의 kg당 수분은 1kg×0.7=0.7kg
- 건조하여 80%를 제거하면 0.7kg×0.8=0.56
- 식품의 kg당 제거된 수분의 양은 0.56

59 ④ 역삼투(reverse osmosis)법

- 본래 바닷물에서 순수를 얻기 위해 시작된 방법이다.
- 반투막을 사이에 두고 고농도의 염류를 함유하고 있는 유청 쪽에 압력을 주어 물 쪽으로 염류를 투과시켜 탈염, 농축시킨다.
- 유청 중의 단백질을 한외여과법으로 분리하고 투과액으로부터 유당을 회수하기 위해 역삼투법으로 농축한 후 농축액에서 전기영동법에 의해 회분을 제거하는 종합 공정을 이용한다.

60 ③ PVDC의 특성

- 내열성, 풍미, 보호성이 우수
- 투명을 요하는 식품의 포장
- 내약품, 내유성이 우수
- 광선 차단성이 좋아 햄, 소시지 등 육제품의 포장에 사용
- gas의 투과성과 흡습성이 낮아 진공포장 재료로 사용

제4과목 식품미생물 및 생화학

61 ④ 미생물의 분류기준

1. 인위분류법과 자연분류법

인위분류법	• 형태학적 성질 중시 – 곰팡이, 조류, 원생동물 : 주로 형태 위주 – 단세포미생물(세균, 효모) : 형태, 생리적 특성, 생화학적 특성, 혈청학적 성상
자연분류법	• 계통발생학적 유연관계

2. 수치적 분류법 : 여러 가지 성질을 통계처리에 의해 균주 간의 유사도 조사

3. 분자유전학적 분류 : DNA 염기조성 기준으로 분류

4. 화학분류법
• 세포의 화학성분이나 대사생성물을 지표로 하여 분류
• 세포벽의 구성성분 및 조성 : 세균, 효모
※ 미생물 분류에는 핵막의 유무, 포자의 형성유무, 격벽의 유무, 그람 염색성(세포벽의 성분) 등을 이용한다.

62 ④ 진핵세포(고등미생물)의 특징
• 핵막, 인, 미토콘드리아, 골지체 등을 가지고 있다.
• 메소좀(ribosome)이 존재하지 않는다.
• 편모가 존재하지 않는다.
• 유사분열을 한다.
• 곰팡이, 효모, 조류, 원생동물 등은 여기에 속한다.

63 ② 총균수 계산

> 총균수＝초기균수×$2^{세대기간}$
> 3시간 씩 30시간이면 세대수는 10
> 초기균수 a이므로
> 총균수＝a×2^{10}

64 ④ 그람 양성균의 세포벽
• peptidoglycan이 90% 정도와 teichoic acid, 다당류가 함유되어 있다.
• 테이코산은 리비톨인산이나 글리세롤인산이 반복적으로 결합한 폴리중합체이다.
• 테이코산의 기능은 이들이 갖는 인산기로 인한 음전하(–)를 세포외피에 제공하므로서 Mg^{2+}와 같은 양이온이 외부로부터 유입되는데 도움을 준다.

65 ② *Aspergillus*속과 *Penicillium*속의 차이점

*Penicillium*속과 *Aspergillus*속은 분류학상 가까우나 *Penicillium*속은 병족세포가 없고, 또한 분생자병 끝에 정낭(vesicle)을 만들지 않고 직접 분기하여 경자가 빗자루 모양으로 배열하여 취상체(penicillus)를 형성하는 점이 다르다.

66 ② 산막효모와 비산막효모의 특징비교

	산막효모	비산막효모
산소요구	산소를 요구한다.	산소의 요구가 적다.
발육위치	액면에 발육하며 피막을 형성한다.	액의 내부에 발육한다.
특징	산화력이 강하다.	알코올 발효력이 강하다.
균속	*Hasenula*속, *Pichia*속, *Debaryomyces*속	*Saccharomyces*속, *Shizosaccharomyces*속

※ *Hasenula*속, *Pichia*속, *Debaryomyces*속은 다극출아로 번식하고 대부분 양조제품에 유해균으로 작용한다.
※ *Saccharomyces*속은 출아분열, *Shizosaccharomyces*속은 분열법으로 번식한다.

67 ③ 바이러스
• 동식물의 세포나 세균세포에 기생하여 증식하며 광학현미경으로 볼 수 없는 직경 0.5μ 정도로 대단히 작은 초여과성 미생물이다.
• 미생물은 DNA와 RNA를 다 가지고 있는데 반하여 바이러스는 DNA나 RNA 중 한 가지 핵산을 가지고 있다.

68 ③ 버섯
• 대부분 분류학상 담자균류에 속하며, 일부는 자낭균류에 속한다.
• 버섯균사의 뒷면 자실층(hymenium)의 주름살(gill)에는 다수의 담자기(basidium)가 형성되고, 그 선단에 보통 4개의 경자(sterigmata)가 있고 담자포자를 한 개씩 착생한다. 담자가 생기기 전에 취상돌기(균반, clamp connection)를 형성한다.
• 담자균류는 균사에 격막이 있고 담자포자인 유성포자가 담자기 위에 외생한다.
• 담자기 형태에 따라 대별

동담자균류	담자기에 격막이 없는 공봉형태를 지닌 것
이담자균류	담자기가 부정형이고 간혹 격막이 있는 것

- 식용버섯으로 알려져 있는 것은 거의 모두가 담자균류의 송이버섯목에 속한다.
- 이담자균류에는 일부 식용버섯(흰목이버섯)도 속해 있는 백목이균목이나 대부분 식물병원균인 녹균목과 깜부기균목 등이 포함된다.
- 대표적인 동충하초속으로는 자낭균(Ascomycetes)의 맥간균과(Clavicipitaceae)에 속하는 *Cordyceps*속이 있으며 이밖에도 불완전 균류의 *Paecilomyces*속, *Torrubiella*속, *Podonecitria*속 등이 있다.

69 ① 세포융합의 방법
- 미생물의 종류에 따라 다르나 공통되는 과정은 적당한 한천배지에서 증식시킨 적기(보통 대수증식기로부터 정상기로 되는 전환기)의 균체를 모아서 sucrose나 sorbitol와 같은 삼투압 안정제를 함유하는 완충액에 현탁하고 세포벽 융해효소로 처리하여 protoplast로 만든다.
- 세포벽 융해효소 : 효모의 경우 달팽이의 소화효소(snail enzyme), *Arthrobacter luteus*가 생산하는 *zymolyase* 그리고 β-glucuronidase, laminarinase 등이 사용된다.

70 ① 유전자 조작에 이용되는 벡터(vector)
1. **정의** : 유전자 재조합 기술에서 원하는 유전자를 일정한 세포(숙주)에 주입시켜서 증식시키려면 우선 이 유전자를 숙주세포 속에서 복제될 수 있는 DNA에 옮겨야 한다. 이때의 DNA를 운반체(벡터)라 한다.
2. **운반체로 많이 쓰이는 것** : 플라스미드(plasmid)와 바이러스(용원성 파지, temperate phage)의 DNA 등이 있다.
3. **운반체로 사용되기 위한조건**
- 숙주세포 안에서 복제될 수 있게 복제 시작점을 가져야 한다.
- 정제과정에서 분해되지 않도록 충분히 작아야 한다.
- DNA 절편을 클로닝하기 위한 제한효소 부위를 여러 개 가지고 있어야 한다.
- 재조합 DNA를 검출하기 위한 표지(marker)가 있어야 한다.
- 숙주세포 내에서의 복제(copy)수가 가능한 한 많으면 좋다.
- 선택적인 형질을 가지고 있어야 한다.
- 제한효소에 의하여 잘리는 부위가 있어야 한다.
- 하나의 숙주세포에서 다른 세포로 스스로 옮겨가지 못하는 것이 더 좋다.

71 ② 발효형식(배양형식)의 분류
1. 배지상태에 따라 액체배양과 고체배양

액체배양	표면배양(surface culture), 심부배양(submerged culture)
고체배양	밀기울 등의 고체 배지 사용 - 정치배양 : 공기의 자연환기 또는 표면에 강제통풍 - 내부 통기배양(강제통풍배양, 퇴적배양) : 금속 망 또는 다공판을 통해 통풍

2. 조작상으로는 회분배양, 유가배양, 연속배양

회분배양 (batch culture)	제한된 기질로 1회 배양
유가배양 (fed-batch culture)	기질을 수시로 공급하면서 배양
연속배양 (continuous culture)	기질의 공급 및 배양액 회수가 연속적 진행

72 ① 후발효의 목적
- 발효성의 엑기스 분을 완전히 발효시킨다.
- 발생한 CO_2를 저온에서 적당한 압력으로 필요량만 맥주에 녹인다.
- 숙성되지 않는 맥주 특유의 미숙한 향기나 용존되어 있는 다른 gas를 CO_2와 함께 방출시킨다.
- 효모나 석출물을 침전 분리한다(맥주의 여과가 용이).
- 거친 고미가 있는 hop 수지의 일부 석출 분리한다(세련, 조화된 향미).
- 맥주의 혼탁 원인물질을 석출·분리한다.

73 ① *Leuconostoc mesenteroides*
- 그람 양성, 쌍구균 또는 연쇄상 구균이다.
- 생육 최적온도는 21~25°C이다.
- 설탕(sucrose)액을 기질로 dextran 생산에 이용된다.
- 내염성을 갖고 있어서 김치의 발효 초기에 주로 발육하는 균이다.

74 ① 구연산(citric acid) 발효
1. **생산균** : *Aspergillus niger*, *Asp. saitoi* 그리고 *Asp. awamori* 등이 있으나 공업적으로 *Asp. niger*가 사용된다.
2. **구연산 생성기작** : 구연산은 당으로부터 해당작용에 의하여 피루브산(pyruvic acid)가 생성되고, 또 옥살초산(oxaloacetic acid)와 acetyl CoA가 생성된다. 이 양자를 citrate sythetase의 촉매로 축합하여 citric acid를 생성하게 된다.

3. 구연산 생산 조건

- 배양조건으로는 강한 호기적 조건과 강한 교반을 해야 한다.
- 당농도는 10~20%이며, 무기영양원으로는 N, P, K, Mg, 황산염이 필요하다.
- 최적온도는 26~35°C이고, pH는 염산으로 조절하며 pH 3.4~3.5이다.
- 수율은 포도당 원료에서 106.7% 구연산을 얻는다.
- *Asp. niger* 등에 의한 구연산 발효는 배지 중에 Fe^{++}, Zn^{++}, Mn^{++} 등의 금속이온 양이 많으면 산생성이 저하된다. 특히 Fe^{++}의 영향이 크다.
- ※ 발효액 중의 균체를 분리 제거하고 구연산을 생석회, 소석회 또는 탄산칼슘으로 중화하여 가열 후 구연산 칼슘으로써 회수한다.
- ※ 발효 주원료로서 당질 또는 전분질 원료가 사용되고, 사용량이 가장 많은 것은 첨채당밀(beet molasses)이다.

75 ③ 주정 발효 시
- 당화작용이 필요한 원료 : 섬유소, 곡류, 고구마·감자 전분
- 당화작용이 필요 없는 원료 : 당밀, 사탕수수, 사탕무

76 ④ Michaelis-Menten 식

> [S]=Km이라면 V=1/2V_max이 된다.
> 20 umol/min=1/2V_max
> V_max=40 umol/min

$$[S]=K_m 이라면\ V=1/2V_{max}이\ 된다.$$
$$20\ umol/min=1/2V_{max}$$
$$V_{max}=40\ umol/min$$

77 ④ TCA 회로의 조절효소(pacemaker enzyme)

citrate synthase, isocitrate dehydrogenase, a-ketoglutarate dehydrogenase, succinyl CoA synthetase, succinate dehydrogenase, fumarate, malate dehydrogenase 등이 있다.

※ phosphoglucomutase는 glucose-6-phosphate를 glucose-1-phosphate로 가역적으로 변환시키는 효소이다.

78 ③ 사람 체내에서 콜레스테롤(Cholesterol)의 생합성 경로

acetyl CoA → HMG CoA → L-mevalonate → mevalonate pyrophosphate → isopentenyl pyrophosphate → dimethylallyl pyrophosphate → geranyl pyrophosphate → farnesyl pyrophosphate → squalene → lanosterol → cholesterol

79 ④ 단백질 합성에 관여하는 RNA
- m-RNA는 DNA에서 주형을 복사하여 단백질의 아미노산(amino acid) 배열 순서를 전달 규정한다.
- t-RNA(sRNA)는 활성아미노산을 리보솜(ribosome)의 주형(template) 쪽에 운반한다.
- r-RNA는 m-RNA에 의하여 전달된 정보에 따라 t-RNA에 옮겨진 amino acid를 결합시켜 단백질 합성을 하는 장소를 형성한다.
- 단백질 생합성에서 RNA는 m-RNA → r-RNA순 → t-RNA으로 관여한다.
- ※ RNA에는 adenine, guanine, cytosine, uracil이 있다.

80 ① purine을 생합성할 때 purine의 골격 구성
- purine 고리의 탄소원자들과 질소원자들은 다른 물질에서 얻어진다.
- 즉, 제4, 5번의 탄소와 제7번의 질소는 glycine에서 온다.
- 제1번의 질소는 aspartic acid, 제3, 9번의 질소는 glutamine에서 온다.
- 제2번의 탄소는 N^{10}-Forrnyl THF, 제8번의 탄소는 N^5, N^{10}-Methenyl THF에서 온다.
- 제6번의 탄소는 CO_2에서 온다.

제1과목   식품안전

01 ③ 식품위생법 시행령(허가 및 신고업종)

허가업종 [영 제23조]	• 식품보존업 중 식품조사처리업 • 식품접객업 중 단란주점영업, 유흥주점영업
신고업종 [영 제25조]	• 즉석판매제조·가공업 • 식품운반업 • 식품소분·판매업 • 식품보존업 중 식품냉동·냉장업 • 용기·포장류제조업 • 식품접객업 중 휴게음식점영업, 일반음식점영업, 위탁급식영업, 제과점영업

02 ① 식품위생 분야 종사자의 건강진단 규칙 제2조 (건강진단 항목 등)

1. 건강진단 항목 : 장티프스, 파라티푸스, 폐결핵
2. 횟수 : 1년에 1회 실시

03 ② 식품위생법 제48조(식품안전관리인증기준) 제1항

식품의약품안전처장은 식품의 원료관리 및 제조·가공·조리·유통의 모든 과정에서 위해한 물질이 식품에 섞이거나 식품이 오염되는 것을 방지하기 위하여 각 과정의 위해요소를 확인·평가하여 중점적으로 관리하는 기준(이하 "식품안전관리인증기준"이라 한다)을 식품별로 정하여 고시할 수 있다.

04 ④ 식품 등의 표시기준 Ⅲ. 개별표시사항 및 표시기준 1. 식품 제조연월일(제조일) 표시대상 식품

• 즉석섭취식품 중 도시락, 김밥, 햄버거, 샌드위치, 초밥
• 설탕류
• 식염
• 빙과류(아이스크림, 빙과, 식용얼음)
• 주류(다만, 제조번호 또는 병입연월일을 표시한 경우에는 생략할 수 있다.)
※ 주류 세부표시기준 : 제조번호 또는 병입연월일을 표시한 경우에는 제조일자를 생략할 수 있다.

05 ③ 식품공장의 작업장 구조와 설비

• 바닥은 내수성이고 불침투성이어야 하며 표면이 평탄하여 청소가 쉬워야 하고, 바닥의 구배는 1.5/100 내외의 경사를 두어 배수에 적당하도록 한다.
• 창의 면적은 벽 면적의 70% 이상이어야 하며 바닥의 면적을 기준으로 할 때는 바닥 면적의 20~30%로 하는 것이 좋다. 적절한 환기와 채광 등이 양호하도록 하나 곤충 등이 들지 않도록 방충망 시설을 한다.
• 식품관계의 영업용 건물은 불침투성이어야 하는 점을 감안할 때 충분히 내구성이 있는 콘크리트로 되어야 한다.
• 건물기초는 그 건물이 만족스런 제 기능을 발휘하고 사용기간 동안 안전을 확보할 수 있게끔 설계해야 한다.
• 천장은 표면을 고르게 하고 밝은 색으로 처리한다. 또한 응축수가 맺히지 않도록 재질과 구조에 유의한다.

06 ③ 식품공장에서 자연채광

• 자연채광을 위하여 창문의 위치는 입사각 27°, 개각 4~5°가 적당
• 상단은 천정으로부터 1m 이내, 하단은 바닥에서 90cm 이상
• 넓이는 바닥 면적을 기준으로 할 때 25% 내외
• 벽면적을 기준으로 할때는 70%가 적당

07 ① 위해요소 발생 가능성 판단 방법

• HACCP 팀의 경험이나 사례
• 과거의 발생 사례
• 역학 자료
• 기술서적 및 과학적 연구 논문, 잡지
• 대학이나 관련 연구소
• 공급자
• 타 식품 제조업체, 제품 클레임에 관한 정보

08 ② CCP 결정도

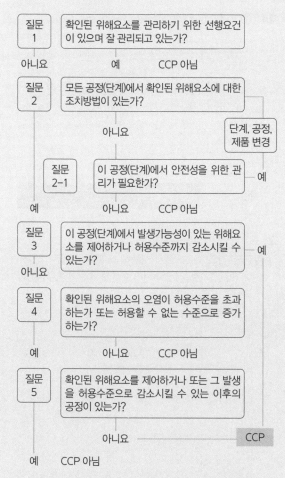

질문 1 : 확인된 위해요소를 관리하기 위한 선행요건이 있으며 잘 관리되고 있는가?
아니요 → / 예 → CCP 아님

질문 2 : 모든 공정(단계)에서 확인된 위해요소에 대한 조치방법이 있는가?
아니요 → / 예 → 단계, 공정, 제품 변경

질문 2-1 : 이 공정(단계)에서 안전성을 위한 관리가 필요한가?
예 → / 아니요 → CCP 아님 / 예 →

질문 3 : 이 공정(단계)에서 발생가능성이 있는 위해요소를 제어하거나 허용수준까지 감소시킬 수 있는가?
아니요 → / 예 →

질문 4 : 확인된 위해요소의 오염이 허용수준을 초과하는가 또는 허용할 수 없는 수준으로 증가하는가?
예 → / 아니요 → CCP 아님

질문 5 : 확인된 위해요소를 제어하거나 또는 그 발생을 허용수준으로 감소시킬 수 있는 이후의 공정이 있는가?
아니요 → CCP
예 → CCP 아님

09 ④ 식품 및 축산물 안전관리인증기준 제5조(선행요건 관리)
- 냉장식품과 온장식품에 대한 배식 온도관리기준을 설정·관리하여야 한다.

냉장보관	냉장식품 10℃ 이하(다만, 신선편의식품, 훈제연어는 5℃이하 보관 등 보관 온도 기준이 별도로 정해져 있는 식품의 경우에는 그 기준을 따른다.)
온장보관	온장식품 60℃ 이상

- 조리한 식품은 소독된 보존식 전용용기 또는 멸균 비닐봉지에 매회 1인분 분량을 -18℃ 이하에서 144시간 이상 보관하여야 한다.

10 ② HACCP의 7원칙 및 12절차
1. 준비단계 5절차

- 절차 1 : HACCP 팀 구성
- 절차 2 : 제품설명서 작성
- 절차 3 : 용도확인
- 절차 4 : 공정흐름도 작성
- 절차 5 : 공정흐름도 현장확인

2. HACCP 7원칙
- 절차 6(원칙 1) : 위해요소 분석(HA)
- 절차 7(원칙 2) : 중요관리점(CCP) 결정
- 절차 8(원칙 3) : 한계기준(Critical Limit, CL) 설정
- 절차 9(원칙 4) : 모니터링 체계 확립
- 절차 10(원칙 5) : 개선조치방법 수립
- 절차 11(원칙 6) : 검증절차 및 방법 수립
- 절차 12(원칙 7) : 문서화 및 기록유지

11 ③ HACCP 팀원의 책임
HACCP 추진 및 문서화, 위해 허용 한도의 이탈 감시, HACCP 계획의 내부 감사, HACCP 업무에 관한 정보 공유

12 ② 공정흐름도 작성
시설 도면, 공정 단계의 순서, 시간/온도의 조건, 통풍 및 공기의 흐름, 물 공급 및 배수, 칸막이, 장비의 형태, 용기의 흐름 및 세척/소독, 출입구, 손 소독, 발 소독조, 저장 및 분배 조건 등이 포함된다.

13 ② 한계기준(Critical Limit, CL) 설정
- CL은 각각의 CCP에서 위해를 예방, 제거 또는 허용 범위 이내로 감소시키기 위하여 관리되어야 하는 기준의 최대 또는 최소치를 말한다.
  예 온도, 시간, 습도, 수분활성, pH, 산도, 염분농도, 유효염소농도 등
- CL은 제조기준, 과학적인 데이터(문헌, 실험)에 근거하여 설정되어야 한다.
- 한계기준은 되도록 현장에서 즉시 모니터링이 가능한 수단을 사용하도록 한다.
- CCP별로 CL을 설정한다.

14 ① 모니터링(Monitoring)
각 CCP에서 강구되고 있는 위해의 예방조치가 정확히 기능하고 있는지의 여부를 판정하기 위해서는 적절한 측정, 관찰, 시험검사에 의한 감시가 필요하다.

15 ③ HACCP 개선조치(corrective action)의 설정
- HACCP 시스템에는 중요관리점에서 모니터링의 측정치가 관리기준을 이탈한 것이 판명된 경우, 관리기준의 이탈에 의하여 영향을 받은 제품을 배제하고, 중

요관리점에서 관리상태를 신속, 정확히 정상으로 원위치 시켜야 한다.
- 개선조치에는 다음의 것들이 있다.
  - 제조과정을 다시 관리 가능한 상태로 되돌림
  - 제조과정이 통제를 벗어났을 때 생산된 제품의 안전성에 대한 평가
  - 재위반을 방지하기 위한 방법 결정

16 ④ 검증 규정사항
- 빈도
- 검증팀 및 담당자
- 피검증 부서
- 검증 내용, 범위
- 검증 결과에 따른 조치
- 검증 결과의 기록 방법

17 ②

Acceptable risk	수용 가능한 위험확률
ADI	사람이 일생 동안 섭취하여 바람직하지 않은 영향이 나타나지 않을 것으로 예상되는 화학물질의 1일 섭취량
용량–반응곡선 (Dose-re-sponse curve)	약물량의 로그 값을 가로축에, 반응률을 세로축으로 하여 약물량과 약효의 관계를 나타낸 곡선으로 보통 S자형을 보이는 곡선
GRAS	해가 나타나지 않거나 증명되지 않고 다년간 사용되어 온 식품첨가물에 적용되는 용어

18 ④ 관능검사에 영향을 주는 심리적 요인
- 중앙경향오차
- 순위오차
- 기대오차
- 습관오차
- 자극오차
- 후광효과
- 대조오차

19 ② 최확수법(Most probable number, MPN)
- 수단계의 연속한 동일희석도의 검체를 수개씩 유당부이온 발효관에 접종하여 대장균군의 존재 여부를 시험하고 그 결과로부터 확률론적인 대장균군의 수치를 산출하여 이것을 최확수(MPN)로 표시하는 방법이다.
- 검체 10, 1 및 0.1 mL씩을 각각 5개씩 또는 3개씩의 발효관에 가하여 배양 후 얻은 결과에 의하여 검체 1mL 중 또는 1g 중에 존재하는 대장균군수를 표시하는 것이다.

- 최확수란 이론상 가장 가능한 수치를 말한다.

20 ① Inductively Coupled Particles(ICP)
- 아르곤 가스에 고주파를 유도결합방법으로 걸어 방전되어 얻어진 아르곤 프라즈마에 시험용액을 주입하여 목적원소의 원자선 및 이온선의 발광광도를 측정하여 시험용액 중의 목적원소의 농도를 구하는 방법이다.
- 이 방법은 Pb, Cd, Cu, Zn, Mn, Ni, Co, Sn, Fe, As, Sb, Cr, Se, Bi, V, Be 등의 대부분의 금속 측정에 쓰인다.

제2과목 식품화학

21 ③ 수분활성도(water activity, Aw)
어떤 임의의 온도에서 식품이 나타내는 수증기압(Ps)에 대한 그 온도에 있어서의 순수한 물의 최대 수증기압(Po)의 비로써 정의한다.

$$AW = \frac{P_S}{P_O} = \frac{N_W}{N_W + N_S}$$

P_S : 식품 속의 수증기압
P_O : 동일온도에서의 순수한 물의 수증기압
N_W : 물의 몰(mole)수
N_S : 용질의 몰(mole)수

22 ③ BET 단분자막 영역
- 단분자층(I형)과 다분자층(II형)의 경계선 영역으로 물분자가 균일하게 하나의 분자막을 형성하여 식품을 덮고 있는 영역이다.
- 단분자층 수분 함량의 측정은 건조식품의 경우 매우 중요한 의미를 갖는데 BET식에 의해서 구할 수 있다.

23 ④ 다당류

단순 다당류	• 구성당이 단일 종류의 단당류로만 이루어진 다당류 • starch, dextrin, inulin, cellulose, mannan, galactan, xylan, araban, glycogen, chitin 등
복합 다당류	• 다른 종류로 구성된 다당류 • glucomannan, hemicellulose, pectin substance, hyaluronic acid, chondrotinsulfate, heparin gum arabic, gum karaya, 한천, alginic acid, carrageenan 등

24 ② 호화에 미치는 영향

수분	전분의 수분 함량이 많을수록 호화는 잘 일어난다.
Starch 종류	호화는 전분의 종류에 큰 영향을 받는데 이것은 전분 입자들의 구조의 차이에 기인한다.
온도	호화에 필요한 최저 온도는 대개 60℃ 정도다. 온도가 높으면 호화의 시간이 빠르다. 쌀은 70℃에서는 수 시간 걸리나 100℃에서는 20분 정도이다.
pH	알칼리성에서는 팽윤과 호화가 촉진된다.
염류	일부 염류는 전분 알맹이의 팽윤과 호화를 촉진시킨다. 일반적으로 음이온이 팽윤제로서 작용이 강하다($OH^- >$ $CNS^- > Br^- > Cl^-$). 한편, 황산염은 호화를 억제한다.

25 ③ 스쿠알렌(Squalene)
- 불검화물의 일종이며 대표적인 불포화 탄화수소이다.
- 상어간유에 83%, 올리브유에 0.4~0.7%, 기타 미강유, 효모에도 존재한다.
- 분자식은 $C_{30}H_{50}$으로서, 6개 isoprene 단위를 가진 구조를 취하고 있으며 각종 sterol류의 전구물질이다.

26 ② 식품에 함유된 단백질
- 쌀 : oryzenin
- 감자 : tuberin
- 보리 : hordenin
- 옥수수 : zein
- 고구마 : ipomain
- 콩 : glycinin
- 밀, 호밀 : gliadin

27 ① 단백질의 기능성
- 용해도, 수분흡수력, 유지흡수력, 유화성, 기포성, 젤 형성력, 응고성, 점성 등으로 분류한다.
- 이런 특성으로 인하여 단백질 식품이 다양한 식품 가공에 사용되고 있다.

28 ④ 단백질의 구조에 관련되는 결합
- 1차 구조 : peptide 결합
- 2차 구조 : 수소결합
- 3차 구조 : 이온결합, 수소결합, S-S 결합, 소수성 결합, 정전적인 결합 등

29 ② 식품의 산성 및 알칼리성
- 알칼리성 식품 : Ca, Mg, Na, K 등의 원소를 많이 함유한 식품. 과실류, 야채류, 해조류, 감자, 당근 등
- 산성 식품 : P, Cl, S, I 등 원소를 함유하고 있는 식품. 고기류, 곡류, 달걀, 콩류 등

30 ② 비타민 B군
- 수용성 비타민이다.
- 생체 내 대사 효소들의 조효소 성분으로서 복합적으로 작용하는 비타민이다.
- 모든 동물 종에게 필수적이며 주로 대사 효소의 조효소로 작용한다.

31 ④ 쓴맛을 나타내는 화합물

alkaloid계	caffeine(차류와 커피), theobromine(코코아, 초콜릿), quinine(키나무)
배당체	naringin과 hesperidin(감귤류), cucurbitacin(오이꼭지), quercertin(양파껍질)
ketone류	humulon과 lupulone(hop의 암꽃), ipomeamarone(흑반병에 걸린 고구마), naringin(밀감, 포도)
천연의 아미노산	leucine, isoleucine, arginine, methionine, phenylalanine, tryptophane, valine, proline

※ 피넨(Pinene)은 소나무 정유의 주성분이다.

32 ④ 어류의 비린내 성분
- 선도가 떨어진 어류에서는 트리메틸아민(trimethylamine), 암모니아(ammonia), 피페리딘(piperidine), δ-아미노바레르산(δ-aminovaleric acid) 등의 휘발성 아민류에 의해서 어류 특유의 비린내가 난다.
- piperidine는 담수어 비린내의 원류로서 아미노산인 lysine에서 cadaverine을 거쳐 생성된다.

33 ④ 엽록소(chlorophyll)
- 산에 불안정한 화합물이다.
- 산으로 처리하면 porphyrin에 결합하고 있는 Mg이 수소이온과 치환되어 갈색의 pheophytin을 형성한다.
- 엽록소에 계속 산이 작용하면 pheophorbide라는 갈색의 물질로 가수분해된다.
- 녹색채소를 데칠 때 탄산마그네슘을 첨가하면 녹색이 안정화된다.

34 ① 안토시아닌(anthocyanin)
- 꽃, 과실, 채소류에 존재하는 적색, 자색, 청색의 수용성 색소로서 화청소라고도 부른다.
- 안토시안니딘(anthocyanidin)의 배당체로서 존재한다.

- benzopyrylium 핵과 phenyl기가 결합한 flavylium 화합물로 2-phenyl-3,5,7-trihydroxyflavylium chloride의 기본구조를 가지고 있다.
- 산, 알칼리, 효소 등에 의해 쉽게 분해되는 매우 불안정한 색소이다.
- anthocyanin계 색소는 수용액의 pH가 산성 → 중성 → 알칼리성으로 변화함에 따라 적색→ 자색 → 청색으로 변색되는 불안정한 색소이다.

35 ③ **스트렉커 반응(strecker reaction)**
- Maillard 반응(비효소적 갈변반응)의 최종단계에서 일어나는 스트렉커(Strecker) 반응은 α-dicarbonyl 화합물과 α-amino acid와의 산화적 분해반응이다.
- 아미노산은 탈탄산 및 탈아미노 반응이 일어나 본래의 아미노산보다 탄소수가 하나 적은 알데히드(aldehyde)와 상당량의 이산화탄소가 생성된다.
- alanine이 Strecker 반응을 거치면 acetaldehyde가 생성된다.

36 ③ **겔상 식품 중 분산질의 성분**

단백질	• 족편 – 젤라틴 • 삶은 달걀 – 난백알부민 • 두부 – 글라이시닌
탄수화물	• 묵 – 전분

37 ③ **내분비계 장애물질(환경호르몬)**
1. 정의 : 체내의 항상성 유지와 발달 과정을 조절하는 생체 내 호르몬의 생산, 분비, 이동, 대사, 결합작용 및 배설을 간섭하는 외인성 물질
2. 종류 : DDT, DES, PCB류(209종), 다이옥신(75종), 퓨란류(135종) 등 현재까지 밝혀진 것만 51여 종
※ Ricinine는 피마자류의 독성분

38 ③ **식품의 회분분석에서 검체의 전처리**

전처리가 필요하지 않은 시료	• 곡류, 두류, 기타(아래 어느 것에도 해당되지 않는 시료)
사전에 건조시켜야 할 시료	• 수분이 많은 시료 : 야채, 과실, 동물성 식품 등은 건조기 내에서 예비건조시킨다. • 액체시료 : 술, 주스 등의 음료, 간장, 우유 등은 탕욕(water bath)에서 증발건조시킨다.

예열이 필요한 시료	• 회화 시 상당히 팽창하는 것 : 사탕류, 당분이 많은 과자류, 정제 전분, 난백, 어육(특히 새우, 오징어 등) 등은 예비 탄화시킨다.
연소시킬 필요가 있는 시료	• 유지류, 버터 등은 미리 기름기를 태워 없앤다.

39 ③ **식품의 보존료**
- 미생물의 증식에 의해서 일어나는 식품의 부패나 변질을 방지하기 위하여 사용되는 식품첨가물이며 방부제라고도 한다.
- 식품의 신선도 유지와 영양가를 보존하는 첨가물이다.
- 살균작용보다는 부패 미생물에 대한 정균작용, 효소의 작용을 억제하는 첨가물이다.
- 보존제, 살균제, 산화방지제가 있다.

40 ③ **육색고정제(발색제)**
- 육색소를 고정시켜 고기 육색을 그대로 유지하는 것이 주목적이고 또한 풍미를 좋게 하고, 식중독 세균인 *Clostridium botulium*의 성장을 억제하는 역할을 한다.
- 발색제에는 아질산나트륨($NaNO_2$), 질산나트륨($NaNO_3$), 아질산칼륨(KNO_2) 질산칼륨(KNO_3) 등이 있다.
- 육색고정 보조제로는 ascorbic acid가 있다.
- 발암물질인 nitrosamine을 생성하므로 사용 허가기준 내에서 유효적절하게 사용해야 한다.
- 식육가공품(포장육, 식육 추출가공품, 식용우지, 돈지 제외) 및 정육제품 0.07g/kg 이하, 어육소시지, 어육햄류 및 치즈 0.05g/kg 이하로 허용되고 있다.

제3과목 식품가공 · 공정공학

41 ④ **쌀의 도정도**

종류	특성	도정률(%)	도감률(%)
현미	나락에서 왕겨층만 제거한 것	100	0
5분도미	겨층의 50%를 제거한 것	96	4
7분도미	겨층의 70%를 제거한 것	94	6

종류	특성	도정률 (%)	도감률 (%)
백미	현미를 도정하여 배아, 호분층, 종피, 과피 등을 없애고 배유만 남은 것	92	8
배아미	배아가 떨어지지 않도록 도정한 것		
주조미	술의 제조에 이용되며 미량의 쌀겨도 없도록 배유만 남게 한 것	75 이하	

42 ④ 전분분리법

- 전분유에는 전분, 미세 섬유, 단백질 및 그 밖의 협잡물이 들어 있으므로 비중 차이를 이용하여 불순물을 분리 제거한다.
- 분리법에는 탱크침전법, 테이블법 및 원심분리법이 있다.

탱크침전법	전분의 비중을 이용한 자연 침전법으로 분리된 전분유를 침전탱크에서 8~12시간 정치하여 전분을 침전시킨 다음 배수하고 전분을 분리하는 방법이다.
테이블법 (tabling)	입자 자체의 침강을 이용한 방법으로 탱크침전법과 같으나 탱크 대신 테이블을 이용한 것이 다르다. 전분유를 테이블 (1/1,200~1/500되는 경사면)에 흘려 넣으면 가장 윗부분에 모래와 큰 전분 입자가 침전하고 중간부에 비교적 순수한 전분이 침전하며 끝에 가서 고운 전분 입자와 섬유가 침전하게 된다.
원심 분리법	원심분리기를 사용하여 분리하는 방법으로 순간적으로 전분 입자와 즙액을 분리할 수 있어 전분 입자와 불순물의 접촉시간이 가장 짧아 매우 이상적이다.

43 ① 두부의 제조 원리

두부는 콩 단백질인 글리시닌(glycinin)을 70℃ 이상으로 가열하고 $MgCl_2$, $CaCl_2$, $CaSO_4$ 등의 응고제를 첨가하면 glycinin(음이온)은 Mg^{++}, Ca^{++} 등의 금속이온에 의해 변성(열, 염류) 응고하여 침전된다.

44 ① 간장의 달이기

- 농축살균과 후숙 효과를 얻기 위해서이다.
- 우수 간장은 70℃, 보통 간장은 80℃ 이상에서 달인다.
- 간장을 달이는 주요 목적
  - 미생물의 살균 및 효소파괴
  - 단백질의 응고로서 생성된 앙금제거
  - 향미(aldehyde, acetal 생성) 부여
  - 갈색을 더욱 짙게 함

45 ③ 펙틴 성분의 특성

저메톡실 펙틴 (Low methoxy pectin)	• methoxy(CH_3O) 함량이 7% 이하인 것 • 고메톡실 펙틴의 경우와 달리 당이 전혀 들어가지 않아도 젤리를 만들 수 있다. • Ca와 같은 다가이온이 펙틴 분자의 카복실기와 결합하여 안정된 펙틴겔을 형성한다. • methoxyl pectin의 젤리화에서 당의 함량이 적으면 칼슘을 많이 첨가해야 한다.
고메톡실 펙틴 (High methoxy pectin)	• methoxy(CH_3O) 함량이 7% 이상인 것

46 ③ 탈기(exhausting)의 목적

- 산소를 제거하여 통 내면의 부식과 내용물과의 변화를 적게 한다.
- 가열살균 시 관내 공기의 팽창에 의하여 생기는 밀봉부의 파손을 방지한다.
- 유리산소의 양을 적게 하여 호기성 세균 및 곰팡이의 발육을 억제한다.
- 통조림한 내용물의 색깔, 향기 및 맛 등의 변화를 방지한다.
- 비타민 기타의 영양소가 변질되고 파괴되는 것을 방지한다.
- 통조림의 양쪽을 들어가게 하여 내용물의 건전 여부 판별을 쉽게 한다.

47 ① 렌닌(rennin)에 의한 우유 응고

- 송아지의 제4 위에서 추출한 우유 응유효소(rennin)로서 최적응고 pH는 4.8, 온도는 40~41℃이다.
- Casein은 rennin에 의하여 paracasein이 되며 Ca^{2+}의 존재 하에 응고되어 치즈 제조에 이용된다.

$$\kappa-\text{casein} \xrightarrow{\text{rennin}} \text{para}-\kappa-\text{casein} + \text{glycomacropeptide}$$
$$\text{para}-\kappa-\text{casein} \xrightarrow[\text{pH 6.4~6.0}]{\text{Ca}^{++}} \text{dicalcium para}-\kappa-\text{casein(치즈커드)}$$

48 ② 숙성효과

- 액상 유지방이 결정화되어 교동작업이 쉽다.
- 교동시간이 일정하게 된다.
- 교동 후 버터밀크로의 지방소실이 감소된다.
- 버터에 과잉수분이 함유되지 않게 된다.
- 버터의 경도와 전연성을 항시 일정하게 유지해 준다.

49 ② 보수력에 영향을 미치는 요인

- 사후 해당작용의 속도와 정도
- 식육 단백질의 등전점인 pH
- 근원섬유 단백질의 전하
- 근섬유 간 결합상태
- 식육의 이온강도
- 식육의 온도

50 ④ 육가공 시 염지(curing)

- 원료육에 소금 이외에 아질산염, 질산염, 설탕, 화학조미료, 인산염 등의 염지제를 일정량 배합, 만육시켜 냉장실에서 유지시키고, 혈액을 제거하고, 무기염류 성분을 조직 중에 침투시킨다.
- 육가공 시 염지의 목적
  - 근육단백질의 용해성 증가
  - 보수성과 결착성 증대
  - 보존성 향상과 독특한 풍미 부여
  - 육색소 고정
- 햄이나 소시지를 가공할 때 염지를 하지 않고 가열하면 육괴 간의 결착력이 떨어져 조직이 흩어지게 된다.

51 ③ 액란을 건조하기 전 당 제거

- 계란의 난황에 0.2%, 난백에 0.4%, 전란 중에 0.3% 정도의 유리글루코스가 존재하며 난백, 전란을 건조시킬 경우 이 유리글루코스가 난백 중의 아미노기와 반응하여 maillard 반응을 나타낸다.
- 이 반응 결과 건조란은 갈변, 불쾌취, 불용화 현상이 나타나 품질저하를 일으키기 때문에 당을 제거해야 한다.

52 ③ 탈납처리(winterization, 동유처리)

- salad oil 제조 시에만 하는 처리이다.
- 기름 냉각 시 고체지방으로 생성되는 것을 방지하기 위하여 탈취하기 전에 고체지방을 제거하는 작업이다.
- 주로 면실유에 사용되며, 면실유는 낮은 온도에 두면 고체지방이 생겨 사용할 때 외관상 좋지 않으므로 이 작업을 꼭 거친다.

53 ④ 엔탈피 변화

1. −10°C 얼음에서 0°C 얼음으로 온도변화

> 얼음의 비열은 2.05kJ/kgK이므로
> 열량(Q)＝질량×비열×온도변화
> 2.05kJ/kgK×5kg×10K＝102.5kJ

2. 0°C 얼음에서 0°C 물로 온도변화

> 용융잠열은 333.2kJ/kg이므로
> 333.2kJ/kg×5kg＝1666kJ

3. 0°C 물에서 100°C 물로 온도변화

> 물의 비열은 4.182kJ/kgK이므로
> 4.182kJ/kgK×5kg×100K＝2,091kJ

4. 100°C 물에서 100°C 수증기로 온도변화

> 기화 잠열은 2257.06kJ/kg이므로
> 2,257.06kJ/kg×5kg＝11,285.3kJ

5. 총 엔탈피 변화 ＝102.5kJ+1,666kJ+2,091kJ+11,285.3kJ＝15,144.8kJ

54 ② 레이놀드수(Re)

1. 층류와 난류의 구분척도의 무차원수

> $Re = \rho VD/\mu$
>
> [ρ : 밀도, V : 유속, D : 내경, μ : 점도]

2. 층류, 중간류, 난류

층류 (Lamianr flow)	유체유동에서 유체입자들이 층을 이루고 안정된 진로를 따른 움직임(Re < 2,100)
중간류(천이영역, transition region)	층류와 난류 사이의 유동(2,100 < Re < 4,000)
난류(Turbulent flow)	유체입자들이 대단히 불규칙적인 진로로 움직임(Re > 4,000)

※ 즉, 레이놀드수(Re)가 2,500이면 중간류(천이영역)이다.

55 ② 열에너지

> 5,500×60×3.85/3,600＝352.92kW
> (시간당이므로 sec. 단위로 바꾸면 60sec.×60min.
> ＝3,600)

56 ② D값
- 균을 90% 사멸시키는 데 걸리는 시간, 균수를 1/10로 줄이는 데 걸리는 시간
- 포자 초기농도(N_0)를 1이라 하면 99.999%를 사멸시켰으므로 열처리 후의 생균의 농도(N)는 0.00001 N_0이다 (100−99.999=0.001%, 0.001/100=0.00001).

$$D_{121.1} = \frac{t}{\log(N_0/N)} = \frac{1.2}{\log(N_0/0.00001\,N_0)}$$
$$= \frac{1.2}{5} = 0.24분$$
[t : 가열 시간, N_0 : 처음 균수, N : t시간 후 균수]

57 ① 최대빙결정생성대
- 일반적으로 −1~−7℃의 범위를 최대 얼음 결정생성대라고 한다.
- 짧은 시간(보통 30분까지)에 최대 얼음 결정생성대를 통과하게 하는 냉동법을 급속냉동이라 하고 그 이상의 시간이 걸리는 냉동법을 완만동결이라고 한다.
- 동결속도는 식품 내에 생기는 얼음결정의 크기와 모양에 영향을 준다.
- 완만동결을 하면 굵은 얼음결정이 세포 사이사이에 소수 생기게 되지만 급속동결을 하면 미세한 얼음결정이 세포 내에 다수 생기게 된다.
- 완만동결을 하면 세포벽이 파손되어 해빙 시 얼음이 녹는 물과 세포 내용물이 밖으로 흘러나오게 되어 식품은 원상태로 되돌아가지 못한다. 이런 현상은 최대얼음 결정생성대를 통과하는 시간이 길수록 심하다.

58 ④ 분무건조(spray drying)
- 액체식품을 분무기를 이용하여 미세한 입자로 분사하여 건조실 내에 열풍에 의해 순간적으로 수분을 증발하여 건조, 분말화시키는 것이다.
- 열풍온도는 150~250℃이지만 액적이 받는 온도는 50℃ 내외에 불과하여 건조제품은 열에 의한 성분변화가 거의 없다.
- 열에 민감한 식품의 건조에 알맞고 연속 대량 생산에 적합하다.
- 우유는 물론 커피, 과즙, 향신료, 유지, 간장, 된장과 치즈의 건조 등 광범위하게 사용되고 있다.

59 ① 막분리 공정 중 맥주의 효모 제거
- 숙성된 맥주는 여과하여 투명한 맥주로 만든다.
- 여과기에는 면여과기, 규조토여과기, schichten여과기, 정밀여과(microfilter) 등이 있다.
  - 정밀여과(microfilter) : millipore filter라고도 하며 직경 0.8~1.4μ의 미세한 구멍이 있는 cellulose ester나 기타의 중합체로 만든 막으로 써 여과하는 것이다.
  - 효모도 완전히 제거된다.

60 ③ 라미네이션(적층, lamination)
- 보통 한 종류의 필름으로는 두께가 얼마가 되었든지 기계적 성질이나 차단성, 인쇄적성, 접착성 등 모든 면에서 완벽한 필름이 없기 때문에 필요한 특성을 위해 서로 다른 필름을 적층하는 것을 말한다.
- 인장강도, 인쇄적성, 열접착성, 빛 차단성, 수분 차단성, 산소 차단성 등이 향상된다.

제4과목	식품미생물 및 생화학

61 ④ 곰팡이·효모 세포와 세균세포의 비교

성질	곰팡이·효모 세포	세균세포
세포의 크기	통상 2㎛ 이상	통상 1㎛ 이하
분열	무사분열	유사분열
핵	핵막을 가진 핵이 있으며, 인이 있다.	핵막을 가진 핵은 없고(핵부분이 있다) 인도 없다.
염색체수	2개 내지 그 이상	1개
소기관 (organelle)	미토콘드리아, 골지체, 소포체를 가진다.	존재하지 않는다.
세포벽	glucan, mannan –protein 복합체, cellulose, chitin (곰팡이)	mucopolysaccharide, teichoic acid, lipolysaccharide, lipoprotein

62 ③ 세균의 포자(spore)
- 영양조건이 변화하여 생육조건이 악화되면 세포 내에 포자를 형성한다.
- 포자는 무성적으로 이루어지며 보편적으로 1개의 세균 안에 1개의 포자를 형성한다.
- 포자는 몇 층의 외피를 가진 복잡한 구조로 되어 있어서 내열성일 뿐만 아니라 내구기관으로서의 특징을 가진다.
- 포자 내의 수분 함량은 대단히 적고 대부분의 수분은 결합수로 되어 있어서 내건조성을 나타낸다.
- 포자 형성균으로는 그람 양성균인 호기성의 *Bacillus*속과 혐기성의 *Clostridium*속에 한정되어 있다.

63 ① *Rhizopus nigericans*
- 집락은 회백색이며 접합포자와 후막포자를 형성하고 가근도 잘 발달한다.
- 생육적온은 32~34℃이다.
- 맥아, 곡류, 빵, 과일 등 여러 식품에 잘 발생한다.
- 고구마의 연부병의 원인균이 되며 마섬유의 발효 정련에 관여한다.

64 ② 상면발효와 하면효모의 비교

	상면효모	하면효모
형식	• 영국계	• 독일계
형태	• 대개는 원형이다. • 소량의 효모점질물 polysaccharide를 함유한다.	• 난형 내지 타원형이다. • 다량의 효모점질물 polysaccharide를 함유한다.
배양	• 세포는 액면으로 뜨므로, 발효액이 혼탁된다. • 균체가 균막을 형성한다.	• 세포는 저면으로 침강하므로, 발효액이 투명하다. • 균체가 균막을 형성하지 않는다.
생리	• 발효작용이 빠르다. • 다량의 글리코겐을 형성한다. • raffinose, melibiose를 발효하지 않는다. • 최적온도는 10~25℃	• 발효작용이 늦다. • 소량의 글리코겐을 형성한다. • raffinose, melibiose를 발효한다. • 최적온도는 5~10℃
대표 효모	• *Saccharomyces cerevisiae*	• *Sacch. carlsbergensis*

65 ② bacteriophage(phage)
- 바이러스 중 세균의 세포에 기생하여 세균을 죽이는 바이러스를 bacteriophage라고 한다.
- 파지의 증식과정 : 부착(attachment) → 주입(injection) → 핵산복제(nucleic acid replication) → 단백질 외투의 합성(synthesis of protein coats) → 조립(assembly) → 방출(release) 순이다.

66 ② 방선균(방사선균)
- 하등미생물(원시핵 세포) 중에서 가장 형태적으로 조직분화의 정도가 진행된 균사상 세균이다.
- 세균과 곰팡이의 중간적인 미생물로 균사를 뻗치는 것, 포자를 만드는 것 등은 곰팡이와 비슷하다.
- 주로 토양에 서식하며 흙냄새의 원인이 된다.
- 특히 방선균은 대부분 항생물질을 만든다.

- 0.3~1.0μ 크기이고 무성적으로 균사가 절단되어 구균과 간균과 같이 증식하며 또한 균사의 선단에 분생포자를 형성하여 무성적으로 증식한다.

67 ③ 총균수 계산

- 세대시간(G) = $\dfrac{\text{분열에 소요되는 총시간(t)}}{\text{분열의 세대(n)}}$

  30분씩 5시간이면,

  세대시간(G) = $\dfrac{300}{30}$ = 10 이므로

- 총균수 = 초기균수 × $2^{\text{세대기간}}$

  $1 \times 2^{10} = 1,024$

68 ② 생물 그룹과 에너지원

생물 그룹	에너지원	탄소원	예
독립영양 광합성생물 (Photoautotrophs)	태양광	CO_2	고등식물, 조류, 광합성세균
종속영양 광합성생물 (Photoheterotrophs)	태양광	유기물	남색, 녹색 박테리아
독립영양 화학합성생물 (Chemoautotrophs)	화학반응	CO_2	수소, 무색 유황, 철, 질산화세균
종속영양 화학합성생물 (Chemoheterotrophs)	화학반응	유기물	동물, 대부분세균, 곰팡이, 원생동물

69 ④ 호기성 내지 통성 호기성균의 순수분리 방법
- 평판배양법(plate culture method), 묵즙 점적배양법, Linder씨 소적배양법, 현미경 해부기(micromanipulator) 이용법 등
- 모래배양법(토양배양법) : acetone-butanol균과 같이 건조해서 잘 견디는 세균 또는 곰팡이의 보존에 쓰인다.

70 ③ 염기배열 변환의 방법
염기첨가(addition), 염기결손(deletion), 염기치환(substitution) 등이 있다.

71 ② **생산물의 생성 유형**

증식 관련형	• 에너지대사 기질의 1차 대사경로(분해 경로) • 균체생산(SCP 등), 에탄올 발효, 글루콘 산 발효 등
중간형	• 에너지대사 기질로부터 1차 대사와는 다른 경로로 생성(합성경로) • 유기산, 아미노산, 핵산관련물질
증식 비관련형	• 균의 증식이 끝난 후 산물의 생성 • 항생물질, 비타민, glucoamylase 등

72 ① **포도주 제조 중 아황산을 첨가하는 목적**

- 유해균의 사멸 또는 증식억제
- 술덧의 pH를 내려 산소를 높임
- 과피나 종자의 성분을 용출시킴
- 안토시안(anthocyan)계 적색색소의 안정화
- 주석의 용해도를 높여 석출 촉진
- 산화를 방지하여 적색색소의 산화, 퇴색, 침전을 막고, 백포도주에서의 산화효소에 의한 갈변방지

73 ② **앙금질이 끝난 청주를 가열하는 목적**

- 앙금질이 끝난 청주는 60~63℃에서 수분간을 가열한다.
- 가열하는 목적은 변패를 일으키는 미생물의 살균, 잔존하는 효소의 파괴, 향미의 조화 및 숙성의 촉진 등이다.

74 ③

1. **알코올 발효법** : 전분이나 섬유질 등을 원료로 이용하여 맥아, 곰팡이, 효소, 산을 이용하여 당화시키는 방법
2. **당화방법**

고체국법 (피국법, 밀기울 코오지법)	• 고체상의 코오지를 효소제로 사용 • 밀기울과 왕겨 6:4로 혼합한 것에 국균(*Asp. oryza, Asp. shirousami*) 번식시켜 국 제조 • 잡균 존재(국으로부터 유래)때문 왕 성하게 단시간에 발효
액체국법	• 액체상의 국을 효소제로 사용. • 액체배지에 국균(*A. awamori, A. niger, A. usami*)을 번식시켜 국 제 조 • 밀폐된 배양조에서 배양하여 무균 적 조작이 가능, 피국법보다 능력이 감소

amylo법	• 코오지(koji)를 따로 만들지 않고 발 효조에서 전분원료에 곰팡이를 접 종하여 번식시킨 후 효모를 접종하 여 당화와 발효 병행해서 진행
amylo 술 밑·koji 절충법	• 주모의 제조를 위해서는 amylo법, 발효를 위해서는 국법으로 전분질 원료를 당화 • 주모 배양 시 잡균오염 감소, 발효 속도 양호, 알코올 농도 증가 • 현재 가장 진보된 알코올 발효법으 로 규모가 큰 생산에 적합

75 ④ **미생물을 이용한 아미노산 제조법**

야생주에 의한 발효법	glutamic acid, L-alanine, valine
영양요구성 변이주에 의한 발효법	L-lysine, L-threonine, L-valine, L-ornithine, L-citrulline
Analog내성 변이주에 의 한 발효법	L-arginine, L-histidine, L-tryptophan
전구체첨가에 의한 발효법	glycine→L-serine, D-threoine→isoleucine
효소법에 의한 아미노산의 생산	L-alanine, L-aspartic acid

76 ① **thiamine pyrophosphate(TPP)의 작용활성 부위**

pyrimidine과 thiazole ring으로 구성되며 활성 조효소 형태는 thiamine pyrophosphate(TPP)이다.

77 ③ **TCA cycle 중 $FADH_2$를 생성하는 반응**

- TCA cycle 중 산화효소인 succinate dehydrogenase는 succinic acid를 fumaric acid로 산화한다.
- 이때 2개의 수소와 2개의 전자가 succinate로부터 떨어져 나와 전자 수용체인 FAD에 전달되어 $FADH_2$를 생성한다.

78 ③ **Palmitic acid의 완전산화**

- 지방산화인 β-산화를 7회 수행하므로 생성물은 $7FADH_2$, 7NADH, 8acetyl CoA이다.
- $1FADH_2$, NADH, 1acetyl CoA는 각각 1.5, 2.5, 10 ATP를 생성한다.

- palmitic acid의 완전산화 시 생성되는 총 ATP 분자수는 $(7 \times 1.5) + (7 \times 2.5) + (8 \times 10) = 108$인데 palmitic acid 완전산화 시 2ATP가 소모되므로 $108 - 2 = 106$ ATP이다.

79 ④ 요소의 합성과정
- ornithine이 citrulline로 변성되고 citrulline은 arginine 으로 합성되면서 urea가 떨어져 나오는 과정을 urea cycle이라 한다.
- 아미노산의 탈아미노화에 의해서 생성된 암모니아는 대부분 간에서 요소회로를 통해서 요소를 합성한다.

80 ① 핵 단백질의 가수분해 순서
- 핵 단백질(nucleoprotein)은 핵산(nucleic acid)과 단순단백질(histone 또는 protamine)로 가수분해된다.
- 핵산(polynucleotide)은 RNase나 DNase에 의해서 모노뉴클레오티드(mononucleotide)로 가수분해된다.
- 뉴클레오티드(nucleotide)는 nucleotidase에 의하여 뉴클레어사이드(nucleoside)와 인산(H_3PO_4)으로 가수분해된다.
- 뉴클레어사이드는 nucleosidase에 의하여 염기(purine이나 pyrmidine)와 당(D-ribose나 D-2-Deoxyribose)으로 가수분해된다.

제1과목　식품안전

01 ④ **식품위생법 제86조(식중독에 관한 조사보고)**

다음 각 호의 어느 하나에 해당하는 자는 지체 없이 관할 특별자치시장·시장(「제주특별자치도 설치 및 국제자유도시 조성을 위한 특별법」에 따른 행정시장을 포함한다.)·군수·구청장에게 보고하여야 한다. 이 경우 의사나 한의사는 대통령령으로 정하는 바에 따라 식중독 환자나 식중독이 의심되는 자의 혈액 또는 배설물을 보관하는 데에 필요한 조치를 하여야 한다.

- 식중독 환자나 식중독이 의심되는 자를 진단하였거나 그 사체를 검안(檢案)한 의사 또는 한의사
- 집단급식소에서 제공한 식품 등으로 인하여 식중독 환자나 식중독으로 의심되는 증세를 보이는 자를 발견한 집단급식소의 설치·운영자

02 ④ **식품위생법 시행규칙 제50조(식품 영업에 종사하지 못하는 질병의 종류)**

- 제2급 감염병 중 결핵(비전염성인 경우 제외)
- 제2급 감염병 중 콜레라, 장티푸스, 파라티푸스, 세균성이질, 장출혈성대장균감염증, A형 간염
- 피부병 또는 그 밖의 고름형성(화농성) 질환
- 후천성면역결핍증(성매개감염병)에 관한 건강진단을 받아야 하는 영업에 종사하는 자에 한함)

03 ② **유전자변형식품 등의 표시기준**

- 제2조(용어의 정의)
  비의도적 혼입치란 농산물을 생산·수입·유통 등 취급과정에서 구분하여 관리한 경우에도 그 속에 유전자변형농산물이 비의도적으로 혼입될 수 있는 비율을 말한다.
- 제3조(표시대상)
  식품위생법 제18조에 따른 안전성 심사 결과, 식품용으로 승인된 유전자변형농축수산물과 이를 원재료로 하여 제조·가공 후에도 유전자변형 DNA 또는 유전자변형 단백질이 남아 있는 유전자변형식품 등은 유전자변형식품임을 표시하여야 한다.
- 표시대상 중 다음 각 호의 어느 하나에 해당하는 경우에는 유전자변형식품임을 표시하지 아니할 수 있다.

- 유전자변형농산물이 비의도적으로 3% 이하인 농산물과 이를 원재료로 사용하여 제조·가공한 식품 또는 식품첨가물. 다만, 이 경우에는 구분유통증명서 또는 정부증명서를 갖추어야 한다.
- 고도의 정제과정 등으로 유전자변형 DNA 또는 유전자변형 단백질이 전혀 남아 있지 않아 검사불능인 당류, 유지류 등

04 ② **식품위생법 시행규칙 제62조(HACCP 대상식품)**

- 수산가공식품류의 어육가공품류 중 어묵·어육소시지
- 기타 수산물가공품 중 냉동 어류·연체류·조미가공품
- 냉동식품 중 피자류·만두류·면류
- 과자류, 빵류 또는 떡류 중 과자·캔디류·빵류·떡류
- 빙과류 중 빙과
- 음료류[다류 및 커피류는 제외한다]
- 레토르트식품
- 절임류 또는 조림류의 김치류 중 김치
- 코코아가공품 또는 초콜릿류 중 초콜릿류
- 면류 중 유탕면 또는 곡분, 전분, 전분질원료 등을 주원료로 반죽하여 손이나 기계 따위로 면을 뽑아내거나 자른 국수로서 생면·숙면·건면
- 특수용도식품
- 즉석섭취·편의식품류 중 즉석섭취식품, 즉석섭취·편의식품류의 즉석조리식품 중 순대
- 식품제조·가공업의 영업소 중 전년도 총 매출액이 100억 원 이상인 영업소에서 제조·가공하는 식품

05 ② **HACCP 제도**

식품의 원재료부터 제조, 가공, 보존, 유통, 조리단계를 거쳐 최종소비자가 섭취하기 전까지의 각 단계에서 발생할 우려가 있는 위해요소(생물학적, 화학적, 물리적)를 규명하고, 이를 중점적으로 관리하기 위한 중요관리점을 결정하여 자율적이며 체계적이고 효율적인 관리로 식품의 안전성을 확보하기 위한 과학적인 위생관리체계라고 할 수 있다.

06 ④

배수구는 측벽으로부터 15cm 떨어진 곳에 벽과 평행하게 설치하고 실외 배수구와 통하는 곳은 금속망 등을 설치하여 쥐가 하수구를 통하여 침입하지 못하도록 방서

에 신경 쓴다.

07 ② **안전한 식품 제조를 위한 작업장 공기관리**
- 청정도가 가장 높은 구역을 가장 큰 양압으로 하고 점차 청정도가 낮은 구역으로 향하게 하여 실압으로 낮추어 간다.
- 단, 시설내부가 음압이 되지 않도록 설치한다.

08 ④ **식품 및 축산물 안전관리인증기준 제5조(선행요건 관리) [별표1] 작업위생관리**
해동된 식품은 즉시 사용하고 즉시 사용하지 못할 경우 조리 시까지 냉장 보관하여야 하며, 사용 후 남은 부분은 재동결하여서는 아니 된다.

09 ③ **식품 및 축산물 안전관리인증기준 제5조(선행요건 관리) [별표1] 작업위생관리**
식품 제조·가공에 사용되거나, 식품에 접촉할 수 있는 시설·설비, 기구·용기, 종업원 등의 세척에 사용되는 용수는 다음 각 호에 따른 검사를 실시하여야 한다.

> - 지하수를 사용하는 경우에는 먹는물 수질기준 전 항목에 대하여 연 1회 이상(음료류 등 직접 마시는 용도의 경우는 반기 1회 이상) 검사를 실시하여야 한다.
> - 먹는물 수질기준에 정해진 미생물학적 항목에 대한 검사를 월 1회 이상 실시하여야 하며, 미생물학적 항목에 대한 검사는 간이검사키트를 이용하여 자체적으로 실시할 수 있다.

10 ② **HACCP의 7원칙 및 12절차**
1. 준비단계 5절차
- 절차 1 : HACCP 팀 구성
- 절차 2 : 제품설명서 작성
- 절차 3 : 용도 확인
- 절차 4 : 공정흐름도 작성
- 절차 5 : 공정흐름도 현장확인

2. HACCP 7원칙
- 절차 6(원칙 1) : 위해요소 분석(HA)
- 절차 7(원칙 2) : 중요관리점(CCP) 결정
- 절차 8(원칙 3) : 한계기준(Critical Limit, CL) 설정
- 절차 9(원칙 4) : 모니터링 체계 확립
- 절차 10(원칙 5) : 개선조치방법 수립
- 절차 11(원칙 6) : 검증절차 및 방법 수립
- 절차 12(원칙 7) : 문서화 및 기록유지

11 ④ **HACCP plan의 확인**

- 팀이나 훈련 혹은 경험에 의해 자격이 인정된 개인에 의해 수행된다.
- 또한 HACCP 계획을 시험 전에 확인할 때나 시험 후 확인하기 위하여 독립된 전문가(예 외부 컨설턴트, 대학 교수)의 지원을 받을 수도 있다.

12 ④ **제품설명서 작성 및 제품의 용도확인**
제품설명서에는 제품명, 제품유형 및 성상, 품목제조 보고연월일, 작성자 및 작성연월일, 성분(또는 식자재)배합비율 및 제조(또는 조리)방법, 제조(포장)단위, 완제품의 규격, 보관·유통(또는 배식)상의 주의사항, 제품용도 및 소비(또는 배식)기간, 포장방법 및 재질, 표시사항, 기타 필요한 사항이 포함되도록 작성한다.

13 ② **식품 및 축산물 안전관리인증기준 제2조(정의) 2. 위해요소**
- 식품위생법 제4조(위해 식품 등의 판매 등 금지)의 규정에서 정하고 있는 인체의 건강을 해칠 우려가 있는 생물학적, 화학적 또는 물리적 인자나 조건을 말한다.
- 식품 및 축산물 안전관리인증기준 제6조(안전관리인증기준) [별표2] 위해요소

생물학적 위해요소	병원성미생물, 부패미생물, 기생충, 곰팡이 등 식품에 내재하면서 인체의 건강을 해할 우려가 있는 생물학적 위해 요소를 말한다.
화학적 위해요소	식품 중에 인위적 또는 우발적으로 첨가·혼입된 화학적 원인물질(중금속, 항생물질, 항균 물질, 성장호르몬, 환경호르몬, 사용기준을 초과하거나 사용 금지된 식품첨가물 등)에 의해 또는 생물체에 유해한 화학적 원인물질(아플라톡신, DOP 등)에 의해 인체의 건강을 해할 우려가 있는 요소를 말한다.
물리적 위해요소	식품 중에 일반적으로는 함유될 수 없는 경질이물(돌, 경질플라스틱), 유리조각, 금속파편 등에 의해 인체의 건강을 해할 우려가 있는 요소를 말한다.

14 ④ **CCP 결정도에서 사용하는 질문 5가지**

질문 1	확인된 위해요소를 관리하기 위한 선행요건이 있으며 잘 관리되고 있는가?
질문 2	모든 공정(단계)에서 확인된 위해요소에 대한 조치방법이 있는가?
질문 2-1	이 공정(단계)에서 안전성을 위한 관리가 필요한가?

질문 3	이 공정(단계)에서 발생가능성이 있는 위해요소를 제어하거나 허용수준까지 감소시킬 수 있는가?
질문 4	확인된 위해요소의 오염이 허용수준을 초과하는가? 또는 허용할 수 없는 수준으로 증가하는가?
질문 5	확인된 위해요소를 제어하거나 또는 그 발생을 허용수준으로 감소시킬 수 있는 이후의 공정이 있는가?

15 ② 한계기준의 설정 내용
- 모든 CCP에 적용되어야 한다.
- 타당성이 있어야 한다.
- 확인되어야 한다.
- 측정할 수 있어야 한다.

16 ④ 모니터링 결과 기록양식의 내용
- 기록 양식의 명칭
- 영업자의 성명 또는 법인의 명칭
- 기록한 일시
- 제품을 특정할 수 있는 명칭, 기록
- 실제의 측정, 관찰, 검사결과
- 한계기준(CL)
- 측정, 관찰, 검사자의 서명 또는 이니셜
- 기록, 점검자의 서명

17 ① 첨가물의 잔류허용량
- 1일 섭취허용량(체중 60kg) : 60×10mg=600mg
- 첨가물의 잔류 허용량(식품의 몇 %) : 600mg/500,000mg×100=0.12%

18 ④ 식품의 관능검사

차이식별검사	• 종합적 차이검사 : 단순차이검사, 일−이점검사, 삼점검사, 확장삼점 검사 • 특성차이검사 : 이점비교검사, 순위법, 평점법, 다시료비교검사
묘사분석	• 향미프로필 방법 • 텍스쳐프로필 방법 • 정량적 묘사방법 • 스펙트럼 묘사분석 • 시간−강도 묘사분석
소비자기호도 검사	• 이점비교법 • 기호도척도법 • 순위법 • 적합성 판정법

19 ④ 살모넬라(*Salmonella* spp.) 시험법[식품공전]

1. 증균배양
- 검체 25 g을 취하여 225 mL의 peptone water에 가한 후 35℃에서 18±2시간 증균배양한다.
- 배양액 0.1 mL를 취하여 10 mL의 Rappaport-Vassiliadis배지에 접종하여 42℃에서 24±2시간 배양한다.

2. 분리배양
- 증균배양액을 MacConkey 한천배지 또는 Desoxy cholate Citrate 한천배지 또는 XLD한천배지 또는 bismuth sulfite 한천배지에 접종하여 35℃에서 24시간 배양한 후 전형적인 집락은 확인시험을 실시한다.

3. 확인시험
- 분리배양된 평판배지상의 집락을 보통한천배지에 옮겨 35℃에서 18~24시간 배양한 후, TSI 사면배지의 사면과 고층부에 접종하고 35℃에서 18~24시간 배양하여 생물학적 성상을 검사한다.
- 살모넬라는 유당, 서당 비분해(사면부 적색), 가스생성(균열 확인) 양성인 균에 대하여 그람 음성 간균임을 확인하고 urease 음성, Lysine decarboxylase 양성 등의 특성을 확인한다.

20 ③ 이물시험법
체분별법, 여과법, 와일드만 플라스크법, 침강법 등이 있다.

체분별법	• 검체가 미세한 분말 속의 비교적 큰 이물 • 체로 포집하여 육안검사
여과법	• 검체가 액체이거나 또는 용액으로 할 수 있을 때의 이물 • 용액으로 한 후 신속여과지로 여과하여 이물검사
와일드만 플라스크법	• 곤충 및 동물의 털과 같이 물에 젖지 않는 가벼운 이물 • 원리 : 검체를 물과 혼합되지 않는 용매와 저어 섞음으로써 이물을 유기용매층에 떠오르게 하여 취함
침강법	• 쥐똥, 토사 등의 비교적 무거운 이물

21 ② 수분활성도

$$Aw = \frac{Nw}{Nw + Ns}$$

$$= \frac{\dfrac{30}{18}}{\dfrac{30}{18} + \dfrac{30}{342}}$$

$$= \frac{1.667}{1.667 + 0.088} = 0.95$$

- Aw : 수분활성도
- Nw : 물의 몰수
- Ns : 용질의 몰수

22 ③ 등온흡습곡선에서 갈변화 반응

- 비효소적 갈변반응은 단분자층 형성 수분 함량보다 적은 수분활성도에서는 일어나기 어렵다.
- 수분활성도가 0.7~0.8의 중간 수분식품의 범위(다분자층 영역)에서 반응 속도가 최대에 도달하고 이 범위를 벗어나 수분활성도가 0.8~1.0(모세관응축 영역)에서는 반응속도가 다시 떨어진다.
- 수분활성도가 0.25~0.8의 수분식품의 범위는 다분자층 영역이다.

23 ① 솔비톨(sorbitol)

- 분자식은 $C_6H_{14}O_6$이며 포도당을 환원시켜 제조한다.
- 백색의 결정성 분말로서 냄새가 없다.
- 6탄당이며 감미도는 설탕의 60% 정도이다.
- 상쾌한 청량감을 부여한다.
- 일부 과실에 1~2%, 홍조류 13% 함유한다.
- 비타민 C의 원료로 사용된다.
- 습윤제, 보습제로 이용된다.
- 당뇨병 환자의 감미료로 이용된다.

24 ③ 전분의 호정화(dextrinization)

- 전분에 물을 가하지 않고 160~180℃ 이상으로 가열하면 열분해되어 가용성 전분을 거쳐 호정(dextrin)으로 변화하는 현상을 말한다.
- 토스트, 비스킷, 미숫가루, 팽화식품(puffed food) 등은 호정화된 식품이다.

25 ① 인지질인 phosphoinositide류

- phosphatidyl inositol류라고도 하며 phosphatic acid의 인산기에 mesoinositol이 ester 결합한 것이다.

- 동물의 뇌, 심장, 신경조직 중의 지방질, 대두, 밀 등의 곡류의 배아, 효모 등에 존재한다.

26 ③ lipoxygenase

- 산화환원효소의 일종이다.
- 리놀레산(linoleic acid), 리놀렌산(linolenic acid), 아라키돈산(arachidonic acid)과 같이 분자 내에 1,4-pentadiene 구조를 갖는 지방산에 분자상 효소를 첨가하여 hydroperoxide를 생성한다.
- 동물조직에 널리 분포한다. 식물로서는 콩, 가지, 감자, 꽃양배추 등이 활성이 높다.
- 최적 pH 6.5~7.0과 9.0이다.

27 ① 쌀 단백질의 아미노산 조성

- 동물성 식품의 단백질에 비하여 lysine, tryptophan 등의 함량이 적다.
- lysine은 필수 아미노산으로 육류, 우유, 치즈, 효모, 콩류, 계란 등의 식품에 풍부하게 들어 있다.

28 ③ Millon 반응

- 아미노산 용액에 $HgNO_3$와 미량의 아질산을 가하면 단백질이 있는 경우 백색 침전이 생기고 이것을 다시 60~70℃로 가열하면 벽돌색으로 변한다.
- 이는 단백질을 구성하고 있는 아미노산인 티로신, 디옥시페닐알라닌 등의 페놀고리가 수은화합물을 만들고, 아질산에 의해 착색된 수은착염으로 되기 때문이다.

29 ③ 단백질의 변성(denaturation)

1. **정의** : 단백질 분자가 물리적 또는 화학적 작용에 의해 비교적 약한 결합으로 유지되고 있는 고차구조(2~4차)가 변형되는 현상을 말하며, 대부분 비가역적 반응이다.
2. **단백질의 변성에 영향을 주는 요소**
   - 물리적 작용 : 가열, 동결, 건조, 교반, 고압, 조사 및 초음파 등
   - 화학적 작용 : 묽은 산, 알칼리, 요소, 계면활성제, 알코올, 알칼로이드, 중금속, 염류 등
3. **단백질 변성에 의한 변화**
   - 용해도가 감소
   - 효소에 대한 감수성 증가
   - 단백질의 특유한 생물학적 특성을 상실
   - 반응성의 증가
   - 친수성 감소

30 ③

곡류의 피틴산(phytic acid)은 철분(Fe) 흡수를 억제한다.

31 ① 비타민 B$_2$(riboflavin)

- 약산성 내지 중성에서 광선에 노출되면 lumichrome 으로 변한다.
- 알칼리성에서 광선에 노출되면 lumiflavin으로 변한다.
- 비타민 B$_1$, 비타민 C가 공존하면 비타민 B$_2$의 광분해 가 억제된다.
- 갈색병에 보관함으로써 광분해를 억제할 수 있다.

32 ① 양파 삶을 때 매운맛이 단맛으로 변화하는 원인

파나 양파를 삶을 때 매운맛 성분인 diallyl sulfide나 diallyl disulfide가 단맛이 나는 methyl mercaptan이 나 propyl mercaptan으로 변화되기 때문에 단맛이 증 가한다.

33 ① 겨자과 식물의 향기 성분

- 겨자, 배추, 양배추, 순무 등의 겨자과에 속하는 식물 들은 glucosinolate 또는 thioglucoside 등이 들어 있어 중요한 향기성분이 된다.
- 겨자 특유의 강한 자극성 냄새는 allylglucosinolate 가 분해되어 형성된 allylisothiocyanate, allylnitrile, allylthiocyanate 등이다.

34 ③ 어류의 비린맛

- 신선도가 떨어진 어류에서는 trimethylamine(TMA) 에 의해서 어류의 특유한 비린 냄새가 난다.
- 이것은 원래 무취였던 trimethylamine oxide가 어류 가 죽은 후 세균의 작용으로 환원되어 생성된 것이다.
- trimethylamine oxide의 함량이 많은 바닷고기가 그 함량이 적은 민물고기보다 빨리 상한 냄새가 난다.

35 ③ 클로로필(chlorophyll)

- 식물의 잎이나 줄기의 chloroplast의 성분으로 단백 질, 지방, lipoprotein과 결합하여 존재한다.
- porphyrin 환 중심에 Mg^{2+}을 가지고 있다.
- 녹색식물의 chlorophyll에는 보통 청녹색을 나타내는 chlorophyll a와 황록색을 나타내는 chlorophyll b가 3:1 비율로 함유되어 있다.

36 ② tyrosinase에 의한 갈변

- 야채나 과일류 특히 감자의 갈변현상은 tyrosinase에 의한 갈변이다.
- 공기 중에서 감자를 절단하면 tyrosinase에 의해 산 화되어 dihydroxy phenylalanine(DOPA)을 거쳐 O-quinone phenylalanin(DOPA-quinone)이 된다.
- 다시 산화, 계속적인 축합·중합반응을 통하여 흑갈색 의 melanin색소를 생성한다.

- 감자에 함유된 tyrosinase는 수용성이므로 깎은 감자 를 물에 담가두면 갈변이 방지된다.

37 ② HLB(hydrophilic-lipophilic balance)

- 유화제는 분자 내에 친수성기(hydrophilic group)와 친유성기(lipophilic group)를 가지고 있으므로 이들 기의 범위 차에 따라 친수성 유화제와 친유성 유화제 로 구분하고 있으며 이것을 편의상 수치로 나타낸 것 이 HLB이다.
- HLB의 숫자가 클수록 친수성이 높다.
- 유화제 혼합물계산

$$16.0 = \frac{20\,x + 4.0(100 - x)}{100}$$

$x = 75$가 되므로, HLB가 20의 것을 75%, HLB가 4.0인 것을 25% 혼합

38 ① 식품의 리올로지(rheology)

- 청국장, 납두 등에서와 같이 실처럼 물질이 따라오는 성질을 예사성(spinability)이라 한다.
- 국수반죽과 같이 대체로 고체를 이루고 있으며 막대 기 모양 또는 긴 끈 모양으로 늘어나는 성질을 신전성 (extesibility)이라 한다.
- 젤리, 밀가루 반죽처럼 외부의 힘에 의해 변형된 물체 가 외부의 힘이 제거되면 본 상태로 돌아가는 현상을 탄성(elasticity)이라 한다.
- 외부에서 힘의 작용을 받아 변형이 되었을 때 힘을 제거하여도 원상태로 되돌아가지 않는 성질을 소성 (plasticity)이라 한다.

39 ③ 식품오염에 문제가 되는 방사선 물질

- 생성률이 비교적 크고 반감기가 긴 것 : Sr-90(28.8년), Cs-137(30.17년) 등
- 생성률이 비교적 크고 반감기가 짧은 것 : I-131(8 일), Ru-106(1년), Ba-140(12.8일) 등
- ※ Sr-90은 주로 뼈에 침착하여 17.5년이란 긴 유효반 감기를 가지고 있기 때문에 한번 침착되면 장기간 조 혈기관인 골수를 조사하여 장애를 일으킨다.

40 ③ 유화제(계면활성제)

- 혼합이 잘되지 않는 2종류의 액체 또는 고체를 액체 에 분산시키는 기능을 가지고 있는 물질을 말한다.
- 친수성과 친유성의 두 성질을 함께 갖고 있는 물질이다.
- 현재 허용된 유화제 : 글리세린지방산에스테르(glyce rine fatty acid ester), 소르비탄지방산에스테르(sor bitan fatty acid ester), 자당지방산에스테르(sucrose

fatty acid ester), 프로필렌클리콜지방산에스테르 (propylene glycol fatty acid ester), 대두인지질 (soybean lecithin), 폴리소르베이트(polysorbate) 20, 60, 65, 80(4종) 등이 있다.

※ 몰포린지방산염(morpholine fatty acid salt)은 과일 또는 채소의 표면피막제이다.

제3과목 식품가공 · 공정공학

41 ① 조질(調質)
- 밀알의 내부에 물리적, 화학적 변화를 일으켜서 밀기울부(외피)와 배젖(배유)가 잘 분리되게 하고 제품의 품질을 높이기 위하여 하는 공정이다.
- 템퍼링(tempering)과 컨디셔닝(conditioning)이 있다.

42 ④ 당화율(dextrose equivalent, DE)
- 전분의 가수분해 정도를 나타내는 단위이다.

$$DE = \frac{직접환원당(포도당으로 표시)}{100} \times 100$$

- DE가 높아지면 포도당이 증가되어 감미도가 높아지고, 덱스트린은 감소되어 평균분자량은 적어지고, 따라서 제품의 점도가 떨어진다.
- 평균분자량이 적어지면 빙점이 낮아지고, 삼투압 및 방부효과가 커지는 경향이 있다.
- 포도당 함량이 증가되므로 제품은 결정화되기 쉬울 뿐 아니라 하얗게 흐려지거나 침전이 생기는 수가 많다.

43 ② 분리 대두 단백질의 제조원리
- 저온으로 탈지한 대두에서 물 또는 알칼리로 대두단백을 가용화시켜 추출 분리하고, 이 추출액을 여과 또는 원심분리하여 미세한 가루를 제거한다.
- 이 추출액에 염산을 넣어 pH가 4.3이 되게 하면 단백질이 침전된다.

44 ④ 두부 제조 시 콩의 마쇄 목적
- 세포를 파괴시켜 세포 내에 있는 수용성 물질, 특히 단백질을 최대한으로 추출하기 위한 과정이다.
- 콩을 미세하게 마쇄할수록 추출율이 높아진다.
- 마쇄가 불충분하면
  - 비지가 많이 나오므로 두부의 수율이 감소하게 된다.
  - 콩 단백질인 glycinin이 비지와 함께 제거되므로 두유의 양이 적어 두부의 양도 적다.
- 지나치게 마쇄하면
  - 압착 시 불용성의 작은 가루들이 빠져나와 두유에 섞이게 되어 응고를 방해하여 두부품질을 나쁘게 한다.
  - 불용성 물질인 콩 껍질, 섬유소 등이 두유에 섞이게 되면 소화흡수율이 떨어진다.

45 ③ Flat sour(평면산패)
- 가스의 생산이 없어도 산을 생성하는 현상을 말한다.
- 호열성균(*bacillus*속)에 의해 변패를 일으키는 특성이 있다.
- 통조림의 살균 부족 또는 권체 불량 등으로 누설 부분이 있을 때 발생한다.
- 가스를 생성하지 않아 부풀어 오르지 않기 때문에 외관상 구별이 어렵다.
- 타검에 의해 식별이 어렵다.
- 개관 후 pH 또는 세균검사를 통해 알 수 있다.

46 ③ 탈삽 기작
- 탄닌 물질이 없어지는 것이 아니고 탄닌 세포 중의 가용성 탄닌이 불용성으로 변화하게 되므로 떫은맛을 느끼지 않게 되는 것이다.
- 즉, 과실이 정상적으로 호흡할 때는 산소를 흡수하여 물과 이산화탄소가 되나 산소의 공급을 제한하여 정상적인 호흡작용을 억제하면 분자 간 호흡을 하게 된다. 이때 과실 중 아세트알데히드, 아세톤, 알코올 등이 생기며 이들 화합물이 탄닌과 중합하여 불용성이 되게 한다.

47 ④ 우유류 규격[식품공전]
- 산도(%) : 0.18 이하(젖산으로서)
- 유지방(%) : 3.0 이상(다만, 저지방제품은 0.6~2.6, 무지방 제품은 0.5 이하)
- 세균수 : n=5, c=2, m=10,000, M=50,000
- 대장균군 : n=5, c=2, m=0, M=10(멸균제품은 제외한다.)
- 포스파타제 : 음성이어야 한다(저온장시간 살균제품, 고온단시간 살균제품에 한함.)
- 살모넬라 : n=5, c=0, m=0/25g
- 리스테리아 모노사이토제네스 : n=5, c=0, m=0/25g
- 황색포도상구균 : n=5, c=0, m=0/25g

48 ③ 아이스크림 제조 시 균질효과
- 크림층의 형성을 방지한다.
- 균일한 유화상태를 유지한다.
- 조직을 부드럽게 한다.
- 동결 중에 지방의 응집을 방지한다.

- 믹스의 기포성을 좋게 하여 증용률(overrun)을 향상시킨다.
- 숙성(aging) 시간을 단축한다.
- 안정제의 소요량을 감소한다.

49 ③ **사후강직의 기작**

당의 분해 (glycolysis)	• 글리코겐의 분해 : 근육 중에 저장된 글리코겐은 해당작용에 의해서 젖산으로 분해되면서 함량이 감소한다. • 젖산의 생성 : 글리코겐이 혐기적 대사에 의해서 분해되어 젖산이 생성된다. • pH의 저하 : 젖산 축적으로 사후근육의 pH가 저하된다.
ATP의 분해	• ATP 함량은 사후에도 일정 수준 유지되지만 결국 감소한다.

50 ④ **육가공의 훈연**

1. 훈연목적
- 보존성 향상
- 특유의 색과 풍미증진
- 육색의 고정화 촉진
- 지방의 산화방지

2. 연기성분의 종류와 기능
- phenol류 화합물은 육제품의 산화방지제로 독특한 훈연취를 부여, 세균의 발육을 억제하여 보존성 부여
- methyl alcohol 성분은 약간 살균효과, 연기성분을 육조직 내로 운반하는 역할
- carbonyls 화합물은 훈연색, 풍미, 향을 부여하고 가열된 육색을 고정
- 유기산은 훈연한 육제품 표면에 산성도를 나타내어 약간 보존 작용

51 ③ **난황 저온 보존 시 젤(gel)화 방지**
- 현재 가장 널리 쓰이는 것은 설탕이나 식염농도 10% 정도 첨가 후 −10℃ 이하에서 보존하는 것이다.
- 이외에 glycerin, diethyleneglycol, sorbitol, gum류, 인산염 등도 효과가 있으나 사용되지 않는다.

52 ④ **멸치젓을 소금으로 절여 발효하면**
- 산가, 과산화물가, 카보닐가(peroxide value), 가용성 질소 등은 증가한다.
- pH는 발효초기(15~20일) 약간 낮아(산성화)졌다가 이후 거의 변화가 없다.

53 ②

정제유에 수소를 첨가하면 유지가 경화되어 요오드가가 점차 줄고 녹는 온도가 높은 기름이 생성된다.

54 ③ **딸기의 질량**

무게＝질량×중력가속도
710.5＝χ×9.8
χ＝72.5kg

55 ③ **유체의 특성**

뉴톤(Newton) 유체	• 순수한 식품의 점성 흐름으로 주로 전단속도와 전단응력으로 나타낸다. • 보통 전단속도(shear rate)는 전단응력(shear stress)에 정비례하고, 전단응력–전단속도 곡선에서의 기울기는 점도로 표시되는 대표적인 유체를 말한다.
슈도플라스틱 (Pseudoplastic) 유체	• 항복치를 나타내지 않고 전단응력의 크기가 어떤 수치 이상일 때 전단응력과 전단속도가 비례하여 뉴턴유체의 성질을 나타내는 유동을 말한다.
딜라턴트 (Dilatant) 유체	• 전단속도의 증가에 따라 전단응력의 증가가 크게 일어나는 유동을 말한다. • 이 유형의 액체는 오직 현탁 속에 불용성 딱딱한 입자가 많이 들어 있는 액상에서만 나타나는 유형, 즉 오직 고농도의 현탁액에서만 이런 현상이 일어난다.
빙햄플라스틱 (Bingham plastic) 유체	• 가소성의 유동성을 나타내는 유체 또 반고체는 일정한 크기의 전단력이 작용할 때까지 변형이 일어나지 않으나 그 이상의 전단력이 작용하면 뉴턴 유체와 같은 직선관계를 나타내는 유체이다.

56 ④ **총열량계수(U) 값**

$$U = \cfrac{1}{\cfrac{1}{h_i}+\cfrac{\Delta X_A}{k_A}+\cfrac{1}{k_o}}$$
$$= \cfrac{1}{\cfrac{1}{12}+\cfrac{0.15}{0.7}+\cfrac{0.0015}{208}+\cfrac{1}{25}} = 2.967W/m^2 \cdot K$$

57 ① F_{121} 계산

- $F_0 = F_1 \times 10^{T-121/Z}$
- F_0 : T = 121℃ = 1min, Z = 10℃, T = 111℃일 때 공식에 대입 하면
  1min = $F_1 \times 10^{111-121/10}$
  F_1 = 1min/10^{-1} = 10min

  - F_0 : T = 121℃
  - F_1 : 온도 T에서의 살균시간
  - Z : Z값

58 ① 냉매

- 열을 운반하는 동작유체를 냉매라 한다.
- 프레온(R-11, R-12, R-22, R-134a, R-502), 이산화탄소, 탄화수소계(프로판, 에탄, 에틸렌 등), 암모니아, 염화메틸 등이 주로 사용되고 있다.
- 프레온은 폭발성이 없고, 냉동범위가 비교적 넓어 많이 사용되었으나 오존층 파괴 문제로 대체물질의 개발이 이루어지고 있다.

59 ② 동결건조(Freeze-Dring)

- 식품을 동결시킨 다음 높은 진공 장치 내에서 액체 상태를 거치지 않고 기체상태의 증기로 승화시켜 건조하는 방법이다.
- 장점
  - 일반의 건조방법에서보다 훨씬 고품질의 제품을 얻을 수 있다.
  - 건조된 제품은 가벼운 형태의 다공성 구조를 가진다.
  - 원래 상태를 유지하고 있어 물을 가하면 급속히 복원된다.
  - 비교적 낮은 온도에서 건조가 일어나므로 열적 변성이 적고, 향기 성분의 손실이 적다.

60 ③ PVDC의 특성

- 내열성, 풍미, 보호성이 우수
- 투명을 요하는 식품의 포장
- 내약품, 내유성이 우수
- 광선 차단성이 좋아 햄, 소시지 등 육제품의 포장에 사용
- gas의 투과성과 흡습성이 낮아 진공포장 재료로 사용

제4과목 식품미생물 및 생화학

61 ③ 원시핵(원핵)세포(하등미생물)와 진핵세포(고등미생물)의 비교

	원핵생물 (procaryotic cell)	진핵생물 (eucaryotic cell)
핵막	없음	있음
인	없음	있음
DNA	단일분자, 히스톤과 결합하지 않음	복수의 염색체 중에 존재, 히스톤과 결합하고 있음
분열	무사분열	유사분열
생식	감수분열 없음	규칙적인 과정으로 감수분열을 함
원형질막	보통은 섬유소가 없음	보통 스테롤을 함유함
내막	비교적 간단, mesosome	복잡, 소포체, golgi체
ribosome	70s	80s
세포기관	없음	공포, lysosome, micro체
호흡계	원형질막 또는 me-sosome의 일부	mitocondria 중에 존재함
광합성 기관	mitocondria는 없음, 발달된 내막 또는 소기관, 엽록체는 없음	엽록체 중에 존재함
미생물	세균, 방선균	곰팡이, 효모, 조류, 원생동물

62 ③ 세균의 지질다당류(lipopolysaccharide)

- 그람 음성균의 세포벽 성분이다.
- 세균의 세포벽이 음(-)전하를 띄게 한다.
- 지질 A, 중심 다당체(core polysaccharide), O항원(O antigen)의 세 부분으로 이루어져 있다.
- 독성을 나타내는 경우가 많아 내독소로 작용한다.
- ※ 일반적으로 세균독소는 외독소와 내독소의 두 가지가 있다. 내독소는 특정 그람 음성 세균이 죽어 분해되는 과정에서 방출되는 독소이다. 이 독소는 세균의 외부막을 형성하는 지질다당류이다.

63 ③ 김치 숙성에 관여하는 미생물
- *Lactobacillus plantarum, Lactobacillus brevis, Streptococcus faecalis, Leuconostoc mesenteroides, Pediococcus halophilus, Pediococcus cerevisiae* 등이 있다.
- *Aspergillus oryzae*(황국균) : 전분 당화력과 단백질 분해력이 강해 간장, 된장, 청주, 탁주, 약주 제조에 이용된다.

64 ③ 곰팡이 속명
- *Penicillium* : 빗자루 모양의 분생자 자루를 가진 곰팡이의 총칭
- *Rhizopus* : 가근과 포복지가 있고, 포자낭병은 가근에서 나오며, 중축 바닥 밑에 자낭을 형성한다.

65 ④ *Rhizopus nigericans*
- 집락은 회백색이며 접합포자와 후막포자를 형성하고 가근도 잘 발달한다.
- 생육적온은 32~34℃이다.
- 맥아, 곡류, 빵, 과일 등 여러 식품에 잘 발생한다.
- 고구마의 연부병의 원인균이 되며 마섬유의 발효 정련에 관여한다.

66 ④ *Schizosaccharomyces*속 효모
가장 대표적인 분열효모이고, 세균과 같이 이분열법에 의해 증식한다.

67 ② 산막효모와 비산막효모의 특징비교

	산막효모	비산막효모
산소요구	산소를 요구한다.	산소의 요구가 적다.
발육위치	액면에 발육하며 피막을 형성한다.	액의 내부에 발육한다.
특징	산화력이 강하다.	알코올 발효력이 강하다.
균속	*Hasenula*속, *Pichia*속, *Debaryomyces*속	*Saccharomyces*속, *Shizosaccharomyces*속

※ *Hasenula*속, *Pichia*속, *Debaryomyces*속은 다극출아로 번식하고 대부분 양조제품에 유해균으로 작용한다.

※ *Saccharomyces*속은 출아분열, *Shizosaccharomyces*속은 분열법으로 번식한다.

68 ④ 최근 미생물을 이용하는 발효공업

yoghurt, amylase, acetone, butanol, glutamate, cheese, 납두, 항생물질, 핵산 관련 물질의 발효에 관여하는 세균과 방사선균에 phage의 피해가 자주 발생한다.

69 ① 조류(algae)
- 분류학상 대부분 진정핵균에 속하므로 세포의 형태는 효모와 비슷하다.
- 종래에는 남조류를 조류로 분류했으나 현재는 남조류를 원핵생물로 분류하므로 세균 중 청녹세균에 분류하고 있다.
- 갈조류, 홍조류 및 녹조류의 3문이 여기에 속한다.
- 보통 조류는 세포 내에 엽록체를 가지고 광합성을 하지만 남조류에는 특정의 엽록체가 없고 엽록소는 세포 전체에 분산되어 있다.
- 바닷물에 서식하는 해수조와 담수 중에 서식하는 담수조가 있다.
- *Chlorella*는 단세포 녹조류이고 양질의 단백질을 대량 함유하므로 식사료화를 시도하고 있으나 소화율이 낮다.
- 우뭇가사리, 김은 홍조류에 속한다.

70 ④ 종속영양균(heterotroph)
- 유기화합물을 탄소원으로 하여 생육하는 미생물이다.
- 모든 필수대사 산물을 직접 합성하는 능력이 없기 때문에 다른 생물에 의해서 만들어진 유기물을 이용한다.
- *Azotobacter*속, 대장균, *Pseudomonas*속, *Clostridium*속, *Acetobacter butylicum* 등이 있다.

광합성 종속영양균 (photosynthetic heteroph)	빛에너지를 이용하지만 유기 탄소원을 필요로 하는 종속영양균이다. 홍색비유황세균이 여기에 속하며 흔하지 않다.
화학합성 종속영양균 (mosynthetic heteroph)	유기화합물의 산화에 의하여 에너지를 얻는 종속영양균, 이외의 세균, 곰팡이, 효모 등을 비롯한 대부분의 미생물이 속한다.
사물기생균 (saprophyte)	사물에 기생하는 부생균, 버섯 중에서 표고버섯, 느타리버섯, 팽이버섯, 그리고 slime mold 등이 여기에 속한다.
생물기생균 (obligate parasite)	생세포나 생조직에 기생하여 생육하는 미생물, 기생균, 병원균, 공서균 등으로 구분된다.

71 ③ 페니실린(penicillins)
- 베타-락탐(β-lactame)계 항생제로서, 보통 그람 양성균에 의한 감염의 치료에 사용한다.

- lactam계 항생제는 세균의 세포벽 합성에 관련 있는 세포질막 여러 효소(carboxypeptidases, trans peptidases, entipeptidases)와 결합하여 세포벽 합성을 억제한다.

72 ③ PCR 반응(polymerase chain reaction)
- 변성(denaturation), 가열냉각(annealing), 신장(extension) 또는 중합(polymerization)의 3단계로 구성되어 있다.

변성단계	이중가닥 표적 DNA가 열 변성되어 단일가닥 주형 DNA로 바뀐다.
가열냉각단계	상보적인 원동자 쌍이 각각 단일가닥 주형 DNA와 혼성화된다.
신장단계	DNA 중합효소가 deoxyribonucle-otide triphosphate(dNTP)를 기질로 하여 각 원동자로부터 새로운 상보적인 가닥들을 합성한다.

- 이러한 과정이 계속 반복됨으로써 원동자 쌍 사이의 염기서열이 대량으로 증폭된다.

73 ④ 연속배양의 장단점

	장점	단점
장치	• 장치 용량을 축소할 수 있다.	• 기존설비를 이용한 전환이 곤란하여 장치의 합리화가 요구된다.
조작	• 작업시간을 단축할 수 있다. • 전 공정의 관리가 용이하다.	• 다른 공정과 연속시켜 일관성이 필요 하다.
생산성	• 최종제품의 내용이 일정하고 인력 및 동력 에너지가 절약되어 생산비를 절감할 수 있다.	• 배양액 중의 생산물 농도와 수득율은 비연속식에 비하여 낮고, 생산물 분리 비용이 많이 든다.
생물	• 미생물의 생리, 생태 및 반응기구의 해석 수단으로 우수하다.	• 비연속배양 보다 밀폐성이 떨어지므로 잡균에 의해서 오염되기 쉽고 변이의 가능성이 있다.

74 ④ 탁·약주 제조 시 담금 배합 요령
술덧에 비해 발효제 사용비율을 높여서 물료의 용해당화를 촉진시킴과 동시에 급수 비율을 낮추어 물료의 농도를 높여 pH의 조절, 조기발효의 억제, 효모의 순양 등을 도모한다.

75 ① 구연산 발효 시 발효 주원료
- 당질 또는 전분질 원료가 사용되고, 사용량이 가장 많은 것은 첨채당밀(beet molasses)이다.
- 당질 원료 대신 n-paraffin이 사용되기도 한다.

76 ② *Acetobacter*의 성질
- 그람 음성, 강한 호기성의 간균이다.
- ethanol을 초산으로 산화하는 능력이 강하고 초산을 다시 산화하여 탄산가스와 물로 만든다.

77 ③ 효소의 작용을 활성화시키는 부활체(activator)
- phenolase, ascorbic acid oxidase에서 Cu^{++}
- phosphatase에서의 Mn^{++}, Mg^{++}
- arginase에서의 Cu^{++}, Mn^{++}
- cocarboxylase에서의 Mg^{++}, Co^{++}

78 ② 당신생(gluconeogenesis)
- 비탄수화물로부터 glucose, glycogen을 합성하는 과정이다.
- 당신생의 원료물질은 유산(lactic acid), 피루브산(pyruvic acid), 알라닌(alanine), 글루타민산(glutamic acid), 아스파라긴산(aspartic acid)과 같은 아미노산 또는 글리세롤 등이다.
- 해당경로를 반대로 거슬러 올라가는 가역반응이 아니다.
- 당신생은 주로 간과 신장에서 일어나는데 예를 들면 격심한 근육운동을 하고 난 뒤 회복기 동안 간에서 젖산을 이용한 혈당 생성이 매우 활발히 일어난다.

79 ① β-oxidation이 일어나는 곳
지방산의 β-oxidation은 mitochondria의 matrix에서 일어난다.

80 ② DNA와 RNA의 구성성분 비교

구성성분	DNA	RNA
인산	H_2PO_4	H_2PO_4
Purine염기	adenine, guanine	adenine, guanine
Pyrimidine염기	cytosine, thymine	cytosine, uracil
Pentose	D-2-deoxyribose	D-ribose

제1과목 식품안전

01 ① **식품위생법 시행규칙 제52조(교육시간)**

1. 영업자와 종업원이 받아야 하는 식품위생교육시간
- 식품제조·가공업, 즉석판매제조·가공업, 식품첨가물제조업, 식품운반업, 식품소분·판매업(식용얼음판매업자, 식품자동판매기영업자는 제외), 식품보존업, 용기·포장류제조업, 식품접객업 : 3시간
- 유흥주점영업의 유흥종사자 : 2시간
- 집단급식소를 설치·운영하는 자 : 3시간

2. 영업을 하려는 자가 받아야 하는 식품위생교육시간
- 식품제조·가공업, 즉석판매제조·가공업, 식품첨가물제조업, 공유주방 운영업 : 8시간
- 식품운반업, 식품소분·판매업, 식품보존업, 용기·포장류제조업 : 4시간
- 식품접객업 : 6시간
- 집단급식소를 설치·운영하는 자 : 6시간

02 ③ **식품위생법 시행령 제17조(식품위생감시원의 직무)**
- 식품 등의 위생적 취급기준의 이행지도
- 수입·판매 또는 사용 등이 금지된 식품 등의 취급여부에 관한 단속
- 표시기준 또는 과대광고 금지의 위반 여부에 관한 단속
- 출입·검사 및 검사에 필요한 식품 등의 수거
- 시설기준의 적합여부의 확인·검사
- 영업자 및 종업원의 건강진단 및 위생교육의 이행여부의 확인·지도
- 조리사·영양사의 법령준수사항 이행여부의 확인·지도
- 행정처분의 이행여부 확인
- 식품 등의 압류·폐기 등
- 영업소의 폐쇄를 위한 간판제거 등의 조치
- 그 밖에 영업자의 법령이행여부에 관한 확인·지도

03 ④ **식품위생법 시행규칙 제68조의 2(인증유효기간의 연장신청)**
인증기관의 장은 인증유효기간이 끝나기 90일 전까지 다음 각 호의 사항을 식품안전관리인증기준 적용업소의 영업자에게 통지하여야 한다.

- 인증유효기간을 연장하려면 인증유효기간이 끝나기 60일 전까지 연장 신청을 하여야 한다는 사실
- 인증유효기간의 연장 신청 절차 및 방법

04 ① **건강기능식품 기능성 원료 및 기준·규격 인정에 관한 규정 제2조(정의)**
- "기능성분"이란 원료 중에 함유되어 있는 기능성을 나타내는 성분을 말한다.
- "지표성분"이란 원료 중에 함유되어 있는 화학적으로 규명된 성분 중에서 품질관리의 목적으로 정한 성분을 말한다.

05 ③ **식품공장의 주변**
- 수목, 잔디 등의 곤충 유인 또는 발생원이 되는 것은 심지 않는다.
- 식재는 공장에서 가급적 멀리 떨어뜨린다.
- 곤충이 좋아하지 않는 수종인 상록수를 선정한다.
- 건물 바깥주변은 포장하여 배회성 곤충의 유입을 막도록 한다.

06 ② **자외선 살균법**
- 열을 사용하지 않으므로 사용이 간편하고, 살균효과가 크며, 피조사물에 대한 변화가 거의 없고 균에 내성을 주지 않는다.
- 살균효과가 표면에 한정되어 식품공장의 실내공기 소독, 조리대 등의 살균에 이용된다.
- ※ 작업자의 손 세척은 역성비누(양성비누)를 사용한다. 역성비누는 세척력은 약하지만 살균력이 강하고 가용성이며, 냄새가 없고, 자극성과 부식성이 없어 손이나 식기 등의 소독에 이용된다.

07 ② **대형 기계 및 기구의 관리**
- 이동하기 어려운 기계, 기구는 50cm 이상의 간격을 두고, 바닥에서 15cm 정도의 높이로 고정하여 설치하여 청소하기 쉽게 배치한다.
- 이들 기계류는 항상 점검하여 이상이 없도록 준비해 둔다.
- 식품공장의 자동화 또는 기계화 등은 반드시 위생적이라고는 할 수 없으며 오히려 세균의 오염의 위험이 있을 수 있으므로 대형기계 및 기구에 대해서는 더욱 엄중한 위생관리를 해야 한다.

08 ③ 식품 및 축산물 안전관리인증기준 제5조(선행요건 관리) [별표1] 작업위생관리

식품 제조·가공에 사용되거나, 식품에 접촉할 수 있는 시설·설비, 기구·용기, 종업원 등의 세척에 사용되는 용수는 다음 각 호에 따른 검사를 실시하여야 한다.

> • 지하수를 사용하는 경우에는 먹는물 수질기준 전 항목에 대하여 연1회 이상(음료류 등 직접 마시는 용도의 경우는 반기 1회 이상) 검사를 실시하여야 한다.
> • 먹는물 수질기준에 정해진 미생물학적 항목에 대한 검사를 월 1회 이상 실시하여야 하며, 미생물학적 항목에 대한 검사는 간이검사키트를 이용하여 자체적으로 실시할 수 있다.

09 ① HACCP의 7원칙 및 12절차

1. 준비단계 5절차
• 절차 1 : HACCP 팀 구성
• 절차 2 : 제품설명서 작성
• 절차 3 : 용도 확인
• 절차 4 : 공정흐름도 작성
• 절차 5 : 공정흐름도 현장확인
2. HACCP 7원칙
• 절차 6(원칙 1) : 위해요소 분석(HA)
• 절차 7(원칙 2) : 중요관리점(CCP) 결정
• 절차 8(원칙 3) : 한계기준(Critical Limit, CL) 설정
• 절차 9(원칙 4) : 모니터링 체계 확립
• 절차 10(원칙 5) : 개선조치방법 수립
• 절차 11(원칙 6) : 검증절차 및 방법 수립
• 절차 12(원칙 7) : 문서화 및 기록유지

10 ③
HACCP 팀 구성은 제품생산과 관련된 직책을 맡고 있거나 전문적 기술을 갖는 모든 사람으로 구성한다.

11 ② 공정흐름도 현장확인(5단계)하는 방법
HACCP 팀 전원이 작성된 공정흐름도를 들고 공정도의 순서에 따라 현장을 순시하면서 공정도상의 내용과 실제 작업이 일치하는지 관찰하고, 필요한 경우 종업원과의 면접 등으로 확인하면 된다.

12 ④ 생물학적 위해요소의 예방책
온도·시간관리, 가열 및 조리(열처리) 공정, 냉장 및 냉동, 발효 및 pH관리, 염 또는 다른 보존료 첨가, 건조, 포장조건, 원재료의 관리, 개인 위생규범(세척 및 소독) 등이 있다.

13 ④ 중요관리점(CCP)의 결정도

질문 1	확인된 위해요소를 관리하기 위한 선행요건이 프로그램이 있으며 잘 관리되고 있는가? • 예 : CP임 • 아니오 : 질문 2
질문 2	이 공정이나 이후 공정에서 확인된 위해의 관리를 위한 예방조치 방법이 있는가? • 예 : 질문 3 • 아니오 : 이 공정에서 안전성을 위한 관리가 필요한가? – 아니오 : CP임
질문 3	이 공정은 이 위해의 발생가능성을 제거 또는 허용수준까지 감소시키는가? • 예 : CCP • 아니오 : 질문 4
질문 4	확인된 위해요소의 오염이 허용수준을 초과하여 발생할 수 있는가? 또는 오염이 허용할 수 없는 수준으로 증가할 수 있는가? • 예 : 질문 5 • 아니오 : CP임
질문 5	이후의 공정에서 확인된 위해를 제거하거나 발생가능성을 허용수준까지 감소시킬 수 있는가? • 예 : CP임 • 아니오 : CCP

14 ① 모니터링(Monitoring)
중요관리점에 설정된 한계기준을 적절히 관리하고 있는지 여부를 확인하기 위하여 수행하는 일련의 계획된 관찰이나 측정하는 행위 등을 말한다.

15 ④ 검증대상
• 선행요건관리
• HACCP 팀 구성, 책임, 권한의 적절성
• 제품 설명서의 유효성
• 공정흐름도의 현장 적합성
• 위해요소 분석과 예방조치의 적절성
• 한계기준의 위해관리 적합성
• 실제 모니터링 작업의 적정도 현장확인
• 기록의 점검
• 원재료, 중간제품 및 최종제품의 시험검사에 의한 확인
• 모니터링에 이용하는 계측기기의 검정
• 개선조치의 효과성 및 이해성
• 기록유지 절차의 적합성
• 소비자로부터의 불만, 위반 등 원인분석
• HACCP 관리계획 전체의 수정 등

16 ② LC₅₀

실험동물의 50%를 죽이게 하는 독성물질의 농도로 균일하다고 생각되는 모집단 동물의 반수를 사망하게 하는 공기 중의 가스농도 및 액체 중의 물질의 농도이다.

LD₅₀	실험동물의 50%를 치사시키는 화학물질의 투여량을 말한다.
TD₅₀	공시생물의 50%가 죽음 외의 유해한 독성을 나타내게 되는 독물의 투여량을 말한다.
ADI	사람이 일생 동안 섭취하여 바람직하지 않은 영향이 나타나지 않을 것으로 예상되는 화학물질의 1일 섭취량을 말한다.

17 ① 식품의 관능검사

차이식별 검사	• 종합적 차이검사 : 단순차이검사, 일-이점검사, 삼점검사, 확장삼점검사 • 특성차이검사 : 이점비교검사, 순위법, 평점법, 다시료비교검사
묘사분석	• 향미프로필 방법 • 텍스쳐프로필 방법 • 정량적 묘사방법 • 스펙트럼 묘사분석 • 시간–강도 묘사분석
소비자기호도 검사	• 이점비교법 • 기호도척도법 • 순위법 • 적합성 판정법

18 ① 포도상구균(*Staphylococcus aureus*)시험법

증균 배양	• 검체 25g 또는 25mL를 취하여 225mL의 10% NaCl을 첨가한 Tryptic Soy 배지에 가한 후 35~37℃에서 16시간 증균 배양한다.
분리 배양	• 증균배양액을 난황첨가 만니톨 식염한천배지에 접종하여 37℃에서 16~24시간 배양한다. • 배양결과 난황첨가 만니톨 식염한천배지에서 황색 불투명집락(만니톨 분해)을 나타내고 주변에 혼탁한 백색환(난황반응 양성)이 있는 집락은 확인시험을 실시한다.
확인 시험	• 분리배양된 평판배지 상의 집락을 보통 한천배지에 옮겨 37℃에서 18~24시간 배양한 후 그람 염색을 실시하여 포도상의 배열을 갖는 그람 양성 구균을 확인한다. • 포도상의 배열을 갖는 그람 양성 구균이 확인된 것은 coagulase 시험을 한다.

19 ① 식품의 미생물 검출을 위한 PCR법

• 대표적인 유전자 분석법
• DNA 중합효소를 이용하여 증균 배양액을 직접 열처리하여 추출한 특정한 DNA를 증폭시키는 기술
• 미생물의 오염 여부를 신속하게 검출 가능
• 비용이 저렴

20 ③ 이물시험법

체분별법, 여과법, 와일드만 플라스크법, 침강법 등이 있다.

체분별법	• 검체가 미세한 분말 속의 비교적 큰 이물 • 체로 포집하여 육안검사
여과법	• 검체가 액체이거나 또는 용액으로 할 수 있을 때의 이물 • 용액으로 한 후 신속여과지로 여과하여 이물검사
와일드만 플라스크법	• 곤충 및 동물의 털과 같이 물에 젖지 않는 가벼운 이물 • 원리 : 검체를 물과 혼합되지 않는 용매와 저어 섞음으로서 이물을 유기용매 층에 떠오르게 하여 취함
침강법	• 쥐똥, 토사 등의 비교적 무거운 이물

제2과목 식품화학

21 ④ 결합수의 특징

• 식품성분과 결합된 물이다.
• 용질에 대하여 용매로 작용하지 않는다.
• 100℃ 이상으로 가열하여도 제거되지 않는다.
• 0℃ 이하의 저온에서도 잘 얼지 않으며 보통 –40℃ 이하에서도 얼지 않는다.
• 보통의 물보다 밀도가 크다.
• 식물 조직을 압착하여도 제거되지 않는다.
• 미생물 번식과 발아에 이용되지 못한다.

22 ② 노화

• α 전분(호화전분)을 실온에 방치할 때 차차 굳어져 micelle 구조의 β 전분으로 되돌아가는 현상을 말한다.
• 밥을 냉장고에 장시간 보관하였다가 먹으면 노화현상이 일어나 더운밥에 비하여 맛이 떨어지게 된다.

23 ④ 선광도

$$\cdot [a]_D^t = \frac{100 \times a}{L \times C}$$

$$\cdot [a]_D^{20} = \frac{100 \times (5)}{1 \times 5} = +100°$$

- t : 시료온도(℃)
- D : 나트륨의 D선(편광)
- a : 측정한 선광도
- L : 관의 길이(dm)
- C : 농도(g/100mL)

24 ② 수분활성도

$$Aw = \frac{Nw}{Nw + Ns}$$

$$= \frac{\dfrac{60}{18}}{\dfrac{60}{18} + \dfrac{15.5}{58.45} + \dfrac{4.5}{342}}$$

$$= \frac{3.33}{3.33 + 0.27 + 0.01}$$

$$= 0.92$$

- A_W : 수분활성도
- N_W : 물의 몰수
- N_S : 용질의 몰수

25 ④ 요오드가(iodine value)
- 유지 100g 중에 첨가되는 요오드의 g수를 말한다.
- 유지의 불포화도가 높을수록 요오드가가 높기 때문에 요오드가는 유지의 불포화 정도를 측정하는데 이용된다.
- 고체지방 50 이하, 불건성유 100 이하, 건성유 130 이상, 반건성유 100~130 정도이다.

26 ④ 효력 증강제(synergist, 상승제)
- 그 자신은 산화 정지작용이 별로 없지만 다른 산화방지제의 작용을 증강시키는 효과(synergism)가 있는 물질을 말한다.
- 종류 : 아스코브산(ascorbic acid), 구연산(citric acid), 말레인산(maleic acid), 타르타르산(tartaric acid), 인산(phosphoric acid) 등의 유기산류나 폴리인산염, 메타인산염 등의 축합인산염류가 있고, 또 glycine, alanine 등의 amino acid도 있다.
- 인지질에 속한 lecithin은 약한 항산화 작용을 가지고 있으며 synergist 역할을 한다.

27 ① 대두 단백질 중 trypsin의 작용을 억제하는 물질

콩에 함유된 일부 albumin은 단백질 분해효소인 trypsin의 작용을 억제하는 물질, trypsin 억제물질로서 작용한다.

28 ③ 단백질의 열변성
- pH와도 관계가 깊으며 일반적으로 등전점에서 가장 잘 일어난다.
- 예를 들면 ovalbumin의 등전점이 pH 4.8이므로 산을 가해 pH 4.8로 하면 비교적 낮은 온도에서도 잘 응고된다.

29 ④ 칼슘(Ca) 흡수를 촉진하는 물질
- 칼슘은 산성에서는 가용성이지만 알칼리성에서는 불용성으로 되기 때문에 유당, 젖산, 단백질, 아미노산 등 장내의 pH를 산성으로 유지하는 물질은 흡수를 좋게 한다.
- 비타민 D, 비타민 C, 카제인포스포펩타이드, 올리고당 등은 Ca의 흡수를 촉진한다.
- ※ 칼슘 흡수를 방해하는 물질 : 시금치의 수산(oxalic acid), 곡류의 피틴산(phytic acid), 탄닌, 식이섬유 등

30 ② 결핵균 석회화에 유용한 비타민

비타민 D는 Ca와 P의 흡수 및 체내 축적을 돕고 조직 중에서 Ca와 P를 결합시켜 $Ca_3(PO_4)_2$의 형태로 뼈에 침착시키는 작용을 촉진시킨다.

31 ④ 맛의 상호작용

맛의 대비	서로 다른 맛을 내는 물질이 혼합되었을 경우 주된 물질의 맛이 증가되는 것을 맛의 대비(contrast) 또는 강화 현상이라고 한다.
맛의 억제	서로 다른 맛을 내는 물질이 혼합되었을 경우 주된 물질의 맛이 약화되는 것을 맛의 억제효과(inhibition)라고 한다.
맛의 상승	같은 종류의 맛을 가지는 2종류의 물질을 서로 혼합하였을 경우 각각 가지는 맛보다 훨씬 강하게 느껴지는 것을 맛의 상승효과(synergism)라고 한다.
맛의 상쇄	서로 다른 맛을 내는 물질을 2종류씩 적당한 농도로 섞어주면 각각의 고유한 맛이 느껴지지 않고 조화된 맛으로 느껴지는 것을 맛의 상쇄작용(compensation)이라고 한다.

32 ② 된장의 숙성

- 된장 중에 있는 코오지 곰팡이, 효모 그리고 세균 등의 상호작용으로 변화가 일어난다.
- 쌀·보리 코오지의 주성분인 전분이 코오지 곰팡이의 amylase에 의해 덱스트린 및 당으로 분해되고 이 당은 다시 알코올 발효에 의하여 알코올이 생긴다.
- 단백질은 protease에 의하여 아미노산으로 분해되어 구수한 맛(glutamic acid)이 생성된다.

33 ② 향기성분

- methyl cinnamate(ester류) : 송이버섯의 향기성분
- lenthionine : 표고버섯의 향기성분
- sedanolide(ester류) : 셀러리의 향기성분
- 2,6-nonadienal(alcohol류) : 오이의 향기성분
- ※ capsacine : 고추의 매운맛 성분

34 ④ 어류의 비린내 성분

- 선도가 떨어진 어류에서는 트리메틸아민(trimethylamine), 암모니아(ammonia), 피페리딘(piperidine), δ-아미노바레르산(δ-aminovaleric acid) 등의 휘발성 아민류에 의해서 어류 특유의 비린내가 난다.
- piperidine는 담수어 비린내의 원류로서 아미노산인 lysine에서 cadaverine을 거쳐 생성된다.

35 ① 안토시아닌(anthocyanin)

- 꽃, 과실, 채소류에 존재하는 적색, 자색, 청색의 수용성 색소로서 화청소라고도 부른다.
- 안토시아니딘(anthocyanidin)의 배당체로서 존재한다.
- benzopyrylium 핵과 phenyl기가 결합한 flavylium 화합물로 2-phenyl-3,5,7-trihydroxyflavylium chloride의 기본구조를 가지고 있다.
- 산, 알칼리, 효소 등에 의해 쉽게 분해되는 매우 불안정한 색소이다.
- anthocyanin계 색소는 수용액의 pH가 산성 → 중성 → 알칼리성으로 변화함에 따라 적색 → 자색 → 청색으로 변색되는 불안정한 색소이다.

36 ④ 클로로필(chlorophyll)

- 식물의 잎이나 줄기의 chloroplast의 성분이다.
- 산 처리하면 Mg이 H^+과 치환되어 녹갈색의 pheophytin을 형성한다.
- 엽록소에 계속 산이 작용하면 pheophorbide라는 갈색물질로 가수분해된다.
- 배추나 오이김치 등이 갈색으로 변하는 현상은 발효 시 생성된 초산이나 젖산의 작용 때문이다.

37 ④ 식품의 레올로지(rheology)

소성 (plasticity)	외부에서 힘의 작용을 받아 변형이 되었을 때 힘을 제거하여도 원상태로 되돌아가지 않는 성질 예 버터, 마가린, 생크림
점성 (viscosity)	액체의 유동성에 대한 저항을 나타내는 물리적 성질이며 균일한 형태와 크기를 가진 단일물질로 구성된 뉴톤 액체의 흐르는 성질을 나타내는 말 예 물엿, 벌꿀
탄성 (elasticity)	외부에서 힘의 작용을 받아 변형되어 있는 물체가 외부의 힘을 제거하면 원래 상태로 되돌아가려는 성질 예 한천젤, 빵, 떡
점탄성 (viscoelasticity)	외부에서 힘을 가할 때 점성유동과 탄성변형을 동시에 일으키는 성질 예 껌, 반죽
점조성 (consistency)	액체의 유동성에 대한 저항을 나타내는 물리적 성질이며 상이한 형태와 크기를 가진 복합물질로 구성된 비 뉴톤 액체에 적용되는 말

38 ④ 에틸카바메이트

1. 생성요인 및 생성원

- 식품의 제조과정 중 시안화수소산, 요소, 시트룰린, 시안배당체, N-carbamyl 화합물 등의 여러 전구체 물질이 에탄올과 반응하여 생성된다.

과실(핵과류) 종자에서 함유된 시안화합물에 의한 생성	• 4핵과류(stone fruits)에서 발견되는 시안배당체는 효소반응으로 시안화수소산으로 분해된 후 산화되어 cyanate를 형성하고, cyanate가 에탄올과 반응하여 EC가 생성된다. • HCN(Cyanide) → HOCN(Cyanate)+Ethanol → Ethyl carbamate
발효과정 중 생성	• 아르기닌이 효모(yeast)에 의해 분해된 요소와 에탄올 사이의 반응을 통해 EC가 생성된다. • 요소(Urea), N-carbamyl phosphate+Ethanol → Ethyl carbamate

- 주로 포도주, 청주, 위스키 등의 주류에서 많은 양이 검출되며 발효식품인 간장, 요구르트, 치즈 등에서도 미량 검출된다.

2. 관련 질병

단기간 동안 일정 농도 이상 노출되면 구토, 의식불명, 출혈을 일으키고 다량 섭취 시에는 신장과 간에 손상을 일으킨다.

39 ③ **식품첨가물의 사용목적에 따른 분류**

- 식품의 기호성을 향상시키고 관능을 만족시키는 목적 : 감미료, 산미료, 조미료, 착향료, 착색제, 발색제, 표백제 등
- 식품의 변질을 방지하는 목적 : 보존료, 산화방지제, 살균제 등
- 식품의 품질을 개량하거나 일정하게 유지하는 목적 : 품질개량제, 밀가루개량제
- 식품 가공성을 개선하는 목적 : 팽창제, 유화제, 호료, 소포제, 용제, 추출제, 이형제
- 기타 : 여과보조제, 중화제 등

40 ④ **호료(증점제)**

- 식품의 점도를 증가시키는 식품첨가물이다.
- 알긴산 나트륨(sodium alginate), 알긴산 푸로필렌 글리콜(propylene glycol alginate), 메틸셀룰로오즈(methyl cellulose), 카복실메틸셀룰로오즈 나트륨(sodium carboxymethyl cellulose), 카복실메틸셀룰로오즈 칼슘(calcium carboxymethyl cellulose), 카복실메틸스타아치 나트륨(sodium carboxymethyl starch), 카제인(casein), 폴리아크릴산 나트륨(sodium polyacrylate) 등 51 품목이다.

제3과목 식품가공 · 공정공학

41 ② **정미의 도정률(정백률)**

- 도정된 정미의 중량이 현미 중량의 몇 %에 해당하는가를 나타내는 방법이다.
- 도정률(%) = $\dfrac{도정(정미)량}{현미량} \times 100$
- 도정도가 높을수록 도감율도 높아지나 도정률은 낮아진다.

42 ④ **DE(당화율)[식품공전]**

액상포도당의 DE는 80.0 이상, 물엿의 DE는 20.0 이상, 기타 엿의 DE는 10.0 이상, 덱스트린의 DE는 20.0 미만이다.

43 ④

콩 단백질은 pH 4.3 근처에서 추출률이 가장 낮아지고 그것보다 더 산성일 때 추출률이 다시 높아진다.

44 ④ **가염 코오지**

- 코오지 상자에서 다른 그릇에 모은 보리 코오지에 소금을 섞어 두는 것을 말한다.
- 가염 코오지를 만드는 목적
  - 코오지(koji)균의 발육을 정지시킨다.
  - 잡균이 번식하는 것을 방지한다.
  - 발열을 방지하고 저장을 높인다.

45 ④ **탈기(exhausting)의 목적**

- 산소를 제거하여 통 내면의 부식과 내용물과의 변화를 적게 한다.
- 가열살균 시 관내 공기의 팽창에 의하여 생기는 밀봉부의 파손을 방지한다.
- 유리산소의 양을 적게 하여 호기성 세균 및 곰팡이의 발육을 억제한다.
- 통조림한 내용물의 색깔, 향기 및 맛 등의 변화를 방지한다.
- 비타민 기타의 영양소가 변질되고 파괴되는 것을 방지한다.
- 통조림의 양쪽이 들어가게 하여 내용물의 건전 여부의 판별을 쉽게 한다.

46 ④ **과채류 데치기(blanching)의 목적**

- 산화효소를 파괴하여 가공 중에 일어나는 변색 및 변질을 방지한다.
- 원료 중의 특수 성분에 의하여 통조림 및 건조 중에 일어나는 외관, 맛의 변화를 방지한다.
- 원료의 조직을 부드럽게 하여 통조림 등을 할 때 담는 조작을 쉽게 하고 살균 가열할 때 부피가 줄어드는 것을 방지한다.
- 껍질 벗기기를 쉽게 한다.
- 원료를 깨끗이 하는 데 효과가 있다.

47 ④ **카제인(casein)**

- 우유 중에 약 3% 함유되어 있으며 우유 단백질 중의 약 80%를 차지한다.
- 카제인은 우유에 산을 가하여 pH를 4.6으로 하면 등전점에 도달하여 물에 녹지 않고 침전되므로 쉽게 분리할 수 있다.

48 ④ **가당연유의 살균(preheating) 목적**
- 미생물과 효소 등을 살균, 실활시켜 제품의 보존성을 연장시키기 위해
- 첨가한 설탕을 완전히 용해시키기 위해
- 농축 시 가열면에 우유가 눌어붙는 것을 방지하여 증발이 신속히 되도록 하기 위해
- 단백질에 적당한 열변성을 주어서 제품의 농후화(age thickening)를 억제시키기 위해

49 ④ **해동강직(thaw rigor)**
- 사후강직 전의 근육을 동결시킨 뒤 저장하였다가 짧은 시간에 해동시킬 때 발생하는 강한 수축현상을 말한다.
- 최대 경직기에 도달하지 않았을 때 동결한 근육은 해동함에 따라 남아있던 글리코겐과 ATP의 소비가 다시 활발해져서 최대경직에 이르게 된다.
- 해동 시 경직에 도달하는 속도가 훨씬 빠르고 수축도 심하여 경도도 높고 다량의 드립을 발생한다.
- 이것을 피하기 위해서는 최대 경직기 후에 동결하면 된다.
- 저온단축과 마찬가지로 ATP 존재 하에 수축이라는 점에서 동결에 의한 미토콘드리아와 근소포체의 기능 저하에 따른 유리 Ca^{++}의 증대에 기인된다.

50 ① **육가공의 훈연**

1. 훈연목적
- 보존성 향상
- 특유의 색과 풍미증진
- 육색의 고정화 촉진
- 지방의 산화방지

2. 연기성분의 종류와 기능
- phenol류 화합물은 육제품의 산화방지제로 독특한 훈연취를 부여, 세균의 발육을 억제하여 보존성 부여
- methyl alcohol 성분은 약간 살균효과, 연기성분을 육조직 내로 운반하는 역할
- carbonyls 화합물은 훈연색, 풍미, 향을 부여하고 가열된 육색을 고정
- 유기산은 훈연한 육제품 표면에 산성도를 나타내어 약간 보존 작용

51 ② **피단(pidan)**
- 중국에서 오리알을 이용한 난 가공품이다.
- 송화단, 채단이라고도 한다.
- 주로 알칼리 침투법으로 제조한다.
- 제조법 : 생석회, 소금, 나무 태운 재, 왕겨 등을 반죽(paste) 모양으로 만들어 난 껍질 표면에 6~9mm 두

께로 바르고 왕겨에 굴려 항아리에 넣고 공기가 통하지 않도록 밀봉시켜 15~20℃에서 5~6개월간 발효, 숙성시켜 제조한다.

52 ② **수산 건조식품**
- 자건품 : 수산물을 그대로 또는 소금을 넣고 삶은 후 건조한 것
- 배건품 : 수산물을 한 번 구워서 건조한 것
- 염건품 : 수산물에 소금을 넣고 건조한 것
- 동건품 : 수산물을 동결·융해하여 건조한 것
- 소건품 : 원료 수산물을 조미하지 않고 그대로 건조한 것

53 ① **탈검(degumming)**
- 불순물인 인지질(lecithin) 같은 고무질을 주로 제거하는 조작이다.
- 더운 물 또는 수증기를 넣으면 이들 물질이 기름에 녹지 않게 되므로 정치법 또는 원심분리법을 사용하여 분리할 수 있다.

54 ④ **엔탈피 변화**

> - 25℃ 물에서 100℃ 물로 온도변화
>   물의 비열은 4.182kJ/kgK이므로
> $4.2kJ/kgK \times 2kg \times 75K = 630kJ$
> - 100℃ 물에서 100℃ 수증기로 온도변화
>   기화 잠열은 2257kJ/kg이므로
> $2,257kJ/kg \times 2kg = 4,514kJ$
> - 총 엔탈피 변화 $= 630kJ + 4,514kJ = 5,144kJ$

55 ① **레이놀드수(Re)**

> - 레이놀드수(Re) = Dvp/u(지름×속도×압력/점도)
>   관의 단면적 $= (\pi/4) \times D^2 = 3.14/4 \times (0.05m)^2$
> $= 1.96 \times 10^{-3}m^2$
>   관내 우유의 유속(유속/관의 단면적) $= 0.15/s \times 1/1.96 \times 10^{-3}m^2 = 76.53m/s$
> $Re = 0.05m \times 76.53m/s \times 1015kg/m^3/5.25$
> $Pa \cdot S = 740$
>   Re 〈 2,100 : 층류, 2100 〈 Re 〈 4,000 : 중간류,
>   Re 〉 4,000: 난류
> - 즉, 레이놀드수(Re)가 2,100보다 작으므로 층류이다.

56 ② 냉점(cold point)
- 포장식품에 열을 가했을 때 그 내부에는 대류나 전도 열이 가장 늦게 미치는 부분을 말한다.
- 액상의 대류가열식품은 용기 아래쪽 수직 축상에 그 냉점이 있고, 잼 같은 반고형 식품은 전도·가열되어 수직 축상 용기의 중심점 근처에 냉점이 있다.
- 육류, 생선, 잼은 전도·가열되고 액상은 대류와 전도 가열에 의한다.

57 ④ 열수의 출구온도

$$Q = mct$$
$$0.5 \times 3.92 \times (55-20) = 1 \times 4.18 \times (90-x)$$
$$x = 73.5885$$

58 ③ 열풍건조(대류형 건조)
- 식품을 건조실에 넣고 가열된 공기를 강제적으로 송풍기나 선풍기 같은 기기에 의해 열풍을 불어 넣어 건조시키는 방법이다.
- 종류 : 킬른(Kiln)식 건조기, 캐비넷 혹은 쟁반식 건조기(cabinet or tray dryer), 터널식 건조기(tunnel dryer), 컨베이어 건조기(conveyor dryer), 빈 건조기(bin dryer), 부유식 건조기(fluidized bed dryer), 회전식 건조기(rotary dryer), 분무건조기(spray dryer), 탑 건조기(tower dryer) 등이 있다.
- 드럼 건조기(drum dryer)는 열판접촉에 의한 건조기 형태이다.

59 ② 환경기체 조절포장에 사용되는 주요 가스의 특성

가스	특성
산소 (O_2)	• 신선육의 밝은 적색 유지 • 과채류에서의 기본 대사의 유지 • 혐기적 변패의 방지
질소 (N_2)	• 화학적으로 불활성 • 산화, 산패, 곰팡이 성장, 곤충 성장의 방지
이산화탄소 (CO_2)	• 박테리아와 미생물 성장의 억제 • 지방 및 물에 가용성 • 곤충의 성장을 억제 • 고농도에서는 제품의 색택이나 향미를 변화시킴 • 과채류에서는 질식을 가져올 수 있음

※ 녹차의 비타민 C의 산화방지를 위해서는 질소가스를 치환 포장한다.

60 ④ 원심분리법에 의한 크림분리기(cream separator)
- 원통형(tubular bowl type)과 원추판형(disc bowl type) 분리기가 있다.
- 원추판형(disc bowl type) 분리기가 많이 이용되고 있다.

제4과목 식품미생물 및 생화학

61 ③ 능동수송(active transport)
- 세포막의 수송단백질이 물질대사에서 얻은 ATP를 소비하면서 농도 경사를 거슬러서(낮은 농도에서 높은 농도 쪽으로) 물질을 흡수하거나 배출하는 현상이다.
- 적혈구나 신경세포의 Na⁺-K⁺펌프, 소장에서의 양분 흡수, 신장의 세뇨관에서의 포도당 재흡수 등의 예가 있다.

62 ① 세균의 포자
- 세균 중 어떤 것은 생육환경이 악화되면 세포 내에 포자를 형성한다.
- 포자 형성균으로는 호기성의 *Bacillus*속과 혐기성의 *Clostridium*속에 한정되어 있다.
- 포자는 비교적 내열성이 강하다.
- 포자에는 영양세포에 비하여 대부분 수분이 결합수로 되어 있어서 상당한 내건조성을 나타낸다.
- 유리포자는 대사활동이 극히 낮고 가열, 방사선, 약품 등에 대하여 저항성이 강하다.
- 적당한 조건이 되면 발아하여 새로운 영양세포로 되어 분열, 증식한다.
- 세균의 포자는 특수한 성분으로 dipcolinic acid를 5~12% 함유하고 있다.

63 ④ 대장균군
- 포유동물이나 사람의 장내에 서식하는 세균을 통틀어 대장균이라 한다.
- *Escherichia*, *Eterobacter*, *Klebsiella*, *Citrobacter*속 등이 포함되고, 대표적인 대장균은 *Escherichia coli*, *Acetobacter aerogenes*이다.
- 대장균은 그람 음성, 호기성 또는 통성혐기성, 주모성 편모, 무포자 간균이다.
- 생육 최적 온도는 30~37℃이며 비운동성 또는 주모를 가진 운동성균으로 lactose를 분해하여 CO_2와 H_2 가스를 생성한다.

- 대변과 함께 배출되며 일부 균주를 제외하고는 보통 병원성은 없으나 이 균이 식품에서 검출되면 동물의 분뇨로 오염되었다는 것을 의미한다.
- 식품위생상 분뇨 오염의 지표균인 동시에 식품에서 발견되는 부패 세균이기도 하며 음식물, 음료수 등의 위생검사에 이용된다.
- 동물의 장관 내에서 비타민 K를 생합성하여 인간에게 유익한 작용을 하기도 한다.

64 ① 곰팡이 균총(colony)
- 균사체와 자실체를 합쳐서 균총(colony)이라 한다.
- 균사체(mycelium)는 균사의 집합체이고, 자실체(fruiting body)는 포자를 형성하는 기관이다.
- 균총은 종류에 따라 독특한 색깔을 가진다.
- 곰팡이의 색은 자실체 속에 들어 있는 각자의 색깔에 의하여 결정된다.

65 ④ 대표적인 동충하초균 속
- 자낭균(Ascomycetes)의 맥각균과(Clavicipitaceae)에 속하는 *Cordyceps*속이 있다.
- 이밖에도 불완전균류의 *Paecilomyces*속, *Torrubiella*속, *Podonecitria*속 등이 있다.

66 ③ 효모의 분류 동정
형태학적 특징, 배양학적 특징, 유성생식의 유무와 특징, 포자형성 여부와 형태, 생리적 특징으로서 질산염과 탄소원의 동화성, 당류의 발효성, 라피노스(raffinose) 이용성, 피막형성 유무 등을 종합적으로 판단하여 분류 동정한다.

67 ③ 용원파지(phage)
- 바이러스 게놈이 숙주세포의 염색체와 안정된 결합을 해 세포분열 전에 숙주세포 염색체와 함께 복제된다.
- 이런 경우 비리온의 새로운 자손이 생성되지 않고 숙주를 감염시킨 바이러스는 사라진 것 같이 보이지만, 실제로는 바이러스의 게놈이 원래의 숙주세포가 새로 분열할 때마다 함께 전달된다.
- 용원균은 보통 상태에서는 일반세균과 마찬가지로 분열, 증식을 계속한다.

68 ③ 혐기성 세균에 의해서 생성되는 대사산물
- 통성혐기성균인 대장균(*E. coli*), 젖산균, 효모 및 특정 진균(fungi)들은 피루브산(pyruvic acid)을 젖산(lactic acid)으로 분해시킨다.
- 편성혐기성균인 *Clostridium* 등은 피루브산을 낙산(butyric acid), 시트르산(citric acid), 프로피온산(propionic acid), 부탄올(butanol), 아세토인(acetoin)과 같은 물질로 분해시킨다.

69 ③ 세균의 유전자 재조합(genetic recombination) 방법
형질전환(transformation), 형질도입(transduction), 접합(conjugation) 등이 있다.

70 ② 조절 돌연변이원(regulatory mutant)
- 유전자의 프로모터의 조절부위 혹은 조절단백질의 활성에 변이가 생겼을 때에 일어난다. 그 결과 오페론이라든지 레귤론의 정상적인 표현이 방해를 받게 된다.
- 예를 들면 arabinose의 대사에 관여하고 있는 ara C 유전자 산물에 결손이 있으면 이 돌연변이원은 ara C 단백질이 ara C 레귤론의 표현을 위해서 필수적이기 때문에 arabinose를 유일한 탄소원으로 한 배지에서는 생육할 수 없게 된다.
- 이와 같은 돌연변이원의 이용은 세균의 조절 기구를 해명하는 데에 있어서 매우 유효하다.

71 ② 유가배양(fed-batch culture)
- 반응 중 어떤 특정 제한기질을 bioreactor(생물반응기)에 간헐 또는 연속적으로 공급하지만 배양액은 수확 시까지 빼내지 않는 방법이다.
- 유가배양은 회분식 배양에 있어서는 대사산물의 생성을 유도하거나 조절하기가 어려운 결점을 개선한 방법으로서 회분배양과 연속배양의 중간에 해당한다.
- 제빵효모, glycerol, butanol, acetone, 유기산, 아미노산, 효소, 항생물질 생산 등 대부분의 발효공업에 광범위하게 이용된다.

72 ④ 상면발효효모와 하면발효효모의 비교

구분	상면효모	하면효모
형식	• 영국계	• 독일계
형태	• 대개는 원형이다. • 소량의 효모점질물 polysaccharide를 함유한다.	• 난형 내지 타원형이다. • 다량의 효모점질물 polysaccharide를 함유한다.
배양	• 세포는 액면으로 뜨므로, 발효액이 혼탁된다. • 균체가 균막을 형성한다.	• 세포는 저면으로 침강하므로, 발효액이 투명하다. • 균체가 균막을 형성하지 않는다.

생리	• 발효작용이 빠르다. • 다량의 글리코겐을 형성한다. • raffinose, melibiose를 발효하지 않는다. • 최적온도 10~25℃	• 발효작용이 늦다. • 소량의 글리코겐을 형성한다. • raffinose, melibiose를 발효한다. • 최적온도 5~10℃
대표효모	• *Sacch. cerevisiae*	• *Sacch. carlsbergensis*

73 ② 유기산 생합성 경로

- 해당계(EMP)와 관련되는 유기산 발효 : lactic acid
- TCA회로와 관련되는 유기산 발효 : citiric acid, succinic acid, fumaric acid, malic acid, itaconic acid
- 직접산화에 의한 유기산 발효 : acetic acid, gluconic acid, 2-ketogluconic acid, 5-ketoglucinic acid, kojic acid
- 탄화수소의 산화에 의한 유기산

74 ③ 효모 알코올 발효 과정에서 아황산나트륨 첨가

- 효모에 의해서 알코올 발효하는 과정에서 아황산 나트륨을 가하여 pH 5~6에서 발효시키면 아황산 나트륨은 포촉제(trapping agent)로서 작용하여 acetaldehyde와 결합한다.
- 따라서 acetaldehyde의 환원이 일어나지 않으므로 glycerol-3-phosphate dehydrogenase에 의해서 dihydroxyacetone phosphate가 $NADH_2$의 수소 수용체로 되어 glycerophosphate를 생성하고 다시 phosphatase에 의해서 인산이 이탈되어 glycerol로 된다.

75 ① *Candida utilis*

xylose를 자화하므로 아황산 펄프폐액 등에 배양해서 균체는 사료 효모용 또는 inosinic acid 제조원료로 사용된다.

76 ④ allosteric 효소(다른 자리 입체성 효소)

- 조절인자의 결합에 따라 모양과 구조가 바뀌는 효소 이다.
- 활성부위 외의 부위에 특이적인 대사물질이 비공유결합하여 촉매활성이 조절되는 성격을 가진다.
- 효소분자에서 촉매부위와 조절부위는 대부분 다른 subunit에 존재한다.
- 촉진인자가 첨가되면 효소는 기질과 복합체를 형성할 수 있다.
- 조절인자는 효소활성을 저해 또는 촉진시킨다.

77 ④ 세포 내 호흡계 미토콘드리아에서 진행되는 전자전달계

- 먼저 탈수소효소에 의해 기질 H_2의 2H 원자가 NAD 에 옮겨져 $NADH_2$로 되고 다시 2H 원자는 FAD(flavo protein[※])로 이행되어 환원형의 $FADH_2$(flavo protein[※])로 된다.
- $FADH_2$로 이행되어 온 2H 원자는 ubiquinone(UQ)을 환원하여 hydroquinone(UQH_2)으로 된다.
- 여기에서 cristae에 존재하는 cytochrome b(heme 단백질)에 의해 산화되어 $2H^+$를 떼어내 산화환원을 전자전달로 변화시킨다.
- 전자가 cytochrome c_1, a, a_3와 순차 산화환원 된다.
- Heme 단백질 최후의 cytochrome a_3의 전자가 산소 분자 O_2로 옮겨진다.
- 이때 $1/2O_2$가 $2H^+$와 반응하여 H_2O를 생성한다.
- ※ 호흡계에서 전자를 전달해주는 flavo protein에는 FAD와 FMN이 있다.

78 ④ 지질 합성

1. 지방산의 합성

- 지방산의 합성은 간장, 신장, 지방조직, 뇌 등 각 조직의 세포질에서 acetyl-CoA로부터 합성된다.
- 지방산합성은 거대한 효소복합체에 의해서 이루어진다. 효소복합체 중심에 ACP(acyl carrier protein)이 들어있다.
- acetyl-CoA가 ATP와 비오틴의 존재 하에서 acetyl-CoA carboxylase의 작용으로 CO_2와 결합하여 malonyl-CoA로 된다.
- 이 malonyl-CoA와 acetyl-CoA가 결합하여 탄소수가 2개 많은 지방산 acyl-CoA로 된다.
- 이 반응이 반복됨으로써 탄소수가 2개씩 많은 지방산이 합성된다.
- 지방산합성에는 지방산 산화과정에서는 필요없는 NADPH가 많이 필요하다.
- 생체 내에서 acetyl-CoA로 전환될 수 있는 당질, 아미노산, 알코올 등은 지방산 합성에 관여한다.

2. 중성지방의 합성

- 중성지방은 지방대사산물인 글리세롤로부터 또는 해당과정에 있어서 글리세롤-3-인산으로부터 합성된다.
- acyl-CoA가 글리세롤-3-인산과 결합하여 1, 2-디글리세라이드로 된다. 여기에 acyl-CoA가 결합하여 트리글리세라이드가 된다.

79 ④ 단백질 합성에 관여하는 RNA
- m-RNA는 DNA에서 주형을 복사하여 단백질의 아미노산(amino acid) 배열 순서를 전달 규정한다.
- t-RNA(sRNA)는 활성아미노산을 리보솜(ribosome)의 주형(template) 쪽에 운반한다.
- r-RNA는 m-RNA에 의하여 전달된 정보에 따라 t-RNA에 옮겨진 amino acid를 결합시켜 단백질 합성을 하는 장소를 형성한다.
- ※ DNA는 단백질 합성 시 아미노산의 배열순서의 지령을 m-RNA에 전달하는 유전자의 본체이다.

80 ④ phosphodiester 결합
핵산(DNA, RNA)을 구성하는 nucleotide와 nucleotide 사이의 결합은 C_3'와 C_5' 간에 phosphodiester 결합이다.

제1과목 식품안전

01 ④ 식중독 예방정보 시설·설비 위생 관리

바닥 및 배수로 관리 : 물이 고이지 않도록 적당한 경사를 주어 배수가 잘되도록 하여야 한다.

02 ④ 자가품질검사에 대한 기준

- 자가품질검사에 관한 기록서는 2년간 보관하여야 한다. [식품위생법 시행규칙 제31조 제4항]
- 자가품질검사주기는 처음으로 제품을 제조한 날을 기준으로 산정한다. [식품위생법 시행규칙 별표12 3번]

03 ② 식품 및 축산물 안전관리인증기준 제20조(교육훈련)

① 안전관리인증기준(HACCP) 적용업소 영업자 및 종업원이 받아야 하는 신규교육훈련시간은 다음 각 호와 같다. 다만, 영업자가 안전관리인증기준(HACCP) 팀장 교육을 받은 경우에는 영업자 교육을 받은 것으로 본다.

식품	• 영업자 교육훈련 : 2시간 • 안전관리인증기준(HACCP) 팀장 교육훈련 : 16시간 • 안전관리인증기준(HACCP) 팀원 교육훈련, 기타 종업원 교육훈련 : 4시간
축산물	• 영업자 및 농업인 교육훈련 : 4시간 이상 • 종업원 교육훈련 : 24시간 이상

04 ③ 기구 및 용기·포장 공전 II. 공통기준 및 규격 1. 공통제조기준 나. 제조가공기준(공통기준)

- 용기, 포장의 제조 시 인쇄하는 경우 인쇄 잉크를 충분히 건조하여야 하며 식품과 접촉하는 면에는 인쇄를 하지 않아야 한다.
- 식품과 직접 접촉하지 않는 면에 인쇄를 하고자 하는 경우에는 인쇄잉크를 반드시 건조시켜야 한다. 이 경우 잉크성분인 벤조페논의 용출량은 0.6mg/L 이하이어야 한다. 또한 식품과 직접 접촉하지 않는 면이 인쇄된 합성수지포장재 중 내용물 투입 시 형태가 달라지는 포장재의 경우, 잉크성분인 톨루엔의 잔류량은 2mg/m² 이하이어야 한다.

05 ② HACCP 제도

식품의 원재료부터 제조, 가공, 보존, 유통, 조리단계를 거쳐 최종소비자가 섭취하기 전까지의 각 단계에서 발생할 우려가 있는 위해요소(생물학적, 화학적, 물리적)를 규명하고, 이를 중점적으로 관리하기 위한 중요관리점을 결정하여 자율적이며 체계적이고 효율적인 관리로 식품의 안전성을 확보하기 위한 과학적인 위생관리체계라고 할 수 있다.

06 ③ 식품위생법 제7조의4 관리계획(식품 등의 기준 및 규격 관리계획 등)

식품의약품안전처장은 관계 중앙행정기관의 장과의 협의 및 심의위원회의 심의를 거쳐 식품 등의 기준 및 규격 관리 기본계획(이하 "관리계획"이라 한다)을 5년마다 수립·추진할 수 있다.

07 ② 식품 및 축산물 안전관리인증기준 제5조(선행요건 관리) [별표1] 냉장·냉동시설·설비 관리

냉장시설은 내부의 온도를 10℃ 이하(다만, 신선편의식품, 훈제연어, 가금육은 5℃ 이하 보관 등 보관온도 기준이 별도로 정해져 있는 식품의 경우에는 그 기준을 따른다.), 냉동시설은 -18℃ 이하로 유지하고, 외부에서 온도변화를 관찰할 수 있어야 하며, 온도 감응 장치의 센서는 온도가 가장 높게 측정되는 곳에 위치하도록 한다.

08 ① 표준위생관리기준(SSOP)의 핵심요소(8가지)

- 물 및 얼음의 안전성
- 식품 접촉면의 조건 및 청결
- 교차 오염의 방지
- 개인위생 및 위생설비
- 비식품 물질의 유입 방지
- 화학제품의 적절한 사용 및 보관, 라벨링 처리
- 작업자의 건강관리
- 방충·방서관리

09 ② 식품 및 축산물 안전관리인증기준 제5조(선행요건 관리) [별표1] 작업위생관리

식품 취급 등의 작업은 바닥으로부터 60cm 이상의 높이에서 실시하여 바닥으로부터의 오염을 방지하여야 한다.

10 ④ 식품위해요소중점관리기준에서 중요관리점 (CCP) 결정 원칙

- 기타 식품판매업소 판매식품은 냉장·냉동식품의 온도관리 단계를 중요관리점으로 결정하여 중점적으로 관리함을 원칙으로 하되, 판매식품의 특성에 따라 입고검사나 기타 단계를 중요관리점 결정도(예시)에 따라 추가로 결정하여 관리할 수 있다.
- 농·임·수산물의 판매 등을 위한 포장, 단순처리 단계 등은 선행요건으로 관리한다.
- 중요관리점(CCP) 결정도(예시)

질문 1	이 단계가 냉장·냉동식품의 온도관리를 위한 단계이거나, 판매식품의 확인된 위해요소 발생을 예방하거나 제거 또는 허용수준으로 감소시키기 위하여 의도적으로 행하는 단계인가?	→ 아니오 (CCP아님)

↓ (예)

질문 2	확인된 위해요소 발생을 예방하거나 제거 또는 허용수준으로 감소시킬 수 있는 방법이 이후 단계에도 존재하는가?	→ 아니오 (CCP)

(예) → (CCP 아님)

11 ④ HACCP의 7원칙 및 12절차

1. 준비단계 5절차
- 절차 1 : HACCP 팀 구성
- 절차 2 : 제품설명서 작성
- 절차 3 : 용도 확인
- 절차 4 : 공정흐름도 작성
- 절차 5 : 공정흐름도 현장확인

2. HACCP 7원칙
- 절차 6(원칙 1) : 위해요소 분석(HA)
- 절차 7(원칙 2) : 중요관리점(CCP) 결정
- 절차 8(원칙 3) : 한계기준(Critical Limit, CL) 설정
- 절차 9(원칙 4) : 모니터링 체계 확립
- 절차 10(원칙 5) : 개선조치방법 수립
- 절차 11(원칙 6) : 검증절차 및 방법 수립
- 절차 12(원칙 7) : 문서화 및 기록유지

12 ② 제품설명서 작성 내용

제품명, 제품유형 및 성상, 품목제조 보고연월일, 작성자 및 작성연월일, 성분(또는 식자재)배합비율 및 제조(또는 조리)방법, 제조(포장)단위, 완제품의 규격, 보관·유통(또는 배식)상의 주의사항, 제품용도 및 소비(또는 배식)기간, 포장방법 및 재질, 표시사항, 기타 필요한 사항이 포함되도록 작성한다.

13 ② 기생충 관리

가열 조리, 채소류는 흐르는 물에 충분히 세척한다.

14 ① 한계기준(Critical Limit)

- 중요관리점에서의 위해요소 관리가 허용범위 이내로 충분히 이루어지고 있는지 여부가 판단할 수 있는 기준이나 기준치를 말한다.
- 한계기준은 CCP에서 관리되어야 할 생물학적, 화학적 또는 물리적 위해요소를 예방, 제거 또는 허용 가능한 안전한 수준까지 감소시킬 수 있는 최대치 또는 최소치를 말하며 안전성을 보장할 수 있는 과학적 근거에 기초하여 설정되어야 한다.
- 한계기준은 현장에서 쉽게 확인 가능하도록 가능한 육안관찰이나 측정으로 확인 할 수 있는 수치 또는 특정 지표로 나타내어야 한다.

- 온도 및 시간
- 습도(수분)
- 수분활성도(Aw) 같은 제품 특성
- 염소, 염분농도 같은 화학적 특성
- pH
- 금속 검출기 감도
- 관련 서류 확인 등

15 ① 모니터링(Monitoring)

중요관리점에 설정된 한계기준을 적절히 관리하고 있는지 여부를 확인하기 위하여 수행하는 일련의 계획된 관찰이나 측정하는 행위 등을 말한다.

16 ③ 검증(verification)

- 해당업소 HACCP 관리계획의 적절성 여부를 정기적으로 평가하는 일련의 활동을 말한다.
- 이에 따른 적용방법, 절차, 확인, 기타 평가(유효성, 실행성) 등을 수행하는 행위를 포함한다.

17 ④ 개선조치 보고서 내용

제품 식별, 이탈의 내역 및 발생시간, 이탈 중 생산된 제품의 최종 처리를 포함한 이행된 시정 조치 등

18 ② 관능검사

1. 단순차이검사 : 두 개의 검사물들 간에 차이유무를 결정하기 위한 방법으로 동일 검사물의 짝과 이질 검

사물의 짝을 제시한 후 두 시료 간에 같은지 다른지를 평가하게 하는 방법이다.

2. **일-이점검사** : 기준시료를 제시해주고 두 검사물 중에서 기준시료와 동일한 것을 선택하도록 하는 방법으로 이는 기준시료와 동일한 검사물만 다시 맛보기 때문에 삼점 검사에 비해 시간이 절약될 뿐만 아니라 둔화현상도 어느 정도 방지할 수 있다. 따라서 검사물의 향미나 뒷맛이 강할 때 많이 사용되는 방법이다.

3. **삼점검사** : 종합적 차이검사에서 가장 많이 쓰이는 방법으로 두 검사물은 같고 한 검사물은 다른 세 개의 검사물을 제시하여 어느 것이 다른지를 선택하도록 하는 방법이다.

4. **이점비교검사** : 두 개의 검사물을 제시하고 단맛, 경도, 윤기 등 주어진 특성에 대해 어떤 검사물의 강도가 더 큰지를 선택하도록 하는 방법으로 가장 간단하고 많이 사용되는 방법이다.

19 ① **바실러스 세레우스(Bacillus cereus) 정량시험[식품공전]**

1. **균수측정**
- 검체 희석액을 MYP 한천배지에 도말하여 30℃에서 24±2시간 배양한다.
- 배양 후 집락 주변에 lecithinase를 생성하는 혼탁한 환이 있는 분홍색 집락을 계수한다.

2. **확인시험**
- 계수한 평판에서 5개 이상의 전형적인 집락을 선별하여 보통 한천배지에 접종한다.
- 30℃에서 18~24 배양한 후 바실러스 세레우스 정성시험 확인시험에 따라 확인시험을 실시한다.

20 ① **수질검사를 위한 불소의 측정 시 검수의 전처리**
다음 4가지 방법 중 어느 하나를 택하여 전처리한다.
- 증류법
- 양이온 교환수지법 : 미량의 Fe, Al이온의 제거
- 잔류염소의 제거
- MnO_2의 제거

제2과목 식품화학

21 ① **결합수의 특징**
- 식품성분과 결합된 물이다.
- 용질에 대하여 용매로 작용하지 않는다.
- 100℃ 이상으로 가열하여도 제거되지 않는다.
- 0℃ 이하의 저온에서도 잘 얼지 않으며 보통 −40℃

이하에서도 얼지 않는다.
- 보통의 물보다 밀도가 크다.
- 식물 조직을 압착하여도 제거되지 않는다.
- 미생물 번식과 발아에 이용되지 못한다.

22 ① **식품의 수분활성도(Aw)**

1. **정의** : 어떤 임의의 온도에 그 식품의 수증기압에 대한 그 온도에 있어서의 순수한 물의 수증기압의 비율로 정의하며, 대기 중의 상대습도(RH)까지 고려한 수분 함량을 말한다.

2. **염장법**
- 소금의 삼투압 증가를 이용해서 수분활성도를 낮추어 미생물 생육을 억제하는 저장법이다.
- 삼투압이 증가하면 수분활성도는 감소되며, 낮은 수분활성과 높은 삼투압 조건 하에서는 세포의 탈수현상으로 인하여 생물체들이 정상적인 생육을 할 수 없게 된다.
- 식품저장에서 소금절임이나 설탕절임은 이러한 원리를 이용한 것이다.

23 ① **자일리톨(xylitol)**
- 자작나무나 떡갈나무 등에서 얻어지는 자일란, 헤미셀룰로즈 등을 주원료로 하여 생산된다.
- 5탄당 알코올이기 때문에 충치세균이 분해하지 못한다.
- 치면 세균막의 양을 줄여주고 충치균(S. mutans)의 숫자도 감소시킨다.
- 천연 소재 감미료로 설탕과 비슷한 단맛을 내며 뛰어난 청량감을 준다.
- 인슐린과 호르몬 수치를 안정시킨다.
- 채소나 야채 중에 함유되어 있으며 인체 내에서는 포도당 대사의 중간물질로 생성된다.

24 ② **싸이클로덱스트린(cyclodextrin)**

1. **개요**
- cyclodextrin은 6~8개의 포도당이 β−1, 4 결합된 비환원성 maltoligo 당이다.
- 환상결합을 하고 있으며, 내부는 소수성(hydrophobic)을 띠고 외부는 친수성(hydrophilic)을 지님으로써 다양한 물질들을 내부에 포접하는 기능을 가지고 있다.
- 이러한 구조적 성질을 이용하여 휘발성 물질의 포집, 안정화, 산화나 광분해물질을 보호, 물성개선, 계면활성제 역할을 한다.

2. **식품에 이용되는 분야**
- 가공식품의 조직감을 향상시키거나 개량
- 쓰거나 떫은맛의 제거나 경감시키는 효과

- 내산화성의 효과
- 풍미를 온화하게 하는 작용
- 수산물, 축산물, 콩비린내 등 특이한 냄새 제거 작용

25 ③ 전분의 노화(retrogradation)

1. 개요
- α전분(호화전분)을 실온에 방치할 때 차차 굳어져 micelle 구조의 β전분으로 되돌아 가는 현상을 노화라 한다.
- 노화된 전분은 호화전분보다 효소의 작용을 받기 어려우며 소화가 잘 안 된다.

2. 전분의 노화에 영향을 주는 인자

전분의 종류	amylose는 선상분자로서 입체장애가 없기 때문에 노화하기 쉽고, amylopectin은 분지분자로서 입체장애 때문에 노화가 어렵다.
전분의 농도	전분의 농도가 증가됨에 따라 노화속도는 빨라진다.
수분 함량	30~60%에서 가장 노화하기 쉬우며, 10% 이하에서는 어렵고, 수분이 매우 많을 때도 어렵다.
온도	노화에 가장 알맞은 온도는 2~5℃이며, 60℃ 이상의 온도와 동결 때는 노화가 일어나지 않는다.
pH	다량의 OH 이온(알칼리)은 starch의 수화를 촉진하고, 반대로 다량의 H 이온(산성)은 노화를 촉진한다.
염류 또는 각종 이온	주로 노화를 억제한다.

26 ③ 트랜스지방의 표시
- 영양성분별 세부표시방법에서 트랜스지방은 0.5g 미만은 "0.5g 미만"으로 표시할 수 있으며, 0.2g 미만은 "0"으로 표시할 수 있다.
- 다만, 식용유지류 제품은 100g당 2g 미만일 경우 "0"으로 표시할 수 있다.

27 ① 유지의 산패
- 유지분자 중 2중 결합이 많으면 활성화되는 methylene기($-CH_2$)의 수가 증가하므로 자동산화속도는 빨라진다.
- 2중 결합이 가장 많은 arachidonic acid가 가장 산패가 빠르다.
- arachidonic acid($C_{20:4}$), linoleic acid($C_{18:2}$), stearic acid($C_{18:0}$), palmitic acid($C_{16:0}$)

28 ④ 밀의 중요한 단백질
- gliadin(prolamin의 일종)과 glutenin(glutelin의 일종)이 각각 40% 정도로 대부분을 차지하며 이들의 혼합물을 글루텐(gluten)이라 한다.
- 밀 단백질의 구조를 보면 $-S-S-$결합이 선상으로 길어진 글루테닌(glutenin)분자가 연속뼈대를 만들어 글루텐의 사슬 내에 $-S-S-$결합으로 치밀한 대칭형을 이룸으로써 뼈대 사이를 메워 점성을 나타내며 유동성을 가지게 된다.
- 글루텐의 물리적 성질은 글루테닌에 대한 글리아딘(gliadin)의 비율로 설명할 수 있으며 글리아딘의 양이 많을수록 신장성이 커진다.

29 ④ 단백질의 변성(denaturation)

1. 정의 : 단백질 분자가 물리적 또는 화학적 작용에 의해 비교적 약한 결합으로 유지되고 있는 고차구조(2~4차)가 변형되는 현상을 말하며, 대부분 비가역적 반응이다.

2. 단백질의 변성에 영향을 주는 요소
- 물리적 작용 : 가열, 동결, 건조, 교반, 고압, 조사 및 초음파 등
- 화학적 작용 : 묽은 산, 알칼리, 요소, 계면활성제, 알코올, 알칼로이드, 중금속, 염류 등

3. 단백질 변성에 의한 변화
- 용해도가 감소
- 효소에 대한 감수성 증가
- 단백질의 특유한 생물학적 특성을 상실
- 반응성의 증가
- 친수성 감소

30 ① 무기물의 작용
- 글루타티온 과산화효소(glutathione peroxidase)의 구성성분은 셀레늄(Se)이다.
- 저메톡실펙틴(Low methoxyl pectin)에 칼슘을 첨가하면 겔(gel)을 형성할 수 있다.
- 엽록소(chlorophyll)는 산에 불안정한 화합물이며, 산으로 처리하면 porphyrin에 결합하고 있는 Mg이 수소이온과 치환되어 갈색의 pheophytin을 형성한다.

31 ③ total vitamin A(RE)

$$=retinol(\mu g)+\beta-carotene(\mu g)/6+기타\ pro-vitamin(\mu g)/12$$
$$=50+60/6+120/12$$
$$=70$$

32 ② 아린맛(acrid taste)
- 쓴맛과 떫은맛이 혼합된 듯한 불쾌한 맛이다.
- 죽순, 토란, 우엉의 아린맛 성분은 phenylalanine이나 tyrosine의 대사과정에서 생성된 homogentisic acid이다.

33 ④ 신선한 우유의 향기성분
- 저급지방산 : 주로 butyric acid, caproic acid 등
- cabonyl류 : acetone, acetaldehyde 등
- 함황 화합물 : methyl sulfide 등

34 ④ provitamin A
- 카로테노이드계 색소 중에서 β-ionone 핵을 갖는 carotene류의 α-carotene, β-carotene, γ-carotene과 xanthophyll류의 cryptoxanthin이다.
- 이들 색소는 동물 체내에서 vitamin A로 전환되므로 식품의 색소뿐만 아니라 영양학적으로도 중요하다.
- 특히 β-카로틴은 생체 내에서 산화되어 2분자의 비타민 A가 되기 때문에 α- 및 γ-카로틴의 2배의 효력을 가지고 있다.

35 ③ Maillard 반응의 기구

초기단계	• 당류와 아미노 화합물의 축합반응 • Amadori 전이
중간단계	• 3-deoxy-D-glucosone의 생성 • 불포화 3,4-dideoxy-D-glucosone의 생성 • hydroxymethyl furfural(HMF)의 생성 • Reductone류의 생성 • 당의 산화생성물의 분해
최종단계	• Aldol 축합반응 • Strecker 분해반응 • Melanoidine 색소의 형성

36 ③ 뉴턴(Newton) 유체
- 전단응력이 전단속도에 비례하는 액체를 말한다.
- 즉, 층밀림 변형력(shear stress)에 대하여 층밀림 속도(shear rate)가 같은 비율로 증감할 때를 말한다.
- 전형적인 뉴턴유체는 물을 비롯하여 차, 커피, 맥주, 탄산음료, 설탕시럽, 꿀, 식용유, 젤라틴 용액, 식초, 여과된 쥬스, 알코올류, 우유, 희석한 각종 용액과 같이 물 같은 음료종류와 묽은 염용액 등이 있다.

37 ① 다환방향족탄화수소(polycyclic aromatic hydrocarbons, PAHs)
- 2개 이상의 벤젠고리가 선형으로 각을 지어 있거나 밀집된 구조로 이루어져 있는 유기화합물이다.
- 화학연료나 담배, 숯불에 구운 육류와 같은 유기물의 불완전 연소 시 부산물로 발생하는 물질이다.
- 식품에서는 굽기, 튀기기, 볶기 등의 조리·가공 과정에 의한 탄수화물, 지방 및 단백질의 탄화에 의해 생성되며,
- 대기오염에 의한 호흡노출 및 가열조리 식품의 경구 섭취가 주요 인체 노출경로로 알려져 있다.
- 독성이 알려진 화합물로는 benzo(a)pyrene 외 50종으로 밝혀졌고, 그중 17종은 다른 것들에 비해 해가 큰 것으로 의심되고 있다.
- 특히 benzo(a)pyrene, benz(a)anthracene, dibenz[a,h]anthracene, chrysene 등은 유전독성과 발암성을 나타내는 것으로 알려져 있다.

38 ① 상압가열건조법을 이용한 수분측정
1. 수분 함량이 많은 시료(육류, 야채류, 과실류 등)
(1) 전처리
약간 다량의 시료를 칭량하여 그 신선물의 중량을 구한 후에 얇게 자른 후 풍건하거나 40~60℃의 저온에서 재빨리 예비건조시킨다.
(2) 가열온도 : 식품의 종류, 성질에 따라
- 동물성식품과 단백질함량이 많은 식품 : 98~100℃
- 자당과 당분을 많이 함유한 식품 : 100~103℃
- 식물성 식품 : 105℃전후(100~110℃)
- 곡류 등 : 110℃이상

39 ④ 식품첨가물
1. 정의 : 식품을 조리·가공할 때 식품의 품질을 좋게 하고, 그 보존성과 기호성(매력)을 향상시키며, 나아가서는 식품의 영양가나 그 본질적인 가치를 증진시키기 위하여 인위적으로 첨가하는 물질이다.

2. 식품첨가물의 구비조건
- 인체에 무해하고, 체내에 축적되지 않을 것
- 소량으로도 효과가 충분할 것
- 식품의 제조가공에 필수불가결할 것
- 식품의 영양가를 유지할 것
- 식품에 나쁜 이화학적 변화를 주지 않을 것
- 식품의 화학분석 등에 의해서 그 첨가물을 확인할 수 있을 것
- 식품의 외관을 좋게 할 것
- 값이 저렴할 것

40 ④ 보존료
1. 소르빈산(sorbic acid) : 물에 녹기 어려운 무색 침상 결정 또는 백색 결정성 분말로 냄새가 없거나, 또는

다소 자극취가 있는데 그 칼슘염은 물에 녹는다. 소르 빈산의 항균력은 강하지 않으나 곰팡이, 효모, 호기성 균, 부패균에 대하여 1000~2000배로서 발육을 저지할 수 있다. 사용량은 소르빈산으로 치즈는 3g/kg, 식육가공품, 정육제품, 어육가공품 등은 2g/kg, 저지방마가린은 2g/kg 이하이다.

2. 살리실산(salicylic acid) : 독성이 문제가 되어 현재는 사용되지 않고 있는 보존료이다.

3. 안식향산(benzoic acid) : 청량음료, 간장, 인삼음료 등에 사용된다.

4. 데히드로초산(dehydroacetic acid) : 치즈, 버터, 마아가린 등에 사용된다.

제3과목 식품가공·공정공학

41 ② **제빵 시 가스빼기의 목적**
- 축적된 CO_2를 제거하고, 나머지 탄산가스를 고르게 퍼지게 한다.
- 신선한 공기의 공급에 의해 효모의 활동을 조장한다.
- 반죽 안팎의 온도를 균등하게 분포시킨다.
- 효모에게 새로운 영양분(당분)을 공급하여 효모의 활동을 왕성하게 한다.

42 ③ **DE(당화율)[식품공전]**
액상포도당의 DE는 80.0 이상, 물엿의 DE는 20.0 이상, 기타 엿의 DE는 10.0 이상, 덱스트린의 DE는 20.0 미만이다.

43 ④ **대두 조직 단백(Textured soybean protein, TSP)**
- 기존 육류의 기능을 향상시키거나 증량적인 효과를 얻기 위한 육류 대체 소재로 사용되고 있다.
- 육류와 외관, 조직, 색상, 향미 등을 비슷하게 가공한 대두 단백류로 생산되고 있다.
- 육류 대체 소재로 사용할 경우 값이 싸고 양질의 단백질을 함유하고 있어 영양가가 비교적 우수하다.
- 지방과 나트륨 함량이 극히 낮아 고혈압이나 비만증인 사람을 위한 식단에 알맞다.
- 제품이 건조 상태여서 포장 및 수송이 용이하며 오랫동안 저장이 가능하다.

44 ③ **산분해간장용(아미노산 간장)**
- 단백질을 염산으로 가수분해하여 만든 아미노산 액을 원료로 제조한 간장이다.

- 단백질 원료를 염산으로 가수분해시킨 후 가성소다(NaOH)로 중화시켜 얻은 아미노산액을 원료로 만든 화학간장이다.
- 중화제는 수산화나트륨 또는 탄산나트륨을 쓴다.
- 단백질 원료에는 콩깻묵, 글루텐 및 탈지대두박, 면실박 등이 있고 동물성 원료에는 어류 찌꺼기, 누에, 번데기 등이 사용된다.

45 ③ **탄닌의 분자량과 떫은맛의 관계**
- 탄닌이 중합 또는 산화되면 물에 녹지 않게 되어 떫은맛(수렴성)이 없어진다.
- 탄닌의 분자량이 크면 불용성이 되므로 중합 또는 산화시키게 되면 떫은맛이 없어진다.

46 ④ **소금 절임의 저장효과**
- 고 삼투압으로 원형질 분리
- 수분활성도의 저하
- 소금에서 해리된 Cl^-의 미생물에 대한 살균작용
- 고농도 식염용액 중에서의 산소 용해도 저하에 따른 호기성세균 번식 억제
- 단백질 가수분해효소 작용 억제
- 식품의 탈수

47 ②
1. **균질의 정의** : 우유에 물리적 충격을 가하여 지방구 크기를 작게 분쇄하는 작업이다.
2. **우유를 균질화시키는 목적**
- 지방구의 분리를 방지(creaming의 생성을 방지)한다.
- 우유의 점도를 높인다.
- 부드러운 커드가 된다.
- 소화율을 높게 해준다.
- 조직을 균일하게 한다.
- 지방산화 방지효과가 있다.

48 ③
사후 근육의 pH가 증가함에 따라 보수력이 증가하지만 미생물의 생육, 증식의 억제효과는 떨어진다.

49 ④ **육가공의 훈연**
1. **훈연목적**
- 보존성 향상
- 특유의 색과 풍미증진
- 육색의 고정화 촉진
- 지방의 산화방지
2. **연기성분의 종류와 기능**
- phenol류 화합물은 육제품의 산화방지제로 독특한 훈연취를 부여, 세균의 발육을 억제하여 보존성 부여

- methyl alcohol 성분은 약간 살균효과, 연기성분을 육조직 내로 운반하는 역할
- carbonyls 화합물은 훈연색, 풍미, 향을 부여하고 가열된 육색을 고정
- 유기산은 훈연한 육제품 표면에 산성도를 나타내어 약간 보존 작용

50 ② 마요네즈
- 난황의 유화력을 이용하여 난황과 식용유를 주원료로 하여 식초, 후추가루, 소금, 설탕 등을 혼합하여 유화시켜 만든 제품이다.
- 제품의 전체 구성 중 식물성유지 65~90%, 난황액 3~15%, 식초 4~20%, 식염 0.5~1% 정도이다.
- 마요네즈는 oil in water(O/W)의 유탁액이다.
- 식용유의 입자가 작은 것일수록 마요네즈의 점도가 높게 되며 고소하고 안정도도 크다.

51 ④ 글루코사민(glucosamine)
- 천연 물질인 아미노산과 당의 결합체인 아미노당의 일종으로 분자식은 $C_6H_{13}NO_6$ 이다.
- 무색의 침상결정으로 110℃에서 분해하며 물에 녹는 강염기성 물질이다.
- 당단백질, 당지질 및 뮤코다당류 등의 중요한 생체 성분으로써 넓게 분포되어 있는 대표적인 천연 아미노당이다.
- 연골의 주요 성분인 proteoglycan과 glycosamino glycan을 만드는 과정에 쓰이는 물질로 자연계의 게나 새우 등의 갑각류의 외피를 형성하는 키틴질에 대량 함유되어 있다.

52 ② 식용유지의 탈색 공정
1. 정의 : 원유는 카로티노이드, 클로로필 등의 색소를 함유하고 있어 보통 황록색을 띤다. 이들을 제거하는 과정이다.
2. 종류 : 가열탈색법과 흡착탈색법이 있다.

가열법	기름을 200~250℃로 가열하여 색소류를 산화분해하는 방법이다.
흡착법	흡착제인 산성백토, 활성탄소, 활성백토 등이 있으나 주로 활성백토가 쓰인다.

53 ② 단위 공정(unit process)
- 식품가공에 이용되는 단위조작(unit operation)은 액체의 수송, 저장, 혼합, 가열살균, 냉각, 농축, 건조에서 이용되는 기본 공정으로서, 유체의 흐름, 열전달, 물질이동 등의 물리적 현상을 다루는 것이다.

- 그러나 전분에 산이나 효소를 이용하여 당화시켜 포도당이 생성되는 것과 같은 화학적인 변화를 주목적으로 하는 조작을 반응조작 또는 단위 공정(unit process)이라 한다.

54 ③ 레이놀드수(Re)

- 레이놀드수(Re)=Dvp/u(지름×속도×압력/점도)
- 관의 단면적=$(\pi/4)\times D^2=3.14/4\times(0.025m)^2$
  $= 4.9\times10^{-4}m^2$
  관내 우유의 유속(유속/관의 단면적)=0.10/60s
  $\times 1/ 4.9\times10^{-4}m^2=3.4m/s$
  Re=$0.025m\times3.4m/s\times1,029kg/m^3/2.1\times10^{-3}$
  Pa·S=41,650
  Re ⟨ 2,100 : 층류, 2,100 ⟨ Re ⟨ 4,000 : 중간류,
  Re ⟩ 4,000 : 난류
- 즉, 레이놀드수(Re)가 4,000보다 크므로 난류이다.

55 ② 열에너지

Q＝cm△t
3.90×1,000×(80−10)=273,000kg/h
[Q : 열에너지, c : 비열, m : 무게, △t : 온도차]

56 ③ 식품가공에 사용되는 고주파
- 식품에 사용되는 주파수(전자레인지는 915MHz 혹은 2,450MHz)는 식품표면으로부터 약 3.81cm(1.5인치)가량 뚫고 들어가서 물, 지방, 당분자들을 활성화시키는데 이것은 물, 지방 혹은 당분자 속의 쌍극자와 상호작용하는 하전의 진동 때문이다.
- 에너지파를 받은 분자들은 진동하여 분자간에 충돌과 마찰이 생기는데 이때 생긴 열이 표면은 물론 식품내부로 전달된다.
- 식품에 사용되는 주파수는 금속을 통과하지 않고 표면에만 국한된다.

57 ③ 급속동결법

액체질소 동결법	−196℃에서 증발하는 액체질소를 이용한 동결법
유동층 냉동	wire conveyer 벨트에 제품을 실어 냉동실로 보내면서(제품은 벨트 위에 떠서 유동층을 형성하며 지나가게 된다) 벨트 하부로부터 −35~−40℃의 냉각 공기를 불어주어 냉동시키는 방법

접촉식 동결법	제품을 -30~-40℃의 냉매가 흐르는 금속판 사이에 넣어 접촉하도록 하여 동결하는 방법
침지식 동결법	-25~-50℃ 정도의 brine에 제품을 침지시켜서 동결하는 방법
송풍 동결법	제품을 -30~-40℃의 냉동실에 넣고 냉풍을 3~5m/sec의 속도로 송풍하여 단시간에 동결하는 방법

58 ② 건조에 필요한 열량

- ㉠ 건조 전 제품을 80℃로 올리는 데 필요한 열량
  : $Q=cmt$, $0.8kcal/kg \cdot ℃ \times 100kg \times (80-25)℃$
  $=4,400kcal$
- ㉡ 건조 후 제품 무게(x) : 건조 전후 고형분의 양은 같다.
  $100kg \times 0.17 = x \times 0.95$, $x=17.9$
- ㉢ 건조 후 남는 수분량 : $17.9-17=0.9$
- ㉣ 제거해야 할 수분량 : $83-0.9=82.1$
- ㉤ 수분을 증발시키는 데 필요한 열량 : $82.1 \times 551=45,237.1$
- ㉠+㉤=$4,400+45,237.1=49,637.1kcal$

59 ④ extrusion cooking 과정 중 일어나는 물리·화학적 변화

- 전분의 노화, 팽윤, 호화, 무정형화 및 분해
- 단백질의 변성, 분자간의 결합 및 조직화
- 효소의 불활성화
- 미생물의 살균 및 사멸
- 독성물질의 파괴
- 냄새의 제거
- 조직의 팽창 및 밀도 조직
- 갈색화 반응

60 ③ 플라스틱 필름의 가스투과도

[20℃ 건조, 두께 3/100mm, g/m²/24시간/기압]

구분	CO_2	O_2	N_2
폴리에틸렌(PE)	20~30	4~6	1~15
폴리프로필렌(PP)	25~35	5~8	-
폴리염화비닐리덴(PVDC)	0.1	0.03	⟨0.01
폴리염화비닐(PVC)	10~40	4~16	0.2~8

제4과목 식품미생물 및 생화학

61 ③ 미생물의 표면 구조물

편모 (flagella)	운동 또는 이동에 사용되는 세포 표면을 따라서 돌출된 구조물(긴 채찍형 돌출물)
섬모 (cilia)	운동 또는 이동에 사용되는 세포 표면을 따라서 돌출된 구조물(짧은 털 같은 돌출물)
선모 (pili)	유성적인 접합과정에서 DNA의 이동 통로와 부착기관
핌브리아 (fimbriae)	짧고 머리털 같은 부속지로서 세균표면에 분포하며 숙주표면에 부착하는 데 도움을 주는 기관

62 ① 점질화(slime) 현상

- *Bacillus subtilis* 또는 *Bacillus licheniformis*의 변이주 협막에서 일어난다.
- 밀의 글루텐이 이 균에 의해 분해되고, 동시에 amylase에 의해서 전분에서 당이 생성되어 점질화를 조장한다.
- 빵을 굽는 중에 100℃를 넘지 않으면 rope균의 포자가 사멸되지 않고 남아 있다가 적당한 환경이 되면 발아 증식하여 점질화(slime) 현상을 일으킨다.

63 ② *A. glaucus*군에 속하는 곰팡이

- 녹색이나 청록색 후에 암갈색 또는 갈색 집락을 이룬다.
- 빵, 피혁 등의 질소와 탄수화물이 많은 건조한 유기물에 잘 발생한다.
- 포도당 및 자당 등을 분해하여 oxalic acid, citric acid 등 많은 유기산을 생성한다.

64 ② *Kluyveromyces*속

- 다극출아를 하며 보통 1~4개의 자낭포자를 형성한다.
- lactose를 발효하여 알코올을 생성하는 특징이 있는 유당발효성 효모이다.
- *Kluyveromyce maexianus*, *Kluyveromyces fragis*(과거에는 *Sacch. fragis*), *Kluyveromyces lactis*(과거에는 *Sacch. lactis*)

65 ④ phage의 예방대책

- 공장과 그 주변 환경을 미생물학적으로 청결히 하고 기기의 가열살균, 약품살균을 철저히 한다.
- phage의 숙주특이성을 이용하여 숙주를 바꾸어 phage 증식을 사전에 막는 starter rotation system을 사용, 즉 starter를 2균주 이상 조합하여 매일 바꾸

어 사용한다.

- 약재 사용 방법으로서 chloramphenicol, strepto
mycin 등 항생물질의 저농도에 견디고 정상 발효하는
내성균을 사용한다.

※ 숙주세균과 phage의 생육조건이 거의 일치하기 때
문에 일단 감염되면 살균하기 어렵다. 그러므로 예방
하는 것이 최선의 방법이다.

66 ④ 클로렐라(*Chlorella*)의 특징

- 진핵세포생물이며 분열증식을 한다.
- 단세포 녹조류이다.
- 크기는 2∼12µ 정도의 구형 또는 난형이다.
- 분열에 의해 한 세포가 4∼8개의 낭세포로 증식한다.
- 엽록체를 가지며 광합성을 하여 에너지를 얻어 증식
한다.
- 빛의 존재 하에 무기염과 CO_2의 공급으로 쉽게 증식
하며 이때 CO_2를 고정하여 산소를 발생시킨다.
- 건조물의 50%가 단백질이며 필수아미노산과 비타민
이 풍부하다.
- 필수아미노산인 라이신(lysine)의 함량이 높다.
- 비타민 중 특히 비타민 A, C의 함량이 높다.
- 단위 면적당 단백질 생산량은 대두의 약 70배 정도이다.
- 양질의 단백질을 대량 함유하므로 단세포단백질
(SCP)로 이용되고 있다.
- 소화율이 낮다.
- 태양에너지 이용율은 일반 재배식물보다 5∼10배 높다.
- 생산균주 : *Chlorella ellipsoidea*, *Chlorella pyrenoi
dosa*, *Chlorella vulgaris* 등

67 ① 유도기(lag phase)

- 균이 새로운 환경에 적응하는 시기이다.
- 균의 접종량에 따라 그 기간의 장단이 있다.
- RNA 함량이 증가하고, 세포대사 활동이 활발하게 되
고 각종 효소 단백질을 합성하는 시기이다.
- 세포의 크기가 2∼3배 또는 그 이상으로 성장하는 시
기이다.

68 ③ 총균수 계산

총균수=초기균수×$2^{세대기간}$
$128=2×2^n$　　n=6
12시간/6=2시간

69 ④ 세포융합(cell fusion, protoplast fusion)

1. 정의

- 서로 다른 형질을 가진 두 세포를 융합하여 두 세포의
좋은 형질을 모두 가진 새로운 우량형질의 잡종세포
를 만드는 기술을 말한다.

2. 세포융합의 단계

- 세포의 protoplast화 또는 spheroplast화
- protoplast의 융합
- 융합체(fusant)의 재생(regeneration)
- 재조합체의 선택, 분리

※ 세포융합을 하기 위해서는 먼저 세포의 세포벽을 제
거하여 원형질체인 프로토플라스트(protoplast)를
만들어야 한다. 세포벽 분해효소로는 세균에는 리소
자임(lysozyme), 효모와 사상균에는 달팽이의 소화
관액, 고등식물의 세포에는 셀룰라아제(cellulase)가
쓰인다.

70 ④ 고체배양의 장단점

장점	· 배지조성이 단순하다. · 곰팡이의 배양에 이용되는 경우가 많고 세균에 의한 오염방지가 가능하다. · 공정에서 나오는 폐수가 적다. · 산소를 직접 흡수하므로 동력이 따로 필요 없다. · 시설비가 비교적 적게 들고 소규모 생산에 유리하다. · 폐기물을 사용하여 유용미생물을 배양하여 그대로 사료로 사용할 수 있다.
단점	· 대규모 생산의 경우 냉각방법이 문제가 된다. · 비교적 넓은 면적이 필요하다. · 심부배양에서는 가능한 제어배양이 어렵다.

71 ④ 맥주 알코올 발효 후 숙성 시 혼탁의 주 원인

- 주 발효가 끝난 맥주는 맛과 향기가 거칠기 때문에 저
온에서 서서히 나머지 엑기스분을 발효시켜 숙성을
하는 동안에 필요량의 탄산가스를 함유시킨다.
- 낮은 온도에서 후숙을 하면 맥주의 혼탁원인이 되는
호프의 수지, 탄닌물질과 단백질 결합물 등이 생기게
되는데 저온에서 석출시켜 분리해야 한다.

72 ② Dextran의 공업적 제조

- sucrose를 원료로 하여 젖산균인 *Leuconostoc mese
nteroides*가 이용된다.
- dextran은 sucrose로부터 생성되는 glucose로 된
중합체(다당류)이며 fructose가 유리된다.

발효법	*Leuconostoc mesenteroides*를 sucrose와 균의 생육인자로서 yeast ex., 무기염류 등을 첨가한 배지를 사용하여 25℃에서 소량의 통기를 하면서 교반 배양한다.
효소적 방법	sucrose으로부터 dextran을 생성하는 dextransucrase(균체외효소)를 사용하는 방법이다. 불순물의 혼입 없이 반응이 진행되므로 순도가 높은 dextran을 얻을 수 있다.

73 ④ *Gluconobacter*
- glucose를 산화하여 gluconic acid를 생성하는 능력이 강하다.
- ethanol을 산화하여 초산을 생성하는 능력이 강력하지 않지만 초산을 CO_2로 산화하지 않는다.

74 ② 주정의 이론적 수득량

$$nC_6H_{10}O_5 \longrightarrow 2C_2H_5OH + 2CO_2$$
전분(162) 2×46
$162 : 92 = 1000 : x$
$x = 567.9kg$

75 ① 글루탐산을 생산하는 균주의 공통적 성질
- 호기성이다.
- 균의 형태는 구형, 타원형 단간균이다.
- 운동성이 없다.
- 포자를 형성하지 않는다.
- 그램 양성균이고 catalase 양성이다.
- 생육인자로서 비오틴을 요구한다.

76 ④ lactate dehydrogenase(LDH, 젖산 탈수소효소)

간에서 젖산을 피루브산으로 전환시키는 효소이다.

$$pyruvate \xrightarrow[\text{lactate dehydrogenase}]{NADH_2 \searrow NAD} lactic acid$$
(피루브산)   (젖산)

77 ③ 광합성 과정
1. 제1 단계(명반응)
그라나에서 빛에 의해 물이 광분해되어 O_2가 발생되고, ATP와 $NADPH_2$가 생성되는 광화학 반응이다.
2. 제2 단계[암반응(calvin cycle)]
- 스트로마에서 효소에 의해 진행되는 반응이며 명반응에서 생성된 ATP와 NADPH2를 이용하여 CO_2를 환원시켜 포도당을 생성하는 반응이다.

- 칼빈회로(Calvin cycle)

- 1단계 : CO_2의 고정
  $$6CO_2 + 6\ RuDP + 6\ H_2O \rightarrow 12\ PGA$$
- 2단계 : PGA의 환원 단계
  $$12\ PGA \xrightarrow{12ATP \quad 12ADP} 12\ DPGA$$
  $$\xrightarrow{12NADPH2 \quad 12NADP} 12\ PGAL + 12\ H_2O$$
- 3단계 : 포도당의 생성과 RuDP의 재생성 단계
  $$2\ PGAL \longrightarrow 과당2인산 \longrightarrow 포도당\ C_6H_{12}O_6$$
  $$10\ PGAL \xrightarrow{6ATP \quad 6ADP} 6RuDP$$

※ 3-phosphoglycerate(PGA), ribulose-1,5-diphosphate(RuDP), diphosphogly cerate(DPGA), glyceraldehyde-3-phosphate(PGAL)은 광합성의 암반응(Calvin cycle)의 중간생성물이다.

78 ① cholesterol의 합성
- 포유동물에서 cholesterol의 합성은 세포 내의 cholesterol 농도와 glucagon, insulin 등의 호르몬에 의해서 조절된다.
- cholesterol 합성의 개시단계는 3-히드록시-3-메틸글루타린 CoA 환원효소(HMG CoA reductase)가 촉매하는 반응이다.
- 이 효소의 작용은 세포의 콜레스테롤 농도가 크면 억제된다.
- 이 효소는 인슐린에 의해서 활성화되지만, 글루카곤에 의해서 불활성화된다.

79 ③ 단백질의 생합성
- 세포 내 ribosome에서 이루어진다.
- mRNA는 DNA에서 주형을 복사하여 단백질의 아미노산 배열순서를 전달 규정한다.
- t-RNA는 다른 RNA와 마찬가지로 RNA polymerase(RNA 중합효소)에 의해서 만들어진다.
- aminoacyl-tRNA synthetase에 의해 아미노산과 tRNA로부터 aminoacyl-tRNA로 활성화되어 합성이 개시된다.

80 ② 핵산의 소화
RNA 및 DNA는 췌액 중의 ribonuclease(RNAase) 및 deoxyribonuclease(DNAase)에 의해 mononucleotide까지 분해된다.

01 ① 식품위생법 시행규칙 제4조(판매 등이 금지되는 병든 동물 고기 등)
- 축산물위생관리법 시행규칙 별표 3 제1호 다목에 따라 도축이 금지되는 가축감염병
- 리스테리아병, 살모넬라병, 파스튜렐라병 및 선모충증

02 ③ 식품위생 분야 종사자의 건강진단 규칙 제2조 (건강진단 항목 등)
- 건강진단 항목 : 장티프스, 파라티푸스, 폐결핵
- 횟수 : 1년에 1회 실시

03 ③ 식품 및 축산물 안전관리인증기준 제14조(인증서의 반납)
- ㉠ 식품위생법 제48조 제8항 또는 축산물위생관리법 제9조의4에 따라 안전관리인증기준(HACCP) 인증취소를 통보 받은 영업자 또는 영업소 폐쇄처분을 받거나 영업을 폐업한 영업자는 제11조 제3항 또는 제12조 제3항에 따라 발급된 안전관리인증기준(HACCP) 적용업소 인증서를 한국식품안전관리인증원장에게 지체 없이 반납하여야 한다.
- ㉡ 이하생략
※ 식품위생법 제48조 제8항

> - 식품안전관리인증기준을 지키지 아니한 경우
> - 거짓이나 그 밖의 부정한 방법으로 인증을 받은 경우
> - 제75조 또는 「식품 등의 표시·광고에 관한 법률」 제16조 제1항·제3항에 따라 영업정지 2개월 이상의 행정처분을 받은 경우
> - 영업자와 그 종업원이 제5항에 따른 교육훈련을 받지 아니한 경우
> - 그 밖에 제1호부터 제3호까지에 준하는 사항으로서 총리령으로 정하는 사항을 지키지 아니한 경우

04 ② 식품공전 제3. 장기보존식품의 기준 및 규격
1. 통·병조림식품
1. 병·통조림식품 제조, 가공기준
- 멸균은 제품의 중심온도가 120℃ 4분간 또는 이와 동등 이상의 효력을 갖는 방법으로 열처리하여야 한다.

- pH 4.6 이상의 저산성식품(low acid food)은 제품의 내용물, 가공장소, 제조일자를 확인할 수 있는 기호를 표시하고 멸균 공정 작업에 대한 기록을 보관하여야 한다.
- pH가 4.6 이하인 산성식품은 가열 등의 방법으로 살균처리할 수 있다.
2. 규격
- 성상 : 관 또는 병뚜껑이 팽창 또는 변형되지 아니하고, 내용물은 고유의 색택을 가지고 이미·이취가 없어야 한다.
- 주석(mg/kg) : 150 이하(알루미늄 캔을 제외한 캔제품에 한하며, 산성 통조림은 200 이하이어야 한다.)
- 세균 : 세균발육이 음성이어야 한다.

05 ② HACCP(Hazard Analysis Critical Control Points)
1. 정의
- HACCP은 위해요소 분석(Hazard Analysis)과 중요관리점(Critical Control Point)의 영문 약자로서 "해썹" 또는 "식품 및 축산물 안전관리인증기준"이라 한다.
- HACCP 제도는 식품을 만드는 과정에서 생물학적, 화학적, 물리적 위해요인들이 발생할 수 있는 상황을 과학적으로 분석하고 사전에 위해요인의 발생여건들을 차단하여 소비자에게 안전하고 깨끗한 제품을 공급하기 위한 시스템적인 규정을 말한다.
- 결론적으로 HACCP이란 식품의 원재료부터 제조, 가공, 보존, 유통, 조리단계를 거쳐 최종소비자가 섭취하기 전까지의 각 단계에서 발생할 우려가 있는 위해요소를 규명하고, 이를 중점적으로 관리하기 위한 중요관리점을 결정하여 자율적이며 체계적이고 효율적인 관리로 식품의 안전성을 확보하기 위한 과학적인 위생관리체계라고 할 수 있다.
2. HACCP 적용순서 : HACCP 적용순서는 국제식품규격위원회(CODEX)에서 정한 7원칙 및 12절차에 따라 수행한다.
3. HACCP 도입의 효과
(1) 식품업체 측면
- 자주적 위생관리체계의 구축 : 기존의 정부주도형 위생관리에서 벗어나 자율적으로 위생관리를 수행할 수 있는 체계적인 위생관리시스템의 확립이 가능하다.
- 위생적이고 안전한 식품의 제조 : 예상되는 위해요소

를 과학적으로 규명하고 이를 효과적으로 제어함으로써 위생적이고 안전성이 충분히 확보된 식품의 생산이 가능해진다.
- 위생관리 집중화 및 효율성 도모 : 위해가 발생될 수 있는 단계를 사전에 집중적으로 관리함으로써 위생관리체계의 효율성을 극대화시킬 수 있다.
- 경제적 이익 도모 : 장기적으로는 관리인원의 감축, 관리요소의 감소 등이 기대되며, 제품 불량률, 소비자 불만, 반품, 폐기량 등의 감소로 궁극적으로는 경제적인 이익의 도모가 가능해진다.
- 회사의 이미지 제고와 신뢰성 향상

(2) 소비자 측면
- 안전한 식품을 소비자에게 제공
- 식품선택의 기회를 제공

06 ④ 식품 및 축산물 안전관리인증기준 제5조(선행요건 관리) [별표1] 영업장 관리
선별 및 검사구역 작업장 등은 육안확인이 필요한 조도 540lux 이상을 유지하여야 한다.

07 ③ 식품 및 축산물 안전관리인증기준 제5조(선행요건 관리) [별표1]
- 선별 및 검사구역 작업장 등은 육안확인에 필요한 조도(540룩스 이상)를 유지하여야 한다.
- 채광 및 조명시설은 내부식성 재질을 사용하여야 하며, 식품이 노출되거나 내포장 작업을 하는 작업장에는 파손이나 이물낙하 등에 의한 오염을 방지하기 위한 보호장치를 하여야 한다.

08 ② CIP법(cleaning in place)
- 식품 기계장치(pump, pipe line, PHE살균기, 균질기, tank 등)를 분해하지 않고 조립한 상태에서 pump 내의 유속도와 압력에 의해 자동 세척하는 방법이다.
- 처리순서는 물세척 → 물순환 → 알카리용액순환 → 물 헹구기 → 산용액순환 → 물 헹구기 → 물순환 → 염소소독 → 세척 → 냉각 → 건조 순이다.

09 ④ HACCP의 7원칙 및 12절차
1. 준비단계 5절차
- 절차 1 : HACCP 팀 구성
- 절차 2 : 제품설명서 작성
- 절차 3 : 용도 확인
- 절차 4 : 공정흐름도 작성
- 절차 5 : 공정흐름도 현장확인
2. HACCP 7원칙
- 절차 6(원칙 1) : 위해요소 분석(HA)

- 절차 7(원칙 2) : 중요관리점(CCP) 결정
- 절차 8(원칙 3) : 한계기준(Critical Limit, CL) 설정
- 절차 9(원칙 4) : 모니터링 체계 확립
- 절차 10(원칙 5) : 개선조치방법 수립
- 절차 11(원칙 6) : 검증절차 및 방법 수립
- 절차 12(원칙 7) : 문서화 및 기록유지

10 ① 공정도 작성
- 원재료, 포장재 및 부재료 등 공정에 투입되는 물질
- 검사, 운반, 저장 및 공정의 지연을 포함하는 상세한 모든 공정 활동
- 공정의 출력물 등

11 ③ ciguatera 중독
- 플랑크톤인 *Gambierdiscus toxicus*로부터 생산된 독소에 의해 발생된다.
- 독꼬치, red sanpper, grouper, blue crevally 등 독어 섭취에 의한 식중독이다.

12 ④ 안전관리인증기준(HACCP) 용어 정의

위해요소 분석 (Hazard Analysis)	식품 안전에 영향을 줄 수 있는 위해요소와 이를 유발할 수 있는 조건이 존재하는지 여부를 판별하기 위하여 필요한 정보를 수집하고 평가하는 일련의 과정을 말한다.
한계기준 (Critical Limit)	중요관리점에서의 위해요소 관리가 허용범위 이내로 충분히 이루어지고 있는지 여부를 판단할 수 있는 기준이나 기준치를 말한다.
중요관리점 (Critical Control Point, CCP)	안전관리인증기준(HACCP)을 적용하여 식품·축산물의 위해요소를 예방·제어하거나 허용 수준 이하로 감소시켜 당해 식품·축산물의 안전성을 확보할 수 있는 중요한 단계·과정 또는 공정을 말한다.

13 ② 가공유 제조 CCP
- 살균 공정에서 발생가능성이 있는 위해요소를 제어하거나 허용수준까지 감소시킬 수 있다.
- 살균 공정 이후에 위해요소를 제어하거나 또는 그 발생을 허용수준으로 감소시킬 수 있는 공정이 없다.

14 ② 한계기준(Critical Limit, CL) 설정
- CL은 각각의 CCP에서 위해를 예방, 제거 또는 허용범위 이내로 감소시키기 위하여 관리되어야 하는 기준의 최대 또는 최소치를 말한다.

예 온도, 시간, 습도, 수분활성, pH, 산도, 염분농도, 유효염소농도 등
- CL은 제조기준, 과학적인 데이터(문헌, 실험)에 근거하여 설정되어야 한다.
- 한계기준은 되도록 현장에서 즉시 모니터링이 가능한 수단을 사용하도록 한다.
- CCP별로 CL을 설정한다.

15 ③ HACCP 개선조치(corrective action)의 설정
- HACCP 시스템에는 중요관리점에서 모니터링의 측정치가 관리기준을 이탈한 것이 판명된 경우, 관리기준의 이탈에 의하여 영향을 받은 제품을 배제하고, 중요관리점에서 관리상태를 신속, 정확히 정상으로 원위치 시켜야 한다.
- 개선조치에는 다음의 것들이 있다.

> - 제조과정을 다시 관리 가능한 상태로 되돌림
> - 제조과정이 통제를 벗어났을 때 생산된 제품의 안전성에 대한 평가
> - 재위반을 방지하기 위한 방법 결정

16 ① 검증활동
검증활동은 크게 기록의 확인, 현장확인, 시험·검사로 구분할 수 있다.

1. 기록의 확인
- 현행 HACCP 계획, 이전 HACCP 검증보고서, 모니터링 활동, 개선조치사항 등의 기록 검토
- 모니터링 활동의 누락, 결과의 한계기준 이탈, 개선조치 적절성, 즉시 이행 및 유지에 대해 검토

2. 현장확인
- 설정된 CCP의 유효성 확인
- 담당자의 CCP 운영, 한계기준, 모니터링 활동 및 기록관리 활동에 대한 이해 확인
- 한계기준 이탈 시 담당자가 취해야 할 조치사항에 대한 숙지 상태 확인

3. 시험·검사
- CCP가 적절히 관리되고 있는지 검증하기 위하여 주기적으로 시료를 채취하여 실험분석을 실시

17 ① ADI
사람이 일생 동안 섭취하여 바람직하지 않은 영향이 나타나지 않을 것으로 예상되는 화학물질의 1일 섭취량을 말한다.

GRAS	해가 나타나지 않거나 증명되지 않고 다년간 사용되어 온 식품첨가물에 적용되는 용어

LD_{50}	실험동물의 50%를 치사시키는 화학물질의 투여량
LC_{50}	실험동물의 50%를 죽이게 하는 독성물질의 농도로 균일하다고 생각되는 모집단 동물의 반수를 사망하게 하는 공기 중의 가스농도 및 액체 중의 물질의 농도이다.

18 ③ 관능검사 중 묘사분석
1. **정의** : 식품의 맛, 냄새, 텍스쳐, 점도, 색과 겉모양, 소리 등의 관능적 특성을 느끼게 되는 순서에 따라 평가하게 하는 것으로 특성별 묘사와 강도를 총괄적으로 검토하게 하는 방법이다.

2. **묘사분석에 사용하는 방법**
- 향미프로필(flavor profile)
- 텍스처프로필(texture profile)
- 정량적 묘사분석(quantitative descriptive analysis)
- 스펙트럼 묘사분석(spectrum descriptive analysis)
- 시간-강도 묘사분석(time-intensity descriptive analysis)

19 ② 통·병조림식품, 레토르트식품 등의 세균발육시험

1. 가온보존시험
- 검체 3관(또는 병)을 인큐베이터에서 35±1℃에서 10일간 보존한 후, 상온에서 1일간 추가로 방치하면서 관찰하여 용기·포장이 팽창 또는 새는 것을 세균발육 양성으로 한다.
- 가온보존시험에서 음성인 것은 다음의 2. 세균시험을 한다.

2. 세균시험

시험용액의 조제	• 검체 3관(또는 병)의 개봉부의 표면을 70% 알코올 탈지면으로 잘 닦고 개봉하여 검체 25g을 인산완충희석액 225mL에 가하여 균질화시킨다. • 균질화된 검체액 1mL를 시험관에 채취하고 인산완충희석액 9mL에 가하여 잘 혼합하여 이것을 시험용액으로 한다.
시험법	• 시험용액을 1mL씩 5개의 티오글리콜린산염 배지에 접종하여 35℃에서 48±3시간 배양하고 세균의 증식이 확인된 것은 양성으로 한다.

20 ④ 식품의 미생물 검출을 위한 PCR법
- 대표적인 유전자 분석법
- DNA 중합효소를 이용하여 증균 배양액을 직접 열처

리하여 추출한 특정한 DNA를 증폭시키는 기술
- 미생물의 오염 여부를 신속하게 검출 가능
- 비용이 저렴

21 ④ **수분활성도를 낮추는 법**
- 식염, 설탕 등의 용질 첨가(염장법, 당장법)
- 농축, 건조에 의한 수분제거(건조법)
- 냉동 등 온도 강하(동결저장법)

22 ① **물의 상태도**

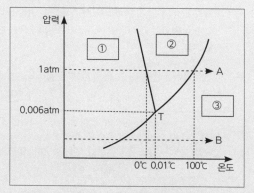

- 물은 고체(얼음, 그림 ①), 액체(물, 그림 ②), 기체(증기, 그림 ③)의 3상(phase)으로 존재한다.
- T(triple point, 삼중점)는 물-수증기-얼음이 함께 존재하는 조건이다. 즉, 압력이 0.006 atm이면서 온도가 0.001℃일 때 나타나는 상태이다.

23 ② **에피머(epimer)**
- 탄소 사슬의 끝에서 두 번째의 C에 붙는 H와 OH가 서로 반대로 붙어 있는 이성체
- 즉, D-glucose와 D-mannose 또는 D-glucose와 D-galactose에서와 같이 히드록시기의 배위가 한 곳만 서로 다른 것을 epimer라 한다.

24 ④ **전분의 호화**
- 수분이 많을수록 호화가 잘 일어나며 적으면 느리다.
- 물이 많은 밥은 100℃에서 20분, 빵은 230℃의 고온이 필요하다.

25 ② **스테롤(sterol)의 종류**

동물성 sterol	cholesterol, coprosterol, 7-dehy-drocholesterol, lanosterol 등
식물성 sterol	sitosterol, stigma sterol, dihydros-itosterol 등
효모가 생산하는 sterol	ergosterol

26 ④ **유지의 자동산화**
- 식용 유지나 지방질 성분은 공기와 접촉하여 비교적 낮은 온도에서도 자연발생적으로 산소를 흡수하여 산화가 일어난다.
- 자동산화 초기반응은 유지분자 또는 불순물로 존재하는 다른 어떤 물질(금속이온, 색소, 원래 존재하는 peroxides, 미량 존재하는 물)들이 가열, 산소, 빛 에너지에 의하여 활성화되어 free radical을 형성하는 과정이다.

$$RH \rightarrow R\cdot + H\cdot \text{(free radical 생성)}$$

- 자동산화가 진행됨에 따라 과산화물가는 일단 최고치에 도달한 후 다시 감소하기 때문에 산패가 발생한 지 오래된 유지나 지방질 식품의 과산화물가가 의외로 낮을 때가 있다.
- 유지 중의 불포화지방산이 산화에 의하여 분해되면서 알데히드(aldehyde), 케톤(ketone), 알코올(alcohol), 산 등이 생성된다. 이들 생성물에 의하여 불쾌한 냄새와 맛을 내게 된다.
- 상대적으로 불포화지방산 함량은 감소하고 포화지방산 함량은 증가한다.
- 지방의 자동산화를 촉진하는 인자 : 온도, 금속(Pb 〉 Cu 〉 Sn, Zn 〉 Fe 〉 Al 〉 Ag), 불포화도, 광선, 산소, 수분, heme 화합물, chlorophyll 등의 감광물질 등이 있다.

27 ① **알부민(albumin)**

동식물계에서 널리 발견되며 물, 묽은 산, 묽은 알칼리, 염류용액에 잘 녹으며 열과 알코올에 의하여 응고된다.

28 ③ **아미노산의 성질**

광학적 성질	glycine을 제외한 아미노산은 비대칭 탄소 원자를 가지고 있으므로 2개의 광학 이성질체가 존재한다. 단백질을 구성하는 아미노산은 대부분 L-형이다.
자외선 흡수성	아미노산 중 tyrosine, tryptophan, phe-nylalanine은 자외선을 흡수한다. 280nm에서 흡광도를 측정하여 단백질 함량을 구할 수 있다.

29 ② **단백질의 변성(denaturation)**

1. 정의 : 단백질 분자가 물리적 또는 화학적 작용에 의해 비교적 약한 결합으로 유지되고 있는 고차구조(2~4차)가 변형되는 현상을 말한다.
   - 대부분 비가역적 반응이다.

2. 단백질의 변성에 영향을 주는 요소
   - 물리적 작용 : 가열, 동결, 건조, 교반, 고압, 조사 및 초음파 등
   - 화학적 작용 : 묽은 산, 알칼리, 요소, 계면활성제, 알코올, 알칼로이드, 중금속, 염류 등

3. 단백질 변성에 의한 변화
   - 용해도가 감소
   - 효소에 대한 감수성 증가
   - 반응성의 증가
   - 친수성 감소
   - 단백질의 특유한 생물학적 특성을 상실

30 ④ **식품의 산, 알칼리도**

- 식품 100g을 회화하여 얻은 회분을 중화하는 데 소비되는 N HCl의 mL수를 그 식품의 알칼리도라고 한다. 또는 1g의 식품에서 얻은 회분을 중화하는 데 필요한 0.1N HCl의 mL수로 나타내기도 한다. 이때 사용한 알칼리의 양으로부터 산도, 알카리도를 계산한다.

$$식품의\ 산,\ 알칼리도 = \frac{[b-(a+c)\times100]}{S}\times\frac{1}{10}$$

⌐ a : 최초에 가한 0.1N NaOH 용액의 mL 수
  b : 회분 용해에 사용한 0.1N HCl 용액의 mL 수
  c : 적정에 소요된 0.1N NaOH 용액의 mL 수,
⌐ s : 시료의 채취량(g)⌋

31 ② **glucose oxidase**

- catalase의 존재 하에 glucose를 산화해서 gluconic acid를 생성하는 균체의 효소이다.
- glucose 또는 산소를 제거하여 식품의 가공, 저장 중의 지방산패, 갈변, 풍미저하 등의 품질저하를 방지한다.
- 맥주, 치즈, 탄산음료, 건조달걀, 과실주스, 육어류, 분유, 포도주 중 산소나 포도당을 제거하여 산화 또는 갈변방지를 방지하는 데 이용한다.
- catalase와 같이 사용하면 효과적이다.

32 ③ **축육이나 어육의 ribonucleotide**

- 주로 육중의 ATP에서 유래된다.
- ATP의 분해에 따라 생성된 IMP(5′-inosinic acid)가 지미성분을 띤다.

- ATP의 분해경로 : ATP → ADP → AMP → IMP → inosinic acid → inosine → hypoxanthine이다.

33 ①

우유 중 함황아미노산인 cysteine을 함유하고 있는 단백질이 가열에 의해 –SH(sulfhydryl)기가 생성되어 가열취의 원인이 된다.

34 ④ **provitamin A**

- 카로테노이드계 색소 중에서 β-ionone 핵을 갖는 carotene류의 α-carotene, β-carotene, γ-carotene과 xanthophyll류의 cryptoxanthin이다.
- 이들 색소는 동물 체내에서 비타민 A로 전환되므로 식품의 색소뿐만 아니라 영양학적으로도 중요하다.
- 특히 β-카로틴은 생체 내에서 산화되어 2분자의 비타민 A가 되기 때문에 α- 및 γ-카로틴의 2배의 효력을 가지고 있다.

35 ④ **Maillard 반응의 최종단계에서 일어나는 화학반응**

알돌(aldol) 축합반응	중간단계에서 생성된 카보닐화합물 중에 α-위치에 수소를 가진 화합물들은 aldol 형의 축합반응을 일으켜 점차 분자량이 불포화 화합물을 형성한다.
스트랙커 (strecker) 분해반응	α-dicarbonyl 화합물과 α-아미노산과의 산화적 분해반응이다.
Melanoidine 색소의 형성	maillard 반응의 각 단계에서 생성된 furfural 유도체, 당의 분해생성물, reductone류, aldol형 축합생성물, strecker 형 분해생성물들은 반응성이 큰 물질이므로 쉽게 상호반응을 일으켜 중합(polymerzation)체 형성, 갈색내지 흑갈색의 색소물질을 생성한다.

36 ① **유화제 분자내의 친수기와 소수기**

- 극성기(친수성기) : –OH, –COOH, –CHO, –NH₂
- 비극성기(소수성기) : –CH₃와 같은 alkyl기(R=C_nH_{2n+1})
※ 물과 친화력이 강한 콜로이드에는 –OH, –COOH 등의 원자단이 있다.

37 ① **가공처리 공정 중 생성되는 위해 물질**

- 다핵방향족 탄화수소(PAHs)는 독성을 지닌 물질이 많은데 특히 벤조피렌(benzopyrene)은 가열처리나 훈제 공정에 의해 생성되는 발암물질이다.
- 아크릴아마이드(acrylamide)는 아미노산과 당이 열에

의해 결합하는 미이야르 반응을 통하여 생성되는 물질로 아미노산 중 아스파라긴산이 주 원인물질이다.
- 모토클로로프로판디올(MCPD)은 아미노산(산분해) 간장의 제조 시 유지성분을 함유한 단백질을 염산으로 가수분해할 때 생성되는 글리세롤 및 그 지방산 에스테르와 염산과의 반응에서 형성되는 염소화합물의 일종이다.
- ※ 트리코테신(trichothecene)은 밀, 오트밀, 옥수수 등에 주로 서식하는 Fusarium 곰팡이들에 의해 생성된 곰팡이 독으로 강력한 면역억제작용이 있어 사람 및 동물에 심각한 피해를 줄 수 있다.

38 ② 효소반응을 위한 buffer 제조

1. 최종 Buffer 1L에 포함된 A용액의 몰수
- 용질 mol수=몰농도×용액 L수
  =0.0001 mol/L×1L=0.0001 mol A(0.1mM=0.0001M)
  0.0001 mol A를 포함하는 1.0mM(=0.001M) A 용액의 부피
- 용액 L수=용질 mol/몰농도
  =0.0001 mol/(0.001 mol/L)=0.1L
2. 최종 Buffer 1L에 포함된 B용액의 몰수
  =0.00005 mol/L×1L=0.00005 mol B(0.05mM=0.00005M)
  0.00005 mol B를 포함하는 1.0mM(=0.001M) B 용액의 부피
  =0.00005 mol/(0.001 mol/L)=0.05L
3. 최종 Buffer 1L에 포함된 C용액의 몰수
  =0.0005 mol/L×1L=0.0005 mol B(0.5mM=0.0005M)
  0.0005 mol B를 포함하는 1.0M B 용액의 부피
  =0.0005 mol/(0.001 mol/L)=0.5L
4. 물의 부피
  =1L−(0.1L+0.05L+0.5L)=0.35L

39 ④ 식품첨가물의 지정절차에서 고려되는 사항
- 식품의 안정성 향상
- 정당성
- 식품의 품질 보존, 관능적 성질 개선
- 식품의 영양성분 유지
- 식품에 필요한 원료 또는 성분 공급
- 식품의 제조, 가공 및 저장 처리의 보조적 역할

40 ① 산화방지제
- 유지의 산패에 의한 이미, 이취, 식품의 변색 및 퇴색

등을 방지하기 위하여 사용하는 첨가물이며 수용성과 지용성이 있다.

수용성 산화방지제	주로 색소의 산화방지에 사용되며 erythrobic acid, ascorbic acid 등이 있다.
지용성 산화방지제	유지 또는 유지를 함유하는 식품에 사용되며 propyl gallate, BHA, BHT, ascorbyl palmitate, DL-α-tocopherol 등이 있다.

- 산화방지제는 단독으로 사용할 경우보다 2종 이상을 병용하는 것이 더욱 효과적이며 구연산과 같은 유기산을 병용하는 것이 효과적이다.

제3과목 식품가공·공정공학

41 ① 물엿의 제조
- 밥을 만들어 3배의 물을 가하여 55~60℃로 유지하고, 5~15% 건조 맥아분말을 첨가하여 5~8시간 당화시켜 제조한다.
- 맥아로 물엿을 제조할 때 맥아 amylase의 최적온도는 50~55℃이지만 엿 제조에서는 적당량의 덱스트린을 남겨야 하므로 당화온도는 약간 높은 55~60℃로 한다.
- 당화온도가 50℃ 정도로 낮아지면 젖산균 등 산 생성균이 번식하여 신맛이 생성된다.

42 ② 고구마 녹말의 순도를 낮게 하는 요인
- 수용성당분
- 수용성 단백질과 폴리페놀성 물질
- 고르지 않은 고구마녹말의 입자 크기
- 수지성분
- 탄닌성분

43 ② 콩의 영양을 저해하는 인자
- 대두에는 혈구응집성 독소이며 유해 단백질인 hemagglutinin이나 trypsin의 활성을 저해하는 trypsin inhibitor가 함유되어 있으므로 생 대두는 동물의 성장을 저해한다.
- 리폭시게나제(lipoxygenase)는 콩의 비린내 원인 물질로서 리놀산과 리놀렌산 같은 긴 사슬의 불포화지방산 산화과정에 관여함으로써 유발되는 것으로 알려져 있다.
- Phytate은 P, Ca, Mg, Fe, Zn 등과 불용성 복합체를 형성하여 무기물의 흡수를 저해시키는 작용을 한다.

44 ④ **콩 비린내를 없애기 위한 방법**
- 80~100℃의 열수에 침지한 후 마쇄하는 방법
- 60℃의 가성소다(0.1% NaOH) 용액에 침지시킨 후 마쇄하는 방법
- 충분히 수침한 후 고온의 스팀으로 찌는 방법
- 콩을 1~2일 발아시킨 뒤 끓는 물로 마쇄하는 방법
- 데치기 전에 콩을 수세하고 껍질을 벗겨 사용하는 방법

45 ③ **밀감 통조림의 백탁(흐림)**
1. 주 원인 : flavanone glucoside인 헤스페리딘(hesperidin)의 결정
2. 방지방법
- hesperidin의 함량이 가급적 적은 품종을 사용한다.
- 완전히 익은 원료를 사용한다.
- 물로 원료를 완전히 세척한다.
- 산 처리를 길게, 알칼리 처리를 짧게 처리한다.
- 가급적 농도가 높은 당액을 사용한다.
- 비타민 C 등을 손상시키지 않을 정도로 가급적 장시간 가열한다.
- 제품을 재차 가열한다.

46 ① **과채류 데치기(blanching)의 목적**
- 산화효소를 파괴하여 가공 중에 일어나는 변색 및 변질을 방지한다.
- 원료 중의 특수 성분에 의하여 통조림 및 건조 중에 일어나는 외관, 맛의 변화를 방지한다.
- 원료의 조직을 부드럽게 하여 통조림 등을 할 때 담는 조작을 쉽게 하고 살균 가열할 때 부피가 줄어드는 것을 방지한다.
- 껍질 벗기기를 쉽게 한다.
- 원료를 깨끗이 하는 데 효과가 있다.

47 ③ **우유의 가수여부 판정**

우유의 비등점	100.55℃이며, 우유에 가수하면 비점이 낮아지므로 우유의 가수여부를 판정하는 데 이용
우유의 빙점	−0.53~−0.57이며, 평균 −0.54이다. 물의 첨가에 의해 빙점이 변하므로 원유의 가수여부를 판정하는 데 이용
우유의 점도	1.5~2.0cp(cm poise)이고, 우유 성분과 온도에 영향을 받는다. 우유에 가수하면 점도가 낮아짐

※ 우유의 지방 측정은 우유의 가수여부와 관련이 없다.

48 ② **아이스크림의 증용률(over run, %)**
- 아이스크림의 조직감을 좋게 하기 위해 동결 시에 크림조직 내에 공기를 갖게 함으로써 생긴 부피의 증가율을 말한다. 계산식은 다음과 같다.

$$\text{over run(\%)} = \frac{\text{아이스크림의 용적} - \text{본래 mix의 용적}}{\text{본래 mix의 용적}} \times 100$$

- 가장 이상적인 아이스크림의 증용률은 90~100% 사이가 좋다.

49 ④ **육색 고정제**
- 질산염(KNO_3, $NaNO_3$), 아질산염(KNO_2, $NaNO_2$)이다.
- 육색 고정보조제는 아스코르빈산(ascorbic acid)이다.

50 ① **사일런트 커터(silent cutter)**
- 소시지(sausage) 가공에서 일단 만육된 고기를 더욱 곱게 갈아서 고기의 유화 결착력을 높이는 기계이다.
- 첨가물을 혼합하거나 이기기(kneading) 등 육제품 제조에 꼭 필요하다.

51 ① **마요네즈**
- 난황의 유화력을 이용하여 난황과 식용유를 주원료로 하여 식초, 후추가루, 소금, 설탕 등을 혼합하여 유화시켜 만든 제품이다.
- 제품의 전체 구성 중 식물성유지 65~90%, 난황액 3~15%, 식초 4~20%, 식염 0.5~1% 정도이다.
- 마요네즈는 oil in water(O/W)의 유탁액이다.
- 식용유의 입자가 작은 것일수록 마요네즈의 점도가 높게 되며 고소하고 안정도도 크다.

52 ③ **유지 추출 용매의 구비조건**
- 유지만 잘 추출되는 것
- 악취, 독성이 없는 것
- 인화, 폭발하는 등의 위험성이 적은 것
- 기화열 및 비열이 적어 회수가 쉬운 것
- 가격이 쌀 것

53 ③ **열에너지**
4500×50×3.85/3600=240.625
※ 시간당이므로 sec단위로 바꾸면 60sec×60min= 3,600

54 ① 물의 유속

> - $V = Q/A$
> ┌ Q : 부피유량(m^3/s) ┐
> │ A : 단면적(m^2) │
> └ V : 유속(m/s) ┘
> - 부피유량(Q) = (1.5kg/s)×(1/1000) = $0.0015m^3/s$
> - 관의 단면적($A = (\pi/4)D^2 = (\pi/4)(0.05)^2$
>   = $0.0019625m^2$
> - 평균유속(V) = $\dfrac{0.0015}{0.0019625}$ = 0.764m/s

55 ③ 가열처리와 관련된 용어

용어	정의	표시(예)	설명
D값	일정온도에서 미생물을 90% 감소시키는데 필요한 시간	$D_{110℃}$ =10	110℃에서 미생물을 90% 감소시키는데 필요한 시간은 10분이다.
Z값	가열치사시간을 90% 단축할 때의 상승온도	Z =20℃	온도가 20℃ 상승하면 사멸시간이 90% 단축된다.
F값	일정온도에서 미생물을 100% 사멸시키는데 필요한 시간	$F_{110℃}$ =8분	110℃에서 미생물을 모두 사멸시키는데 걸리는 시간은 8분이다.
F_0값	250℉(121℃)에서 미생물을 100% 사멸시키는데 필요한 시간	$F_{121℃}$ =4.07분	121℃에서 미생물을 모두 사멸시키는데 걸리는 시간은 4.07분이다.

56 ② D값(decimal reduction time, DRT 90% 사멸시간)

- 일정온도 하에서 균 농도가 1/10까지 감소하는 데 필요한 가열시간을 D값이라고 한다.
- 미생물의 D값이 크면 내열성이 큼을 의미하며, 따라서 D값은 미생물의 내열성의 지표로 사용할 수 있다.

57 ① 동결률

동결점이 θ_f℃인 식품의 온도가 θ℃까지 내려간 경우

> - 동결률(m) = $(1 - \dfrac{\theta_f}{\theta}) \times 100$
> - 동결률(%) = $(1 - \dfrac{-1.6}{-20}) \times 100 = 92\%$

※ 동결률 : 동결점 하에서 초기의 수분 함량에 대하여 빙결정으로 변한 비율

58 ① 활성글루텐의 제조 건조 방법

- 배터(Batter)식의 연속식 제조법(Continuous)과 마틴(Martin)식의 배치식 제조법(Batch)으로 나누고 있다.
- 건조방식에는 플래시드라이(Flash dry)방식과 스프레이드라이(Spray dry)방식의 2가지로 대표되고 있다.
- 플래시드라이방식은 열기류에 의해서 순간 건조되어 이 방법으로 제조된 활성글루텐은 글루텐단백질의 고차결합구조가 비교적 망가지지 않은 채로 남아있어, 탄력이 강한 제품이 생산되는 특징을 가지고 있다.

59 ② 압출 가공공정이 식품에 미치는 영향

- 식품의 색과 향기에는 거의 영향을 미치지 않는다.
- 대부분 제품의 색상은 원료에 첨가되는 합성색소에 의해 결정된다.
- 압출식품의 비타민 손실은 식품의 종류, 수분 함량, 가공온도 및 시간에 따라 다르다.
- 대체로 cold extrusion의 경우 비타민 손실이 가장 적다.

60 ③ 질소치환포장

- 질소(N_2)는 식품에 아무런 영향을 주지 않는 불활성가스의 역할을 한다.
- 산소를 제거하고 질소치환포장을 하면 산화, 산패, 곰팡이 성장, 곤충의 성장을 방지할 수 있고, 호흡작용이 억제되어 과일과 야채의 신선도를 유지할 수 있다.

제4과목 식품미생물 및 생화학

61 ① 종의 학명(scientfic name)

- 각 나라마다 다른 생물의 이름을 국제적으로 통일하기 위하여 붙여진 이름을 학명이라 한다.
- 현재 학명은 린네의 2명법이 세계 공통으로 사용된다.
  - 학명의 구성 : 속명과 종명의 두 단어로 나타내며, 여기에 명명자를 더하기도 한다.
  - 2명법 = 속명 + 종명 + 명명자의 이름
- 속명과 종명은 라틴어 또는 라틴어화한 단어로 나타내며 이탤릭체를 사용한다.
- 속명의 머리 글자는 대문자로 쓰고, 종명의 머리 글자는 소문자로 쓴다.

62 ② *Clostridium butyricum*
- 그람 양성 유포자 간균으로 운동성이 있으며, 당을 발효하여 butyric acid를 생성하고, cheese나 단무지 등에서 분리된다.
- 최적온도는 35℃이다.
- 생성된 유기산은 장내 유해세균의 생육을 억제하여 정장작용을 나타낸다.
- *C. butyricum* 균은 장내 유익한 균으로 유산균과의 공생이 가능하고 많은 종류의 비타민 B군 등을 생산하여 유산균이 이용할 수 있게 한다.
- 대부분의 *Lactobacillus* 균은 비타민이 성장에 꼭 필요한 성분으로 요구된다.

63 ① *Aspergillus niger*
- 균총은 흑갈색으로 흑국균이라고 한다.
- 전분 당화력(a-amylase)이 강하고, pectin 분해효소(pectinase)를 많이 생성한다. glucose oxidase, naringinase, hesperidinase 등을 생산한다.
- glucose로부터 글루콘산(gluconic acid), 옥살산(oxalic acid), 호박산(citric acid) 등을 다량으로 생산하므로 유기산 발효공업에 이용된다.
- pectinase를 분비하므로 과즙 청정제 생산에 이용된다.

64 ① 산막효모와 비산막효모의 특징 비교

구분	산막효모	비산막효모
산소요구	산소를 요구한다.	산소의 요구가 적다.
발육위치	액면에 발육하며 피막을 형성한다.	액의 내부에 발육한다.
특징	산화력이 강하다.	알코올 발효력이 강하다.
균속	*Hasenula*속, *Pichia*속, *Debaryomyces*속	*Saccharomyces*속, *Shizosaccharomyces*속

※ *Hasenula*속, *Pichia*속, *Debaryomyces*속은 다극출아로 번식하고 대부분 양조제품에 유해균으로 작용한다.
※ *Saccharomyces*속은 출아분열, *Shizosaccharomyces*속은 분열법으로 번식한다.

65 ② bacteriophage
1. 정의
- 바이러스 중 세균의 세포에 기생하여 세균을 죽이는 virus를 말한다.

2. Phage의 전형적인 형태
- 올챙이처럼 생겼으며 두부, 미부, 6개의 spike가 달린 기부가 있고 말단에 짧은 미부섬조(tail fiber)가 달려 있다.
- 두부에는 DNA 또는 RNA만 들어 있고 미부의 초에는 단백질이 나선형으로 늘어 있고 그 내부 중심초는 속이 비어 있다.

3. 종류
- Phage에는 독성파지(virulent phage)와 용원파지(temperate phage)의 두 종류가 있다.

4. Phage의 특징
- 생육증식의 능력이 없다.
- 한 phage의 숙주균은 1균주에 제한되고 있다(phage의 숙주특이성).
- 핵산 중 대부분 DNA만 가지고 있다.
※ *Aspergillus oryzae*는 곰팡이이다.

66 ② 조류(algae)
- 분류학상 대부분 진정핵균에 속하므로 세포의 형태는 효모와 비슷하다.
- 종래에는 남조류를 조류에 분류했으나 이는 원시핵균에 분류하므로 세균 중 청녹세균에 분류하고 있다.
- 갈조류, 홍조류 및 녹조류의 3문이 여기에 속한다.
- 보통 조류는 세포 내에 엽록체를 가지고 광합성을 하지만 남조류에는 특정의 엽록체가 없고 엽록소는 세포 전체에 분산되어 있다.
- 바닷물에 서식하는 해수조와 담수 중에 서식하는 담수조가 있다.
- *Chlorella*는 단세포 녹조류이고 양질의 단백질을 대량 함유하므로 식사료화를 시도하고 있으나 소화율이 낮다.
- 우뭇가사리, 김은 홍조류에 속한다.

67 ③ 정상기(정지기, stationary phase)
- 생균수는 일정하게 유지되고 총균수는 최대가 되는 시기이다.
- 일부 세포가 사멸하고 다른 일부의 세포는 증식하여 사멸수와 증식수가 거의 같아진다.
- 영양물질의 고갈, 대사생산물의 축적, 배지 pH의 변화, 산소공급의 부족 등 부적당한 환경이 된다.
- 생균수가 증가하지 않으며 내생포자를 형성하는 세균은 이 시기에 포자를 형성한다.

68 ② 그람 염색
- 그람 염색이 되는 세균(자주색) : gram positive
- 그람 염색이 되지 않는 세균(적자색) : gram negative

※ 그람 염색은 세균분류의 가장 기본이 되며 염색성에 따라 화학구조, 생리적 성질, 항생물질에 대한 감수성과 영양요구성 등이 크게 다르다.

69 ② 플라스미드(plasmid)

- 소형의 환상 이중사슬 DNA를 가지고 있다. 염색체 이외의 유전인자로서 세균의 염색체에 접촉되어 있지 않고 독자적으로 복제된다.
- 정상적인 환경 하에서 세균의 생육에는 결정적인 영향을 미치지 않으므로 세포의 생명과는 관계없이 획득하거나 소실될 수가 있다.
- 항생제 내성, 독소 내성, 독소 생성 및 효소 합성 등에 관련된 유전자를 포함하고 있다.
- 약제에 대한 저항성을 가진 내성인자(R인자), 세균의 자웅을 결정하는 성결정인자(F인자) 등이 발견되고 있다.
- 제한 효소 자리를 가져 DNA 재조합 과정 시 유전자를 끼워 넣기에 유용하다.
- 다른 종의 세포 내에도 전달된다.

70 ③ 유전물질 전달방법

형질전환 (transformation)	공여세포로부터 유리된 DNA가 직접 수용세포 내로 들어가 일어나는 DNA 재조합 방법으로, A라는 세균에 B라는 세균에서 추출한 DNA를 작용시켰을 때 B라는 세균의 유전형질이 A라는 세균에 전환되는 현상을 말한다.
형질도입 (transduction)	숙주세균 세포의 형질이 phage의 매개로 수용균의 세포에 운반되어 재조합에 의해 유전 형질이 도입된 현상을 말한다.
접합 (conjugation)	두 개의 세균이 서로 일시적인 접촉을 일으켜 한 쪽 세균이 다른 쪽에게 유전물질인 DNA를 전달하는 현상을 말한다.

※ 세포융합(cell fusion)은 2개의 다른 성질을 갖는 세포들을 인위적으로 세포를 융합하여 목적하는 세포를 얻는 방법이다.

71 ③ 배양(발효)장치

Waldhof형, Vogelbush, Cavitator, Air lift, 단탑형 등이 있다.

72 ① 탁·약주 제조용 입국

- 전부 백국을 사용하고 있다.
- 이는 황국보다 산생성이 강하므로 술덧에서 잡균의

오염을 방지할 수 있다.
- 현재 널리 사용되고 있는 백국균은 흑국균의 변이주로서 *Aspergillus kawachii*이다.
- 입국의 중요한 세 가지 역할은 녹말의 당화, 향미부여, 술덧의 오염방지 등이다.

73 ④ 덱스트(dextran)

- 냉온수에 잘 용해되며 점도가 높고 화학적으로 안정하므로 유화 및 안정제로서 아이스크림, 시럽, 젤리 등에 사용되고, 또 대용혈장으로도 사용된다.
- 공업적 제조에는 sucrose를 원료로 하여 젖산균인 *Leuconostoc mesenteroides*가 이용되고 *Acetobacter capsulatum*도 dextrin으로부터 dextran을 만드는 것이 알려지고 있다.
- 발효액은 미세한 균체 등이 함유되나 점도가 높기 때문에 여과나 원심분리에 의해서 제거할 수 없다.

74 ④ 동위효소(isoenzyme)에 대한 조절작용

- Feedback 조절을 받는 경로의 최초의 반응이 여러 개의 같은 작용을 하는 효소(isoenzyme)에 의해서 촉매되는 경우 이들 각 효소가 각각 다른 최종 산물에 의해서 조절된다.
- 대표적인 예는 대장균에 의한 aspartic acid계열 아미노산 생성의 경우이다.
- 3종류의 aspartokinase가 최종산물인 lysine, threonie 및 methionine에 의해서 각각 조절작용을 받게 된다.

75 ② 주정발효의 원료로서 돼지감자 사용할 때

- 이눌린(Inulin)은 과당의 중합체이므로 적당한 방법으로 가수분해하면 과당을 얻을 수 있을 뿐 아니라 당화액은 좋은 발효원료가 된다.
- 이눌린은 돼지감자의 구근에 많이 함유되어 있다.
- 돼지감자를 주정발효 원료로서 사용할 때에는 그 자체의 효소를 이용하거나 미생물이 생산하는 inulase를 이용하여 당화시키든가 산당화법에 의해서 당화할 필요가 있다.

76 ③ 구연산(citric acid) 발효

1. 생산균
Aspergillus niger, *Asp. saitoi* 그리고 *Asp. awamori* 등이 있으나 공업적으로 *Asp. niger*가 사용된다.

2. 구연산 생성기작
- 구연산은 당으로부터 해당작용에 의하여 피루브산(pyruvic acid)가 생성되고, 또 옥살초산(oxaloacetic acid)와 acetyl CoA가 생성된다.

- 이 양자를 citrate sythetase의 촉매로 축합하여 citric acid를 생성하게 된다.

3. 구연산 생산 조건
- 배양조건으로는 강한 호기적 조건과 강한 교반을 해야 한다.
- 당농도는 10~20%이며, 무기영양원으로는 N, P, K, Mg, 황산염이 필요하다.
- 최적온도는 26~35℃이고, pH는 염산으로 조절하며 pH 3.4~3.5이다.
- 수율은 포도당 원료에서 106.7% 구연산을 얻는다.
- *Asp. niger* 등에 의한 구연산 발효는 배지 중에 Fe^{++}, Zn^{++}, Mn^{++} 등의 금속이온 양이 많으면 산생성이 저하된다. 특히 Fe^{++}의 영향이 크다.

4. 발효액 중의 균체를 분리 제거하고 구연산을 생석회, 소석회 또는 탄산칼슘으로 중화하여 가열 후 구연산 칼슘으로써 회수한다.

5. 발효 주원료로서 당질 또는 전분질 원료가 사용되고, 사용량이 가장 많은 것은 첨채당밀(beet molasses)이다.

77 ② **당의 혐기적 대사**
- 첫 번째 ATP 생성은 phosphoglycerate kinase가 1,3-diphosphoglycerate의 1번 탄소의 인산기를 ADP에 전이시켜 ATP를 생성한다.
- 1,3-di phosphoglycerate는 고에너지 인산기 공여체($\triangle°G=-11.8cal/mol$)로 ADP에 인산을 주어 ATP를 만드는데 필요한 충분한 자유에너지를 방출한다.
- 이 과정에서는 고에너지 화합물질이 ADP를 ATP로 형성시키기 때문에 기질수준 인산화(substrate level phosphorylation)라 부른다.

78 ④ **지방산산화 반응의 3단계**

1. **활성화** : FFA가 ATP와 CoA 존재 하에 acyl-CoA synthetase (thiokinase)에 의해 acyl-CoA로 활성화된다.

2. **mitochondria 내막 통과** : mitochondria 외막을 통과해 들어온 long-chain acyl-CoA은 mitochondria 외막에 있는 carnitine palmitoyl-transferase I 에 의해 acylcarnitine이 되고 mitochondria 내막에 있는 carnitine-acylcarnitine translocase에 의해 안쪽으로 들어와 한 분자의 carnitine과 교환된다.

3. **β-oxidation에 의한 분해** : carboxyl 말단에서 2번째 (α)탄소와 3번째 (β)탄소 사이 결합이 절단되어 acetyl-CoA가 한 분자씩 떨어져 나오는 cycle을 반복한다. 홀수 개의 탄소로 된 지방산은 최종적으로

acetyl-CoA와 함께 propionyl-CoA(C_2) 한 분자를 생산한다.

불포화지방산의 산화	• 이중결합($\triangle^3$-*cis*, $\triangle^4$-*cis*)이 나오기까지 β-oxidation이 진행되다가 이중결합의 위치에 따라 이성화반응, 산화, 환원 등을 거쳐 최종적으로 $\triangle^2$-*trans*-enoyl-CoA로 전환되어 β-산화로 처리된다.
포화지방산의 β산화	• Fatty acid+ATP+CoA $\longrightarrow$ Acyl-CoA+PPi+AMP • 포화지방산 산화는 이성화를 거치지 않고 β-산화가 일어난다.

79 ③ **단백질의 생합성**
- 세포 내 ribosome에서 이루어진다.
- mRNA는 DNA에서 주형을 복사하여 단백질의 아미노산 배열순서를 전달 규정한다.
- t-RNA는 다른 RNA와 마찬가지로 RNA polymerase(RNA 중합효소)에 의해서 만들어진다.
- aminoacyl-tRNA synthetase에 의해 아미노산과 tRNA로부터 aminoacyl-tRNA로 활성화되어 합성이 개시된다.

80 ② **purine 고리 생합성에 관련이 있는 아미노산**
glycine, aspartate, glutamine, fumarate 등이다.

10 회 식품안전기사 필기 실전모의고사 정답 및 해설

제1과목 식품안전

01 ④ **식품위생법 제4조(위해식품 등의 판매 등 금지)**
- 썩거나 상하거나 설익어서 인체의 건강을 해칠 우려가 있는 것
- 유독·유해물질이 들어 있거나 묻어 있는 것 또는 그러할 염려가 있는 것. 다만, 식품의약품안전처장이 인체의 건강을 해칠 우려가 없다고 인정하는 것은 제외한다.
- 병을 일으키는 미생물에 오염되었거나 그러할 염려가 있어 인체의 건강을 해칠 우려가 있는 것
- 불결하거나 다른 물질이 섞이거나 첨가된 것 또는 그밖의 사유로 인체의 건강을 해칠 우려가 있는 것
- 안전성 평가 대상인 농·축·수산물 등 가운데 안전성 평가를 받지 아니하였거나 안전성 평가에서 식용으로 부적합하다고 인정된 것
- 수입이 금지된 것 또는 수입신고를 하지 아니하고 수입한 것
- 영업자가 아닌 자가 제조·가공·소분한 것

02 ② **식품 등의 표시·광고기준에 관한 법률 제8조 (부당한 표시 또는 광고 금지) 제1항**
누구든지 식품 등의 명칭·제조방법·성분 등 대통령령으로 정하는 사항에 관하여 다음 각 호의 어느 하나에 해당하는 표시 또는 광고를 하여서는 아니 된다.

- 질병의 예방·치료에 효능이 있는 것으로 인식할 우려가 있는 표시 또는 광고
- 식품 등을 의약품으로 인식할 우려가 있는 표시 또는 광고
- 건강기능식품이 아닌 것을 건강기능식품으로 인식할 우려가 있는 표시 또는 광고
- 거짓·과장된 표시 또는 광고
- 소비자를 기만하는 표시 또는 광고
- 다른 업체나 다른 업체의 제품을 비방하는 표시 또는 광고
- 객관적인 근거 없이 자기 또는 자기의 식품 등을 다른 영업자나 다른 영업자의 식품 등과 부당하게 비교하는 표시 또는 광고

- 사행심을 조장하거나 음란한 표현을 사용하여 공중도덕이나 사회윤리를 현저하게 침해하는 표시 또는 광고
- 총리령으로 정하는 식품 등이 아닌 물품의 상호, 상표 또는 용기·포장 등과 동일하거나 유사한 것을 사용하여 해당 물품으로 오인·혼동할 수 있는 표시 또는 광고
- 제10조 제1항에 따라 심의를 받지 아니하거나 같은 조 제4항을 위반하여 심의 결과에 따르지 아니한 표시 또는 광고

03 ② **식품 및 축산물 안전관리인증기준 제2조(정의)**
중요관리점(Critical Control Point, CCP) : 안전관리인증기준(HACCP)을 적용하여 식품·축산물의 위해요소를 예방·제거하거나 허용 수준 이하로 감소시켜 당해 식품·축산물의 안전성을 확보할 수 있는 중요한 단계·과정 또는 공정을 말한다.

04 ① **기구 및 용기·포장 공전 Ⅱ. 공통기준 및 규격**
- 전분, 글리세린, 왁스 등 식용물질이 식품과 접촉하는 면에 접착되어 있는 용기포장에 대해서는 총 용출량의 규격 적용을 아니 할 수 있다.
- 기구 및 용기·포장의 식품과 접촉하는 부분에 사용하는 도금용 주석은 납을 0.1% 이상 함유하여서는 아니 된다.
- 식품의 용기·포장을 회수하여 재사용하고자 할 때에는 먹는 물 관리법의 수질기준에 적합한 물로 깨끗이 세척하여 일체의 불순물 등이 잔류하지 아니하였음을 확인한 후 사용하여야 한다.
- 검체 채취 시 상자 등에 넣어 유통되는 기구 및 용기포장은 가능한 한 개봉하지 않고 그대로 채취한다.

05 ③ **HACCP 도입의 효과**
1. **식품업체 측면**
- 자주적 위생관리체계의 구축 : 기존의 정부주도형 위생관리에서 벗어나 자율적으로 위생관리를 수행할 수 있는 체계적인 위생관리시스템의 확립이 가능하다.
- 위생적이고 안전한 식품의 제조 : 예상되는 위해요소를 과학적으로 규명하고 이를 효과적으로 제어함으로써 위생적이고 안전성이 충분히 확보된 식품의 생산이 가능해진다.

- 위생관리 집중화 및 효율성 도모 : 위해가 발생될 수 있는 단계를 사전에 집중적으로 관리함으로써 위생관리체계의 효율성을 극대화시킬 수 있다.
- 경제적 이익 도모 : 장기적으로는 관리인원의 감축, 관리요소의 감소 등이 기대되며, 제품 불량률, 소비자 불만, 반품, 폐기량 등의 감소로 궁극적으로는 경제적인 이익의 도모가 가능해진다.
- 회사의 이미지 제고와 신뢰성 향상

2. 소비자 측면
- 안전한 식품을 소비자에게 제공
- 식품선택의 기회를 제공

06 ② 식품 및 축산물 안전관리인증기준 제5조(선행요건 관리) [별표1] 작업위생관리
- 칼과 도마 등의 조리 기구나 용기, 앞치마, 고무장갑 등은 원료나 조리과정에서의 교차오염을 방지하기 위하여 식재료 특성 또는 구역별로 구분하여 사용하여야 한다.
- 식품 취급 등의 작업은 바닥으로부터 60cm 이상의 높이에서 실시하여 바닥으로부터의 오염을 방지하여야 한다.

07 ③ 식품 및 축산물 안전관리인증기준 제5조(선행요건 관리) [별표1] 위생관리
- 작업장과 화장실은 일 1회 이상 청소하여야 한다.
- 온도계는 연 1회 공인기관으로부터 검·교정을 실시하여야 한다.
- 지하수를 사용하는 경우에는 먹는물 수질기준 전 항목에 대하여 연 1회 이상(음료류 등 직접 마시는 용도의 경우는 반기 1회 이상) 검사를 실시하여야 한다.
- 냉장시설과 창고는 일 1회 이상 청소를 하여야 한다.

08 ③ 식품 제조를 위한 작업장 공기관리
- 청정도가 가장 높은 구역을 가장 큰 양압으로 하고 점차 청정도가 낮은 구역으로 향하게 하여 실압으로 낮추어 간다.
- 단, 시설내부가 음압이 되지 않도록 설치한다.

09 ③ 식품 및 축산물 안전관리인증기준 제5조(선행요건 관리) [별표1] 식품냉동·냉장업소, 영업장관리
냉동실 및 냉장실 등은 온도조절이 가능하도록 시공되어 있고 문을 열지 아니하고도 온도를 알아볼 수 있는 온도계가 외부에 설치되어 있으며 온도감응장치의 센서는 온도가 가장 높은 곳에 부착되어야 한다.

10 ④ HACCP의 7원칙 및 12절차
1. 준비단계 5절차
- 절차 1 : HACCP 팀 구성
- 절차 2 : 제품설명서 작성
- 절차 3 : 용도 확인
- 절차 4 : 공정흐름도 작성
- 절차 5 : 공정흐름도 현장확인

2. HACCP 7원칙
- 절차 6(원칙 1) : 위해요소 분석(HA)
- 절차 7(원칙 2) : 중요관리점(CCP) 결정
- 절차 8(원칙 3) : 한계기준(Critical Limit, CL) 설정
- 절차 9(원칙 4) : 모니터링 체계 확립
- 절차 10(원칙 5) : 개선조치방법 수립
- 절차 11(원칙 6) : 검증절차 및 방법 수립
- 절차 12(원칙 7) : 문서화 및 기록유지

11 ④ HACCP 팀원의 구성
제조·작업 책임자, 시설·설비의 공무관계 책임자, 보관 등 물류관리업무 책임자, 식품위생관련 품질관리업무 책임자 및 종사자 보건관리 책임자 등으로 구성한다.

12 ② 공정흐름도 작성
시설 도면, 공정 단계의 순서, 시간/온도의 조건, 통풍 및 공기의 흐름, 물 공급 및 배수, 칸막이, 장비의 형태, 용기의 흐름 및 세척/소독, 출입구, 손 소독, 발 소독조, 저장 및 분배 조건 등이 포함된다.

13 ③ 식품 및 축산물 안전관리인증기준 제2조(정의) 2. 위해요소
- 식품위생법 제4조(위해 식품 등의 판매 등 금지)의 규정에서 정하고 있는 인체의 건강을 해칠 우려가 있는 생물학적, 화학적 또는 물리적 인자나 조건을 말한다.
- 식품 및 축산물 안전관리인증기준 제6조(안전관리인증기준) [별표2] 위해요소

생물학적 위해요소	병원성미생물, 부패미생물, 기생충, 곰팡이 등 식품에 내재하면서 인체의 건강을 해할 우려가 있는 생물학적 위해 요소를 말한다.
화학적 위해요소	식품 중에 인위적 또는 우발적으로 첨가·혼입된 화학적 원인물질(중금속, 항생물질, 항균 물질, 성장호르몬, 환경호르몬, 사용기준을 초과하거나 사용 금지된 식품첨가물 등)에 의해 또는 생물체에 유해한 화학적 원인물질(아플라톡신, DOP 등)에 의해 인체의 건강을 해할 우려가 있는 요소를 말한다.

물리적 위해요소	식품 중에 일반적으로는 함유될 수 없는 경 질이물(돌, 경질플라스틱), 유리조각, 금속 파편 등에 의해 인체의 건강을 해할 우려가 있는 요소를 말한다.

14 ① **중요관리점(Critical Control Point, CCP)**

안전관리인증기준(HACCP)을 적용하여 식품·축산물의 위해요소를 예방·제어하거나 허용 수준 이하로 감소시켜 당해 식품·축산물의 안전성을 확보할 수 있는 중요한 단계·과정 또는 공정을 말한다.

15 ② **한계기준(Critical Limit)**

중요관리점에서의 위해요소 관리가 허용범위 이내로 충분히 이루어지고 있는지 여부를 판단할 수 있는 기준이나 기준치를 말한다.

16 ① **모니터링(Monitoring)**

중요관리점에 설정된 한계기준을 적절히 관리하고 있는지 여부를 확인하기 위하여 수행하는 일련의 계획된 관찰이나 측정하는 행위 등을 말한다.

17 ③ **개선조치**

모니터링 결과 중요관리점의 한계기준을 이탈할 경우에 취하는 일련의 조치를 말한다.

18 ③ **LD_{50}(50% Lethal Dose)**
- 식품에 함유된 독성물질의 독성을 나타내며 실험동물의 반수를 1주일 내에 치사시키는 화학물질의 양을 뜻한다.
- LD_{50}값이 적을수록 독성이 강함을 의미한다.
※ Aw는 수분활성도, DO는 용존산소량, BOD는 생물화학적 산소요구량을 의미한다.

19 ① **차이식별검사**
1. 정의 : 식품시료 간의 관능적 차이를 분석하는 방법으로 관능검사 중 가장 많이 사용되는 검사이다.
2. 일반적으로 훈련된 패널요원에 의하여 잘 설계된 관능평가실에서 세심한 주의를 기울여 실시하여야 한다.
3. 이용

- 신제품의 개발
- 제품 품질의 개선
- 제조 공정의 개선 및 최적 가공조건의 설정
- 원료 종류의 선택
- 저장 중 변화와 최적 저장 조건의 설정
- 식품첨가물의 종류 및 첨가량 설정

20 ④

살모넬라(*Salmonella spp.*)가 생성하는 황화수소(H_2S)와 Triple sugar iron 배지의 성분인 ferrous sulfate가 반응하여 iron sulfide의 검은색 침전을 생성한다.

제2과목 식품화학

21 ④ **결합수의 특징**
- 식품성분과 결합된 물이다.
- 용질에 대하여 용매로 작용하지 않는다.
- 100℃ 이상으로 가열하여도 제거되지 않는다.
- 0℃ 이하의 저온에서도 잘 얼지 않으며 보통 −40℃ 이하에서도 얼지 않는다.
- 보통의 물보다 밀도가 크다.
- 식물 조직을 압착하여도 제거되지 않는다.
- 미생물 번식과 발아에 이용되지 못한다.

22 ② **등온흡습곡선**

단분자층 영역	식품성분 중의 carboxyl기나 amino기와 같은 이온그룹과 강한 이온결합을 하는 영역으로 식품 속의 물 분자가 결합수로 존재한다(흡착열이 매우 크다).
다분자층 영역	식품의 안정성에 가장 좋은 영역이다. 최적수분 함량을 나타낸다. 수분은 결합수로 주로 존재하나 수소결합에 의하여 결합되어 있다.
모세관 응고 영역	식품의 세관에 수분이 자유로이 응결되며 식품 성분에 대해 용매로서 작용하며 따라서 화학, 효소 반응들이 촉진되고 미생물의 증식도 일어날 수 있다. 물은 주로 자유수로 존재한다.

23 ② **환원당과 비환원당**
- 단당류는 다른 화합물을 환원시키는 성질이 있어 $CuSO_4$의 알칼리 용액에 넣고 가열하면 구리이온과 산화 환원반응을 한다.
- 당의 알데히드(R-CHO)는 산화되어 산(R-COOH)이 되고 구리이온은 청색의 2가 이온($CuSO_4$)에서 적색의 1가 이온(Cu_2O)으로 환원된다.
- 이 반응에서 적색 침전을 형성하는 당을 환원당, 형성하지 않은 당을 비환원당이라 한다.
- 환원당에는 glucose, fructose, lactose가 있고, 비환원당은 sucrose이다.

24 ③ 전분의 호화를 촉진시켜 주는 염류
- 일반적으로 음이온이 팽윤제로서 작용이 강하다.
- 음이온 중 $OH^- \rangle CNS^- \rangle I^- \rangle Br^- \rangle Cl^-$ 등이 있으나 황산염들은 예외적으로 호화를 억제한다.

25 ② 혈청 콜레스테롤을 낮출 수 있는 성분
- HDL : 혈관벽과 같은 말초조직에 축적되어 있는 콜레스테롤을 간으로 운반해 혈액 내의 콜레스테롤을 제거할 수 있도록 도와주는 역할을 한다.
- 리놀레산(ω−6계 지방산) : 혈액 내의 콜레스테롤치를 낮추어 심장질환의 발병위험을 낮출 수 있으나, 과량 섭취 시는 HDL을 낮출 수 있다.
- 리놀렌산(ω−3계 지방산) : 혈액 내의 중성지방, 콜레스테롤치를 감소시키는 효과가 있어 심장질환의 발병 위험을 낮추게 한다.
- sitosterol은 콜레스테롤의 흡수억제 효과가 뛰어나 콜레스테롤 및 고지방에 의한 성인병의 치료 및 예방 효과가 있다.

26 ① 유지의 산패와 불포화도
- 일반적으로 불포화도가 높은 지방산일수록 산화되기 쉽다.
- 불포화지방산에서 cis형이 tran형보다 산화되기 쉽다.
- 스테아르산(stearic acid)와 라우르산(lauric acid)은 포화지방산이고, 올레산(oleic acid)은 2중 결합 1개를 함유하고, 리놀렌산(linolenic acid)은 2중 결합 3개를 함유하고 있다.

27 ④ 콜라겐(collagen)
- 콜라겐의 전구물질은 tropocollagen이고, 이 tropocollagen이 3~4개씩 합쳐져 콜라겐의 원섬유가 된다.
- 콜라겐은 피부, 혈관, 뼈, 치아, 근육 등 체내 모든 결합조직의 주된 단백질로서의 기능을 수행하는 성분으로 이외의 다른 장기에서는 세포 사이를 메우고 있는 매트릭스 상태로도 존재한다.
- 콜라겐은 물과 함께 장시간 가열하면 변성되어 가용성인 gelatin이 되어 용출된다.

28 ① 등전점(isoelectric point)
- 단백질은 산성에서는 양하전으로 해리되어 음극으로 이동하고, 알칼리성에서는 음하전으로 해리되어 양극으로 이동한다. 그러나 양하전과 음하전이 같을 때는 양극, 음극, 어느 쪽으로도 이동하지 않은 상태가 되며, 이때의 pH를 등전점이라 한다.
- 등전점보다 높은 pH에서 단백질은 양이온과 결합한다.

29 ② 단백질의 기능성
- 단백질의 용해도는 단백질의 등전점에서 가장 낮다.
- 두부나 치즈는 단백질의 응고성을 이용한 식품이다.

30 ④ Fe의 생리작용
- 철은 인체 내 미량 무기질이다.
- 철의 일반적인 결핍 증상은 빈혈이다.

31 ①
비타민 C가 물에 잘 녹고 강한 환원력을 갖는 이유는 lactone 고리 중에 카르보닐기와 공역된 endiol 구조와 관련이 있다.

32 ②
- 글라이시리진(glycyrrhizin), 스테비오사이드(stevioside), 자일리톨(xylitol), 페릴라틴(peryllartin)은 단맛 성분이다.
- 카페인(caffeine), 키니네(quinine)는 쓴맛 성분이다.
- 구연산(citric acid)은 신맛 성분이다.
- 캡사이신(capsacine)은 매운맛 성분이다.

33 ② ester류 향기성분과 함유식품
- amyl formate − 사과, 복숭아
- isoamyl formate − 배
- ethyl acetate − 파인애플
- isoamyl acetate − 배, 사과
- methyl butyrate − 사과
- methyl valerate − 청주
- isoamyl isovalerate − 바나나
- methyl cinnamate − 송이버섯

34 ② provitamin A
- 카로테노이드계 색소 중에서 β−ionone 핵을 갖는 carotene류의 α−carotene, β−carotene, γ−carotene과 xanthophyll류의 cryptoxanthin이다.
- 이들 색소는 동물 체내에서 비타민 A로 전환되므로 식품의 색소뿐만 아니라 영양학적으로도 중요하다.
- 특히 β−카로틴은 생체 내에서 산화되어 2분자의 비타민 A가 되기 때문에 α− 및 γ−카로틴의 2배의 효력을 가지고 있다.
- ※ Ergosterol은 provitamin D_2이고, 효모, 곰팡이 버섯 등에 존재한다.

35 ③ 게나 새우를 삶았을 때 나타나는 적색
- 새우나 게 등의 갑각류에는 아스타잔틴(astaxanthin)이 단백질과 결합되어 청록색을 띤다.

• 가열에 의해 단백질은 변성하여 유리되고, astaxan thin은 산화되어 아스타신(astacin)이 되어 선명한 적색을 띤다.

36 ① 유화(emulsification)

분산매와 분산질이 모두 액체인 콜로이드 상태를 유화액(emulsion)이라 하고 유화액을 이루는 작용을 유화라 한다.

수중유적형 (O/W)	물속에 기름이 분산된 형태 예 우유, 마요네즈, 아이스크림 등
유중수적형 (W/O)	기름 중에 물이 분산된 형태 예 마가린, 버터 등

37 ④ 식품오염에 문제가 되는 방사선 물질

• 생성률이 비교적 크고 반감기가 긴 것 : Sr-90(28.8년), Cs-137(30.17년) 등
• 생성률이 비교적 크고 반감기가 짧은 것 : I-131(8일), Ru-106(1년), Ba-140(12.8일) 등
※ Sr-90은 주로 뼈에 침착하여 17.5년이란 긴 유효반감기를 가지고 있기 때문에 한번 침착되면 장기간 조혈기관인 골수를 조사하여 장애를 일으킨다.
※ C에서 문제되는 핵종은 C-12가 아니고 C-14이다.

38 ② 조단백질 함량 계산

$$조단백질(\%) = \frac{60 \times 6.25}{2000} \times 100$$
$$= 18.75\%$$

39 ② 안식향산

• 과일 채소음료, 탄산음료, 알로에 겔제품, 오이 초절임 및 마요네즈, 잼류, 발효음료, 마가린류 등에 사용되고 있다.
• 값이 싸고, 방부력이 뛰어나지만 독성이 낮기 때문에 여러 식품의 보존료로 광범위하게 이용되고 있다.

40 ④ 호료(증점제)

• 식품의 점도를 증가시키는 식품첨가물이다.
• 알긴산 나트륨(sodium alginate), 알긴산 푸로필렌글리콜(propylene glycol alginate), 메틸셀룰로오즈(methyl cellulose), 카복실메틸셀룰로오즈 나트륨(sodium carboxymethyl cellulose), 카복실메틸셀룰로오즈 칼슘(calcium carboxymethyl cellulose), 카복실메틸스타아치 나트륨(sodium carboxymethyl starch), 카제인(casein), 폴리아크릴산 나트륨(sodium polyacrylate) 등 51품목이다.

제3과목 식품가공 · 공정공학

41 ④ 밀가루의 물리적 시험법

아밀로그래프 (amylograph) 시험	전분의 호화온도, 제빵에서 중요한 α-amylase의 역가, 강력분과 중력분 판정에 이용
익스텐소그래프 (extensograph) 시험	반죽의 신장도와 인장항력 측정
페리노그래프 (farinograph) 시험	밀가루 반죽 시 생기는 점탄성을 측정하며 반죽의 경도, 반죽의 형성기간, 반죽의 안정도, 반죽의 탄성, 반죽의 약화도 등을 측정

42 ② 환원당의 양(A)

$$DE = \frac{직접환원당(glucose)}{고형분} \times 100$$
$$고형분 \ 함량 = \frac{42}{100} \times 100 = 420$$
$$42 = \frac{A}{420} \times 100$$
$$A = 176.4(g)$$

43 ④ 두유를 응고시키면

• 두유 속에 함유되어 있는 지방도 응고물 속으로 끼어들어가므로 콩 속의 지방도 이용할 수 있다.
• 콩 속에 들어 있는 비타민 중 특히 비타민 B_1은 폐액 속으로 빠져나가므로 손실이 된다.

44 ③ 코오지(koji) 제조의 목적

• 코오지 중 amylase 및 protease 등의 여러 가지 효소를 생성하게 하여 전분 또는 단백질을 분해하기 위함이다.
• 원료는 순수하게 분리된 코오지균과 삶은 두류 및 곡류 등이다.

45 ③ 수확한 채소 및 과일

• 채소나 과일과 같은 청과물은 수확되어 영양보급이 끊어진 후에도 호흡작용은 계속하게 되며, 시간이 경과함에 따라 점차 약해진다.

- 호흡작용은 온도, 습도, 공기조성, 미생물, 빛, 바람과 같은 환경요인에 의해 좌우되며, 그중에서도 온도의 영향이 가장 크다. 표면적이 클수록 호흡량이 증가하고 중량과는 연관이 없다.

46 ④ **소금의 삼투에 영양을 주는 요인**
1. **소금농도와 절임온도** : 소금의 삼투속도는 소금농도와 온도가 높을수록 크다.
2. **절임방법** : 물간을 하면 마른간을 했을 때보다 소금의 침투속도도 크고 평행상태가 되었을 때의 침투소금량도 많다.
3. **소금순도** : 소금 중에 Ca염이나 Mg염이 소량이라도 섞여 있으면 소금의 침투가 저해된다.
4. **식품성상** : 어체의 지방함량이 많은 것은 피하지방층이 두꺼워 어체를 그대로 소금절임하는 경우 소금침투가 어려운 경향이 있다.

47 ④ **포스파타아제 테스트**
- phosphotase는 인산의 monoester, diester 및 pyrophosphate의 결합을 분해하는 효소이다.
- 62.8℃에서 30분, 71~75℃에서 15~30초의 가열에 의하여 파괴되므로 저온살균유의 완전살균여부 검정에 이용된다.
- ※ 알코올 테스트와 산도측정은 우유의 신선도 판정에 이용하고, 비중검사는 우유에 물이나 소금 등 이물질 첨가유무를 판정하는 데 이용한다.

48 ② **발효유 제조 시 한천이나 젤라틴을 사용하는 이유**
- 발효유 제조 시 식용 젤라틴이나 한천을 0.1~0.5% 첨가하기도 한다.
- 젤라틴과 한천은 안정제 역할을 하여 유청이 분리되는 것을 방지하고 커드를 굳히는 역할을 한다.

49 ① **도살 후 최대 경직시간**
- 소고기 : 4~12시간
- 돼지고기 : 1.5~3시간
- 닭고기 : 수분~1시간

50 ④ **육 연화제**
1. **정의**
육의 유연성을 높이기 위하여 단백질 분해효소를 이용해서 거대한 분자구조를 갖는 단백질의 쇄(chain)를 절단하는 방법이다.
2. **종류**
- 브로멜린(bromelin) : 파인애플에서 추출한 단백질

분해효소
- 파파인(papain) : 파파야에서 추출한 단백질 분해효소
- 피신(ficin) : 무화과에서 추출한 단백질 분해효소
- 엑티니딘(actinidin) : 키위에서 추출한 단백질 분해효소
- ※ 이들은 열대나무에서 추출된 단백질 분해효소이다.

51 ① **건조란**
- 유리 글루코스에 의해 건조시킬 때 갈변, 불쾌취, 불용화현상이 나타나 품질저하를 일으키기 때문에 제당처리가 필요하다.
- 제당처리 방법 : 자연 발효에 의한 방법, 효모에 의한 방법, 효소에 의한 방법이 있으며 주로 효소에 의한 방법이 사용되고 있다.
- 공정은 전처리 → 당제거 작업 → 건조 → 포장 → 저장의 과정을 거친다.
- 제품의 수분 함량이 2~5% 이하가 되도록 한다.

52 ① **유지 추출 용매의 구비조건**
- 유지만 잘 추출되는 것
- 악취, 독성이 없는 것
- 인화, 폭발하는 등의 위험성이 적은 것
- 기화열 및 비열이 적어 회수가 쉬운 것
- 가격이 쌀 것

53 ④ **국제단위계(SI) 유도단위**

유도량	SI 유도단위		
	명칭	기호	SI 기본단위로 표시
힘	뉴턴	N	$m \cdot kg \cdot S^{-2}$

54 ④ **탱크 밑바닥이 받는 압력**
- P＝pgh(압력＝밀도×중력가속도×높이)
  0.917×5.5×9.8＝49.4263
- 1기압(1atm)＝101.3kPa을 더하면 약 150.8kPa이고, 단위를 바꾸면 150800Pa이므로 1.508×10^5 Pa이 된다.

55 ③ **섭씨(℃), 화씨(℉) 변환방법**
$$°F＝℃×1.8+32$$
$$°F＝110×1.8+32$$
$$°F＝230°F$$

56 ③ 설탕용액의 끓는점

- $\Delta t_b = k_b m$
- Δt_b : 끓는점 오름(℃) 정도(용액의 끓는점-순수한 용매의 끓는점)
- k_b : 특정 용매에 대한 비례상수(물의 경우 0.512℃ kg/mol)
- m : 몰랄농도(용질의 몰수/용매 kg) : 온도에 무관
- 20% 설탕용액의 몰랄농도
  용액 100g=설탕 20.0g+물 80.0g
  설탕 20g=20/(342g/mol)=0.0585mol
  설탕의 몰랄농도=0.0585mol/0.080kg=0.73m
- $\Delta t_b = 0.51 \times 0.73 = 0.3723$℃

57 ④ 호흡열 방출에 의한 냉동부하

냉동부하 : 물체를 냉동시키기 위해 제거되어야 할 열량

5,000kg×0.063W=315kW, W=J/s이므로 315kJ/s 와 같다.
h단위로 바꾸려면 분자에 3,600을 곱한다.
315kW×3,600=1,134kJ/h
[W=J/s, 1J=0.24cal, 1kJ=240cal, kW= 3,600kJ/h]

58 ③ 증발된 수분 함량

- 초기 주스 수분 함량 : 100kg/h×(100-7.08)/100=92.92kg/h
  - 초기 주스 고형분 함량 : 100×0.0708=7.08kg/h
- 수분 함량 42%인 농축주스 : 7.08×100÷(100-42)=12.2kg/h(C)
- 증발된 수분 함량 : 100-12.2=87.8kg/h(W)

59 ③ 분말건조제품의 복원성(reconstitution)

- 건조는 식품 속의 수분이 제거되는 과정이므로 제거될 때 생기는 수분의 이동 통로의 생성으로 원래 구조가 변하게 되는데 보통 구조적인 변화로 뒤틀림, 다공성, 조직 수축 등이 일어난다.
- 건조식품이 다시 수분을 흡수하면 조직은 원래 상태로 환원되려는 성질, 즉 복원성(reconstitution)을 가지는데, 이 성질은 식품의 종류, 건조방법 등에 따라 달라진다.
- 식품의 조직과 복원성의 변화는 건조식품의 품질을 결정하는데 매우 중요하다.

60 ④ 식품 포장재의 일반적인 구비조건

1. **위생적** : 무미, 무취, 무독하며 식품 성분과 반응하지 않고, 독성 첨가제를 함유하지 않을 것
2. **보호성**

물리적 강도	인장강도, 신장력, 파열강도, 인열강도, 충격강도, 마찰강도를 확보
차단성	방습성, 방수성, 기체투과성, 기체 투과 방지성, 보향성, 단열성, 차광성, 자외선 차단성을 확보
안전성	내수성, 내광성, 내약품성, 내유기용매성, 내유성, 내한성, 내열성을 확보

3. **작업성** : 포장 작업성, 기계 적응성, 부스러짐성, 미끄러짐성, 열접착성, 접착제 적응성, 열수축성
4. **간편성** : 개봉 및 휴대하기 쉽고 가벼울 것
5. **상품성** : 광택, 투명, 백색도, 인쇄적성
6. **경제성** : 가격, 생산성, 수송, 보관성

제4과목 식품미생물 및 생화학

61 ① 편모(flagella)

- 세균의 운동기관이다.
- 편모는 위치에 따라 극모와 주모로 대별한다.
- 극모는 단모, 속모, 양모로 나뉜다.
- 주로 간균이나 나선균에만 존재하며 구균에는 거의 없다.
- 편모의 유무, 수, 위치는 세균의 분류학상 중요한 기준이 된다.

62 ③ 대장균형 세균(Coli form bacteria)

- 동물이나 사람의 장내에 서식하는 세균을 통틀어 대장균이라 한다.
- 대장균은 제8부(Enterobacteriacease과)에 속하는 12속을 말한다.
- 이 과에서 식품과 관련이 있는 속은 *Escherichia*속, *Enterobacter*속, *Klebslella*속, *Citrobacter*속, *Erwinia*속, *Serratia, Proteus*속, *Salmonella*속 및 *Shigella*속 등이다.
- 대장균은 그람 음성, 호기성 또는 통성혐기성, 주모성 편모, 무포자 간균이고, lactose를 분해하여 CO_2와 H_2 gas를 생성한다.
- 식품에 대한 이용성보다는 주로 위생적으로 주의해야 하는 세균들이다.

63 ③ *Penicillium*속의 특징
- 항생물질인 penicillin의 생산과 cheese 숙성에 관여하는 유용균이 많으나 빵, 떡, 과일 등을 변패시키는 종류도 많다.
- *Aspergillus*와 달리 병족세포와 정낭을 만들지 않고, 균사가 직립하여 분생자병을 발달시켜 분생포자를 만든다.
- 포자의 색은 청색 또는 청녹색이므로 푸른곰팡이라고 한다.

64 ③ 효모
- 산막효모에는 *Debaryomyces*속, *Pichia*속, *Hansenula*속이 있고, 비산막효모에는 *Saccharomyces*속, *Schizosaccharomyces*속 등이 있다.
- 산막효모는 산소를 요구하고 산화력이 강하고 비산막효모는 산소 요구가 적고 알코올 발효력이 강하다.
- 맥주 상면발효효모는 raffinose, melibiose를 발효하지 않고, 하면발효효모는 raffinose를 발효한다.
- 야생효모는 자연에 존재하는 효모로 과실, 토양 중에서 서식하고 유해균이 많다. 배양효모는 유용한 순수분리한 효모로 주정효모, 청주효모, 맥주효모, 빵효모 등의 발효공업에 이용된다.

65 ② 노로바이러스(Norovirus)
- 어린 유아에서 어른까지 모든 연령층에 감염성 위장염을 일으키는 바이러스이다.
- 주 증상은 메스꺼움, 구토, 설사, 복통 등이다.
- 잠복기는 24~48시간으로 사람 간 전염성이 매우 높고 최근 우리나라 겨울철에 발생하는 식중독의 50% 이상이 노로바이러스에 의한 것이다.
- 감염경로는 노로바이러스에 감염된 식품이나 음용수를 섭취했을 때, 노로바이러스에 오염된 물건을 만진 손으로 입을 만졌을 때 등이다.

66 ② 남조류(blue green algae)
- 단세포로서 세균처럼 핵막이 없고 세포벽과 세포막이 존재하는 세균과 고등식물의 중간에 위치한다.
- 고등식물과는 달리 세균처럼 원핵세포로 되어 있어서 세포 내에 막으로 싸여 있는 핵, 미토콘드리아, 골지체, 엽록체, 소포체 등을 가지고 있지 않다.
- 세포는 보통 점질물에 싸여 있으며 담수나 토양 중에 분포하고 특징적인 활주운동을 한다.
- 광합성 세균과는 달리 고등식물의 광합성 색소와 비슷한 엽록소a를 가지며 광합성의 산물로서 산소분자를 내보낸다.
- 특정의 엽록체가 없고 엽록소는 세포 전체에 분산되어 있다.
- 특유한 세포 단백질인 phycocyan과 phycoerythrin을 가지고 있기 때문에 남청색을 나타내고 점질물에 싸여 있는 것이 보통이다.
- 무성생식을 하는데 단세포나 균체로 자라는 종류들은 이분열법으로, 사상체인 종류들은 분절법 또는 포자형성법으로 생식한다.

67 ① 미생물의 증식도 측정
- 총균계수법 측정에서 0.1% methylene blue로 염색하면 사균은 청색으로 나타난다.
- 곰팡이와 방선균의 증식도는 비탁법 등 다른 방법으로는 측정하기 어려우므로 건조균체량으로 측정한다.

68 ③ 미생물이 이용하는 수분
- 주로 자유수(free water)이며, 이를 특히 활성 수분(active water)이라 한다.
- 활성 수분이 부족하면 미생물의 생육은 억제된다.
- Aw 한계를 보면 세균은 0.86, 효모는 0.78, 곰팡이는 0.65 정도이다.

69 ② 미생물을 보존하는 방법
1. 토양보존법
- 건조한 토양에 물을 가하고 수분의 약 25%가 되도록 시험관에 분주하여 121℃에서 3시간 살균하고 2~3일 후에 다시 한번 살균한 후 포자나 균사현탁액을 가하여 실온에서 보존
- 장기보존 가능
- 세균, 곰팡이 및 효모에 이용 가능

2. 동결건조법
- 동결처리한 세포부유액을 진공저온에서 건조시켜 용기의 앰플을 융봉하여 저온에서 보존
- 세균, 바이러스, 효모, 일부의 곰팡이, 방선균 등의 포자를 장기보존
- 세균의 분산매로 탈지유, 혈청 등을 사용
- 변이는 일으키지 않고 보존하는 방법

3. 유중(油中)보존법
- 고체배지에 배양한 후 균체 위에다 살균한 광유를 1cm 두께로 부은 후 보존
- 배지의 건조를 막아 3~4년 보존가능, 냉장 보관
- 곰팡이 보존에 사용

4. 모래보존법
- 바다모래를 산, 알칼리 및 물로 여러번 씻어 시험관 깊이 2~3cm 정도 넣고 건열살균하여 배양한 균체를 약 1mL 정도 첨가하여 모래와 잘 혼합시켜 진공 중에서 건조시킨 후 시험관을 밀봉하여 보존하는 것

- 수년간 보존 가능
- 건조상태에서 오래 견딜 수 있는 세균 또는 곰팡이 보존에 사용

70 ④ **재조합 DNA기술(Recombinant DNA Technology)**
- 어느 생물에서 목적하는 유전자를 갖고 있는 부분을 취하여 자율적으로 증식능력을 갖는 plasmid, phage, 동물성 virus 등의 매개체(vector)를 사용하여 결합시켜서 그것을 숙주세포에 옮겨 넣어 목적하는 유전자를 증식 또는 그 기능을 발휘할 수 있게 하는 방법을 유전자 조작(gene cloning) 또는 재조합 DNA 기술이라 한다.
- 가장 많이 사용되는 방법은 제한효소로 긴 DNA분자와 plasmid DNA분자를 절단하여 놓고 이 두 DNA를 연결시키는 DNA ligase라는 DNA 연결효소로 절단부위를 이어주고, 이것을 형질전환(transformation)으로 숙주세포에 넣어 증식시키고 그 후 목적하는 DNA 부분을 함유하는 plasmid를 갖는 세포를 선발해 내는 방법을 말한다.

71 ① **주정의 증류장치**

1. 단식 증류기
- 고형물(흙, 모래, 효모, 섬유, 균체)이나 불휘발성 성분(호박산, 염류, 단백질, 탄수화물)만이 제거된다.
- 알데히드류나 에스테르류 또는 fusel oil, 휘발산(개미산. 초산) 등은 제거되지 않고 제품 중에 남게 되어 특이한 향미 성분으로 기능을 한다.
- 비연속적이며, 증류 시간이 경과함에 따라 농도가 낮아져서 균일한 농도의 주정을 얻을 수 없다.
- 연료비가 많이 드는 등 비경제적이다.
- 소주, 위스키, 브랜디, 고량주 등의 증류에 이용된다.

2. 연속식 증류기
- 알코올을 연속적으로 추출할 수 있고 일정한 농도의 주정을 얻을 수 있다.
- 고급 알코올(fusel oil), 알데히드류, 에스테르류 등의 분리가 가능하다.
- 생산 원가가 적게 든다.
- 방향 성분을 상실할 수 있다.

72 ③ **발효주**

1. 단발효주 : 원료속의 주성분이 당류로서 과실 중의 당류를 효모에 의하여 알코올 발효시켜 만든 술이다. 📵 과실주

2. 복발효주 : 전분질을 아밀라아제(amylase)로 당화시킨 뒤 알코올 발효를 거쳐 만든 술이다.

단행복 발효주	맥주와 같이 맥아의 아밀라아제(amylase)로 전분을 미리 당화시킨 당액을 알코올 발효시켜 만든 술이다. 📵 맥주
병행복 발효주	청주와 탁주 같이 아밀라아제(amylase)로 전분질을 당화시키면서 동시에 발효를 진행시켜 만든 술이다. 📵 청주, 탁주

73 ③ **국개법(재래법)제국 조작순서**
- 재우기 : 상위에서 퇴정하여 온도, 습도가 균등하게 될 때까지 2~3시간 방치시킨다.
- 섞기 : 종국을 증미의 0.1~0.3% 섞는다.
- 뒤집기 : 쌀덩어리를 손으로 부수는 것이며 일정한 온도 유지를 위함이다. 품온은 30~32℃로 된다.
- 담기 : 쌀알 표면에 균사의 반점이 생기기 시작하고 국의 냄새가 나는 시기에 국개에 담는다. 품온은 31~32℃로 된다.
- 뒤바꾸기 : 품온이 34℃가 되면 상하 세 개의 국개를 뒤바꾼다. 온도 상승을 막기 위함이다.
- 제1손질 : 품온이 35~36℃로 되면 국에 손을 넣어 휘저어 섞고 상하로 뒤바꾸기를 한다. 손질은 온도를 내려서 일정하게 하고, 산소와 CO_2를 치환하여 국균의 대사를 돕기 위함이다.
- 제2손질 : 품온이 36~38℃로 되면 손을 넣어 다시 휘저어 섞고 국을 국개에 편편하게 넓혀 골을 낸다.
- 뒤바꾸기 : 품온은 40℃에 이르고 특유한 향기(구운 밤 냄새)가 나면 다시 한번 뒤바꾸기를 한다.
- 출국 : 구운 밤 냄새가 충분히 나면 국개에서 면포위에 덜어 한냉한 장소에서 급냉한다.

74 ④ **gluconic acid 발효**
- 현재 공업적 생산에는 *Aspergillus niger*가 이용되고 있다.
- gluconic acid의 생성은 glucose oxidase의 작용으로 D-glucono-δ-lactone이 되고 다시 비효소적으로 gluconic acid가 생성된다.
- 통기교반 장치가 있는 대형 발효조를 이용해 배양한다.
- glucose 농도를 15~20%로 하여 $MgSO_4$, KH_2PO_4 등의 무기염류를 첨가한 것을 배지로 사용한다.
- 배양 중의 pH는 5.5~6.5로 유지한다.
- 발아한 포자 현탁액을 종모로서 접종한다.
- 30℃에서 약 1일간 배양하면 당대 95% 이상의 수득율로 gluconic acid를 얻게 된다.
- ※ Biotin을 생육인자로 요구하지 않는다.

75 ③ 퓨젤유(fusel oil)

- 알코올 발효의 부산물인 고급알코올의 혼합물이다.
- 불순물인 fusel oil은 술덧 중에 0.5~1.0% 정도 함유되어 있다.
- 주된 성분은 n-propyl alcohol(1~2%), isobutyl alcohol(10%), isoamyl alcohol(45%), active amyl alcohol(5%)이며 미량 성분으로 고급지방산의 ester, furfural, pyridine 등의 amine, 지방산 등이 함유되어 있다.
- 이들 fusel oil의 고급알코올은 아미노산으로부터 알코올 발효 시의 효모에 의한 탈아미노기 반응과 동시에 탈카르복시 반응에 의해서 생성되는 aldehyde가 환원되어 생성된다.

76 ① 효소의 반응속도 항수

- Michaeli-Menten 식에 역수를 취하여 1차 방정식 (y=ax+b)으로 나타낸 것이 Lineweaver-Burk 식이다.

$$\cdot \frac{1}{v} = \frac{Km}{Vmax} \left(\frac{1}{[S]} \right) + \frac{1}{Vmax}$$

y=ax+b 식에서 x=2, y=3, b(y 절편)=1을 대입하면 a(기울기)=1이 된다.

- L-B식에서

기울기$= \frac{Km}{Vmax}$, y 절편$= \frac{1}{Vmax}$ 이므로

기울기=1, y 절편=1을 대입하여 풀면 Vmax=1, Km=1이 된다.

77 ③ Cori cycle에서 pyruvic acid

glutamic acid로부터 glutamate-pyruvate transaminase(GPT) 혹은 alanine aminotransferase(ALT)의 촉매 하에 아미노기(NH_3)를 전이 받아 L-alanine이 생성된다.

78 ② 지방산 생합성

- 간과 지방조직의 세포질에서 일어난다.
- 말로닐-ACP(malonyl-ACP)를 통해 지방산 사슬이 2개씩 연장되는 과정이다.
- 지방산 생합성 중간체는 ACP(acyl carrier protein)에 결합되며 속도 조절단계는 acetyl-CoA carboxylase가 관여한다.
- acetyl-CoA는 ATP와 비오틴의 존재 하에서 acetyl-CoA carboxylase의 작용으로 CO_2와 결합하여 malonyl CoA로 된다.

$$Acetyl-CoA+CO_2+ATP+H_2O \xrightarrow{\text{acetyl-CoA carboxylase} \atop \text{biotin}}$$

$$Malonyl-CoA+ADP+P_i+H^+$$

79 ① 단백질 합성

- 생체 내에서 DNA의 염기서열을 단백질의 아미노산 배열로 고쳐 쓰는 작업을 유전자의 번역이라 한다. 이 과정은 세포질 내의 단백질 리보솜에서 일어난다.
- 리보솜에서는 mRNA(messenger RNA)의 정보를 근거로 이에 상보적으로 결합할 수 있는 tRNA(transport RNA)가 날아오는 아미노산들을 차례차례 연결해서 단백질을 합성한다.
- 아미노산을 운반하는 tRNA는 클로버 모양의 RNA로 안티코돈(anticodon)을 갖고 있다.
- 합성의 시작은 메티오닌(methionine)이 일반적이며, 합성을 끝내는 부분에서는 아미노산이 결합되지 않는 특정한 정지 신호를 가진 tRNA가 들어오면서 아미노산 중합반응이 끝나게 된다.
- 합성된 단백질은 그 단백질이 갖는 특정한 신호에 의해 목적지로 이동하게 된다.

80 ③ 뉴클레오티드(nucleotide)의 개수

- $15s^{-1}$의 turnover number는 1초에 15개의 뉴클레오티드(nucleotide)를 붙인다는 의미이다.
- 1분간(60초) 반응시키면 15×60=900

제1과목　식품안전

01 ④ **식품위생법 제14조(식품 등의 공전)**

식품의약품안전처장은 다음 각 호의 기준 등을 실은 식품 등의 공전을 작성 보급하여야 한다.
- 식품 또는 식품첨가물의 기준과 규격
- 기구 및 용기, 포장의 기준과 규격

02 ④ **식품위생 분야 종사자의 건강진단규칙 제2조 (건강진단 항목 등)**

대상	건강진단 항목	횟수
식품 또는 식품첨가물(화학적 합성품 또는 기구 등의 살균·소독제는 제외한다)을 채취·제조·가공·조리·저장·운반 또는 판매하는데 직접 종사하는 사람. 다만, 영업자 또는 종업원 중 완전 포장된 식품 또는 식품첨가물을 운반하거나 판매하는데 종사하는 사람은 제외한다.	• 장티푸스 • 파라티푸스 • 폐결핵	연 1회

03 ④ **식품 및 축산물 안전관리인증기준 제20조(교육훈련)**

식품	• 영업자 교육훈련 : 2시간 • 안전관리인증기준(HACCP) 팀장 교육훈련 : 16시간 • 안전관리인증기준(HACCP) 팀원, 기타 종업원 교육훈련 : 4시간
축산물	• 영업자 및 농업인 교육훈련 : 4시간 이상 • 종업원 교육훈련 : 24시간 이상

① 안전관리인증기준(HACCP) 적용업소 영업자 및 종업원이 받아야 하는 신규교육훈련시간은 다음 각 호와 같다. 다만, 영업자가 안전관리인증기준(HACCP) 팀장 교육을 받은 경우에는 영업자 교육을 받은 것으로 본다.

04 ② **식품공전 제2. 식품일반에 대한 공통기준 및 규격 3. 식품일반의 기준 및 규격 5) 오염물질 (3) 곰팡이독소 기준**

- 총 아플라톡신(B_1, B_2, G_1 및 G_2의 합)

대상식품	기준(μg/kg)
곡류, 두류, 땅콩, 견과류	15.0 이하 (단, B_1은 10.0 이하)
곡류가공품 및 두류가공품	
장류 및 고춧가루 및 카레분	
육두구, 강황, 건조고추, 건조파프리카	
밀가루, 건조과일류	
영아용 조제식, 영·유아용 곡류 조제식, 기타 영·유아식	– (B_1은 0.10 이하)

05 ② **식품 및 축산물 안전관리인증기준 제5조(선행요건관리)**

- 영업장 관리
- 제조·가공시설·설비관리
- 냉장·냉동시설·설비관리
- 위생관리
- 용수관리
- 입고·보관·운송관리
- 검사관리
- 회수관리 프로그램관리

06 ③ **식품 제조 가공 작업장의 위생관리**

- 물품검수구역(540lux), 일반작업구역(220lux), 냉장보관구역(110lux) 중 물품검수구역의 조명이 가장 밝아야 한다.
- 화장실에는 페달식 또는 전자 감응식 등으로 직접 접촉하지 않고 물을 사용할 수 있는 세척 시설과 손을 건조시킬 수 있는 시설을 설치하여야 한다.
- 작업장에서 사용하는 위생 비닐장갑은 1회 사용 후 파손이 없는지 확인하고 전용 쓰레기통에 폐기하도록 한다.

07 ③ **식품 및 축산물 안전관리인증기준 제5조(선행요건 관리) [별표1] 냉장·냉동시설·설비 관리**

냉장시설은 내부의 온도를 10℃ 이하(다만, 신선편의식품, 훈제연어, 가금육은 5℃ 이하 보관 등 보관온도 기준이 별도로 정해져 있는 식품의 경우에는 그 기준을 따른다.), 냉동시설은 18℃ 이하로 유지하고, 외부에서 온도

변화를 관찰할 수 있어야 하며, 온도감응장치의 센서는 온도가 가장 높게 측정되는 곳에 위치하도록 한다.

08 ② 식품공장에서 사용하는 용수로 지하수를 이용할 경우
- 공공시험기관의 검사를 받아 그 물의 적성이나 안정성을 확인하여야 하며 항상 지하수가 오염되지 않도록 주의하여야 한다.
- 표준적인 정수처리방식은 응집, 침전, 급속여과, 경수의 연화 방식이 가장 널리 이용되고 있다.

09 ② HACCP의 7원칙 및 12절차
1. 준비단계 5절차
- 절차 1 : HACCP 팀 구성
- 절차 2 : 제품설명서 작성
- 절차 3 : 용도 확인
- 절차 4 : 공정흐름도 작성
- 절차 5 : 공정흐름도 현장확인

2. HACCP 7원칙
- 절차 6(원칙 1) : 위해요소 분석(HA)
- 절차 7(원칙 2) : 중요관리점(CCP) 결정
- 절차 8(원칙 3) : 한계기준(Critical Limit, CL) 설정
- 절차 9(원칙 4) : 모니터링 체계 확립
- 절차 10(원칙 5) : 개선조치방법 수립
- 절차 11(원칙 6) : 검증절차 및 방법 수립
- 절차 12(원칙 7) : 문서화 및 기록유지

10 ④ 제품설명서 작성 및 제품의 용도확인
제품설명서에는 제품명, 제품유형 및 성상, 품목제조보고연월일, 작성자 및 작성연월일, 성분(또는 식자재)배합비율 및 제조(또는 조리)방법, 제조(포장)단위, 완제품의 규격, 보관·유통(또는 배식)상의 주의사항, 제품용도 및 소비(또는 배식)기간, 포장방법 및 재질, 표시사항, 기타 필요한 사항이 포함되도록 작성한다.

11 ② 위해요소분석 절차
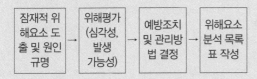

12 ④ 중요관리점(Critical Control Point, CCP)
- 안전관리인증기준(HACCP)을 적용하여 식품·축산물의 위해요소를 예방·제어하거나 허용 수준 이하로 감소시켜 당해 식품·축산물의 안전성을 확보할 수 있는 중요한 단계·과정 또는 공정을 말한다.

- 중요관리점이란 원칙 1에서 파악된 중요위해(위해평가 3점 이상)를 예방, 제어 또는 허용 가능한 수준까지 감소시킬 수 있는 최종 단계 또는 공정을 말한다.

13 ② CCP 결정도
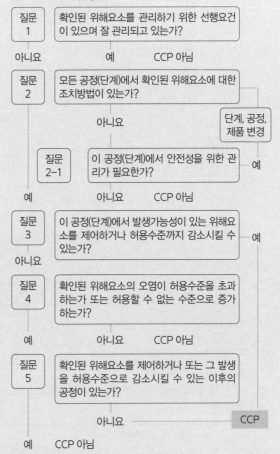

14 ④ 농약잔류허용기준 설정 시 안전수준 평가
ADI 대비 TMDI 값이 80%를 넘지 않아야 안전한 수준이다

15 ③ 모니터링(Monitoring)
1. 모니터링(Monitoring) 담당자 : 제조현장의 종사자 또는 제조에 이용하는 기계기구의 조작 담당자
2. 모니터링 담당자가 갖추어야 할 요건
- CCP의 모니터링 기술에 대하여 적절한 교육을 받아 둘 것
- CCP 모니터링의 중요성에 대하여 충분히 이해하고 있을 것
- 모니터링을 하는 장소, 이용하는 기계기구에 쉽게 이동(접근)할 수 있을 것

- CL을 위반한 경우에는 신속히 그 내용을 신속히 보고하고 개선조치를 취하도록 할 것

16 ③ HACCP의 일반적인 특성
- 기록유지는 만일 식품의 안전성에 관한 문제가 발생 시 문제해결, 원인규명, 시정조치는 물론 회수가 필요한 경우는 원재료, 포장재, 최종제품 등의 롯트를 특정하는데 도움이 된다.
- 식품의 HACCP 수행에 있어 가장 중요한 위험요인은 제품 제조특성에 따라 다르다.
- 작업장 내에서 공기, 용수, 폐수 등의 흐름을 한눈에 파악할 수 있게 공조시설 계통도와 용수·배수처리 계통도를 작성해야 한다.
- 제품설명서에 최종제품의 기준·규격은 법적규격(식품공전)과 자사기준(위해요소 분석결과 위해항목 포함)으로 구분하여 관리하여야 한다.

17 ③ HACCP 개선조치(corrective action)의 설정
- HACCP 시스템에는 중요관리점에서 모니터링의 측정치가 관리기준을 이탈한 것이 판명된 경우, 관리기준의 이탈에 의하여 영향을 받은 제품을 배제하고, 중요관리점에서 관리상태를 신속, 정확히 정상으로 원위치시켜야 한다.
- 개선조치에는 다음의 것들이 있다.

  - 제조과정을 다시 관리 가능한 상태로 되돌림
  - 제조과정이 통제를 벗어났을 때 생산된 제품의 안전성에 대한 평가
  - 재위반을 방지하기 위한 방법 결정

18 ④ 관능검사에 사용되는 척도의 유형
1. 명목척도(nominal scale)
- 이름을 지정하거나 그룹을 분류하는데 사용되는 척도, 이름이 서로 다른 둘 이상의 그룹을 실험할 때 어떤 성분의 냄새나 다른 양적인 관계에 따르지 않는다.
- 명목척도를 사용하여 얻을 수 있는 정보의 양은 적다.
2. 서수척도 (ordinal scale)
- 강도나 기호의 순위를 정하는데 사용되는 척도보다 많은 정보를 얻을 수 있으며 자료는 비모수적인 통계방법으로 분석할 수 있고 때에 따라 모수적인 통계방법도 이용될 수 있다.
- 서수적 척도 중 평점 척도를 사용한 결과(9점 기호 척도)는 간격 척도의 성질을 나타내기도 한다.
3. 간격척도 (interval scale)
- 크기를 측정하기 위한 척도, 여기서 눈금 사이의 간격은 동일한 것으로 간주한다.

- 사용하기 편리하고 모든 통계방법이 적용될 수 있어서 많이 사용된다.
  예 9점 기호 척도, 선척도, 도표 평점 척도
4. 비율척도 (ratio scale)
- 크기를 측정하기 위한 척도, 눈금사이의 비율이 동일한 것으로 간주한다.
- 비율척도를 통해 얻은 자료는 평균과 분산분석 등을 포함하여 모든 통계방법으로 분석이 가능하다.
  예 크기 추정 척도

19 ① 대장균
- 분변 오염의 지표가 되기 때문에 음료수의 지정세균 검사를 제외하고는 대장균을 검사하여 음료수 판정의 지표로 삼는다.
- 그 이유는 음료수가 직접, 간접으로 동물의 배설물과 접촉하고 있다는 사실 때문에 위생상 중요한 지표로 삼는다.
- ※ 식품위생검사와 가장 관계가 깊은 세균은 대장균과 장구균 등이다.

20 ③ Carbonyl value
- 유지나 지방질 식품의 산화에 의해 생성된 carbonyl 화합물의 전체량을 정량하는 방법이다.
- Carbony 화합물은 peroxide value와 같이 산화과정 동안 증가하였다가 감소되는 일이 없기 때문에 오래 동안 산화된 유지일수록 carbonyl 화합물의 함량이 계속 증가된다.

제2과목 식품화학

21 ③

식품 내 수용성 물질과 수분은 주로 수소결합을 통해 수화(hydration)상태로 존재한다.

22 ④ 식품의 수분활성도(Aw)

$$Aw = \frac{Nw}{Nw + Ns}$$

$$= \frac{\dfrac{77.5}{18}}{\dfrac{77.5}{18} + \dfrac{18}{180}}$$

$$= \frac{4.3}{4.3 + 0.1}$$

$$= 0.98$$

- A_W : 수분활성도
- N_W : 물의 몰수
- N_S : 용질의 몰수

23 ④ 이눌린(Inulin)

돼지감자의 주 탄수화물인 inulin은 20~30개의 D-fructose가 1,2 결합으로 이루어진 다당류이다.

24 ① 전분의 노화억제 방법

수분 함량의 조절	수분 30% 이하, 또는 60% 이상에서는 그 속도가 급격히 감소되며, 특히 10~15% 이하에서는 거의 일어나지 않는다.
냉동방법	0℃ 이하로 냉동시키면 전분의 노화는 일시적으로 억제되나 식품의 빙점 이하에서 수분 함량을 15 % 이하로 탈수하는 것이 효과적이다.
설탕의 첨가	설탕은 탈수제로 작용하므로 호화전분을 단시간에 건조시킨 것과 같은 효과를 가진다.
유화제 사용	monoglyceride, diglyceride, sucrose fatty acid ester 등의 일부 유화제는 전분의 콜로이드 용액의 안정도를 증가시켜 노화를 억제하여 준다.

25 ④ 콜레스테롤(cholesterol)

- 동물의 뇌, 근육, 신경조직, 담즙, 혈액 등에 유리상태 또는 고급지방산과 ester를 형성하여 존재한다.
- 인지질과 함께 세포막을 구성하는 주요 성분이다.
- 성호르몬, 부신피질, 비타민 D 등의 전구체이다.
- 혈중에 많이 함유되어 있을 경우 동맥경화, 고혈압, 뇌출혈 등의 원인이 된다.

26 ② 유지의 산화속도에 미치는 수분활성도의 영향

- 단분자층 형성의 수분 함량 영역일 때 가장 안정하다.
- 단분자층 형성 수분 함량보다 수분활성이 감소하거나 증가함에 따라 유지의 산화 속도는 증가한다.

27 ③ 제한 아미노산

- 필수아미노산 중에서 가장 적게 함유되어 있고 비율이 낮은 아미노산을 말한다.
- 우유나 두류에는 메티오닌이 부족하고, 쌀은 라이신이 부족하고, 옥수수는 라이신, 트립토판이 부족하고 밀은 라이신, 메티오닌, 트레오닌이 부족하다.

28 ③

등전점에서의 단백질용액은 불안정하여 침전되기 쉽고, 용해성, 삼투압과 점성은 최소가 되고 흡착력과 기포력은 최대가 된다.

29 ④ 캐러멜화(caramelization)

amino compound나 organic acid가 존재하지 않는 상황에서 주로 당류의 가열분해물 또는 가열산화물에 의한 갈변반응을 말한다.

30 ④ 황(S)의 체내 기능

- 체조직 및 생체 내 주요물질의 구성성분 : 시스테인, 시스틴, 메티오닌의 구성성분으로 손톱, 모발, 결체조직 등에 함유되어 있다.
- 산화·환원반응에 관여 : 글루타티온의 구성성분으로, 글루타티온은 생체 내에서 산화·환원반응에 관여한다.
- 산, 염기 평형에 관여 : 세포외액에 존재하는 황은 이온화 형태인 황산염은 체내에서 산, 염기 평형에 관여한다.
- ※ 갑상선호르몬의 구성성분은 요오드이다.

31 ② 비타민 B_2(riboflavin)

- 약산성 내지 중성에서 광선에 노출되면 lumichrome으로 변한다.
- 알칼리성에서 광선에 노출되면 lumiflavin으로 변한다.
- 비타민 B_1, 비타민 C가 공존하면 비타민 B_2의 광분해가 억제된다.
- 갈색병에 보관함으로써 광분해를 억제할 수 있다.

32 ③ 감귤의 과즙과 과피에 강한 쓴맛을 나타내는 성분

- 주로 후라보노이드 배당체인 naringin이다.
- 이배당체를 분해하여 쓴맛을 감소시키는 효소를 naringinase라 하며, 주로 곰팡이로부터 생산된다.

33 ① 디메딜 설파이드(dimethyl sulfide)

- 가리비 조개의 향기나 김, 파래 냄새의 주 성분은 dimethyl sulfide이다.
- 특히 파래, 김 등의 해조류를 말릴 때 dimethyl propiothetin, s-methyl methionine sulfonium염의 분해에 의해 생성된다.

34 ① 클로로필(chlorophyll)

- 식물의 잎이나 줄기의 chloroplast의 성분으로 단백질, 지방, lipoprotein과 결합하여 존재한다.
- porphyrin 환 중심에 Mg^{2+}을 가지고 있다.
- 녹색식물의 chlorophyll에는 보통 청녹색을 나타내는 chlorophyll a와 황록색을 나타내는 chlorophyll b가 3:1 비율로 함유되어 있다.

35 ④ 스트렉커 반응(strecker reaction)
- Maillard 반응(비효소적 갈변반응)의 최종단계에서 일어나는 스트렉커(Strecker) 반응은 α-dicarbonyl 화합물과 α-amino acid와의 산화적 분해반응이다.
- 아미노산은 탈탄산 및 탈아미노 반응이 일어나 본래의 아미노산보다 탄소수가 하나 적은 알데히드 (aldehyde)와 상당량의 이산화탄소가 생성된다.
- alanine이 Strecker 반응을 거치면 acetaldehyde가 생성된다.

36 ② 가소성 물체(plastic material)
- 어떤 항복력(yield stress)을 초과할 때까지는 영구변형이 일어나지 않는 것을 말한다.
- 탄성이 없는 완전한 가소성체는 응력-strain 특성을 나타낸다. 작은 응력의 영향 하에서는 변형이 일어나지 않으며, 응력이 증가하면 물체는 작용된 응력(항복응력)에서 갑자기 흐르기 시작한다. 그리고 그 물체는 같은 응력에서 응력이 제거될 때까지는 계속하여 흐르며 그의 전체 변형을 유지한다.
- 실제로 완전한 가소성체는 거의 없고 오히려 가소탄성(plasto-elastic) 또는 가소점탄성(plasto-visco-elastic)체이다.
  예 삶아서 으깬 감자, 버터, 마가린, 쇼트닝 등

37 ① 산화환원적정법(과망간산법)
- 산화되거나 환원될 수 있는 물질을 산화제 또는 환원제의 표준용액으로 적정하여 그 소비된 양으로부터 정량하는 방법이다.
- 산화제로서 과망간산칼륨($KMnO_4$) 용액이 가장 흔히 쓰인다.

38 ① 내분비계 장애물질(환경호르몬)
1. 정의 : 체내의 항상성 유지와 발달과정을 조절하는 생체 내 호르몬의 생산, 분비, 이동, 대사, 결합작용 및 배설을 간섭하는 외인성 물질
2. 특징
- 생체호르몬과는 달리 쉽게 분해되지 않고 안정적
- 환경 중 및 생체 내에 잔존하며 심지어 수년간 지속
- 인체 등 생물체의 지방 및 조직에 농축
3. 인체에 대한 영향
- 호르몬 분비의 불균형
- 생식능 저하 및 생식기관 기형
- 생장저해
- 암유발
- 면역기능 저하

4. 종류 : DDT, DES, PCB류(209종), 다이옥신(75종), 퓨란류(135종) 등 현재까지 밝혀진 것만 51여 종

39 ④ 식품첨가물의 구비조건
- 인체에 무해하고, 체내에 축적되지 않을 것
- 소량으로도 효과가 충분할 것
- 식품의 제조가공에 필수불가결할 것
- 식품의 영양가를 유지할 것
- 식품에 나쁜 이화학적 변화를 주지 않을 것
- 식품의 화학분석 등에 의해서 그 첨가물을 확인할 수 있을 것
- 식품의 외관을 좋게 할 것
- 값이 저렴할 것

40 ① 산도조절제(79종)
- 식품의 산도 또는 알칼리도를 조절하는 식품첨가물이다.
- 젖산(lactic acid), 초산(acetic acid), 구연산(citric acid) 등
※ 소르빈산(sorbic acid)은 식육가공품, 정육제품, 어육가공품, 성게 젓, 땅콩버터 가공품, 모조치즈 등에 사용되는 보존료이다.

제3과목　식품가공 · 공정공학

---

41 ② 반죽의 숙성이 지나칠 경우 나타나는 현상
- 흡수량이 증가하여 글루텐 형성이 느려진다.
- 반죽시간이 길어진다.
- 발효속도가 빨라져 부피형성에 좋지 않은 영향을 준다.

42 ① 전분의 산액화가 효소액화보다 유리한 점
- 액화시간이 짧다.
- 호화온도가 높은 전분에도 적용할 수 있다.
- 액의 착색이 덜 된다.
- 제조경비가 적게 든다.
- 운전조작이 쉽고 자동으로 조작할 수 있다.

43 ④ 두부 응고제

간수	염화마그네슘($MgCl_2$)을 주성분으로 하며, 응고반응이 빠르고 압착 시 물이 잘 빠진다.
염화칼슘 ($CaCl_2$)	칼슘분을 첨가하여 영양가치가 높은 것을 얻기 위하여 사용하는 것으로 응고시간이 빠르고, 보존성이 좋으나 수율이 낮고, 두부가 거칠고 견고하다.

황산칼슘 (CaSO₄)	응고반응이 염화물에 비하여 대단히 느려 보수성과 탄력성이 우수하며, 수율이 높은 두부를 얻을 수 있다. 불용성이므로 사용이 불편하다.
글루코노 델타락톤 (glucono-δ -lactone)	물에 잘 녹으며 수용액을 가열하면 글루콘산(gluconic acid)가 된다. 사용이 편리하고, 응고력이 우수하고 수율이 높지만 신맛이 약간 있고, 조직이 대단히 연하고 표면을 매끄럽게 한다.

44 ② 종국제조 시 목회의 사용 목적
• 주미에 잡균 번식 방지
• 무기물질 공급
• 포자형성 용이

45 ③ 탈기(exhausting)의 목적
• 산소를 제거하여 통 내면의 부식과 내용물과의 변화를 적게 한다.
• 가열살균 시 관내 공기의 팽창에 의하여 생기는 밀봉부의 파손을 방지한다.
• 유리산소의 양을 적게 하여 호기성 세균 및 곰팡이의 발육을 억제한다.
• 통조림한 내용물의 색깔, 향기 및 맛 등의 변화를 방지한다.
• 비타민 기타의 영양소가 변질되고 파괴되는 것을 방지한다.
• 통조림의 양쪽이 들어가게 하여 내용물의 건전 여부의 판별을 쉽게 한다.

46 ① 토마토의 solid pack 가공 시 염화칼슘의 사용
• 완전히 익은 토마토는 통조림 제조 시 너무 연해져서 육질이 허물어지기 쉬우므로 염화칼슘 등을 사용하여 이것을 방지한다.
• 칼슘은 팩틴산과 반응하여 과육 속에서 겔을 형성하여 가열할 때 세포 조직을 보호하여 토마토를 단단하게 한다.

47 ② 발효유의 정의[식품공전]
발효유라 함은 원유 또는 유가공품을 유산균 또는 효모로 발효시킨 것이거나, 이에 식품 또는 식품첨가물을 가한 것을 말한다.

48 ① 아이스크림
• cream을 주원료로 하여, 그 밖의 각종 유제품에 설탕, 향료, 유화제, 안정제 등을 혼합시켜서 냉동, 경화시킨 유제품이다.
• 수분과 공기를 최대한 활용시킨 제품을 말한다.
• 제조순서는 원료 검사 → 표준화 → 혼합·여과 → 살균 → 균질 → 숙성 → 동결(-2~-7℃) → 충전·포장(soft icecream) → 경화(-15℃ 이하, hard ice cream)

49 ② 식육의 사후경직 시간
• 저온이나 냉동은 식육의 사후경직 시간을 길게 한다.
• 사후경직 시간을 단축시키기 위해서 고온단시간으로 하는 경우가 있다.
• 우유는 37℃에서 6시간 정도 소요되고, 7℃의 저온에서는 24시간이 소요된다.

50 ④ 육가공의 훈연
1. 훈연목적
• 보존성 향상
• 특유의 색과 풍미증진
• 육색의 고정화 촉진
• 지방의 산화방지
2. 연기성분의 종류와 기능
• phenol류 화합물은 육제품의 산화방지제로 독특한 훈연취를 부여, 세균의 발육을 억제하여 보존성 부여
• methyl alcohol 성분은 약간 살균효과, 연기성분을 육조직 내로 운반하는 역할
• carbonyls 화합물은 훈연색, 풍미, 향을 부여하고 가열된 육색을 고정
• 유기산은 훈연한 육제품 표면에 산성도를 나타내어 약간 보존 작용

51 ③ 신선란의 pH
• 신선한 난백의 pH 7.3~7.9 범위이고, 저장기간 동안 온도변화와 CO_2의 상실에 의해 pH가 9.0~9.7로 증가한다.
• 신선한 난황의 pH는 6.0 정도이나 저장하는 동안 점차로 6.4~6.9까지 증가된다.

52 ④ 키틴(chitin)
• 갑각류의 구조형성 다당류로서 바닷가재, 게, 새우 등의 갑각류와 곤충류 껍질 층에 포함되어 있다.
• N-acetyl glucosamine들이 β-1,4 glucoside 결합으로 연결된 고분자의 다당류로서 영양성분은 아닌 물질이다.
• 향균, 항암 작용, 혈중 콜레스테롤 저하, 고혈압 억제 등의 효과가 있다.

53 ① 식품산업에서 사용되는 단위

cgs 단위계(centimeter, gram, second), fps 단위계 (foot, pound, second), 국제 공용단위계인 SI 단위계 (Systeme International d'Unites)가 혼용되고 있다.

54 ④ 모세관점도계

모세관을 흐르는 점성 유체의 유량이 관 양단의 압력차에 비례하고, 점도에 반비례하는 성질을 이용하여 유량에서 점도를 측정하는 장치이다.

- 20℃ 물의 점도 : 1 mPa·s
- 물이 모세관을 흐르는데 소요된 시간(초) : 85초
- 주스가 모세관을 흐르는데 소요된 시간(초) : 215초
- 점도 : 같은 온도에서 재료가 흘러내리는데 소요되는 시간을 물이 흘러내리는데 소요되는 시간으로 나눈 값
  215/85=2.53
- 주스의 점도=2.53mPa·s

55 ② 마이크로파 가열의 특징

- 빠르고 균일하게 가열할 수 있다.
- 식품중량의 감소를 크게 한다.
- 표면이 타거나 눌지 않으며 연기가 나지 않으므로 조리환경이 깨끗하다.
- 식품을 용기에 넣은 채 가열하므로 식품모양이 변하지 않게 가열할 수 있다.
- 편리하고 효율이 좋은 가열방식이다.
- 비금속 포장재 내에 있는 물체도 가열할 수 있다.
- 미생물에 의한 변패 가능성이 적다.
- 대량으로 물을 제거하는 경우에는 부적당하다.

56 ② 냉동회로 중 기체의 단열압축

- 기체를 실린더에 넣고 피스톤으로 압축시키면 외부에서 가해지는 일에너지가 열에너지로 변하여 기체의 온도는 높아진다.
- 이와 같이 단열압축을 하면 압축을 한 후에도 에너지가 주변으로 방산되지 않아 엔트로피는 일정하다.
- 하지만 완벽한 단열이란 없으므로 에너지는 주변으로 방산되어 실제 압축에서는 엔트로피가 증가한다.

57 ④ 냉동톤(RT)

0℃의 물 1톤을 24시간 내에 0℃의 얼음으로 만드는 데 필요한 냉동능력

- 물의 동결잠열은 79.68kcal/kg 이므로
- 1톤은 79.68×1,000＝79,680kcal/24h(＝3,320 kcal/h)
- 얼음의 비열은 0.5Kcal/kg.℃
  (20×1)+(15×0.5)+79.68＝107.18
- 동결 시 제거되는 전체 에너지
  ＝1톤×1,000×107.18＝107,180kcal
  냉동톤으로 환산하면 107,180/79,680＝1.345
  약 1.35냉동톤

58 ④ 분무건조(spray drying)

- 액체식품을 분무기를 이용하여 미세한 입자로 분사하여 건조실 내에 열풍에 의해 순간적으로 수분을 증발하여 건조, 분말화시키는 것이다.
- 열풍온도는 150∼250℃이지만 액적이 받는 온도는 50℃ 내외에 불과하여 건조제품은 열에 의한 성분변화가 거의 없다.
- 열에 민감한 식품의 건조에 알맞고 연속 대량 생산에 적합하다.
- 우유는 물론 커피, 과즙, 향신료, 유지, 간장, 된장과 치즈의 건조 등 광범위하게 사용되고 있다.

59 ③ 잔존된 유지량

- 콩 200kg(유지율 20%) 중에 함유하고 있는 유지량 : 40kg
- 미셀라 200kg(유지율 2%) 중에 함유하고 있는 유지량 : 4kg
- 총 유지량의 합 : 40kg＋4kg＝44kg
- 추출결과 미셀라 160kg(유지율 20%) 중에 함유하고 있는 유지량 : 32kg
- 잔존된 유지량 ＝ 총 유지량의 합－결과물의 유지량
- 잔존된 유지량 : 44kg－32kg＝12kg

60 ④

방해판(baffle plate)없이 교반날개가 회전하면 액체가 일정한 방향으로만 돌아가므로 교반 효율이 떨어진다.

61 ③ 원핵세포(하등미생물)와 진핵세포(고등미생물)의 차이점

구분	원핵세포	진핵세포
세포의 크기	1μ 이하	통상 2μ 이상
세포의 구조	염색체가 세포질과 접촉하고 있다	염색체는 핵막에 의해 세포질과 격리되어 있다
세포벽	peptidoglycan (mucopeptide), polysacchride, lipopolysacchride, lipoprotein, te-ichoic	glucan, mannan-protein 복합체, cellulose, chitin
세포분열	무사분열	유사분열
소기관 (organella)	존재하지 않음	미토콘드리아, 마이크로솜, 골지체, 액포 등
핵막	존재하지 않음	존재한다.
염색체	단일, 환상	복수로 분할되어 있음
리보솜	70s	80s
메소솜	존재함	존재하지 않음
편모	존재함	존재하지 않음
미생물	세균, 방선균	곰팡이, 효모, 조류, 원생동물

62 ① 그람 양성균의 세포벽
- peptidoglycan이 90% 정도와 teichoic acid, 다당류가 함유되어 있다.
- 테이코산은 리비톨인산이나 글리세롤인산이 반복적으로 결합한 폴리중합체이다.
- 테이코산의 기능은 이들이 갖는 인산기로 인한 음전하(−)를 세포외피에 제공함으로써 Mg^{2+}와 같은 양이온이 외부로부터 유입되는데 도움을 준다.

63 ① *Serratia*속
- 주모를 가지고 운동성이 적은 간균이며 특유한 적색 색소를 생성한다.
- 토양, 하수 및 수산물 등에 널리 분포하고 누에 등 곤충에서도 검출된다.

- 빵, 육류, 우유 등에 번식하여 빨간색으로 변하게 한다.
- 단백질 분해력이 강하여 부패세균 중에서도 부패력이 비교적 강한 균이다.
- 대표적인 균주 : *Serratia marcescens*

64 ① 곰팡이 포자

유성포자	두 개의 세포핵이 융합한 후 감수분열하여 증식하는 포자 예 난포자, 접합포자, 담자포자, 자낭포자 등
무성포자	세포핵의 융합이 없이 단지 분열 또는 출아 증식 등 무성적으로 생긴 포자 예 포자낭포자(내생포자), 분생포자, 후막포자, 분열포자 등

65 ③ 산막효모의 특징
- 다량의 산소를 요구한다.
- 액면의 표면에 발육한다.
- 피막을 형성한다.
- 산화력이 강하다.
- ※ 산막효모 : *Hansenula*속, *Pichia*속, *Debaryomyces*속 등이 있다.

66 ② phage의 예방대책
- 공장과 그 주변 환경을 미생물학적으로 청결히 하고 기기의 가열살균, 약품살균을 철저히 한다.
- phage의 숙주특이성을 이용하여 숙주를 바꾸어 phage 증식을 사전에 막는 starter rotation system을 사용, 즉 starter를 2균주 이상 조합하여 매일 바꾸어 사용한다.
- 약재 사용 방법으로서 chloramphenicol, streptomycin 등 항생물질의 저농도에 견디고 정상 발효하는 내성균을 사용한다.
- ※ 숙주세포과 phage의 생육조건이 거의 일치하기 때문에 일단 감염되면 살균하기 어렵다. 그러므로 예방하는 것이 최선의 방법이다.

67 ② 조류(algae)
- 분류학상 대부분 진정핵균에 속하므로 세포의 형태는 효모와 비슷하다.
- 종래에는 남조류를 조류에 분류했으나 이는 원시핵균에 분류하므로 세균 중 청녹세균에 분류하고 있다.
- 갈조류, 홍조류 및 녹조류의 3문이 여기에 속한다.
- 보통 조류는 세포내에 엽록체를 가지고 광합성을 하지만 남조류에는 특정의 엽록체가 없고 엽록소는 세포 전체에 분산되어 있다.

- 바닷물에 서식하는 해수조와 담수 중에 서식하는 담수조가 있다.
- *Chlorella*는 단세포 녹조류이고 양질의 단백질을 대량 함유하므로 식사료화를 시도하고 있으나 소화율이 낮다.
- 우뭇가사리, 김은 홍조류에 속한다.

68 ② 대수기(증식기, logarithimic phase)
- 세포는 급격히 증식을 시작하여 세포 분열이 활발해지고, 세대시간도 가장 짧고, 균수는 대수적으로 증가한다.
- 대사물질이 세포질 합성에 가장 잘 이용되는 시기이다.
- RNA는 일정하고, DNA가 증가하고, 세포의 생리적 활성이 가장 강하고 예민한 시기이다.
- 이때의 증식 속도는 환경(영양, 온도, pH, 산소 등)에 따라 결정된다.

69 ③ 종속영양 미생물
- 모든 필수대사 산물을 직접 합성하는 능력이 없기 때문에 다른 생물에 의해서 만들어진 유기물을 이용한다.
- 탄소원, 질소원, 무기염류, 비타민류 등의 유기화합물은 분해하여 호흡 또는 발효에 의하여 에너지를 얻는다.
- 탄소원으로는 유기물을 요구하지만 질소원으로는 무기태 질소나 유기태 질소를 이용한다.

70 ④ 69번 해설 참조

71 ① 유전물질 전달방법

형질전환 (transformation)	공여세포로부터 유리된 DNA가 직접 수용세포 내로 들어가 일어나는 DNA 재조합 방법으로, A라는 세균에 B라는 세균에서 추출한 DNA를 작용시켰을 때 B라는 세균의 유전형질이 A라는 세균에 전환되는 현상을 말한다.
형질도입 (transduction)	숙주세균 세포의 형질이 phage의 매개로 수용균의 세포에 운반되어 재조합에 의해 유전 형질이 도입된 현상을 말한다.
접합 (conjugation)	두 개의 세균이 서로 일시적인 접촉을 일으켜 한 쪽 세균이 다른 쪽에게 유전물질인 DNA를 전달하는 현상을 말한다.

※ 세포융합(cell fusion)은 2개의 다른 성질을 갖는 세포들을 인위적으로 세포를 융합하여 목적하는 세포를 얻는 방법이다.

72 ① 연속배양의 장단점

구분	장점	단점
장치	• 장치 용량을 축소할 수 있다.	• 기존설비를 이용한 전환이 곤란하여 장치의 합리화가 요구된다.
조작	• 작업시간을 단축할 수 있다. • 전 공정의 관리가 용이하다.	• 다른 공정과 연속시켜 일관성이 필요하다.
생산성	• 최종제품의 내용이 일정하고 인력 및 동력 에너지가 절약되어 생산비를 절감할 수 있다.	• 배양액 중의 생산물 농도와 수득율은 비연속식에 비하여 낮고, 생산물 분리 비용이 많이 든다.
생물	• 미생물의 생리, 생태 및 반응기구의 해석수단으로 우수하다.	• 비연속배양보다 밀폐성이 떨어지므로 잡균에 의해서 오염되기 쉽고 변이의 가능성이 있다.

73 ② 맥주의 혼탁
- 맥주는 냉장상태에서 후발효와 숙성을 거치는데, 대부분의 맥주는 투명성을 기하기 위해 이때 여과를 거친다. 하지만 여과에도 불구하고 판매되는 과정 중에 다시 혼탁되는 경우가 있는데, 이는 혼탁입자의 생성 때문이다.
- 혼탁입자는 polyphenolic procyandian과 peptide 간의 상호작용으로 유발되며, 탄수화물이나 금속 이온도 영향을 미친다.
- 맥주의 혼탁입자의 방지를 위해 프로테아제(protease)가 사용되고 있다.
- ※ 파파인(papain) : 식물성 단백질 분해효소로 고기 연화제, 맥주의 혼탁방지에 사용된다.

74 ③ 당밀의 알코올 발효 시 밀폐식 발효
- 술밑과 술덧이 전부 밀폐조 안에서 행하므로 살균이 완전하게 된다.
- 잡균이 침입할 우려가 없다.
- 주정의 누출도 적기 때문에 수득량은 개방식보다 많다.
- 첨가하는 효모균의 양도 훨씬 적어도 된다.

75 ④ 정미성을 가지고 있는 nucleotide
- 5′-guanylic acid(guanosine-5′-monophosphate, 5′-GMP), 5′-inosinic acid(inosine-5′-monophosphate, 5′-IMP), 5′-xanthylic acid(xanthosine-5′-phosphate, 5′-XMP)이다.

- XMP 〈 IMP 〈 GMP의 순서로 정미성이 증가한다.
※ 5′-adenylic acid(adenosine-5′-phosphate, 5′-AMP)는 정미성이 없다.

76 ① **Michaelis 상수 Km**
- 반응속도 최대값의 1/2일 때의 기질농도와 같다.
- Km은 효소-기질 복합체의 해리상수이기 때문에 Km 값이 작을 때에는 기질과 효소의 친화성이 크며, 역으로 클 때는 작다.
- Km 값은 효소의 고유 값으로서 그 특성을 아는데 중요한 상수이다.

77 ③ **gluconeogenesis 과정(젖산으로부터 glucose를 재합성할 때)**
- oxaloacetate는 malate dehydrogenase에 의해 malate로 환원되어 미토콘드리아에서 나와 세포질 속으로 운반된다.
- 세포질 내에서 malate는 TCA 사이클에서와 같이 oxaloacetate로 다시 산화된다.

78 ② **지방산 생합성**
- 간과 지방조직의 세포질에서 일어난다.
- 말로닐-ACP(malonyl-ACP)를 통해 지방산 사슬이 2개씩 연장되는 과정이다.
- 지방산 생합성 중간체는 ACP(acyl carrier protein)에 결합되며 속도 조절단계는 acetyl-CoA carboxylase가 관여한다.
- acetyl-CoA는 ATP와 비오틴의 존재 하에서 acetyl-CoA carboxylase의 작용으로 CO_2와 결합하여 malonyl CoA로 된다.

$$\text{Acetyl}-\text{CoA}+CO_2+\text{ATP}+H_2O$$
$$\xrightarrow[\text{biotin}]{\text{acetyl-CoA carboxylase}} \text{Malonyl}-\text{CoA}+\text{ADP}+P_i+H^+$$

79 ③ **단백질의 아미노산 배열**
- DNA를 전사하는 mRNA의 3염기 조합 즉 mRNA의 유전암호의 단위를 코돈(codon, triplet)이라 하며 이것에 의하여 세포 내에서 합성되는 아미노산의 종류가 결정된다.
- 염색체를 구성하는 DNA는 다수의 뉴클레오티드로 이루어져 있다.
- 3개의 연속된 뉴클레오티드가 결과적으로 1개의 아미노산의 종류를 결정한다.
- 3개의 뉴클레오티드를 코돈(트리플렛 코드)라 부르며 뉴클레오티드는 DNA에 함유되는 4종의 염기, 즉 아데닌(A)·티민(T)·구아닌(G)·시토신(C)에 의하여 특징이 나타난다.
- 3개의 염기 배열방식에 따라 특정 정보를 가진 코돈이 조립된다.
- 이 정보는 mRNA에 전사되고, 다시 tRNA에 해독되어 코돈에 의하여 규정된 1개의 아미노산이 만들어진다.

80 ④ **DNA를 구성하는 염기**
- 피리미딘(pyrimidine)의 유도체 : cytosine(C), uracil(U), thymine(T) 등
- 퓨린(purine)의 유도체 : adenine(A), guanine(G) 등
※ DNA 이중나선에서

아데닌(adenine)과 티민(thymine)	2개의 수소결합
구아닌(guanine)과 시토신(cytosine)	3개의 수소결합

제1과목 식품안전

01 ④ **식품위생법 시행령 제4조(위해평가의 대상) 제3항 위해평가의 순서**
- 위해요소의 인체 내 독성을 확인하는 위험성 확인과정
- 위해요소의 인체노출 허용량을 산출하는 위험성 결정과정
- 위해요소가 인체에 노출된 양을 산출하는 노출평가과정
- 위험성 확인과정, 위험성 결정과정 및 노출평가과정의 결과를 종합하여 해당 식품 등이 건강에 미치는 영향을 판단하는 위해도(危害度) 결정과정

02 ③ **식품위생법 시행규칙 제89조(행정처분기준) [별표 23]**
식품제조·가공업에서 유독·유해물질이 들어 있거나 묻어 있는 것 또는 병원미생물에 의하여 오염되었거나 그 염려가 있어 인체의 건강을 해칠 우려가 있는 것(제5호에 해당하는 경우를 제외한다)을 판매하였을 때의 1차 위반 시의 행정처분은 영업허가 취소 또는 영업소폐쇄와 해당 제품폐기이다.

03 ③ **식품위생법 시행규칙 제62조(HACCP 대상 식품)**
- 수산가공식품류의 어육가공품류 중 어묵·어육소시지
- 기타수산물가공품 중 냉동 어류·연체류·조미가공품
- 냉동식품 중 피자류·만두류·면류
- 과자류, 빵류 또는 떡류 중 과자·캔디류·빵류·떡류
- 빙과류 중 빙과
- 음료류[다류 및 커피류는 제외한다]
- 레토르트식품
- 절임류 또는 조림류의 김치류 중 김치
- 코코아가공품 또는 초콜릿류 중 초콜릿류
- 면류 중 유탕면 또는 곡분, 전분, 전분질원료 등을 주원료로 반죽하여 손이나 기계 따위로 면을 뽑아내거나 자른 국수로서 생면·숙면·건면
- 특수용도식품
- 즉석섭취·편의식품류 중 즉석섭취식품, 즉석섭취·편의식품류의 즉석조리식품 중 순대
- 식품제조·가공업의 영업소 중 전년도 총 매출액이 100억 원 이상인 영업소에서 제조·가공하는 식품

04 ② **식품 등의 표시기준 Ⅰ. 총칙 3. 용어의 정의**
"트랜스지방"이라 함은 트랜스구조를 1개 이상 가지고 있는 비공액형의 모든 불포화지방을 말한다.

05 ④
HACCP의 7원칙 중 첫 번째 원칙은 위해요소분석(HA) 결정이다.

06 ③ **식품공장의 주변**
- 수목, 잔디 등의 곤충 유인 또는 발생원이 되는 것은 심지 않는다.
- 식재는 공장에서 가급적 멀리 떨어뜨린다.
- 곤충이 좋아하지 않는 수종인 상록수를 선정한다.
- 건물 바깥주변은 포장하여 배회성 곤충의 유입을 막도록 한다.

07 ③ **식품 및 축산물 안전관리인증기준 제5조(선행요건 관리) [별표1]**
- 선별 및 검사구역 작업장 등은 육안확인에 필요한 조도(540룩스 이상)를 유지하여야 한다.
- 채광 및 조명시설은 내부식성 재질을 사용하여야 하며, 식품이 노출되거나 내포장 작업을 하는 작업장에는 파손이나 이물낙하 등에 의한 오염을 방지하기 위한 보호장치를 하여야 한다.

08 ④ **식품 및 축산물 안전관리인증기준 제5조(선행요건 관리)**
- 냉장식품과 온장식품에 대한 배식 온도관리기준을 설정·관리하여야 한다.

냉장보관	냉장식품 10℃ 이하(다만, 신선편의식품, 훈제연어는 5℃ 이하 보관 등 보관온도 기준이 별도로 정해져 있는 식품의 경우에는 그 기준을 따른다.)
온장보관	온장식품 60℃ 이상

- 조리한 식품은 소독된 보존식 전용용기 또는 멸균 비닐봉지에 매회 1인분 분량을 −18℃ 이하에서 144시간 이상 보관하여야 한다.

09 ④ **HACCP의 7원칙 및 12절차**
1 준비단계 5절차
- 절차 1 : HACCP 팀 구성

- 절차 2 : 제품설명서 작성
- 절차 3 : 용도 확인
- 절차 4 : 공정흐름도 작성
- 절차 5 : 공정흐름도 현장확인

2 HACCP 7원칙
- 절차 6(원칙 1) : 위해요소 분석(HA)
- 절차 7(원칙 2) : 중요관리점(CCP) 결정
- 절차 8(원칙 3) : 한계기준(Critical Limit, CL) 설정
- 절차 9(원칙 4) : 모니터링 체계 확립
- 절차 10(원칙 5) : 개선조치방법 수립
- 절차 11(원칙 6) : 검증절차 및 방법 수립
- 절차 12(원칙 7) : 문서화 및 기록유지

10 ② 공정흐름도 현장확인(5단계)하는 방법

HACCP 팀 전원이 작성된 공정흐름도를 들고 공정도의 순서에 따라 현장을 순시하면서 공정도상의 내용과 실제 작업이 일치하는지 관찰하고, 필요한 경우 종업원과의 면접 등으로 확인하면 된다.

11 ④ HACCP 관리에서 미생물학적 위해분석을 수행할 경우 평가사항
- 위해의 중요도 평가
- 위해의 위험도 평가
- 위해의 원인분석 및 확정 등

12 ① 중요관리점(CCP)의 결정도

1. **질문 1** : 확인된 위해요소를 관리하기 위한 선행요건 프로그램이 있으며 잘 관리되고 있는가?
- 예 : CP임
- 아니오 : 질문 2
2. **질문 2** : 이 공정이나 이후 공정에서 확인된 위해의 관리를 위한 예방조치 방법이 있는가?
- 예 : 질문 3
- 아니오 : 이 공정에서 안전성을 위한 관리가 필요한가?
 – 아니오 : CP임
3. **질문 3** : 이 공정은 이 위해의 발생가능성을 제거 또는 허용수준까지 감소시키는가?
- 예 : CCP
- 아니오 : 질문 4
4. **질문 4** : 확인된 위해요소의 오염이 허용수준을 초과하여 발생할 수 있는가? 또는 오염이 허용할 수 없는 수준으로 증가할 수 있는가?
- 예 : 질문 5
- 아니오 : CP임

5. **질문 5** : 이후의 공정에서 확인된 위해를 제거하거나 발생가능성을 허용수준까지 감소시킬 수 있는가?
- 예 : CP임
- 아니오 : CCP

13 ② 한계기준(Critical Limit)
- 중요관리점에서의 위해요소 관리가 허용범위 이내로 충분히 이루어지고 있는지 여부가 판단할 수 있는 기준이나 기준치를 말한다.
- 한계기준은 CCP에서 관리되어야 할 생물학적, 화학적 또는 물리적 위해요소를 예방, 제거 또는 허용 가능한 안전한 수준까지 감소시킬 수 있는 최대치 또는 최소치를 말하며 안전성을 보장할 수 있는 과학적 근거에 기초하여 설정되어야 한다.
- 한계기준은 현장에서 쉽게 확인 가능하도록 가능한 육안관찰이나 측정으로 확인 할 수 있는 수치 또는 특정 지표로 나타내어야 한다.

> – 온도 및 시간
> – 습도(수분)
> – 수분활성도(Aw) 같은 제품 특성
> – 염소, 염분농도 같은 화학적 특성
> – pH
> – 금속 검출기 감도
> – 관련 서류 확인 등

14 ③ HACCP 개선조치(corrective action)의 설정
- HACCP 시스템에는 중요관리점에서 모니터링의 측정치가 관리기준을 이탈한 것이 판명된 경우, 관리기준의 이탈에 의하여 영향을 받은 제품을 배제하고, 중요관리점에서 관리상태를 신속, 정확히 정상으로 원위치시켜야 한다.
- 개선조치에는 다음의 것들이 있다.

> – 제조과정을 다시 관리 가능한 상태로 되돌림
> – 제조과정이 통제를 벗어났을 때 생산된 제품의 안전성에 대한 평가
> – 재위반을 방지하기 위한 방법 결정

15 ③ HACCP 검증의 절차

HACCP 계획과 개정에 대한 검토, CCP 모니터링 기록의 검토, 시정 조치 기록의 검토, 검증 기록의 검토, HACCP 계획이 준수되는지, 그리고 기록이 적절하게 유지되는지 확인하기 위한 작업 현장의 방문 조사, 무작위 표본 채취 및 분석 등이 있다.

16 ④ LD$_{50}$에 의한 화학물질의 급성독성 등급[LD$_{50}$ 용량(mg/kg)기준으로]

무독성	15,000 이상(음식물)
약간 독성	5,000~15,000(에탄올)
중간 독성	500~5,000(황산제일철)
강한 독성	50~500(페노바르비탈 소듐)
맹독성	5~50(피크로톡신)
초맹독성	5 이하(다이옥신)

17 ① 관능검사법에서 소비자검사

- 검사장소에 따라 실험실검사, 중심지역검사, 가정사용검사로 나눌 수 있다.
- 중심지역 검사방법의 부가적인 방법으로 이동수레를 이용하는 방법과 이동실험실을 이용하는 방법이 있다.

이동수레법	손수레에 검사할 제품과 기타 필요한 제품을 싣고 고용인 작업실로 방문하여 실시하는 것이다.
이동실험실법	대형차량에 실험실과 유사한 환경을 설치하여 소비자를 만날 수 있는 장소로 이동해 갈 수 있는 방법으로, 이동수레법에 비해 환경을 조절할 수 있고 회사 내 고용인이 아닌 소비자를 이용한다는 것이 장점이다.

18 ④ 대장균군 시험법

대장균의 유무를 검사하는 정성시험과 대장균군의 수를 산출하는 정량시험이 있다.

정성시험	• 유당배지법(추정시험, 확정시험, 완전시험) • BGLB 배지법, • 데스옥시콜레이트 유당한천 배지법
정량시험	• 최확수법(유당배지법, BGLB 배지법) • 데스옥시콜레이트 유당한천 배지법 • 건조필름법

19 ② 식중독균의 분리 배양에 사용되는 배지

황색포도상구균	난황첨가 만니톨 식염한천배지
클로스트리디움 퍼프린젠스	난황첨가 CW 한천평판배지
살모넬라균	MacConkey 한천배지, Desoxy-cholate Citrate 한천배지, XLD 한천배지

리스테리아 모노사이토제네스	0.6% yeast extract가 포함된 Tryptic Soy 한천배지

20 ② 납의 시험법[식품공전]

시험용액의 조제	• 습식분해법 : 황산–질산법, 마이크로웨이브법 • 건식회화법 • 용매추출법
측정	• 원자흡광광도법 • 유도결합플라즈마법(ICP)

※ 피크린산시험지법 : 시안(cyan) 화합물에 대한 정성시험법

제2과목 식품화학

21 ② 수분활성도

$$Aw = \frac{N_W}{N_W + N_S}$$

$$= \frac{\dfrac{30}{18}}{\dfrac{30}{18} + \dfrac{30}{342}} = \frac{1.667}{1.667 + 0.088}$$

$$= 0.95$$

- A$_W$: 수분활성도
- N$_W$: 물의 몰수
- N$_S$: 용질의 몰수

22 ③ 당알코올(sugar alcohol)

- 단당류의 carbonyl기($-CHO$, $\rangle C=O$)가 환원되어 알코올($-OH$)로 된 것이다.
- 일반적으로 단맛이 있고 체내에서 이용되지 않으므로 저칼로리 감미료로 이용된다.
- 솔비톨(sorbitol), 자일리톨(xylitol), 만니톨(mannitol), 에리스리톨(erythritol), 이노시톨(inositol) 등이 있다.

23 ③ 전분의 노화(retrogradation)

1. 정의

- α 전분(호화전분)을 실온에 방치할 때 차차 굳어져 micelle 구조의 β 전분으로 되돌아 가는 현상을 '노화'라 한다.
- 노화된 전분은 호화 전분보다 효소의 작용을 받기 어려우며 소화가 잘 안 된다.

2. 전분의 노화에 영향을 주는 인자

전분의 종류	amylose는 선상분자로서 입체장애가 없기 때문에 노화하기 쉽고, amylopectin은 분지분자로 입체장애 때문에 노화가 어렵다.
전분의 농도	전분의 농도가 증가됨에 따라 노화속도는 빨라진다.
수분 함량	30~60%에서 가장 노화하기 쉬우며, 10% 이하에서는 어렵고, 수분이 매우 많은 때도 어렵다.
온도	노화에 가장 알맞은 온도는 2~5℃이며, 60℃ 이상의 온도와 동결 때는 노화가 일어나지 않는다.
pH	다량의 OH 이온(알칼리)은 starch의 수화를 촉진하고, 반대로 다량의 H 이온(산성)은 노화를 촉진한다.
염류 또는 각종이온	주로 노화를 억제한다.

24 ④ 카카오 버터(Cocoa butter)
- 카카오 매스에서 뽑아내는 지방질이다.
- 발효한 뒤 볶은 카카오 콩을 껍질과 배아를 제외하고 으깬 카카오 매스에서 코코아 버터를 적당히 뽑아내고 분말화한 것이 일반적으로 말하는 코코아다.
- 팔미트산(26~30%), 올레산(39~43%), 스테아르산(31~36%), 리놀산(2~2.1%)으로 구성된 중성지방이 주요 성분이다.

25 ④ 유지의 굴절률
- 일반적으로 20℃에서 1.44~1.47 정도이다.
- 지방산의 탄소수가 많을수록(분자량이 클수록) 증가한다.
- 불포화도가 클수록 증가한다.
- 저급지방산을 많이 함유한 유지의 굴절률은 낮다.
- 산도가 높은 유지는 굴절률이 낮다.
- 산가 및 검화가가 클수록, 요오드가 낮을수록 굴절률은 감소한다.
- 가열에 의해 굴절률이 증가한다.

26 ③ 부제탄소(asymmetric carbon)원자
- 하나의 탄소 원자에 4개의 각각 다른 원소나 기가 연결되어 있는 탄소를 말한다.
- 글리신(glycine)은 중성 아미노산으로 아미노산 중에서 부제탄소원자를 가지지 않는 유일한 것으로, 광학 이성질체가 존재하지 않는다.

27 ② 단백질 변성
- 단백질의 변성(denaturation)이란 단백질 분자가 물리적 또는 화학적 작용에 의해 비교적 약한 결합으로 유지되고 있는 고차구조(2~4차)가 변형되는 현상을 말한다.
- 어육의 경우 동결에 의해 물이 얼음으로 동결되면서 단백질 입자가 상호 접근하여 결합되는 염석(salting out)현상이 주로 발생한다.
- 우유 단백질인 casein의 경우 등전점 부근에서 가장 잘 변성이 일어난다.

28 ② 육의 숙성과정 중 변화
육류를 저온에서 장시간 저장하게 되면 여러 요인에 의해 품질변화가 일어난다.
- 건조에 따른 감량
- 표면경화에 의한 동결상(freezer burn)
- 미생물의 번식에 의한 표면 점질물의 생성(slim), 곰팡이의 변색, bone taint 현상
- 변색, 드립의 발생, 지질산화 등

29 ② 요오드의 대사
- Thyroxine이 혈류에 분비되면 요오드는 열량대사를 조절한다. 즉 Thyroxine은 세포 내에서의 산화속도에 영향을 주어 대사율이 증가되면 세포는 더 많은 산소를 사용하게 된다.
- Thyroxine이 증가되면 에너지 대사가 증가되고 Thyroxine이 부족하면 대사율이 저하된다.

30 ③ reductone
- 일반적으로 ene-diol 또는 thiol-enol, ene-aminol, ene-diamine 등의 구조를 분자 내에 가지고 있으며 indophenol 화합물을 환원할 수 있는 성질을 가진 물질을 말한다.
- 식품 중에 함유되어 있는 가장 잘 알려진 reductone으로서는 L-ascorbic acid가 있으며 이들 reductone류는 그 환원성과 함께 반응성이 매우 큰 것이 특징이다.

31 ① **식품가공에서 효소의 이용**

효소	식품	작용
Amylase	빵, 과자	효모 발효성당의 증가
	맥주	전분 → 발효성 당, 전분의 혼탁제거
	곡류	전분 → 덱스트린, 당, 수분 흡수증대
	시럽, 당류	전분 → 저분자 덱스트린(콘시럽)
Tannase	맥주	polyphenol성 화합물의 제거
Invertase	인조꿀	sucrose → glucose+fructose
Lipase	치즈	숙성, 일반적인 향미 특성
	유지	lipids → glycerol+지방산으로 분해

32 ① **맛의 인식 기작**

1. **단맛** : 당류 등 단맛물질 → 수용체 단백질 결합 → G단백질 활성화 → adenyl cyclase(AC)활성화→ cAMP합성 → protein kinase(PKA) 활성화 → K^+ 통로에 관여하는 단백질 인산화 → K^+통로막음(전위차) → 세포막의 탈분극 → 신경섬유 연접부에 신경전달물질 방출 → 활동전위 발생 → 대뇌에 단맛의 미각 전달
2. **쓴맛** : 쓴맛물질 → 수용체 단백질 결합 → G단백질 활성화 → phosphodiesterase(PDE) 활성화 → PDE의 세포내 cAMP 수준농도 낮춤 → 이온통로 열림 → Ca^{++}이온 세포내 유입→ 세포막 탈분극화 맛전달
3. **짠맛** : 염의 양이온(Na^+) → 이온통로 투과 → 막전위 변화 → 탈분극
4. **신맛** : 산 → 이온통로에 결합 → Na^+이온의 흐름을 막음 → 세포막 탈분극화

33 ② **단백질 식품의 부패**

부패 미생물(특히 혐기성 세균)에 의해 단백질이 분해되어 아민류, 암모니아, mercaptane, 인돌, 스케톨, 황화수소, 메탄 등의 부패 생성물로 되어 부패취의 원인이 된다.

34 ② **카로티노이드(carotenoid)**

- 당근에서 처음 추출하였으며 등황색, 황색 혹은 적색을 나타내는 지용성의 색소들이다.
- carotenoid는 carotene과 xanthophyll로 분류한다.

carotene류	α-carotene, β-carotene, γ-carotene 및 lycopene 등
xanthophyll류	cryptoxanthin, capsanthin, lutein, astaxanthin 등

35 ③ **클로로필을 알칼리의 존재 하에서 가열하면**

- 먼저 phytyl ester 결합이 가수분해되어 선명한 녹색의 chlorophyllide가 형성된다.
- 다시 methyl ester 결합이 가수분해되어 진한 녹색의 수용성인 chlorophylline을 형성한다.

36 ① **식품에서의 교질(colloid) 상태**

분산매	분산질	분산계	식품의 예
기체	액체	에어졸	향기부여 스모그
	고체	분말	밀가루, 전분, 설탕
액체	기체	거품	맥주 및 사이다 거품, 발효 중의 거품
	액체	에멀전	우유, 생크림, 마가린, 버터, 마요네즈
	고체	현탁질	된장국, 주스, 전분액, 수프
		졸	소스, 페이스트, 달걀흰자
		겔	젤리, 양갱
고체	기체	고체거품	빵, 쿠키
	액체	고체겔	한천, 과육, 버터, 마가린, 초콜릿, 두부
	고체	고체교질	사탕과자, 과자

37 ③ **혼합수용액 제조**

- 1M NaCl → 0.1M NaCl
  1,000×(0.1/1)=100mL
- 0.5M KCl → 0.1M KCl
  1,000×(0.1/0.5)=200mL
- 0.25M HCl → 0.1M HCl
  1,000×(0.1/0.25)=400mL

38 ② **아크릴아마이드(acrylamide)**

- 무색의 투명 결정체이다.
- 감자, 쌀 그리고 시리얼 같은 탄수화물이 풍부한 식품을 제조, 조리하는 과정에서 자연적으로 생성되는 발암가능 물질로 알려져 있다.

- 아크릴아마이드의 생성과정은 정확히 밝혀지지 않았으나 자연 아미노산인 asparagine이 포도당 같은 당분과 함께 가열되면서 아크릴아마이드가 생성되는 것으로 추정되고 있다.
- 120℃보다 낮은 온도에서 조리하거나 삶은 식품에서는 아크릴아마이드가 거의 검출되지 않는다.
- 일반적으로 감자, 곡류 등 탄수화물 함량이 많고 단백질 함량이 적은 식물성 원료를 120℃ 이상으로 조리 혹은 가공한 식품이 다른 식품군에 비해 아크릴아마이드 함량이 높다.
- 감자의 경우에는 8℃ 이하로 저장하거나 냉장 보관하는 것은 좋지 않다.

39 ② 식품첨가물 사용방법
식품의 성질, 식품첨가물의 효과, 성질을 잘 연구하여 가장 적합한 첨가물을 선정하여 법정 허용량 이하로 사용해야 한다.

40 ② 효력 증강제(synergist)
- 그 자신은 산화 정지작용이 별로 없지만 다른 산화방지제의 작용을 증강시키는 효과가 있는 물질을 말한다.
- 여기에는 구연산(citric acid), 말레인산(maleic acid), 타르타르산(tartaric acid) 등의 유기산류나 폴리인산염, 메타인산염 등의 축합인산염류가 있다.

제3과목 | 식품가공 · 공정공학

41 ④ 라면의 일반적인 제조 공정
1. **배합 공정** : 밀가루(74.3%), 정제염(1.04%), 견수(0.10%), 물(24.5%) 등을 혼합하여 반죽을 만든다.
2. **제면 공정** : 반죽된 소맥분을 롤러에 압연시켜 면대를 만든다. 압연된 면대를 제면기를 이용하여 국숫발을 만든다. 이어서 컨베이어 벨트의 속도를 조절하여 라면 특유의 꼬불꼬불한 면발형태를 만들어 준다.
3. **증숙 공정** : 스팀박스를 통과시키면서 국수를 알파화시킨다. 증열조건 100℃, 통과시간은 약 2분 정도, 증기는 1기압 정도가 적당하다.
4. **성형 공정** : 증숙된 면을 일정한 모양으로 만들기 위해 납형 케이스를 이용한다.
5. **유탕 공정** : 알파화된 증숙면을 정제유지로 150℃에서 2분 정도 튀겨준다. 이렇게 함으로써 알파화 상태를 계속유지 및 증가시켜주는 것이 가능하며, 면의 수분을 휘발시키는 한편 면에 기름을 흡착시켜 준다.

6. **냉각 공정** : 유탕에서 나온 면을 컨베이어 벨트를 통해 이동시켜 상온으로 냉각시켜 준다. 튀김 기름의 품질저하를 막고, 포장 후에 포장제의 내부에 이슬이 맺힘으로써 유지의 산패가 촉진되는 것을 방지하기 위함이다.
7. **포장 공정** : 냉각된 면에 포장된 스프를 첨부하여 자동포장기를 이용, 완제품 라면으로 포장한다.

42 ① 말토덱스트린(malto dextrin)의 특성
포도당이나 설탕에 비해 용해도는 떨어지나 수화력이 크므로 보습성 또는 보수성이 크다.

43 ③ 두부의 제조
- 원료 콩을 씻어 물에 담가 두면 부피가 원료 콩의 2.3~2.5배가 된다.
- 두유의 응고 온도는 70~80℃ 정도가 적당하다.
- 응고제 : 염화마그네슘($MgCl_2$), 황산마그네슘($MgSO_4$), 염화칼슘($CaCl_2$), 황산칼슘($CaSO_4$), glucono-δ-lactone 등
- 소포제 : 식물성 기름, monoglyceride, 실리콘 수지 등

44 ④ 된장의 숙성
- 된장 중에 있는 코오지 곰팡이, 효모 그리고 세균 등의 상호작용으로 비교적 느리게 일어난다.
- 쌀 · 보리 코오지의 주성분인 전분이 코오지 곰팡이의 amylase에 의해 당화하여 단맛이 생성된다.
- 생성된 당은 다시 알코올 발효에 의하여 알코올이 생성된다.
- 단백질은 protease에 의하여 아미노산으로 분해되어 구수한 맛이 생성된다.
- 일부는 세균에 의하여 유기산을 생성하게 된다.
- 숙성온도는 30~40℃의 항온실 내에서 만든다.

45 ② 탈기(exhausting)의 목적
- 산소를 제거하여 통 내면의 부식과 내용물과의 변화를 적게 한다.
- 가열살균 시 관내 공기의 팽창에 의하여 생기는 밀봉부의 파손을 방지한다.
- 유리산소의 양을 적게 하여 호기성 세균 및 곰팡이의 발육을 억제한다.
- 통조림한 내용물의 색깔, 향기 및 맛 등의 변화를 방지한다.
- 비타민 기타의 영양소가 변질되고 파괴되는 것을 방지한다.
- 통조림의 양쪽이 들어가게 하여 내용물의 건전 여부의 판별을 쉽게 한다.

46 ① 토마토케첩 제조 시 갈색이 발생하는 원인

- 토마토의 적색색소인 lycopene은 철 및 구리와 접촉하면 갈색으로 변한다.
- 향신료 등의 첨가물이 철과 접촉하게 되면 그 속에 들어 있는 tannin이 tannin철로 변화하여 흑색으로 변한다.
- 장시간 가열하면 lycopene도 갈색으로 변하게 된다.

47 ① 우유 살균법

- 저온장시간살균법(LTLT) : 62~65℃에서 20~30분
- 고온단시간살균법(HTST) : 71~75℃에서 15~16초
- 초고온순간살균법(UHT) : 130~150℃에서 0.5~5초

48 ② 버터의 성분규격[식품공전]

- 수분 18% 이하
- 유지방 80% 이상
- 산가 2.8% 이하

49 ① 육가공의 훈연

1. 훈연목적
- 보존성 향상
- 특유의 색과 풍미증진
- 육색의 고정화 촉진
- 지방의 산화방지

2. 연기성분의 종류와 기능
- phenol류 화합물은 육제품의 산화방지제로 독특한 훈연취를 부여, 세균의 발육을 억제하여 보존성 부여
- methyl alcohol 성분은 약간 살균효과, 연기성분을 육조직 내로 운반하는 역할
- carbonyls 화합물은 훈연색, 풍미, 향을 부여하고 가열된 육색을 고정
- 유기산은 훈연한 육제품 표면에 산성도를 나타내어 약간 보존 작용

50 ① 사일런트 커터(silent cutter)

- 소시지(sausage) 가공에서 일단 만육된 고기를 더욱 곱게 갈아서 고기의 유화 결착력을 높이는 기계이다.
- 첨가물을 혼합하거나 이기기(kneading) 등 육제품 제조에 꼭 필요하다.

51 ④ 건조란

- 유리 글루코스에 의해 건조시킬 때 갈변, 불쾌취, 불용화현상이 나타나 품질저하를 일으키기 때문에 제당처리가 필요하다.
- 제당처리 방법 : 자연 발효에 의한 방법, 효모에 의한 방법, 효소에 의한 방법이 있으며 주로 효소에 의한 방법이 사용되고 있다.
- 공정은 전처리 → 당제거 작업 → 건조 → 포장 → 저장의 과정을 거친다.
- 제품의 수분 함량이 2~5% 이하가 되도록 한다.

52 ④ 유지의 경화

1. 정의 : 액체 유지에 환원 니켈(Ni) 등을 촉매로 하여 수소를 첨가하는 반응을 말한다.
※ 수소의 첨가는 유지 중의 불포화지방산을 포화지방산으로 만들게 되므로 액체 지방이 고체 지방이 된다.

2. 경화유 제조 공정 중 유지에 수소를 첨가하는 목적
- 글리세리드의 불포화 결합에 수소를 첨가하여 산화 안정성을 좋게 한다.
- 유지에 가소성이나 경도를 부여하여 물리적 성질을 개선한다.
- 색깔을 개선한다.
- 식품으로서의 냄새, 풍미를 개선한다.
- 융점을 높이고, 요오드가를 낮춘다.

53 ② 냉동감자 1 container 분량의 무게

$$355856N \times 1kg.m/N.s^2 \times (1/9.8024m/s^2)$$
$$= 36303kg$$

54 ④ 설탕의 몰분율

- 설탕의 몰분율＝설탕의 몰수/설탕의 몰수＋물의 몰수

- 설탕의 몰분율＝$\dfrac{0.0585}{0.0585+4.4444}$＝0.0130

  몰수＝질량/분자량
  설탕의 분자량 : 342kg/kmol
  물의 분자량 : 18kg/kmol
  설탕의 몰수＝20/342＝0.0585
  물의 몰수＝80/18＝4.4444]

55 ④ 유량을 측정하는 원리

- 유로에 유체의 압력변화를 일으킬 수 있는 방해시설을 설치하고 이 시설 전후의 압력변화를 측정하여, 유속을 얻는 방법이다.
- 방해시설(Restrictor)로는 오리피스, 벤츄리, 흐름노즐, 피토관 등이 이용된다.
※ 타코메타(운행기록계) : 자동차가 운행한 상황을 기록하는 기계장치로서 운행속도, 주행상황 등이 타코그래프 용지에 상세히 기록되므로 운전자의 과속운행 및 운행행태 등을 조심시키는 효과가 있다.

56 ④ 살균온도 변화 시 가열치사시간의 계산

- $F_O = F_T \times 10^{\frac{T-121}{Z}}$

  이 공식에 의해 138℃에서 5초이므로

- $F_{121} = 5 \times 10^{\frac{138-121}{8.5}} = 500$초

  F_O : T=121℃에서의 살균시간

  F_T : 온도 T에서의 살균시간

57 ③ 동결건조(Freeze-Dring)

- 식품을 동결시킨 다음 높은 진공장치 내에서 액체상태를 거치지 않고 기체상태의 증기로 승화시켜 건조하는 방법이다.
- 장점
  - 일반의 건조방법에서보다 훨씬 고품질의 제품을 얻을 수 있다.
  - 건조된 제품은 가벼운 형태의 다공성 구조를 가진다.
  - 원래 상태를 유지하고 있어 물을 가하면 급속히 복원된다.
  - 비교적 낮은 온도에서 건조가 일어나므로 열적 변성이 적고, 향기성분의 손실이 적다.

58 ② 냉동부하

1. $Q = C \cdot M \cdot \Delta T$(열량=비열·열량·온도차)
2. $Q = G \cdot r$(열량=질량·잠열)

- 20℃ 물 → 0℃ 물
  1kcal/kg×1kg×(20℃−0℃)=20kcal
- 0℃ 물 → 0℃ 얼음
  79.6kcal/kg×1kg=79.6kcal
- 0℃ 얼음 → −20℃ 물
  0.5kcal/kg×1kg×{0℃−(−20℃)}=10kcal
- 냉동부하
  20kcal+79.6kcal+10kcal=109.6kcal

59 ③ 증발된 수분 함량

- 초기 주스 수분 함량 : 500kg/h×(100−7.08)/100=464.6kg/h
- 초기 주스 고형분 함량 : 35.4kg/h
- 수분 함량 42%인 농축주스 : 35.4×100÷(100−42)=61.04kg/h(C)
- 증발된 수분 함량 : 500−61.04=438.96kg/h(W)

60 ④ 이산화탄소의 특징

- 미생물 성장의 억제
- 지방 및 물에 가용성
- 곤충의 성장을 억제
- 고농도에서는 제품의 색이나 향미를 변화시키고 과채류에서는 질식을 가져올 수 있음

제4과목 식품미생물 및 생화학

61 ③ 원시핵세포(하등미생물)와 진핵세포(고등미생물)의 비교

구분	원핵생물 (procaryotic cell)	진핵생물 (eucaryotic cell)
핵막	없음	있음
인	없음	있음
DNA	단일분자, 히스톤과 결합하지 않음	복수의 염색체 중에 존재, 히스톤과 결합하고 있음
분열	무사분열	유사분열
생식	감수분열 없음	규칙적인 과정으로 감수분열을 함
원형질막	보통은 섬유소가 없음	보통 스테롤을 함유함
내막	비교적 간단, mesosome	복잡, 소포체, golgi체
ribosome	70s	80s
세포기관	없음	공포, lysosome, micro체
호흡계	원형질막 또는 mesosome의 일부	mitocondria 중에 존재함
광합성 기관	mitocondria는 없음, 발달된 내막 또는 소기관, 엽록체는 없음	엽록체 중에 존재함
미생물	세균, 방선균	곰팡이, 효모, 조류, 원생동물

62 ④ 세균의 지질다당류(lipopolysaccharide)
- 그람 음성균의 세포벽 성분이다.
- 세균의 세포벽이 음(-)전하를 띄게 한다.
- 지질 A, 중심 다당체(core polysaccharide), O항원(O antigen)의 세 부분으로 이루어져 있다.
- 독성을 나타내는 경우가 많아 내독소로 작용한다.
- ※ 일반적으로 세균독소는 외독소와 내독소의 두 가지가 있다. 내독소는 특정 그람 음성 세균이 죽어 분해되는 과정에서 방출되는 독소이다. 이 독소는 세균의 외부막을 형성하는 지질다당류이다.

63 ① 대장균 O157 : H7
- 대장균은 혈청형에 따라 다양한 성질을 지니고 있다.
- O항원은 균체의 표면에 있는 세포벽의 성분인 직쇄상의 당분자(lipopolysaccharide)의 당의 종류와 배열방법에 따른 분류로서 지금까지 발견된 173종류 중 157번째로 발견된 것이다.
- H항원은 편모부분에 존재하는 아미노산의 조성과 배열방법에 따른 분류로서 7번째 발견되었다는 의미이다.
- H항원 60여종이 발견되어 O항원과 조합하여 계산하면 약 2,000여 종으로 분류할 수 있다.

64 ② 곰팡이독(mycotoxin)을 생산하는 곰팡이
- 간장독 : Aflatoxin(*Aspergillus flavus*), rubratoxin(*Penicillium rubrum*), luteoskyrin(*Pen. islandicum*), ochratoxin(*Asp. ochraceus*), islanditoxin(*Pen. islandicum*)
- 신장독 : citrinin(*Pen. citrinum*), citreomycetin, kojic acid(*Asp. oryzae*)
- 신경독 : patulin(*Pen. patulum, Asp. clavatus* 등), maltoryzine(*Asp. oryzae var. microsporus*), citreoviridin(*Pen. citreoviride*)
- 피부염 물질 : sporidesmin(*Pithomyces chartarum*), psoralen(*Sclerotina sclerotiorum*) 등
- fusarium독소군 : fusariogenin(*Fusarium poe*), nivalenol(*F. nivale*), zearalenone(*F. graminearum*)
- 기타 : shaframine(*Rhizoctonia leguminicola*) 등

65 ④ *Kluyveromyces*속
- 다극출아를 하며 보통 1~4개의 자낭포자를 형성한다.
- lactose를 발효하여 알코올을 생성하는 특징이 있는 유당발효성 효모이다.
- *Kluyveromyce maexianus*, *Kluyveromyces* fragis(과거에는 *Sacch. fragis*), *Kluyveromyces lactis*(과거에는 *Sacch. lactis*)

66 ③ 파지(phage)의 특성
약품에 대한 저항력은 일반 세균보다 강하기 때문에 항생물질에 의해 쉽게 사멸되지 않는다.

67 ②
Streptomycin을 생산하는 방선균은 *Streptomyces griseus*이다.

68 ④ 총균수 계산

> 총균수=초기균수×$2^{세대기간}$
> 20분씩 2시간이면 세대수는 6
> 초기균수 1이므로
> $1×2^6=64$

69 ② 포도당으로부터 에탄올 생성
1. 반응식

> $C_6H_{12}O_6 \rightarrow 2C_6H_5OH+2CO_2$
> (180)   (2×46)

2. 포도당 1ton으로부터 이론적인 ethanol 생성량

> $180 : 46×2=1000 : x$
> $x = 511.1kg$

70 ② 제한효소(restriction enzyme)
- 세균 속에서 만들어져 DNA의 특정 인식부위(restriction site)를 선택적으로 분해하는 효소를 말한다.
- 세균의 세포 속에서 제한효소는 외부에서 들어온 DNA를 선택적으로 분해함으로써 병원체를 없앤다.
- 제한효소는 세균의 세포로부터 분리하여 실험실에서 유전자를 포함하고 있는 DNA 조각을 조작하는 데 사용할 수 있다. 이 때문에 제한효소는 DNA 재조합 기술에서 필수적인 도구로 사용된다.

71 ① 발효조
통기교반형 발효조, 기포탑형 발효조, 유동층 발효조 등이 있다.
1. 통기교반형 발효조
- 기계적으로 교반한다.
- 교반과 아울러 폭기(aeration)를 하여 세포를 부유시키고 산소를 공급하며, 배지를 혼합시켜 배지 내의 열 전달을 효과적으로 이루어지게 한다.
- 미생물뿐만 아니라 동물세포 및 식물세포의 배양에 사용할 수 있다.

- 표준형 발효조, Waldhof형 발효조, Acetator와 cavitator, Vogelbusch형 발효조

2. 기포탑형 발효조(air lift fermentor)
- 산소 공급이 필요한 호기적 배양에 사용되는 발효조이다.
- 공기방울을 작게 부수는 기계적 교반을 하지 않고 발효조 내에 공기를 아래로부터 공급하여 자연대류를 발생시킨다.

3. 유동층 발효조
- 응집성 효모의 덩어리가 배지의 상승운동에 의하여 현탁상태로 유지된다.
- 탑의 정상에 있는 침강장치에 의하여 탑 본체로 다시 돌려보내게 되므로 맑은 맥주를 얻을 수 있다.

72 ③ 과일주 향미
- 과일주는 과즙을 천연 발효시켜 숙성 여과한 술로 과일 자체의 향미가 술의 품질에 많은 영향을 준다.
- 과일주 향미는 알코올과 산이 결합하여 여러 esters를 형성한다.
- Ethyl alcohol, amyl alcohol, isobutyl alcohol, butyl alcohol 등과 malic acid, tataric acid, succinic acid, lactic acid, capric acid, caprylic acid, caproic acid, acetic acid 등의 ethylacetate, ethylisobutylate, ethylsuccinate가 주 ester류이다.

73 ④ 발효법에 의해 구연산 제조
구연산(citric acid) 발효 균주는 산생성량이나 부산물 등을 고려하여 일반적으로 *Aspergillus niger*가 사용되나 이외에도 *Aspergillus awamori*, *Aspergillus saitoi* 등이 사용되는 경우도 있다

74 ④ 당밀의 특수 발효법

1. Urises de Melle 법(Reuse법)
- 발효가 끝난 후 효모를 분리하여 다음 발효에 재사용하는 방법이다.
- 고농도 담금이 가능하다.
- 당 소비가 절감된다.
- 원심 분리로 잡균 제거에 용이하다.
- 폐액의 60%를 재이용 한다.

2. Hildebrandt-Erb 법(Two stage법)
- 증류폐액에 효모를 배양하여 필요한 효모를 얻는 방법이다.
- 효모의 증식에 소비되는 발효성 당의 손실을 방지한다.
- 폐액의 BOD를 저하시킬 수 있다.

3. 고농도 술덧 발효법
- 원료의 담금농도를 높인다.
- 주정 농도가 높은 숙성 술덧을 얻는다.
- 증류할 때 많은 열량이 절약된다.
- 동일 생산 비율에 대하여 장치가 적어도 된다.

4. 연속 발효법
- 술덧의 담금, 살균 등의 작업이 생략되므로 발효경과가 단축된다.
- 발효가 균일하게 진행된다.
- 장치의 기계적 제어가 용이하다.

75 ④ glutamic acid 발효 시 penicillin의 역할
- biotin 과잉의 배지에서는 glutamic acid를 균체 외에 분비, 축적하는 능력이 낮아 균체내의 glutamic acid가 많아지게 된다. 이의 큰 원인은 세포막의 투과성이 나빠지므로 합성된 glutamic acid가 세포내에 자연히 축적되게 된다.
- penicillin를 첨가하면 세포벽의 투과성이 변화를 받아(투과성이 높아져) glutamic acid가 세포외로 분비가 촉진되어 체외로 glutamic acid가 촉진된다.

76 ③ 보조효소의 종류와 그 기능

보조효소	관련 비타민	기능
NAD, NADP	Niacin	산화·환원반응
FAD, FMN	Vit. B_2	산화·환원반응
Lipoic acid	Lipoic acid	수소, acetyl기의 전이
TPP	Vit. B_1	탈탄산반응(CO_2 제거)
CoA	Pantothenic acid	acyl기, acetyl기의 전이
PALP	Vit. B_6	아미노기의 전이반응
Biotin	Biotin	Carboxylation(CO_2 전이)
Cobamide	Vit. B_{12}	methyl기 전이
THFA	Folic acid	탄소 1개의 화합물 전이

77 ① 한 분자의 피루브산이 TCA 회로를 거쳐 완전 분해 시 생성된 ATP

반응	중간 생성물	ATP 분자수
Pyruvate dehydrogenase	1NADH	2.5
Isocitrate dehydrogenase	1NADH	2.5
α-Ketoglutarate dehydrogenase	1NADH	2.5
Succinyl-CoA synthetase	1GTP	1
Succinate dehydrogenase	$1FADH_2$	1.5
Malate dehydrogenase	1NADH	2.5
Total		12.5

78 ① 사람 체내에서 콜레스테롤(Cholesterol)의 생합성 경로

> acetyl CoA → HMG CoA → L-mevalonate → mevalonate pyrophosphate → isopentenyl pyrophosphate → dimethylallyl pyrophosphate → geranyl pyrophosphate → farnesyl pyrophosphate → squalene → lanosterol → cholesterol

79 ④ 대장균에서 단백질 합성과정

1. **아미노산의 활성화** : 아미노산은 아미노아실 tRNA 합성효소에 의해 tRNA로 아실화된다.

> Amino acid+ATP+tRNA $\xrightleftharpoons{Mg^{2+}}$ aminoacyl-tRNA +AMP+PPi

2. **Polypeptide의 합성개시** : 개시인자 IF-3가 리보솜을 30S와 50S로 분리. Met tRNA$_F$가 Trans formylase에 의해 Met부분을 Formyl화. I$_F$-2와 GTP에 의해서 fMet-tRNA$_F$를 활성화하여 fMet-tRNA$_F$-I$_F$-2GTP로 만든다. 이것과 mRNA, 30S 리보솜의 복합체 형성된 뒤 50S 리보솜 회합, 개시복합체를 형성한다.

3. **Polypeptide 사슬의 신장** : 아미노아실 tRNA가 신장인자 EF-Tu 및 Ts, GTP에 의해서 활성화 된 뒤, Transpeptidase에 의해서 아미노산 사이의 peptide결합이 형성, EF-G와 GTP의 관여로 A부위로부터 P부위로 전위한다.

4. **종결** : 종말 Codon에 도달하면, 유리인자와 GTP의 관여로 Formyl-Met-peptide, tRNA, 리보솜, mRNA로 각각 해리한다. fMet를 함유한 signal peptide가 제거되어 N말단이 출현.

5. **Polypeptide 사슬의 접합** : 인산화, carboxy화, R기의 메틸화, 당 사슬의 부가, -S-S-가교의 형성 등을 통해 입체구조를 형성한다.

80 ④ 통풍(gout)

- 퓨린(purine) 대사이상으로 요산(uric acid)의 농도가 높아지면서 요산염 결정이 관절의 연골, 힘줄, 신장 등의 조직에 침착되어 발생되는 질병이다.
- 퓨린 대사이상에 의한 장해로 과요산혈증(hyperuricemia), 통풍(gout), 잔틴뇨증(xanthinuria) 등이 있다.

원큐패스 식품안전기사 필기 실전모의고사 12회

지은이 차광종
펴낸이 정규도
펴낸곳 (주)다락원

초판 1쇄 발행 2025년 1월 24일

기획 권혁주, 김태광
편집 이후춘, 윤성미, 박소영

디자인 최예원, 황미연

다락원 경기도 파주시 문발로 211
내용문의: (02)736-2031 내선 291~296
구입문의: (02)736-2031 내선 250~252
Fax: (02)732-2037
출판등록 1977년 9월 16일 제406-2008-000007호

ISBN 978-89-277-7443-3 13570

● 원큐패스 카페(http://cafe.naver.com/1qpass)를 방문하시면 각종 시험에 관한 최신 정보와
　자료를 얻을 수 있습니다.